WUSHUI CHULI GONGCHENG
GONGYI SHEJI
CONG RUMEN DAO
JINGTONG

污水处理工程工艺设计
从入门到精通

● 郑 梅 编著
● 杭世珺 主审

化学工业出版社
·北京·

本书基于污水处理工程设计实践，总结了污水处理各个设计环节，如物理和化学处理工艺、生物处理工艺、消毒处理工艺、污泥处理工艺、鼓风机房、加药间、除臭系统、附属建筑给水排水和消防等的设计思路、接口条件、设计要点和注意事项等，还介绍了相关专业施工图设计条件、总图施工图设计指南等。笔者根据多年从业经验，系统总结了设计当中应注意和应避免的问题，给出了图纸示例，直观易懂，实用性强，是一部实践性很强的设计实战书籍。本书还增加了施工图设计过程把控关键点、设计管理内容和校审要点等内容，供有经验的设计师和设计审核人员参考，以提高设计管理水平和审核效率。

本书可作为污水处理工程设计新手的系统培训用书，也可供相关设计人员和审核人员阅读参考。

图书在版编目（CIP）数据

污水处理工程工艺设计从入门到精通/郑梅编著. —北京：化学工业出版社，2017.7 （2025.5重印）

ISBN 978-7-122-29757-0

Ⅰ. ①污… Ⅱ. ①郑… Ⅲ. ①污水处理工程-工艺设计 Ⅳ. ①X703

中国版本图书馆 CIP 数据核字（2017）第 098511 号

责任编辑：姚晓敏 胡全胜　　文字编辑：汲永臻

责任校对：宋 夏　　装帧设计：韩 飞

出版发行：化学工业出版社（北京市东城区青年湖南街 13 号 邮政编码 100011）

印 装：河北延风印务有限公司

787mm×1092mm 1/16 印张 17¾ 字数 435 千字 2025 年 5月北京第 1 版第 10 次印刷

购书咨询：010-64518888　　售后服务：010-64518899

网 址：http：//www. cip. com. cn

凡购买本书，如有缺损质量问题，本社销售中心负责调换。

定 价：89. 00 元

序
PREFACE

历经数十年，中国水污染治理技术得到不断发展和完善，取得长足进步，所覆盖的领域从市政到工业，从城市到乡镇，从点源到面源，并延伸到流域治理和海绵城市建设。遏制了经济发展对环境污染的加剧，促进了中国水环境的改善。

30多年来，工程设计领域也经历了从引进国外先进技术和工艺到引进消化吸收，紧接着开发了针对我国特点的具有自主知识产权的技术和适用工艺，污水处理逐渐进入较为稳定的发展阶段。

高质量的设计是保障水污染治理工程质量的关键和前提，除了必须充分掌握工程现状背景资料和正确地选择合理的工艺技术外，更重要的是要有匠人精神，注重细节、精雕细刻，还要充分考虑工程建设和运行的需求，一项性能优良的设计必须经得住工程建设和运行的检验。

本书涵盖了工程初步设计和施工图，包括了工艺设计、设备选型和安装；涉及了结构、建筑、暖通和电气自控各专业的配合协调，还提出了设计当中应注意和避免的问题，给出了图纸示例，是一部难得的设计实战类书籍。

《污水处理工程工艺设计从入门到精通》一书的出版，为刚刚踏进设计大门的行业新人提供了实用性很强的系统培训教材，也为同行提供了丰富的可借鉴经验。

我很欣慰能成为该书的主审人，该书作者郑梅女士是中国较早的一批环境工程专业的毕业生之一，曾任北京桑德环境工程有限公司设计研究院副总工程师（主管工艺），负责数十个工程的设计、审核、施工及运行的配合工作，长年坚持记录工程建设实践心得，认真总结工程建设经验，最终完成了该书，因此这是一部难得的来自于实践的好书。

相信该书对业界设计师、高校师生、技术管理人员和相关岗位工艺工程师都会有不同程度的帮助。希望我们环境人再接再厉，希望我们设计者付出更多的勤奋和努力，推动中国的水环境事业更快发展，为实现美丽中国，作出应有的贡献。

杭世珺

前言

FOREWORD

污水处理工程项目的实施，从调研、审批、资金筹措、勘察、设计、施工、采购、安装到最终调试，诸多环节紧紧相扣，任何一个环节出现了问题，都会使工程的质量和进度受到影响，而这些环节都和设计密不可分。

导致工程质量出现问题的原因有很多，而由勘察设计原因导致的工程质量事故约占总数的1/3。勘察的内容不能有遗漏，各项数据应符合实际，并且要求证其真实性和全面性，不能以偏概全。工程条件、设计基础条件和设计接口条件的确认，工艺和设计参数的选择优化，都需要注意细节，此外，工艺设计与建筑、结构、电气、暖通等其他专业有着密切的交叉配合。因此，勘察设计对一个工程的成败起到关键作用，工艺设计在污水处理工程的设计过程中起到核心作用。

笔者作为中国的第一批环保工作者之一，从业25年来，一直拼搏在技术一线。入行之初，做设计时可参考的书籍、手册非常少，笔者靠一点点摸索，从一个个工程项目中不断学习和积累经验。多年的从业经验又把我推到管理岗位，指导新手从计算和绘制单体施工图做起，引导他们尽快走上独立设计之路。在培训中我发现，现在的年轻人虽然可利用的参考书籍和资料不少，但是在起步阶段仍然会手忙脚乱，没有思路，常常会出现各种各样本不应该犯的错误，这让我萌生了总结多年从业实践经验并著录成书的想法，旨在帮助设计新手少走弯路，快速成长。

本书内容包括工程设计前期的信息资料收集，方案、可行性研究和标书制作，物理和化学处理工艺，生物处理工艺，消毒处理工艺，污泥处理工艺，鼓风机房，加药间，除臭系统，附属建筑给水排水和消防，相关专业施工图设计条件，总图施工图设计和校审要点等。书中详细介绍了设计中可用到的思路、步骤和资料及应注意的设计细节，总结了施工图设计中容易发生的错误和疏漏，具有实战指南的价值。书中按设计步骤逐条展开，介绍调研、计算、相关因素研究和评估、平面布置到阀门支架管沟等细节设计和注意事项。此外，书中内容不限于技术层面，还延伸到沟通、协调、总结和自我提高等职业素养层面，力求帮助新手在从入门到精通的路上提高专业素养，少犯错误，确保工程设计质量。同时，本书还可供设计审核人员在校审图纸过程中逐条参考，避免遗漏，提高校审质量和效率，对推动工程设计的规范化和体系化具有重要的意义。考虑到水处理领域的常见需求，除了介绍常规新建污水厂的污水处理工艺，还介绍了改良AAO、低温污水处理、提标改造、原位扩容、地下污水厂、电解等内容。本书实用价值大，可操作性强，适用面广，适合污水处理工程工艺设计师、审核人员、工程技术管理人员和大专院校环境工程专业教师和学生学习参考。

本书由现任北京市市政工程设计研究总院副总工程师、享受国务院“政府特殊津贴”的杭世珺教授（博士研究生导师）主审，北京市市政工程设计研究总院刘旭东（教授级高级工程师）和冯凯（教授级高级工程师）参与校审。特别感谢杭世珺教授在本书撰写过程中对笔者的认可和支持，特别感谢刘旭东和冯凯两位专家在百忙中给予本书细致和严格的审核，使该书可以负责任地面向读者出版。在校审过程中，三位专家给予的宝贵意见和建议，使笔者的专业能力和对整个设计工作的理解得到又一次提升，在此深表感激。

回首25年的从业之路，很荣幸在入行之初能得到杭世珺老师和齐吉山老师的指点，他们用自己的专业知识教会我如何去寻找答案、如何设计。他们在我事业上给予的无私帮助是我此生最大的财富。还要感谢我的第一任领导常明先生，感谢他给予我充分的信任和支持，帮助我在专业上飞速成长。最后还要感谢我的研究生导师李旭祥教授，李教授的言传身教培养了我严谨求索、创新发展的职业精神，使我在事业发展路上受益终生。

本书的顺利编写，还要感谢我团队同事们对我工作的支持，大家把自己的体会、问题和思考相互分享。在这里我要感谢陈贻海、崔力、滑春雨、李建军、万风、吴彩琼、辛红香、袁浩、袁永杰、岳艳利、张琪、张勇和周毅刚。感谢我的领导和良师益友蔡兰丽女士和姜安平先生给予我的鼓励和指教。最后，深深地感谢我的家人，在我迷茫的时候，他们一如既往地支持我，感谢你们。

本书编写过程中，参阅了大量的文献资料，在此对这些专家表示感谢。书中难免会有一些不足之处，真诚欢迎读者指正，欢迎发邮件到zm1402@163.com进行沟通，帮助我完善这本书，使它能帮助到更多的设计师，让他们少走弯路。祝愿所有设计师设计出成功运行的污水厂，并在设计中找到成功的乐趣。

郑梅

目录
CONTENTS

第1章 工艺设计中的基本概念

1.1 工程设计的特点

首先，工程设计要有全局观念。

设计单体前要了解项目整体设计理念、工艺流程以及重要和特殊的背景情况，新手需要学习从整体入手，注意自己的单体和总图设计理念的关系，并注意积累和总结每个单体可能涉及的相关专业的内容。

其次，工程设计中要有风险意识，设计质量是工程设计的生命。

一个项目的风险点非常多，从技术到商务，从自然环境到人文环境。常见的风险点举例如下：

① 项目勘察。由于勘察不全面、工程条件未落实、数据不准确或者业主给出的错误的设计条件没有被纠正等导致的工程风险。

② 项目设计和实施风险。整个项目周期内要严格控制设计失误和错误，避免工艺和参数选择不当、工艺计算错误、设备选型和材料材质不当以及施工方法不合理等错误。

③ 项目征地。如果有征地纠纷可能直接影响工程实施，管网工程也存在由征地、青苗补偿、穿越土地所有者的领地等产生的费用的不确定性以及遇到不可预见阻挡结构和文物等的风险。

④ 设计规模与实际可能的运行规模的匹配性对于BOT项目的收益影响大，因此，保底水量的合理设定除了从技术角度准确判断，还要考虑业主的支付能力、地区经济发展等方面可能存在的风险。

⑤ 对设计条件可能变化的预见性风险。

⑥ 社会经济环境、人文环境、汇率变化、融资环境、自然灾害和政府政策变化等可能出现的问题对合同的正常履行和收益造成的风险。

第三，工程设计离不开现场实践。

珍惜每一个到现场的机会，在建设现场多和现场各专业项目经理沟通，在运行现场看设备的运行、操作和维护等相关内容，使设计和实践有机结合。

第四，工程设计离不开经济预算，不可局限于技术本身。

对于工艺和设备的选择以及对于管线的设计，在保证技术可行的前提下力求降低造价、能耗和运行费用，通过选择合理的工艺和参数、优化平面和高程设计、节约不必要的弯头、节约管道长度、减小管道埋深等举措来创造更多价值。

最后，工程设计是所有涉及专业的紧密配合。

工艺设计要特别注意和其他专业的配合，要了解并仔细确认必要的工艺、建筑、结构、

电气自控、暖通等专业的设计接口条件。各单体按照统一的格式填写设计条件，设计条件尽量准确，提交前要经过校审人的确认，避免日后修改增加相关专业工作量和出错概率。

总平面图和水力高程图是每个单体设计的工作核心，单体设计师宜主动和总图设计师进行沟通，根据单体特点给出自己的建议，将单体和总图同时调整到较佳设计。工艺设计中的任何变更都要和相关专业设计师、施工负责人、采购工程师和调试工程师等沟通，不仅仅是书面的沟通，还要补充电话沟通记录，或者面对面确认对方是否收到并正确理解了变更内容，书面表达要力求详尽准确。

1.2 工程设计要求的素养

首先，要培养自主设计的意识。

单体设计师需根据设计负责人给出的参考图自主思考和消化吸收，自行整理需要的设计参数和接口条件。如果相关接口条件不明，需要主动找设计负责人确认并按进度进行沟通。单体设计师独立完成计算后和总图比对，在技术可行、满足水力条件的基础上，结合造价、运行费用、能耗、占地、操作等因素，尽可能全面地构思出多种可能的方案，进行比选并提出自己的建议。重要的设计思路和参数须在取得设计负责人的确认意见后再进入详细设计。

其次，培养协调和设计管理能力。

优质的设计离不开良好的协调沟通，外围协调、内部联络和与业主的沟通都非常重要。来自业主的设计条件有了变化时要和业主沟通清楚，并做好分析判断工作，有问题及时沟通，避免被不专业的业主意见干扰影响设计质量和进度。对于一定要做的设计条件变更要做好书面记录，对于可能影响工期、造价及其他导致合同内容变更的问题，需要及时与业主协调相关解决事宜并形成书面协商文件。最常遇到的是业主修改设计进出水水质、修改技术指标、更改红线、更改水电接口、更改排水方向和路径、更改绿化、暖通、消防或自控要求甚至变化厂址。这些变更可能对工程造价、能否达标和工期等都会产生重大影响，要和业主认真沟通确认，协调好相关事宜，确认变更节点前已完成的工程项目和发生的费用，确认变更后增加或减少的工程项目及相关费用，商务上签订补充协议，重新约定工期，方可继续实施。因此，项目实施中涉及的合同、地勘、业主提供的资料、来往邮件、过程文件、通知、会议纪要、校审单和校核记录等书面资料要注意收集整理和归类，电话内容可以做备忘，有利于促使合同中各方严谨处理合同履行中的各种变化和情况，共同推进项目。

施工中涉及的变更也要注意书面、电话和面对面等形式的沟通，文字表达要力图准确、详尽，没有歧义，并与施工人员沟通确认对方是否准确了解变更内容和意图，避免沟通不畅造成的理解错误，给工程实施造成困难和损失。

在项目施工、调试和试运营阶段，除了现场交底，设计师要保持和现场的及时有效沟通，定期去现场勘查。发现问题要及时跟进，主动了解各个环节调整进展和运行情况，查看施工、调试和运行记录。必要时要去现场指导解决问题。定期的回访调查益于未来的优化设计，宜重视。

第三，注意与总图和设计负责人的配合。

单体设计要随时考虑到相关专业，不能仅专注于工艺本身的设计，对相关联的栏杆、楼梯、操作平台、门窗、起吊设备、维修维护通道和空间、预埋、消防、暖通、配电间尺寸、电容和施工程序等都需要考虑到，单体设计中的任何修改要及时通知相关的其他单体设计师、设计负责人、专业负责人、总图以及相关的配合专业（如结构、建筑、电气、自控、仪表、暖通、经济等），并及时记录总结，避免将来出现专业衔接的问题。建议养成写项目备忘录或设计日志的习惯，方便查阅设计历程并检查相关的协调是否到位。单体设计师应明白自己的决策范围，没有把握的事情要和总图或者设计负责人多沟通，不能私自随意更改事前沟通好的技术参数和主要设计思路。

第四，养成数据探究的严谨精神。

① 工艺工程师应培养探究精神，对每个数据进行确认。不采纳任何没有经过论证和验证的数据和信息，比如不应直接套用设备供货商给出的图纸，更不要从供货商给的图纸中去量需要的尺寸数据来画施工图，应严谨确认。每个设备至少找 2～3 家供货商配合，供货商提供资料有时会出错，应该分析预埋件、设备功率、设备基础、设备材质以及设备结构选型的设计是否合理，对不同供货商的产品进行比选和必要的计算验证。尤其是不同供货商提供的资料和数据相差较大时要多研究多探讨。

② 每个细节的设计不要参照以前的工程图纸描画，多问为什么，要验算每个孔、每个高度、每个尺寸等，掌握不同情况下相应的细节设计方法。

③ 随时掌握国家政策法规的变化，特别是有关设计、施工的规范、标准的变化，不得参考过期作废的规范标准，不得使用国家规定淘汰或禁用的有关材料或设备。

最后，善于总结和提炼。

从入门开始，设计师要多留意搜集每种污水的处理方案，包括规模、进出水水质、工艺流程、主要单体设计参数、投资和运行费用。多进行实地考察，了解每个项目的运行情况，听取运行人员意见和建议，查找成败原因，进行归纳总结，每个项目建立档案并归入汇总表，建立项目技术经济数据库，方便以后查阅参考。建议新工程设计前都要找出类似项目的技术经济参数进行比对，以求最大程度优化技术参数、设备选型和投资，寻求突破点，达到不断提升设计工程质量的目的。

1.3 制图注意事项

（1）图层

施工图入手前要整理好图层，避免拷贝供货商图纸或参考图造成的图层不清晰和混乱。图层命名要简单明了，线型及文字符合规范及设计单位统一要求，严格按照图层画图。

（2）图块

设计师应熟练掌握常用的图集，每个管件、阀门、支架、支墩、螺栓、法兰、闸门等都要参考图集尺寸和画法。阀门管材要根据用途、使用要求（是否单向流、是否有调节流量要求、阻力大小等）、管径、介质性质、温度和安装空间等因素进行选择，并注意标注压力要求。要建立每个规格的常用管件、阀门、闸门等的图块，设计中从图库中拷贝，有助于提高画图效率。平面图和剖面图中阀门要按准确尺寸画，不可随意示意。常用参考资料见附录。

（3）单体平面图布图

① 单体的图纸名称要与所设计的内容一致，不可套用其他项目图纸名称。

② 设备表、材料表和给其他专业的设计条件表要按照设计负责人提供的模板填写，不得增加列和改变字体字号，方便汇总。

③ 一个单体如果结构复杂，不同标高有不同结构时，需要画不同标高处的平面图。但要考虑每张平面图间不要有过多重复，要体现出该标高所有要体现的结构（如池壁、盖板、隔墙、楼梯、检修孔、人孔、通风孔、预留孔洞、设备安装孔等）、设备（含起吊设备）及基础、预埋和管道等。

④ 画平面图要考虑一个标高对应的平面上能看到什么就画什么，不要遗漏，不要画在该标高对应的平面看不到或者被遮挡的内容，如果想表现被遮挡的孔洞、池壁、管道等可用虚线。

⑤ 确定剖面位置要仔细权衡，宜考虑如下几个因素。

a. 一个单体的剖面图至少要有横剖面和纵剖面，就是常说的“一平两剖”。关键设备尽量用两个剖面来表达。剖面方向和位置的选取应避免重复且能清晰、全面表达所有结构。剖面的选取位置应尽可能多表现一些内容，如果两个剖面表现较多重复的内容，可以采用剖切符号拐弯、画断面图、局部详图、设备安装大样图或者侧视图来替代和补充，可灵活掌握。剖切位置的选取直接体现设计师的条理和审美布局能力，也直接影响图纸表达的清晰度和整洁性。

b. 剖切符号要顺着平面图左右和上下按顺序连续编号。

c. 平面上的剖面符号不宜拐弯次数太多。剖面符号宜标在平面构筑物尺寸线之外，不同编号的剖面符号横竖方向平行对齐。

d. 同一单体如果画了不同标高的分层平面图，体现剖面的时候同一编号的剖面会剖到每层相应位置的结构，因此每层的结构都需要体现出来。同一编号的剖切符号在每层平面图上的位置要严格一致，不得在 X 轴和 Y 轴方向错位。剖切时要弄清楚不同标高的平面的定位位置在哪里，不可随意乱标，位置稍微不同，可能看到的内容就不一样。

e. 剖面的位置的拐弯处不应随意落在设备或者结构的局部，如图 1-1 中针对盖板的剖面位置方案 B 是不正确的，拐弯后就看不到整体的盖板尺寸和结构了，应改为方案 A。

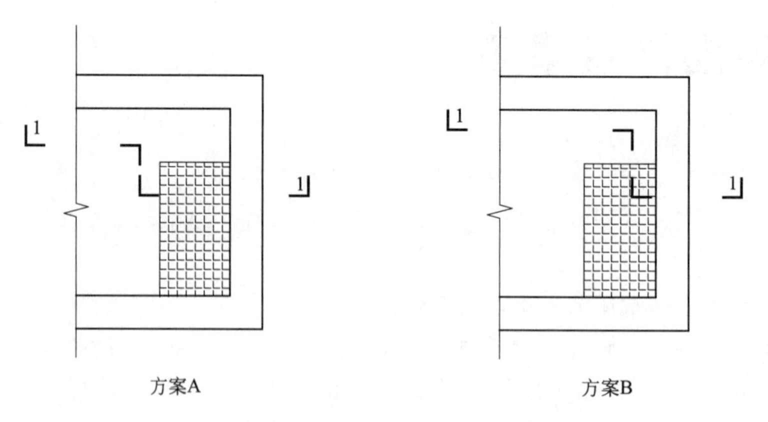

图 1-1　剖面符号设置位置

f. 避免随意选择剖面位置，遇到剖有弧度的导流墙因尺寸无法标准确，宜尽量避开。

g. 同一结构的平面尺寸和平行于该尺寸的剖面尺寸标注要严格一致。

h. 管线上要标管径，管线可为粗实线，管件为细实线。管道不能影响设备孔、人孔和楼梯等通道并让开柱梁等土建结构。平面图上碰到管道拐弯的情况时，要标注拐弯前后的标高，方便识图，如图 1-2 所示。

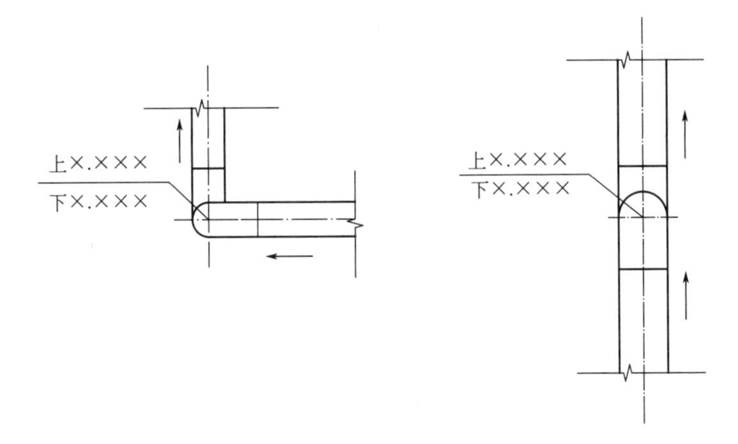

图 1-2 平面图中管道标高变化的标注

i. 在平面图上，对于不同标高的结构宜标出标高，方便看图，标识符号举例如图 1-3 所示。如果标识的地方标高层次多，平面距离近，标后不易分辨，可以在标高前注明标高对应部位名称，比如渠底、池底、池顶或平台等。

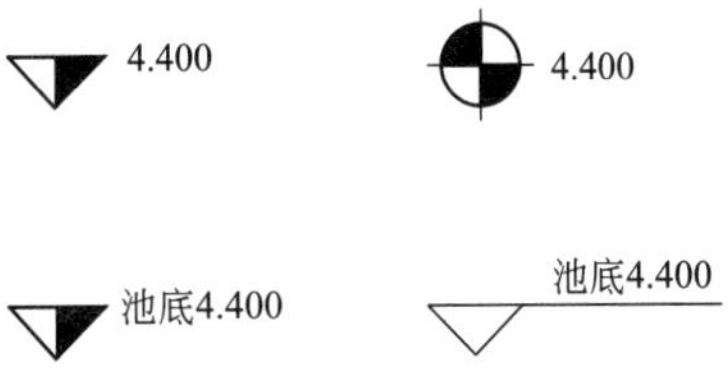

4.400 4.400

池底4.400 池底4.400

图 1-3 平面图中标高标识示例

(4) 管径标注

塑料管和钢管的管径标注不同，钢管管径用公称直径 *DN* 表示，塑料管管径用 *de* 表示，设计计算中要注意塑料管的管径与公称直径有不同的对应关系。壁厚和压力详见《给水用硬聚氯乙烯（PVC-U）管材》(GB/T 10002.1—2006)。

(5) 图纸修改

① 工艺专业设计人员给建筑、结构、电气、自控、仪表和暖通等相关专业设计人员提出设计条件后，应按照相关专业返回的图纸和意见仔细修改工艺图纸，不能漏改，没有具体指明的同类问题也要进行修改。工艺图中体现的土建结构等相关专业的内容应准确无误。

② 单体的工艺图如需根据总图布置调整单体的布置位置和方向时，如果是修改为对称位置布置，不要用镜像法来修改图纸，宜用旋转法，否则容易造成管道接口错误。

③ 设计师应严格按照审核意见逐条修改图纸。对于模糊部分为了避免理解错误，或对审核意见有不同意见，可以和审核人员及时沟通确认。要求修改的内容都默认必须修改到位。建议逐条在审核意见旁标注已改和不改的理由并和审核人沟通。对于一些共性的问题，要全面检查、修改，包括平面图、剖面图及关联图部分。

(6) 标注

① 所有设备和管道应画轴线，轴线定位尺寸、设备编号和主要尺寸等应标注。对于小尺寸的标注，如果标注数字遮盖了其他尺寸线宜用引线引出来标注。建议单体同一侧的尺寸标注不超过以下三层，横平竖直标注。

a. 最靠近单体的位置标第一层标注，主要标与设备安装有关的尺寸线和定位线及细部构筑物尺寸线。

b. 第一层向外为第二层，可标注比第一层更大一些的尺寸，比如构筑物尺寸或设备定位线等，第二层中一般不宜出现比第一层更细的尺寸或边界随意交叉、边界不对齐的尺寸。

c. 第二层向外为第三层，标注最大的尺寸，且尺寸线边界要和前两层相应位置的边界

对齐。细小的尺寸如果标到单体外侧三层不容易定位，可以改为就近标注，方便看图。

对同一部位的平面尺寸和剖面尺寸标注应严格一致。

② 工艺图纸中如果出现建筑结构（池壁厚度、柱子位置间距、梁的标高、门的标高和宽度、窗户尺寸和位置、管沟定位和标高、集水沟定位和标高、放坡等）的尺寸，要求其定位准确，尺寸无误，并与土建图纸仔细核对一致。

③ 为了便于识图和校审，所有管道进出口要写明来自哪个单体和下游连接到哪个单体，设备表的标注中也建议标注该设备安装的位置和用途，图纸上的每台设备的编号都要标注，套管采用小标号或者引出标注，预埋件要引线说明位置（池顶、池底、侧壁等预埋）和用途（比如启闭机用预埋钢板、池底预埋钢板等）。

④ 标高的标注应体现主要结构、设备基础、设备、管道、阀门、启闭机、栏杆、平台等的标高。

⑤ 管道中心距墙距离应标注，注意横管和竖管的管道支架间距要求不同，管径不同支架做法和间距也不一样，应参考图集，固定支架位置的尺寸可以标注标高，图示支架位置。为了图纸整洁、重点突出，支架的间距可不用标尺寸，但是支架数量和间距要画正确，根据现场情况按照规范施工安装。设备支架应根据设备供货商提供的资料或经过机械计算设计，在材料表中应写明支架数量、管道尺寸以及标准图集号。管道支架的设计可参考图集，需要预埋的支架要在图纸上标明。图集中没有的，原则上在水平转竖向向上 90°弯头处设支墩或支架。大管径管道支架间距最长 6m。没有图集可参考的，建议请机械设计师帮助设计。

第2章 工程设计前期的信息资料收集

按照本章总结的内容，可以较全面地进行资料收集及调研工作，如果设计人员无法判断得到的信息是否真实、无法判断如何应对引申出来的问题以及如何协调沟通，则需要寻求经验丰富的决策人的相关意见。

2.1 新建项目

设计可行性研究报告、初步设计、施工图阶段和方案投标阶段需要搜集的资料和信息主要包括如下内容，可以列成表格并根据设计深度选择搜集。

① 工程范围。除了厂区红线以内部分，是否还包括选址、泵站、污水管网、供水管、排水管、回用水管网、电源、污泥处置等工程设计内容。

② 工程进度计划、实施进度要求、工期要求、工程资金来源、融资环境、投资限额、资金筹措进度、项目建设模式、业主的宏观要求以及特殊要求等信息。

③ 项目合同、相关批复文件、政府审批文件、政府工作报告、政府采购文件、招投标文件、会议纪要、函件、通知、环境影响评价、可行性研究报告和论证报告等文件。

④ 工程所在地（城市/镇）的总体规划、控制性规划、详细规划等，应至少包含建成区和规划面积、现有和规划人口、区位图、地形地貌图、现状和规划产业布局、公共设施、道路交通、用地评定、规划结构、居住用地、开发强度、绿化结构、生态体系、现状和规划给水排水工程、供热供气、环境保护、环卫工程、防灾、现状污染情况等，确定工程服务范围。

⑤ 当地的自然地理条件（地理位置、地形地貌、风玫瑰图、水文、气候、工程地质、地震、雷电和防洪资料等）。确定地震防护等级和防洪标准，工程所采用的坐标系和高程，收集《地灾评估报告》和《洪灾评估报告》。

⑥ 测算水量相关资料。拟建污水处理厂要收集的污水服务区域范围及该范围内的现状人口数量、远期人口预测、每种地块用途和占地面积，进入拟建污水厂的生活污水量和每种工业废水水量，污水处理厂服务区域内的总给水量以及每个收集区域的给水量情况（生活用水和工业用水分开，工业用水要搜集具体产品名称、产量和吨产品用水量等）。

⑦ 设计水量。工程规模，峰值变化系数［雨季，旱季，排水体系（污水收集管网是合流制还是分流制）］，合流制截污倍数。工业废水峰值变化系数应按照《室外排水设计规范》规定，新建分流制排水系统，宜提高综合生活污水量总变化系数，既有地区可结合城区和排水系统改造，提高综合生活污水量总变化系数。设计中应参考国外先进和有效的标准，

适当提高综合生活污水量总变化系数。例如：日本采用 Babbitt 公式，即 $K=5/(P/1000)^{0.2}$（P 为人口总数），规定中等规模以上的城市，K 值取 1.3～1.8，小规模城市 K 值取 1.5 以上，也有超过 2.0 以上的情况。

⑧ 工业废水现状调查。搜集拟建污水处理厂拟接纳的已建排污企业名单，收集每个排污企业的水质、水量、环境影响评价报告书和可行性研究报告。工业企业要提供企业用水量、污水量、废水特性、水质水量波动规律、废水的来源、生产的产品名称及产量、主要原料、产生污水的工艺段介绍、企业内各排污口主要污染物成分、浓度和流量、企业内污水站进水水质、污水处理站设计资料和运行情况以及企业排污水质水量指标等。列表方便资料收集和分析加权。对于工业园区，应和主管部门探索各主要排污企业建立在线检测室并联网环保局和污水站的可行性。对于工业废水，进水水质由企业提供，针对不同的生产废水，可查阅相关的文献和类似污水处理工程，了解其废水特性，根据特殊的污染物进行针对性调研。进水水质主要了解 COD_{Cr}、BOD_5、SS、NH_3-N、TN、pH、TP、色度、水温、盐分、氰化物、油、表面活性剂、硫化物、酚类、苯类、Cl^-、SO_4^{2-} 及其他特殊指标，要了解主要污染物的类型和量。

⑨ 待建和规划中的排污企业的工业废水调查。应提供相关排污企业名单，每个排污企业的环境影响评价报告书和可行性研究报告。工业企业要提供企业用水量，污水量，产品名称及产量，主要原料及产生污水的工艺段介绍，企业内各排污口和综合排污口废水主要污染物成分、水质、水量以及拟建的企业内污水处理站规划等情况。

⑩ 当地类似的污水处理厂的进出水质、搜集范围、水量、进水污染物成分、处理工艺、设计参数、运行情况、投资运行费用、设备选型和主要问题等情况。

⑪ 管网。如管网已设计或已建，应了解进入污水厂管道尺寸、坡度、材质、标高、充满度以及平面定位图纸，判断管网能力与污水厂设计规模的匹配性，确认接口位置坐标。如果是泵站来水，除了上述信息，还应了解泵站位置、水泵扬程、泵站水位情况和设备参数，复核水泵流量扬程及沿程管道是否满足要求。需要了解现有管网设施建设情况、现状和规划路网图和地形图，对现状排水体制、收集范围和是否完善等情况进行了解。对于待建管网，应搜集总规（控规）、给排水规划、现状污水管网图、地形图、规划路网图和镇域规划图等，需了解每片收集区域的现状人口数量、远期人口预测、每种地块用途和占地面积、地形图、工业企业的现状和规划污水量等。了解拟建污水厂所接纳现状排污企业和规划企业的分布情况图纸。了解回用水管网覆盖的每片区域的位置和用水量要求以及涉及的现状和规划路网和地下管网设施图纸。污水厂排水管需要过高速路、河流、铁道或特殊结构的相关现状图。

⑫ 厂址选择基础资料。需要了解备选的可用厂址的工程条件（主要包括交通、运输、周边环境、市政设施、电力外线和周边地块价值等），厂址距离排放水体和回用水服务区域的位置、地形图，厂址对管网设计的影响，可供选择的泵站地址、地勘资料（或周边附近工程地勘资料）等情况，对各厂址相应需要建造的管网投资、泵站数量和运行费用、排放是否方便、土方量、地基处理和三通一平等情况进行综合技术经济比选。

⑬ 对于已确定厂址的工程，应了解拟建污水厂场地红线定位图（显示污水厂的坐标、河流、高速路、铁道、涵洞等的坐标定位）、完整的地形图（含目前厂区总体地面地坪标高范围、水厂周边河流和公路等的设施现状和规划图）、占地面积和工程地质条件（地勘），了解未来扩建的空间和可能性。

⑭ 工程技术目标调查主要包括水、污泥和臭气处理标准和去向调查。

a. 了解污水处理出水要求及排放去向。出水水质由客户根据环保要求或回用要求确定，但是需要根据国家标准比对并进行分析，对于不合理的数据要提出疑问并沟通确认。如果排入河道，需了解拟排入水体的位置（包括坐标和标高）、水文条件［设计洪水位要确认防洪标准按多少年一遇设计、河水的流向、设计洪水位（黄海高程）、最低水位、最高水位、常水位、河床底标高和河岸标高等］和地质条件等信息，收集洪灾评估报告，还应了解拟排入的水体所执行的地表水水质标准；如果未来有回用要求，应了解可能的回用用途。最终根据排放水体的要求和回用用途综合确定污水厂排水水质标准。

b. 了解并且与业主沟通污泥和渣的处理要求、最终出路及相关费用。

c. 了解和评估臭气处理的必要性，根据行业标准以及对项目的判断与业主沟通确定臭气处理标准。

⑮ 了解客户对污水处理工艺的要求以及选择工艺中比较关心的问题比如技术先进性、新技术应用、可行性、占地、投资经济性、运行费用、操作维护方便性、自动化程度和折旧等，并进行相关沟通。了解业主在项目设备档次、专利技术采纳要求、除臭、污泥处理和清运、自控仪表、发电机、实验室配置、暖通、节能、绿化、环境功能、建筑风格、太阳能利用和限高等方面的要求。

⑯ 施工条件调查内容主要包括市政设施的安置情况、项目手续流程、建筑市场调查［包括人员（行政、管理、各工种劳力和特殊工种等）、施工机具和五金件等］和施工环境调查（主要包括现场是否三通一平、运输条件、现状场地用途、工程限高规定、是否有高压线等特殊周边设施、是否有足够施工面和建设临建的用地等）。对现场三通一平的工作量进行勘察，分清三通一平归属哪一方工作范围，相关费用估算。

⑰ 可供选择的污水厂出水排水口的具体位置和标高，污水厂排河距离和相对位置图，踏勘现场并取得厂址和河岸的照片。如不确定，要了解污水厂距离排放点的距离和高程，如排入水体应了解受纳水体的位置坐标、可供选择的污水厂排水口的位置图（坐标表示）。

⑱ 接口调查。

a. 厂外道路、自来水、污水、排水、电、通信、蒸汽、燃气等的接入位置、距离、容量和参数。了解市政设施的接入条件和相关费用。

b. 电方面的信息搜集包括高压电源电压、电度电价、基础电价、电网电源是否满足水厂的容量要求、电扩容费用（如需扩容）、引电入厂费用、引电距离以及供电电源是否可提供一级负荷双电源或二级负荷双回路。了解客户对电气工艺设备、仪表、照明等档次要求，发电机要求。

c. 了解雨水排放条件，是否可接入附近市政雨水排放管网，如果可以，应收集雨水接口位置，了解是否允许散排，雨水管排入水体的工程条件。

⑲ 搜集工程地点的详细地勘报告，如没有则需要了解周边特殊地质情况、土壤特殊性（注意湿陷性黄土、流沙、湿地、埋地垃圾等特殊地基条件，冻土层，地下水位等）。同时要搜集附近工程的地勘资料、周边建构筑物打桩深度、施工降水等地基处理难度和相关费用及周围建筑的地震烈度设计值等信息。

⑳ 了解经济测算相关信息：包括当地水、电、材料、蒸汽、燃气、煤油、碳源、人工、污泥清运、污泥处置、药剂和其他涉及的消耗品等单价费用以及土地征用补偿费等。了解当地建筑市场情况和预算定额。

㉑ 了解当地的其他特殊信息比如人文、环境、文物保护、宗教、习俗和卫生防护等方面的信息。了解可能涉及的拆迁、占用农田和其他特殊设施的可行性。

㉒ 项目风险调查：主要包括经济（投资、融资和效益分析等）、环境、安全和实施等方面潜在的风险因素调查。

2.2 改扩建项目

对于改造扩建工程，除了2.1节相关内容，还需要了解如下信息。

① 实际水量，峰值系数，拟改扩建污水处理厂与原污水厂的关系，沟通共用设施的可能性。

② 改造的工程条件。

③ 搜集已建污水厂的污水搜集范围和水源特点，分析改扩建后收集范围、进水水质可能的差别。

④ 搜集已建污水厂和泵站的工艺、结构、供电、暖通、消防、给排水及相关设施的施工图、竣工资料、技改记录、设备供货商信息、技术参数、运行记录、设备维护记录、可研、环评以及各种有关技术报告等。

⑤ 搜集运行数据（1～2年逐日水量、水质、水温及各单元进水和出水水质等数据），进水中的工业水成分和水量，取样检测并与在线数据比对。

⑥ 现场踏勘已建污水厂的设计和运行问题，为改扩建提供参考。

⑦ 了解已建污水厂的投资（决算价格）和运行费用：水、电、药剂、人工、蒸汽、污泥处置、污泥运输等的消耗量和单价以及可能的其他开销，搜集药剂使用情况、污泥清运记录和用电负荷。

⑧ 改造扩建区域的地勘。

⑨ 已建污水厂的电容量，是一级负荷还是二级负荷，是否双回路，高压柜的电增容余量等。

此外，在施工图阶段，注意设计进出水质、规模和红线等设计条件一般由业主给定，尽管合同已有约定，设计值是否合理与执行方没有责任，但作为合格的设计师宜给予复核和确认，有问题需要与业主沟通并做好书面记录。还需要搜集施工规范和HSE要求。在项目建设中建议加强与现场项目经理的沟通和质量进度跟踪，有问题及时解决。如没有搜集到工程地点的详细地勘报告，则需要协调土建专业根据工艺总平面图出布点图进行地勘。

第3章 方案、可行性研究报告和标书编制

编制方案、可行性研究报告（以下简称“可研”）和标书是项目前期经常接触到的技术支持工作。从深度上讲，方案的内容根据业主要求的深度编制，方案通常比可研简略。投标文件的深度则需要根据招标文件的具体要求进行编制，有时是简单的方案，有时要求达到可研深度，有时要求达到初步设计文件深度。编制方案、可研和标书前要搜集的资料以及主要内容在第2章中已论述，本章主要介绍相关工作流程和需要注意的过程节点。

3.1 编制深度

① 方案　一般根据客户要求、项目需要和递交的目的来确定方案的编制深度，方案的内容主要包含背景介绍、设计条件、水质特点分析、项目特点和难点分析、方案比选、采用的工艺（技术）原理和特点、工艺流程、构（建）筑物配置、设备配置（规格型号、数量、材质、产地、供货商等根据项目要求填写）、工程设计内容论述、平面图和水力高程图等，复杂的方案需要达到可研深度。

② 可研　《市政公用工程设计文件编制深度规定》（2013年版）对可研、初步设计和施工图要涵盖的内容有较具体的要求，需要根据该编制深度要求编制可研文本和图纸。

③ 标书　按照招标文件要求的工程内容和服务编制标书，一一响应。投标文件的编制深度、格式、章节划分等细节甚至字体字号完全取决于招标文件的要求，应严格按照招标文件规定编写，否则容易被废标。

3.2 可研评审的主要内容

了解可研评审的主要内容可帮助设计师了解可研编制的深度和重点，有针对性设计。可研评审的主要内容包括：

① 可研的服务范围和工程范围。内容要求完整、准确和合理。

② 工程的必要性和可行性。需要非常重视新建污水厂的必要性和可行性论证、挖掘已建污水厂的潜力尽量符合污水处理现状和规划要求等方面的论述，不能讲空话，不能流于形式。

③ 工程条件。主要评价工程条件是否准确、完整，涉及市政设施、电力外线等是否满足要求，施工条件是否论述准确详尽，是否提供现场照片、地勘资料及附近工程地勘或打桩深度等参考资料。

④ 给水排水现状和规划。评价完整性和准确性。

⑤ 厂址选择的合理性。厂址的选择要满足规范的要求，针对不同厂址条件下导致的管网工程量、水电介质接入工程量、泵站数量、能耗、土方量、防洪、地基处理和护坡护堤等工程难度和费用，投资差异，环境影响，文物保护，厂址地块价值以及污水厂对周边地块用途和商业价值的影响等方面进行比较、评估，优化后确定厂址。应以规划为基础进行核实。

⑥ 处理规模的合理性。处理规模的确定应以规划为基础进行计算和核实。当委托设计方没有给定水量并且没有提供规划的时候，需要工艺设计师通过勘察计算符合实际的合理设计水量。首先需要统计污水厂服务区域内的各地块的人口数量和面积、地块用途、工业废水水量水质，地块的划分可以参考规划。水量的计算可参考《室外排水设计标准》（GB 50014—2021）《给水排水设计手册》《城市给水工程规划规范》（GB 50282—2016）和《污水综合排放标准》（GB 8978—1996），主要分以下四种情况。

a. 生活污水量。根据居民人口数、城镇所在地区分区类型（参考 GB 50282—2016），查到所在地区生活用水量指标，再根据排水系数、收集系数和地下水入渗量（地下水位较高地区考虑入渗水量），计算生活污水量，可根据建筑内部给排水设施水平高低按当地相关用水定额的 80%～90%计算。地下水入渗量可参考《室外排水设计标准》的数据计算。确定水量时要结合建筑内部给排水设施水平确定。

b. 根据用地面积和地块性质，计算服务面积内污水量。

c. 工业废水量。工业废水的水量水质差别较大，需要切实考察搜集企业的废水数据。在方案阶段，应以委托设计人提供的设计条件为主，还可向当地环保部门了解已建企业实测水质数据和已统计的数据，参考已建企业、规划企业和拟建污水厂的环评数据，最后可根据类似项目经验详细了解类似产品、类似生产工艺产生的废水特点，与企业和污水厂业主沟通，确定进水水量水质。当没有废水量和水质数据的时候，建议调查已建和拟建企业生产产品的名称、类型、工艺和产量，参考《污水综合排放标准》中规定的吨产品允许排水量计算。当方案阶段没有以上信息时，可与委托方商议参考当地的给水排水规划、可研或环评水量数据进行设计，待获得更多资料后再调整设计条件和设计方案。

d. 雨季设计流量。根据《室外排水设计标准》设计。

在计算值的基础上要结合污水规划来确定设计规模，根据发展规划中论述的污水量变化趋势，进行分期建设规模的合理划分。不但要确定水厂的近期建设规模，还要对远期的水量有一定预期和规划。应考虑雨季污水量的情况。

⑦ 进水水质的合理性。当设计委托方没有给定设计水质的时候，需要工艺设计师给出建议，进水水质的计算可参考《室外排水设计标准》（GB 50014—2021）《污水综合排放标准》（GB 8978—1996）和《污水排入城镇下水道水质标准》（GB/T 31962—2015）。

a. 生活污水。可参考规范中每人每日排出的污染物浓度进行计算，BOD_5 按每人每天 40～60g 计算，SS 按每人每天 40～70g 计算，TN 按每人每天 8～12g 计算，TP 按每人每天 0.9～2.5g 计算。但是由于生活水平和习惯的差异各国对水质取值不同，除了规范上列的一些国家水质标准可供参考外，还可参考实地考察数据。此外，管网完善情况和排水体制也会影响污水水质，禁止使用含磷洗涤剂的城市，污水中总磷浓度相对较低。建议参考附近水质成分类似的成功运行的污水处理厂的设计水质，结合未来规划，确定进水水质。

b. 改造项目。可以针对近年该水厂逐日水质进行统计分析，了解实际运行中水质和最初设计值的出入，了解新增人口、工业企业入驻等变化情况和规划，对历史进水水质整理出概率为 90%～95%的各水质指标的数据，结合企业和城市规划，预留余量，确定设计水质。

c. 接收工业废水的城镇污水处理厂的进水水质设计。分工业废水和生活污水两个部分考虑。工业废水部分，需要业主提供排入污水厂的每股工业废水的水量和水质，排入污水厂的工业废水的水质要满足《污水综合排放标准》和《污水排入城镇下水道水质标准》（GB/T 31962—2015）规定的最高污染物排放浓度，该浓度标准可作为进入城镇污水处理厂的工业水部分的设计进水水质。下水道末端污水处理厂采用再生水处理时，排入城镇下水道的污水水质应符合A等级的规定；下水道末端污水处理厂采用二级处理时，排入城镇下水道的污水水质应符合B等级的规定。生活污水的水质采用前述方法计算，同时参考周边类似污水处理厂的设计水质。最后，生活污水和工业废水水质加权后再平衡雨季和旱季、管网等相关因素，考虑适度余量，结合实测数据和环评（如有），确定设计进水水质。

d. 企业内工业废水处理厂的进水水质设计。

a）对于已建企业，工业企业的废水处理厂的进水水质与产品、生产工艺和原料等因素有复杂的关系，设计进水水质通常由业主确定，因为企业对自己产生的废水中的污染物成分和特点最为了解。工艺工程师在调研时，需要深入了解每个车间废水的特点，按照每股废水的排水浓度进行统计、计算、分析、加权后，还要参考水质条件相近、生产工艺类似的企业的废水处理工程的设计水质，有条件时取水样实测，最后确定进水水质。

b）对于在建和拟建企业，则需要首先拿到该企业的环评可研资料，再向企业了解产品、产量、生产工艺、原料、中间产物和污染物成分等信息，请企业提供同行业其他企业的污水厂设计数据作为参考，必要时取同行业类似企业废水样检测核实，结合工艺设计师根据自身对该种废水工程的设计经验确定进水水质。

c）对于没有类似企业的开创性企业的废水，则需要企业提供环评和可研，同时提供产品试制过程的废水水样进行实测，进行小试和中试试验后确定进水水质和处理工艺。

⑧ 出水水质的合理性。出水水质要满足《城镇污水处理厂污染物排放标准》（GB 18918—2002）《污水综合排放标准》（GB 8978—1996）《污水排入城镇下水道水质标准》（GB/T 31962—2015）以及工业企业行业排放标准和当地环保标准。具体执行什么标准要了解下游受纳体的环保要求、规划和业主的特别要求等，并结合工程特殊需要（比如回用或分期建设不同要求等）进行调整，同时要考虑环评的要求。

⑨ 项目特点和难点分析的全面性、合理性和准确性。这一要求较多体现在占地紧张、进水水质复杂、水量波动、水质波动、难降解和有毒污染物、脱氮除磷、温度、地基处理难度、支护费用、地形地貌、防洪标准、土方平衡、药剂输送和技术局限性等方面。

⑩ 比选处理工艺的合理性和可行性。在技术可行的前提下，排除因占地、投资等限制明显不可行的工艺，选取可行的处理工艺进行比选论证，编制各比选方案的投资、运行费用、占地、运行维护等方面的比较表，绘制比选方案的平面图和水力高程图，最终确定可研推荐处理工艺。可研评审还会涉及推荐工艺的平面布置和高程设计是否合理。

⑪ 污水、污泥、臭气和再生水等是否有合理的出路。排放要达到的技术指标及设计条件是否符合环保要求和规划，污泥量计算是否正确，处理费用是否合理并符合实际情况，污泥最终处置方式是否符合当地要求等。

⑫ 评估工艺、给排水、总图、配套管网、泵站、建筑、结构、自控、电气、仪表、暖通、设备、环境保护、节能设计、劳动安全卫生、消防、工程风险分析、工程效益分析、投资估算、财务经济评价、资金筹措、施工组织和运营管理等相关专业的方案。宜注意综合考虑近期、远期分期建设情况的总体布置、节约占地、水量计量以及与外部接口（水、电和水

体等）的连接顺畅，结合远期建设对可能的共用设施土建一次设计到位，预留远期设备位置和接口，避免投资浪费。用地、投资和运行费用等指标是否合理并符合规划和要求。

3.3 编制中需要协作的内容

方案、可研和标书编制工作一般是工艺工程师协调相关专业共同完成，因此，接到任务后首要任务是了解任务的具体要求、工作内容、工作量和进度要求，尽快整理好工艺和相关专业的任务、交接时间节点并做好表格通知协作部门，明确任务内容、时间节点、责任人和联系人，同时发给协作部门相关资料开始准备。在工艺专业编制设计条件的同时请协作部门同时熟悉前期资料，待设计条件给出后能使其随即投入工作，衔接流畅，高效完成。

3.3.1 协作专业和部门

① 编制方案阶段　对于普通的方案设计，一般情况下、没有特殊地质条件、没有特殊的相关专业条件时工艺专业可以自行完成构建筑物和设备设计，独立完成投资估算和运行费用，宜协调电气、自控、仪表专业提供方案、电气负荷表、相关造价、配电间尺寸和电缆沟位置等设计内容。协调暖通专业提供暖通设备配置和报价。特殊地质、全地下水厂和项目条件特殊的情况需要找土建等其他专业协助出方案和报价，相关内容根据深度要求进行协调。

② 编制可研阶段　编制可研过程中工艺专业是主导，涉及的协作部门或专业主要包括电气、自控、仪表、设备、暖通、消防、结构、建筑、给排水、经济、施工、运营、投资、融资和概预算等。

③ 投标阶段　投标的协作专业根据招标要求确定，复杂程度各异。根据招标文件要求的深度，负责人需确定好需要配合的专业，除了方案、可研中可能涉及的协作专业，有的项目还要协调采购、行政、人力资源、市场销售、融资、财务和法律等部门配合。

3.3.2 编制方案、可研和标书文件的工作顺序

① 精读前期资料，汇总问题进行澄清，如果澄清的问题没有很明确的回复或者在前期运作时没有条件明确，或者资料信息有误、有矛盾、有逻辑错误时，也要和业主初步协商设定一个边界条件来继续推进项目设计，待实施阶段明确边界条件后再修正设计方案。

② 写目标文件摘要，对工作要求、进度要求、商务条件、技术要求进行总结和提炼，尤其是针对招标文件，建议工艺工程师对核心内容做摘要，方便日后工作中反复查找和确认。

③ 制定工作计划。工作拆分需要详尽，落实到相关专业和人，制定起止日期，并分派给相关专业去精读其相关专业的要求。

④ 工艺专业进行设计计算，完成构建筑物表、设备表、平面图和高程流程图，专业内审核。

⑤ 给电气、自控、仪表专业（以下简称电专业）提供设计条件。将相关资料和设备（含功率、数量、装机功率、运行功率和是否变频等）、仪表、发电机、温湿度、电压频率和是否防爆等工艺要求（工艺参数要经过设计负责人确认）及相关图纸作为电专业设计条件提供给配合部门。根据不同深度要求，电专业反馈的成果包括自控、电气、仪表设计方案、电气负荷表、投资、变配电间尺寸、发电机重量、发电机房尺寸、配图（如配电系统图等）和

操作控制原理等。工艺专业按照节点提供设计条件给协作专业，计划时间检查协作人的中间进度和审核其工作成果是否达到工艺要求。

⑥ 给施工组织设计和调试运营专业提供编制条件，包括构建筑物表、设备表、平面图、高程图和相关前期资料。对方成果文件为进度计划表、施工组织设计和运营管理组织设计文件。

⑦ 给采购专业提供编制条件，包括设备表（数量、结构、材质、规格型号、使用条件、条件图、设备供货商的业绩、生产历史和资质等商务要求等）和相关前期资料，对方成果文件为设备造价和采购组织计划。

⑧ 工艺专业编制文件主要包括：

a. 简单方案可根据以上文件估算造价和运行费用，工艺工程师可独立完成，或根据从业单位的部门功能划分由相应部门完成。但建议新人在工作过程中积累造价、运行费用等相关知识。费用计算完成后，需和成功运行的相似工程进行技术经济比对，力求在技术满足要求的前提下有技术提升和投资优化。最后，工艺设计师汇总相关专业反馈的文件，对相关专业引用的规范标准是否作废、深度是否满足工艺要求以及设计条件是否与工艺设计提出的条件有出入等方面进行校核，编制方案文本；

b. 复杂的投标文件需按要求绘制达到初步设计深度的工艺、电气和土建图纸并编制概算表，如有要求，需要提供 PID 图、计算书、控制原理和逻辑设计、物料平衡和设备方案等文件。

⑨ 给投资经济测算专业提供的编制条件主要包括项目概算表、运行费用表（给出前要经过设计负责人确认）、投资范围、投资年限和相关前期资料。反馈文件为投资测算水价、财务分析和融资方案等文件。

⑩ 最终成果递交审核前需再次梳理所有前期资料、考察资料、沟通协调文件、技术确认和编制深度要求等文件，检查所形成文件是否逐条满足要求。根据审核意见进行修改、定稿，提交。

3.4 设计提示

污水处理工程的水处理工艺是由执行不同功能的单体组成的，污水处理方案的编制过程是一个搭积木的过程，不同的处理工艺就是一个个形状功能各异的积木块，各工艺块协作完成处理任务按顺序形成工艺流程。为了将工艺积木块有机结合起来，搭建出针对特定项目相对较佳的方案，需要考虑多种因素，在方案、可研和标书的设计中需要注意如下细节。

（1）对原水可生化性的判断

在方案甚至施工图阶段，业主会在设计条件中给出设计水质，该设计水质往往是最高值或者是以 90%或 95%概率出现的进水水质，和实际运行中的水质可能有较大差异。对于生活污水，当来水水质确定的情况下，简单用 BOD/COD、BOD/TN 和 BOD/TP 判断可生化性和营养源是否充足是可行的。但是对于工业废水尤其是工业园区废水，情况就不同了，设计师需要了解进水的成分，否则会出现方向性错误。例如某工业园区集中污水处理厂，进水按 COD 500mg/L 和 BOD 200mg/L 设计，设计师不能简单用 BOD/COD 值为 0.4 判定该种水可生化性好。实际上，工业园区每家企业的废水都要求达到排入下水道标准或者达到行业

标准排放，在排放前可用生化法处理的都在企业内污水站进行过处理，排放时可生化性一般都较低，BOD往往达不到设计值，进入园区污水厂后往往可生化性较差。此种情况下，要对园区各企业的废水处理情况做深入了解。如果入厂水可生化性较差，要先考虑提高可生化性的措施再进行生化处理，且对于不可生化的废水，要采用物化法处理，个别毒性大的企业废水要单独处理。在前期方案阶段，要掌握或约定BOD/COD的范围值，方能继续编制方案。

（2）对原水毒性抑制物质和难降解物质的判断

要详细、准确了解进水中毒性抑制物质和难降解物质的成分，即使对于有成功经验的污水和废水处理项目，也要了解相关的信息。对于这些成分，可以从环境数据查到其COD、BOD和可生物降解性，环境数据可以参考王良均等编著的《污水处理技术与工程实例》和JLC环境技术交流中心发布的《有机化合物环境数据简表1000例》。有些废水中存在常规工艺无法降解的污染物，如果水量小，可验算将其作为本底进入园区污水厂出水，根据其水质水量计算出汇入污水厂后所贡献的浓度，若判断该本底影响到污水厂的出水达标，则要对该股水进行单独处理，不能进入集中处理系统，避免造成投资和处理费用的升高。

（3）对于工业废水处理厂，业主无法提供进水水质及水样

在方案阶段，工艺设计师可凭借自己对类似废水的处理经验，给出进水水质建议，但由于每个企业的清洁生产控制水平不同，同样产品同样产量条件下，废水水质水量还是会有不同。在给出进水水质建议的同时，要对进水水质可能的不确定性对业主提出可能的风险提示，双方达成一致意见后，在暂定的进水水质条件下进行初步方案设计，待拿到产品试制过程中的水样后实测水质，修正设计条件和方案。

工艺的选择要考虑技术可行、业主经济状况、设备档次要求、占地、能耗、地质条件、投资、工程条件、自然条件、工程范围和征地情况等。需要注意了解竞争对手的技术能力和弱点，有针对性地选择更为适合该项目且具有优势的工艺。

对于市政生活污水，选用常规的生化工艺，需要注意考虑工艺设计的可调节性，以在一定程度上适应实际水量、水质或其他边界条件与设计值不符合的情况，避免刚性设计。例如，在缺氧池和好氧池之间设置兼氧池，可提高对进水TN和BOD失调的灵活运行；分组分系列、大小泵配合、大小鼓风机搭配、分组曝气（电动阀门控制）、回流比可调、多点进水和多点回流等也可增加维修、水量波动大等情况下运行的灵活性。类似的设计思路可以在方案设计阶段拓展。对于占地紧凑的项目，除了选用周进周出二沉池、磁混凝沉淀池、高效澄清池、斜板沉淀池等工艺外，还可考虑生物倍增、EBIS微氧循环流、BBR、MBR和MBBR等生化工艺，这些工艺占地小，也适用于处理低温污水，并且在原位扩规模或提标中也具有优势。对于有扩容扩地条件的改造项目，还可以对厌氧氨氧化、硫自养反硝化、反硝化滤池、COD碳滤有机膜、陶瓷膜、颗粒活性污泥和脱氮树脂吸附等技术进行技术识别，有针对性地选用。

在编制方案、可研和标书时要留心以下问题：

① 编制方案一般会以其他类似方案为模板进行修改和更新，方案设计中需注意不要出现其他无关项目的名称、地点和任何与本项目不符合和无关的内容。每个字都要看到、读到，和所设计项目无关的内容都需要删除。

② 严禁可能给从业单位带来直接或间接损失的失误。

a. 不要把项目资料和成本底价透露给无关人员。协作单位或供货商提供的资料里可

能混入无关资料或价格等敏感内容，汇总时都要逐字检查不要有无关信息并确认是最终版本；

b. 供货商提供的业绩等资料中可能出现价格、业绩项目名称等，需要仔细核对，不能有泄露商业机密的内容出现，也不能引用不真实的供货商资料；

c. 对于投标保证金，注意汇款名称和数额要仔细核对，不能有误，且要注意时间节点；

d. 暗标要注意确保不出现投标单位的任何信息、业绩名称或其他特殊信息，字体字号格式严格按照招标文件要求提供，避免废标。

③ 明确工程范围。写工程范围的目的是界定边界条件，这牵扯到所报投资和相关费用的工程内容、工程条件以及业主和承包商之间的责任界定，不仅要把工程接口写清楚，还要把双方要做到的技术指标和具体要求写清楚。因此要条理明晰，责权分明，不能有遗漏和模糊地带。

④ 可研附件，主要包括咨询证书、设计证书、ISO认证证书、图纸、财务表、工程进度计划表、相关批复文件、重要会议纪要、论证资料和其他重要的相关资料，所有证书应盖章。可研的编制团队人名、专业、职称和联系方式等要注意更新，所附证书要注意有效期。

3.5　价格估算

工程价格估算是每位工艺工程师需要掌握的技能，在方案阶段没有图纸情况下由工艺工程师进行估算，而概算、预算和决算价格需要概预算专业根据图纸出工程量清单结合项目所在地的定额配合完成。

3.5.1　投资价格构成

建设项目总投资的构成主要包括两个部分：固定资产投资（即工程造价）和流动资产投资（即流动资金），其中固定资产投资包括一类费用、二类费用、预备费、铺底流动资金和建设期贷款利息五个部分。

一类费用包括两类：设备、工具及器具购置费和建筑安装工程费。

① 设备、工具及器具购置费：设备价格中除了出厂价，还包括运费、税费、装卸、包装和保管等杂费，海外项目需要涵盖清关、关税、包装和装卸等费用，需要了解当地具体收费规定；

② 建筑安装工程费（简称建安费）由工程直接费、间接费、利润和税金四部分组成。其中，直接费包括两个部分：直接工程费（含人工费、材料费和机械费，会根据市场因素变化，需要及时更新数据库）和措施费（含施工排水、施工降水、脚手架、模板、支架、大型机械进出场及安装、临时设施、安全生产、环境保护、文明施工、二次搬运、已完成工程和设备的保护等）。间接费包括两个部分：规费（含工程排污费、测定费、职工社会保险、公积金和意外伤害等）和企业管理费（含固定资产使用费、工器具使用费、劳保、工会、财产保险、职工教育、工资、办公、差旅、交通、财务等相关费用）。

二类费用即工程建设其他费用，包括征地费、与项目建设有关的费用和与未来该工程的经营相关的其他费用。

3.5.2 价格估算方法

作为方案的估价，工艺工程师需要至少掌握以上一类费用和二类费用的估算方法，预备费、建设期贷款利息及铺底流动资金由经济专业配合完成。

首先计算一类费用，一类费用由设备购置费和建安费组成。

(1) 设备购置费估算

设备价格可向供货商询价，设计师需要注意建立设备价格数据库，定期更新，以备将来做方案设计中能参考，避免频繁询价。询价时应注意询价的技术条件和资料要比较完整和准确，书面形式的沟通确认很重要。报价前需要提供设备的结构型式、设备参数（数量，结构，材质，规格型号，使用条件，条件图，备品备件要求等）、附属设施和配套设备、业绩要求、资质、商务要求和相关前期资料。自控电气仪表相关设备的价格需要相应专业采购人员提供。

(2) 建安费估算

建安费的计算专业性强，没有图纸无法完成。在方案估算阶段，简易方法是估算土建和安装的价格，加和后即为建安费。

① 土建费用。估算方法是将池底、垫层、池壁、隔墙和盖板等的混凝土量（体积，m^3）算出来，按照单位体积混凝土单价（可咨询概预算专业并根据市场行情定期更新）来估算费用，全地上或全地下结构要多取30%～40%的系数，复杂结构多取10%～20%的系数。该算法计算出来的费用需要换算为每立方米池容单价进行校核。

每立方米池容单价＝混凝土容积法计算出的单池价格÷池容

该单价要和最低池容单价估算基数（简称估算基数，即每立方米池容造价）校核，该估算基数为经验值，需要咨询概预算专业并根据项目所在地市场行情定期更新，更重要的是需要根据每个项目的实际情况和报价策略确定。池容越小，单价越高。有些大型池体，每立方米池容单价可能会低于估算基数，则需要按估算基数调整报价，调整后该池子的价格＝估算基数×池容。

建筑物的费用按照面积单价估算，绿化按面积或者延长单价计算，道路按照道路混凝土单价计算。以上单价同样需要咨询概预算专业并根据市场行情定期更新。

② 安装费。一般包含水厂红线内所有管道、支架和扎带等辅助材料以及尺寸小于 *DN*200 的阀门的安装费用，需咨询概预算专业按设备价格的一定比例来估算安装费价格，该比例随项目大小、工艺复杂程度和占地等的变化而不同，经验因素占比较大，应根据概预算专业给出的建议和报价策略确定。工艺工程师要注意日常积累和总结，积累到了一定程度方可独立做建安费的估算。

根据以上思路设计表格计算完一类费用后即可在一类费用基础上计算二类费用。二类费用的取值可以参考建设部《市政工程投资估算编制方法》附录二“现行规定下工程建设其他费用计算表”进行计算，其中建设管理费按财建（2016）504号文计算。

计算完一类费用和二类费用，加上经济专业测算的预备费、建设期贷款利息和铺底流动资金，就可以得到完整的投资估算表。

注意报价不允许漏项：除了单体的土建、设备和安装费用以及运行成本估算，还需要考虑到征地、拆迁、青苗补偿、地基处理、降水、总图运输、实验室、道路绿化围墙、土方平衡、堤岸支护、过河、过铁道、过涵洞、污泥运输和处置、材料等更换、变压器租赁、外电、碳源、中和药剂等费用。

3.5.3 价格数据资料积累

在工程造价方面，工艺工程师要注意对数据资料的收集和积累，提高对估算结果合理性的判断能力，减少失误。

① 不同水质、不同规模、不同工艺流程的污水厂的投资、吨水能耗、吨水药剂耗量、吨水运行费用、建筑工程投资、工艺设备投资、电气设备投资和管道配件所占投资的比例等；

② 不同规格、不同材质的管道（含安装）的单价；

③ 常用设备不同规格型号的参数、材质、功率和价格表。

第4章 物理和化学处理工艺

4.1 粗格栅及提升泵站

半地上钢筋混凝土结构构筑物的土建造价低于全地下和全地上结构，如果没有全地下污水厂等特殊要求，污水厂高程设计优先考虑主体构筑物为半地上结构，结合运行维护难易、安全性、来水标高和出水标高等因素确定是否设提升泵站。提升泵站的设置对运行费用和土建投资都有重要影响，是污水厂高程设计的关键点。

市政污水处理厂的进水管分压力进水管和重力进水管。

如果污水厂进水管为重力流管或来水压力不足时，通常设提升泵站，将水位提升到一定高度后进入下游工艺单体，可使整个水厂的主体构筑物为半地上布置，避免构筑物埋深过深增加造价，是较为经济合理的高程设计方法。为了保护泵、避免管道堵塞以及降低后续的生化处理负荷，提升泵站前一般设计粗格栅，直接用细格栅会增加清渣和堵塞频率。对于含砂量大或悬浮物浓度高的来水，还需要增加沉砂池对泵进行保护。因此，“粗格栅→沉砂池(或初沉池)→污水提升泵”的流程从设计角度来说是较合理的，但是提升泵站上游设置沉砂池（或初沉池）的设计因为埋深较深、投资较高和维护不便等原因并不多见。对于地质条件恶劣、占地紧张、含砂量不大、悬浮物浓度不高和工程条件困难的工程，可考虑将沉砂池(或初沉池）放置到提升泵站下游，此时需要将处理效果结合投资情况做权衡考虑。国内工程实践表明，市政污水处理厂常用的“粗格栅→提升泵站→细格栅→沉砂池（或初沉池)”的预处理流程是可行的。对于重力流工业废水进水，提升泵站前需要根据废水水质特点增加预处理设施。单体设计师要在着手设计前与设计负责人沟通好泵站预处理工艺单体的构成和主要参数。

如果进水管道全部为压力管道且来水压力满足高程设计，由于厂外污水提升泵站中通常已经设置了粗格栅，污水厂的预处理可从“细格栅→沉砂池（或初沉池)”开始设计，有的泵站还设有沉砂池，则污水厂的预处理从细格栅开始设计，不设沉砂池。

污水厂内产生的含悬浮物的污水需要设置单独的格栅和提升泵提升到细格栅单体。设计中要注意核对厂外泵站泵的流量和扬程是否满足污水厂较佳高程的要求，结合厂外泵站的预处理工艺流程和设计参数来调整污水厂的预处理工艺，并与厂外泵站设计人员进行沟通，对接好上游水位、泵的规格参数（型式、流量、扬程和材质等)、接口管径和管道材质等参数。

本节以粗格栅联建提升泵站的设计为例介绍设计思路。

4.1.1 接口数据

粗格栅联建提升泵站的单体设计要确认的接口条件主要包括：单体可用地尺寸及在总图

的位置，红线坐标，来水水质和特点，重力来水管的管径、管底标高、坡度、管道材质、充满度和来水方位坐标，泵站压力来水管的管径、管中标高、管道材质和来水方位坐标，进水明渠（或暗渠）渠道尺寸和水位标高，污水厂厂区内排水和反洗水管管径及管底标高，总图给出的出水提升液位标高，地坪标高，冻土层标高，旱季和雨季水量，雨污合流时截流倍数，峰值水量，出水管线辐射区域图，污水的成分和腐蚀性，地形图，泵站红线图，除臭和保温要求，防洪防震标准，地勘，气候条件等。工艺设计师对接口条件要做必要的分析、计算和校核。

有了设计接口条件，单体设计师应根据来水情况以及下游构筑物的情况对单体设计的相关内容提出自己的设计方案、计算和平面草图，深入设计前需要与设计负责人确认的核心技术参数主要包括：格栅设备的型式、栅宽、数量（工作数量和备用数量）、栅隙，过栅流速、管道流速、栅前水深、功率、起吊设备型式、栅渣输送机型式，泵的型式、数量、变频数量和材质，确认是否设溢流和超越等。

4.1.2 粗格栅渠

4.1.2.1 粗格栅渠的型式

格栅型式宜根据废水水质条件、工程条件和经验来选择，既要关注废水的悬浮物沉降性、黏附性、温度、腐蚀性和颗粒尺寸等因素，也要关注清渣运行适宜的工程条件、压榨是否可行、配套设施的工程条件以及对下游处理工艺单元的预处理要求等。市政污水处理工程中常用的粗格栅有人工格栅、双栅式齿耙格栅、回转式格栅除污机、钢丝绳牵引式格栅除污机、链动刮板除污机和抓爪格栅除污机等，板式格栅和阶梯格栅多用于细格栅。工业废水处理中则应根据水质的不同，选择有特殊要求的粗格栅，比如造纸行业可选用回转式格栅并与水力筛结合，纺织、皮革和酿酒行业可选择回转式格栅或转鼓式格栅，屠宰行业可将回转式格栅与捞毛机结合应用等。

抓爪格栅除污机的结构组成包括如下几个部分：固定栅、悬架导轨与支承架、悬挂式电动移动车、液压开合抓爪装置、行程限位装置、控制系统、移动电缆和栅渣车等。应用于栅渠宽度较宽、渠道数量大于2的情况，每个格栅渠设一台固定栅，几个格栅渠可共用一台液压移动抓爪式格栅清污机（带1个抓斗），沿悬架导轨将栅渣置入栅渣车，省去了螺旋输送机。其工作过程为：抓爪到达抓污位置时限位开关感应测量到导轨内的定位感应条，将感应信号传送给PLC，PLC发出停车信号，小车停留在抓污点，抓爪向下运行并将大悬浮物向下推到栅条底部，抓爪通过液压缸驱动抓污并完全合拢向上移动，当抓爪到达顶部并进入安装在移动车上的防侧移限位板内后停止，移动车沿轨道移动至卸渣处，抓爪通过液压缸的驱动打开，把污物倒入卸渣点，小车和抓爪移动至第二个抓污位置，完成清污工作。抓爪格栅除污机分为时间控制、手动控制或液位差控制。有除臭要求时设计封闭罩，封闭罩设计百叶对封闭罩内的空间进行补风。

4.1.2.2 粗格栅的计算

粗格栅计算时的参数取值根据格栅型式不同有所区别。

① 设计规模　先计算旱季平均流量下的格栅宽度，注意校核雨季、峰值、截流倍数和单渠事故维修等情况下水深和流速是否满足规范要求。格栅的设计中容易出错和变更的是设计规模和来水管道标高，有时是因为考虑近期和远期的预处理是否合建的问题时没有在商务上沟通一致，有时是因为漏算污水厂内可能汇入的反洗水、地下水或厂内雨水等因素，因此

在水量论证上要仔细核算。此外，还要考虑是否有因管网不完善造成的地下水渗入使得水量增加的情况，是否接纳污水厂内的雨水及峰值雨水量，来水标高也要认真确认。

② 栅隙　计算中格栅的栅条间隙的取值要考虑的因素包括：水泵口径（《室外排水设计规范》给出了水泵口径对应的栅条间隙取值)、格栅型式、栅条厚度、废水水质特点（悬浮物颗粒沉降性、黏附性、腐蚀性和颗粒尺寸）以及下游工艺单元的预处理要求等。栅隙取值要求在充分保护泵的前提下适度降低清渣频率，粗格栅的下游是否设置细格栅、是否考虑MBR工艺需要的膜格栅（精细格栅）等因素也要统筹考虑确定。参考经验值，一般市政污水粗格栅下游会设置细格栅，则机械粗格栅的栅隙取16～25mm，上游宜设置人工粗格栅，栅隙取25～40mm。特殊情况下，最大栅隙可为100mm。

③ 栅条厚度　栅条厚度可能因不同产品取值不同，要取不同产品中的大值增加采购可选性，不宜低于5mm。

④ 过栅流速和栅前水深　过栅流速一般取0.6～1.0m/s，校核高峰水量和单渠事故状态时的过栅流速，对于双栅式齿耙格栅、回转式格栅除污机、钢丝绳牵引式格栅除污机和阶梯格栅，栅前水深不建议超过0.9～1.0m，流速不超过1.0～1.2m/s。流速不宜高，否则容易造成水头损失增加。抓爪格栅除污机的栅前水深可取到1.5m左右。

⑤ 水头损失　按照上述参数计算的粗格栅水头损失的计算值一般较小（低于0.1m)，该单体设计中一般不按计算值取水头损失，而是根据经验取水头损失不低于0.15～0.2m，以应对各种特殊的情况，避免溢水事故发生。

4.1.2.3　设备选型

格栅设备按照格栅渠的深度和宽度选型，常用方法是格栅从渠底按安装角度通到渠顶再延伸到渠顶以上排渣高度的位置作为格栅总长，渠顶标高高于地坪标高0.3m，综合格栅渠宽度和格栅安装角度即可对格栅进行选型，注意如果溢流水位高则栅条高度也要调整到相应溢流高度。当来水管埋深太深造成渠深超过10～13m时有三种方案：第一种方案是按照上述方法咨询供货商是否可以生产该种规格格栅，该种深渠方式维修不便，但是便于操作，格栅造价高；第二种方案是将粗格栅渠和栅渣区放入全地下的地下室内，格栅渠深度最低满足“最高栅前水深加超高”的高度并考虑溢流水位和降低土建费用适当留余量，渠顶不用做到与地面平，而是从地面做楼梯下去通到格栅渠顶操作平台和格栅操作间内，这样格栅渠深度可以比较浅，在节约格栅造价和格栅渠土建费用的同时增加了地下格栅室的土建费用，栅渣吊装运出，小规模水厂也可设计搓板梯方便手推栅渣车运出，并做好配套的通风除臭设计，设必要的有毒有害气体报警装置；第三种方案为采用半地下式格栅，电控部分尽量设在溢流水位以上。在技术可行的前提下，最终用哪种方案应综合土建费用、通风除臭费用和设备费用进行经济比较。

在粗格栅单体设溢流应评估对环境的影响和可行性。如设置溢流，应考虑来水的排水体制，是否合流制和明渠来水，溢流标高。有溢流时应考虑溢流水位时池体荷载和受力方向等情况，并向土建专业提出溢流液位等相应的设计条件。

设备表中最终提供给供货商的格栅宽度应在理论计算的格栅宽度基础上加上格栅两边与池壁结合处需要的挡水条的宽度或安装距离，格栅渠的宽度尺寸由供货商根据格栅型式和格栅设备宽度提供，用计算值校核。

4.1.2.4　施工图设计

(1) 进水管渠布置及进水井设计

当来水为明渠时，渠道和管道连接处应设挡土墙等衔接设施。渠道接入管道处应设置格栅。明渠转弯处，其中心线的弯曲半径不宜小于设计水面宽度的5倍；盖板渠和铺砌明渠可采用不小于设计水面宽度的2.5倍。来水明渠会造成水温低，可能会因沿途垃圾造成水质变化，需要与设计负责人沟通是否采取保温措施、调整栅隙等设计思路。

污水首先通过管道或渠道进入进水井再进入格栅渠，对于全地下污水厂，为保障地下水厂的安全，在来水管连接进水井处宜设置1～2道速闭闸门，以便能在发生突发事故时及时切断来水水源。如果需要防止构筑物和管道的不均匀沉降造成对管道的破坏，进水管道上宜设柔性接头（如可曲挠橡胶接头）。进水井设计思路如下。

① 进水井兼具配水以及方便格栅维修的作用。建议格栅渠设计两道以上，如为一道格栅，建议加设一道超越渠。超越渠上下游设闸门，上游闸门后设人工格栅。进水井下游联建格栅渠。

② 进水井大小宜大于检修孔，满足检修空间要求，可参考检查井尺寸并略大些，冬季需要穿棉衣的地区还要适当放大，建议停留时间>5s。如图4-1所示，进水井一个边长的长度 L_1 为并列的栅渠宽度总和（$2B$）加上格栅渠间隔墙厚度，L_1 的尺寸应满足接入管的接入尺寸要求并满足检修口尺寸，如不满足需要调整 L_1 尺寸。另一边的长度 L_2 应大于检修孔，也要满足接入管的接入尺寸要求。结合停留时间计算出的尺寸取大值确定进水井的尺寸。

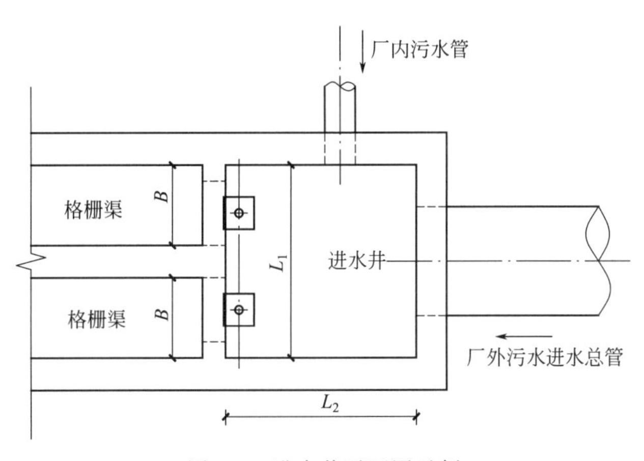

图4-1 进水井平面图示例

③ 各个进入进水井的管道位置应考虑不冲突，各进水管若水平并列布置会加大进水井的尺寸，可错开在不同标高布置，进水井宽度 L_1 一般宜大于1.2～1.5m，视规模计算确定。污水厂内排污水一般接入进水井，不设闸门。厂外总进水管及其他进水管结合管网设计具体情况可设闸门。

④ 进水管与进水井的连接方式根据管道材质确定，混凝土管连接进入进水井做法参见《混凝土排水管道基础及接口》（04S516），主要有2种方式，如图4-2所示。

第一种为承插方式：进水井内壁尺寸应能有足够的接管空间，混凝土管承插口连接应留有足够的安装距离（L），L 应符合安装要求，采用橡胶圈柔性接口；

第二种：以混凝土管用钢制管件连接混凝土管和钢管。例如 $d1000$ 配 $DN1000$ 混凝土管用钢制管件再接 $DN1000$ 钢管，参见《给水设计通用图集》（TG41）。预应力混凝土管用转换接头钢制管件外防腐采用环氧沥青涂料，特加强级，六油二布，参见《给水排水管道工程施工及验收规范》。管道接入进水井池壁时用防水套管，见02S404。

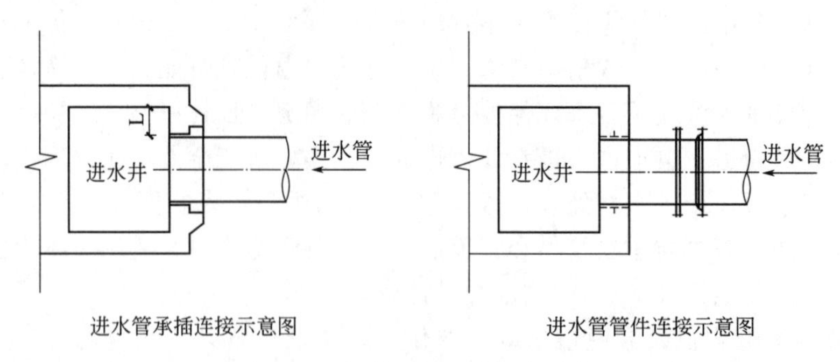

进水管承插连接示意图　　进水管管件连接示意图

图 4-2　混凝土管入池连接方式

(2) 格栅渠入水口设计

格栅渠入水口的过流洞的洞顶标高应高于最高来水液位。洞底标高应高于池底至少 250～300mm（见图 4-3 剖面图），为了方便闸门安装，水平方向洞口距离最近的墙内壁距离一般应大于 200mm（见图 4-3 平面图），这些数据要和供货商沟通清楚。考虑到降低水头损失，如果空间不足时可向墙内拓展空间，以便安装闸门，具体视供货商提供方案而定。闸门的水头损失计算要按照峰值、单渠检修等最不利状况计算。闸门导杆中心应标定位尺寸，过流洞标尺寸和轴线标高。

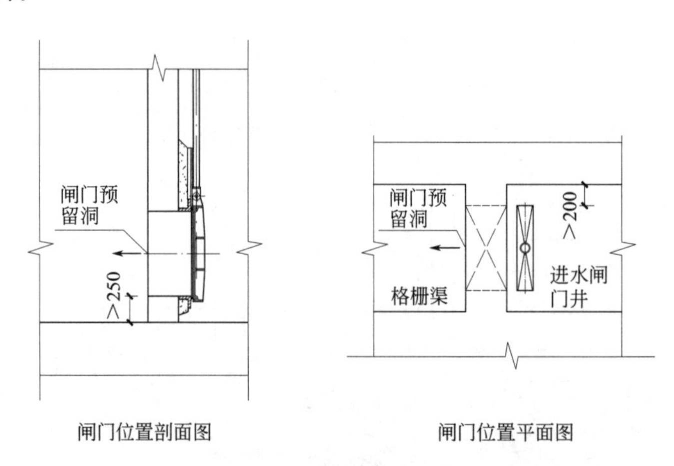

闸门位置剖面图　　闸门位置平面图

图 4-3　闸门安装距离示意图

对于一些大型深井污水泵站，考虑到调整每个格栅渠道的过流量、控制水位和安全需要，同时增加维修的灵活性，建议在进水井和格栅上游闸门之间设置叠梁闸（叠梁闸适用于作为临时挡水或检修闸门），与之对应，格栅下游闸门也相应设叠梁闸。该单体的闸门一般设手电动闸门，自带控制箱（室外需要配户外型）。为了维修方便，闸门设备检修孔的尺寸边长要大于闸门外形尺寸并有余量以方便取出闸门。

(3) 人工格栅

对于市政污水，为了保护粗格栅，一般在进水闸门井和机械粗格栅之间设置人工格栅，人工格栅栅隙 25～40mm，可选栅条格栅或者提篮格栅，人工清渣。其安装应考虑提篮设备的操作空间，如图 4-4 所示。

人工粗格栅提篮起吊装置随规模增大可从吊架、手动或电动葫芦中选择，一般提篮起吊重量可取 0.5～1.0t。

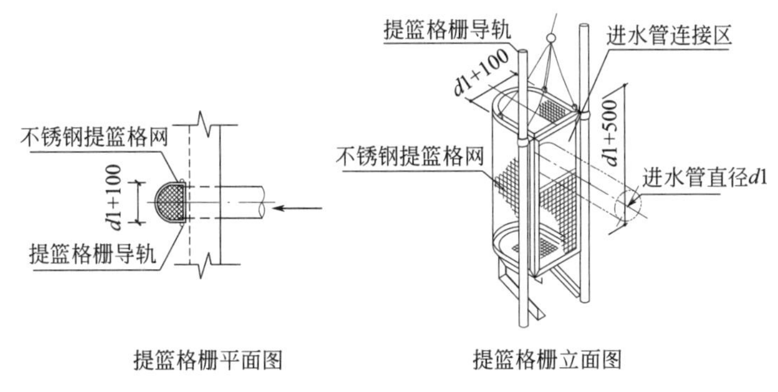

图 4-4 提篮格栅安装图示例

(4) 格栅渠设计

格栅上游渠道长度应按手册计算，最小宜大于 1.0m，按照标准，链动刮板除污机或回转式固液分离机栅前渠长应大于 1.0m，钢丝绳牵引除污机或移动悬吊葫芦抓斗式除污机应大于 1.5m。除了参考计算值还应保证检修空间（比检查井尺寸略大），最终要结合总体布置确定。应避免来水直接冲击到格栅上。过栅流速宜采用 0.6～1.0m/s。

(5) 格栅工作平台

格栅工作平台两侧宽度宜采用 0.7～1.0m，机械格栅工作台正面过道宽度不应小于 1.5m。人工清渣时不应小于 1.2m，格栅设备下游应设爬梯人孔，宽度至少 800mm，方便人出入。平台标高应高出格栅前最高设计水位 0.5m。设安全冲洗设施。

(6) 栅渣量计算及栅渣输送设备设计

粗格栅栅渣量与废水水质和栅隙大小相关，栅渣量、栅渣含水率和密度宜按《给水排水设计手册》计算取值，每日栅楂量大于 0.2m^3 时宜采用机械格栅。栅渣的输送可选用带式输送机和螺旋输送机，选型应考虑栅渣的成分、杂质大小、气候和输送距离。带式输送机可以输送坚硬的栅渣如木条等，不宜损坏，适于处理市政污水。螺旋输送机比较适合寒冷地区，避免冬季结冰不好输送，适于不含大颗粒物质、无黏性颗粒及腐蚀性不强的工业废水。输送距离大于 8m 时宜采用带式输送机。栅渣输送机的处理量应考虑最大处理规模时的渣量，尤其针对近期远期分开建设的水厂，应充分考虑远期的栅渣量。除了考虑栅渣量还要考虑和格栅型号匹配，并排设置的机械格栅共用一台栅渣输送机，输送机长度一般为所跨越的格栅渠净宽加中间所有隔墙后尺寸再加 1.8～2m，可以和供货商沟通准确的输送机的长度。格栅栅渣车车体材料可为碳钢（内做防腐处理）或者不锈钢材质，视废水性质和价格因素确定。栅渣车放置位置的地面建议比周围地面低 100～200mm，该区域内设冲洗水接口，地面设集水沟，接水封装置后用管道将渗滤液或者冲洗水排走。

(7) 高程设计

单体内所有过流洞、设备等都应根据手册计算水头损失，按水流顺序和逆序倒推两种方式计算水位，逆推要能满足来水不涌水的要求，顺推要能满足泵集水池水位要求。格栅下游闸门的过流洞应计算水头损失，洞顶标高应高于事故校核时的高峰水位。

(8) 格栅间设计

考虑气候条件、埋深、下游构筑物布置、业主要求和操作方便等因素确定格栅渠上方是否加设格栅间。加格栅间时考虑必要的运输栅渣的空间（渠道外 2.0m 以上）和高度，同时要考虑有毒有害气体探测和报警装置，设置必要的通风和除臭设施。室内轴流风机为手动和

自动控制，与臭气检测仪（硫化氢在线检测仪等）联动，硫化氢在线检测仪测定范围可选 $0\sim20\times10^{-6}$，超过 0.2×10^{-6} 报警。工业废水产生的有毒气体需特殊考虑。

（9）管道流速

污水管道的最大设计充满度和最小流速依据管径和管材不同而不同，可根据《给水排水设计手册》中的相关公式计算。《室外排水设计规范》对水力计算、最大设计充满度和管道流速也有规定。含有金属、矿物固体或重油杂质等的污水管道，其最小设计流速宜适当加大，并与设计负责人沟通。有地下水渗入时应考虑水量和管径放大并根据具体情况考虑增加来水管坡度。

（10）维修爬梯

对于市政污水，进水井、格栅渠和集水池等池底标高低于地面 6m 以上时，检修孔可用不锈钢爬梯或防腐爬梯，建议每 6m 做一平台。爬梯配置半圆形人体护栏。进水管的埋设深度不大时可以考虑取消爬梯用临时梯代替，以免爬梯锈蚀造成安全隐患。腐蚀性来水应取消爬梯，检修时用临时梯。维修爬梯和盖板材质应和土建专业确认。

（11）检修孔和设备孔

格栅渠检修孔和设备孔的盖板设计应考虑北方高温水的蒸汽溢出对操作环境的影响，还要考虑日晒时玻璃钢是否有老化的可能，考虑防止臭气溢出和除臭的问题，普通市政污水可考虑选用混凝土盖板（有除臭要求时）或镀锌钢格板（无除臭要求时），盖板的定位和间距尺寸应在图纸上标注。每个格栅渠设单独除臭管，各格栅渠除臭汇入干管，不可在格栅渠间设连通管共用除臭管。

（12）与结构专业的配合

对于深井格栅或沉井施工格栅渠，可能会有柱子、梁影响到工艺结构设置和工艺设备的安装或运行，工艺专业要与土建专业进行充分沟通，及时调整。土建专业根据地勘、渠宽、渠深、溢流液位以及工艺特殊结构布置等因素确定格栅渠间的隔墙壁厚及外壁壁厚。注意土建专业给的格栅渠间的隔墙厚度不是最终的值，格栅渠之间的隔墙厚度除了结构考虑的因素外还应满足设备安装运行所需空间（与供货商沟通伸出格栅渠外的电机等结构所占尺寸）。工艺设计师应注意和设备供货商以及土建专业沟通，最终确定隔墙厚度。

（13）电气自控

粗格栅设备一般自带现场控制箱，如在室外需要配户外型，设手动和自动控制，由时间和液位差自动控制运转，可中控室监控和监视。栅渣输送机与格栅机联动，一般为设备自带现场控制箱，室外为户外型控制箱，设现场控制和中控室监控和监视。手动闸门为现场按钮箱控制。

（14）粗格栅单体制图注意事项

① 画出所有设备轴线，包括闸门、闸门导杆、管道、输送机、格栅底座、格栅、泵和起吊设备等，墙柱轴线也要画（与土建图纸一致）。轴线的定位尺寸非常重要，要标注尺寸。

② 闸门应有定位尺寸，根据排渣高度标出排渣口标高以及输送机上沿标高。输送机的角度和宽度也应标出。

③ 渠道、管道、配水渠和集水池的水位应在剖面图上标注，池体水位线画到墙内壁，不能延长到墙体里去。过流洞不用标水位，只标尺寸和轴线标高。

④ 小的尺寸要就近标注，且标注线和文字不能覆盖构筑物和设备等标注对象，应避免标注距离离标注的对象太远不容易查找。

⑤ 闸门预埋图要标各部分标高包括预留孔洞标高。

⑥ 泵基础要标螺栓孔的平面定位尺寸和大小、剖面标地脚螺栓孔孔底标高、底板标高和基础顶面标高，注明二次浇注位置。

⑦ 起吊设备的滑轨要加粗显著表示。

⑧ 如有提篮格栅，则预埋钢板和槽钢的焊接预埋图应表示出来，有两种预埋方式，如图 4-5 所示。

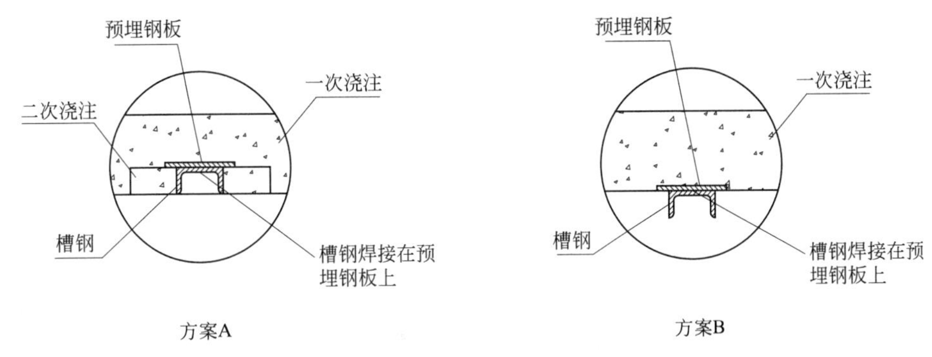

图 4-5　人工格栅导轨预埋及槽钢焊接示意图

方案 B 的做法会导致渠道和过流洞宽度变小，人工格栅宽度至少应比渠宽小 150～300mm，这样为了降低进人工格栅的孔洞的水头损失，需要将过流洞加高。在格栅渠比较窄的情况下该问题比较突出，造成过流洞前的闸门不好做，同时，这种预埋方案增大了人工格栅的水头损失，当该设计不合理时应考虑改用方案 A 的型式进行预埋。需要具体计算过流洞和人工格栅的水头损失，进行两个方案比较后与供货商沟通确定。

⑨ 标注内容和标注位置要想清楚这个尺寸的标注目的：设备安装要看定位，比如管道中心、导杆轴线、设备中心和阀门中心等距离墙的距离和间距；土建专业关心的是隔墙、渠道、盖板、楼梯、门窗、荷载和基础等土建专业相关尺寸；工艺运行人员更关心流态、位置和尺寸。把握好这个原则，带着目的来标注。

⑩ 池顶以上平面图应体现盖板定位和尺寸、所有设备（闸门、格栅、输送机和起吊设备等）轴线定位、柱子轴线定位、所有预埋、预留孔洞定位和尺寸，隔墙的预留穿墙洞应以虚线表示，渠顶、井顶标高应标注。

⑪ 池顶以下平面图应体现所有设备定位、设备基础（定位、间距和尺寸）、内壁和池底预埋件、预留孔洞定位和尺寸、人工格栅和闸门导轨定位和预埋以及穿墙套管等。

4.1.3 集水池

考虑到检修和维护的方便，提升泵站的集水池设置 2 座，中间隔墙用过流洞连通，过流洞安装双向承压闸门。

集水池有效容积应大于最大 1 台泵流量的 5～6min 容积，计算中应计算工作液位和保护液位之间的容积，容积不宜太大以免淤积沉淀物，注意结合泵的布置形式、联建格栅渠的共壁尺寸、集水池配水渠尺寸、泵集水坑尺寸以及配水渠与泵的距离等参数来确定集水池平面尺寸。集水池的进水端设配水渠，配水渠宽度、每台泵的间距以及配水渠与泵最小间距根据《给水排水设计手册》取值，可采用渠内流速＜0.3m/s 校核，峰值出流孔流速一般取≥0.7m/s，注意按照事故状态校核。大泵基础间距和小泵基础间距有区别。

对于一些深井泵站可能会有柱子影响到配水渠结构，则应避让加宽配水渠，渠内流速可以相应地适当放低。

集水池施工图宜选择保护液位较深的泵设备来设计，以免采购不同设备在土建上不能满足要求。

集水池池底设集水坑用于排空，池底斜向集水坑的坡度不宜小于10%，集水坑尺寸不小于深度600mm和直径800mm，如设潜污泵泵池或者离心泵吸水管，可适当放大集水坑到需要的尺寸以满足泵间距和吸水管间距的布置要求。需要排空集水池时可切断上游闸门进水，用移动潜污泵排空。当来水泥砂多时，宜在集水池前设沉砂池（或初沉池）处理。集水池积泥和积砂靠水泵抽吸不宜清除，可用自来水或中水冲洗，抽吸底部泥砂时先用高压水将底部泥砂翻起与水混合，再用泵抽吸，保证排空效果。

集水池的最高设计水位不得高于重力进水管设计充满度时的水位标高，在粗格栅联建提升泵站单体设计中注意校核。集水池的设计最低水位应满足所选水泵吸水头的要求。自灌式泵房尚应满足水泵叶轮浸没深度的要求。水位的设计可参考污水泵站集水池相关设计水位的设计资料，主要确定如下参数。

① 最高液位　一般指泵站正常运行情况下进水达到设计流量时的集水池水位，由进水干管设计水位减去格栅、闸门等设备及沿途水头损失求得。实际设计中对于小型泵站（日处理量小于5000t）一般取进水干管管底标高，对于大中型泵站（日处理量超过1.5万吨）可取进水干管设计水位标高作为集水池最高水位。雨水泵站和合流污水泵站集水池的设计最高水位，应与进水管管顶相平。

② 集水池有效水深（用于计算有效容积）　指从最高水位到保护液位之间的水深，一般取1.5～2.0m，每小时起泵次数不得超过6次，因此对于间歇工作的小泵站，最短工作周期应该大于10min。

③ 正常水位　正常水位指集水池运行中经常保持的水位，一般根据水池有效水深的平均值确定。初定扬程时主要根据集水池正常水位与所需提升的最高水位来计算。但由于泵站在运行过程中，集水池水位在最高与最低水位之间变化，因此校核水泵运行工况时应考察其在此范围内是否均处于高效段工作。

④ 最低液位　应该同时满足不高于按照集水池最高水位和集水池有效容积推算的最低水位，以及满足管道、泵站养护管理需要的最低水位。最低液位宜淹没泵体，省去冷却设施。要咨询潜污泵供货商冷却夹套的保护液位。

⑤ 启泵液位

a. 单泵启动水位。单泵启动水位不仅要结合集水池的构造特点设计，而且要满足当水泵机组为自动控制时每小时开动水泵不得超过6次的规范要求，因此，单泵启动水位到最低水位之间水体的体积至少要满足最大一台水泵最短工作周期（10min）出水量的要求（对于潜水泵站启动次数可以达到10～15次，最短周期可以降低到4～6min）。由于设计机组都是按照最大日最大时设计的，因此多数情况下是在单泵情况下运行，确定单泵启动水位具有重要意义。若仅按单泵最短运行周期10min（或4～6min）的流量确定，可能会导致水泵两个启动水位太低，比如若按照最短工作周期5min设计，则单泵启动水位可能会与最低水位差只有0.3m或更低，此时需要调整最短工作周期，尽量考虑两个水位之间水体体积大于水泵并联运行最短工作周期的要求。

b. 双泵、三泵启动水位。从单泵启动水位到双泵启动水位之间水体的体积至少要满足2

台泵并联运行10min（潜污泵为4～6min）的出水量要求。

如果出水口为非敞口出流，则水泵并联总出水量并非是单台泵单独工作时出水量的简单叠加，而是前者小于后者，多台泵并联条件下工况偏移幅度更大，如图4-6所示。泵单独工作时的流量大于并联工作时每一台泵的出水量，而扬程向高的一侧移动，多台泵并联条件下工况偏移的幅度更大，为水面适用情况。

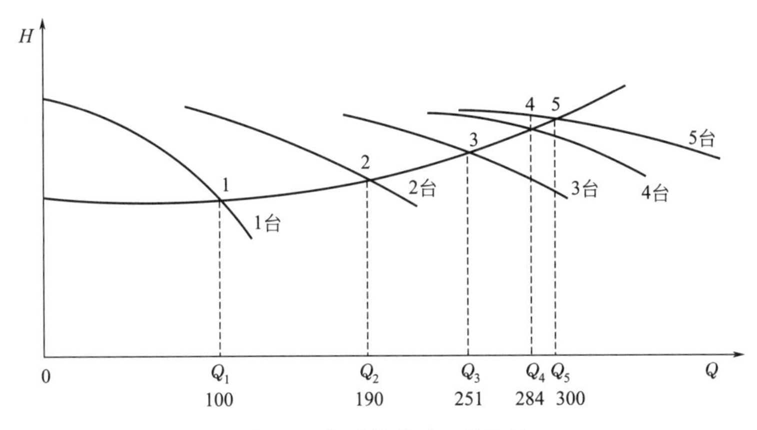

图4-6 水泵并联时工况特性

因此，确定并联运行的2台水泵启动水位时应根据出水敞口流情况考虑并联特性，同时也应考虑由于水位上升造成的静扬程减小、工况点偏移等问题。同理，双泵启动水位到三泵启动水位之间水体的体积也应该满足3台水泵同时运行最短周期10min的要求。确定单泵、双泵、三泵启动水位时应考虑由于并联而使单泵出水流量减少的问题，以并联运行的流量而非简单叠加的单泵流量确定水位。

对于一般污水处理厂水泵为单独敞口出流，水泵并联运行工况与水泵出水管连接形式、长度等有关，不存在水泵并联影响水泵曲线问题。

⑥ 警戒水位　考虑最不利以及来水异常情况，即集水池进水量连续数小时大于最高日最高时流量，或是因水泵出现故障而关闭进水闸门不及时，使得来不及抽走来水而导致水位不断上升，可能造成集水池的污水淹没机器间，因此有必要设定警戒水位。当集水池水位上升到警戒水位时，电气自控系统相应进行动作，打开事故阀门，关闭格栅前面的进水闸门。由于机器间格栅的人工操作平台高程至少应该高出最高设计水位或可能出现的最高水位以上0.5～1.0m，且不低于溢流管水位，因此可以确定将警戒水位的上限定在格栅的人工操作平台以下0.5～1.0m，警戒水位下限的确定与关闭闸门需要的时间有关。

4.1.4 污水提升泵站

污水提升泵站的泵可为潜污泵或离心泵，泵材质根据废水特点和参数确定。

4.1.4.1 单泵的设计

（1）泵的流量

单泵的流量和泵数量的计算既要满足峰值流量，又要考虑水量少、调试期间保持泵不频繁启停和降低能耗等因素。分期建设的泵站可能选择不同型号的泵的组合，则需要对大泵和小泵各种组合时的能耗和价格进行对比，最终选定泵的流量和数量，泵站最好做到选泵的型

号不要超过两种。

（2）泵的数量和型号

① 当系统调节阀门保持全开、管网阻力曲线保持不变时，水泵并联运行的扬程大于单泵运行（1台泵单独运行）的扬程，而单泵运行的流量大于其在并联运行时的流量。当并联水泵台数较多、单泵运行时容易出现水泵过流而造成水泵气蚀或电机过载。

② 对于大功率泵，基本电费占电度电费的比例越小越利于节约运行费用和电气设备投资，奇偶数装机台数的效率和能耗也是有区别的。在满足工艺设计和运行灵活性要求的条件下要权衡同样总装机功率下不同数量泵的投资和电耗，如果常态下用1台大泵比用2台小泵更省电，则可以考虑按大泵设计，减少台数，如果要考虑峰值低谷水量等其他情况，则考虑大小泵搭配，多做比选，尽量考虑节能。总装机功率差别不大时是采用2用1备、3用1备或4用2备要和电气设计人员沟通，选取投资和电耗都比较经济的方案。

③ 确定泵的台数还应考虑用变频来解决流量不均衡、能耗高的问题，尤其是水量变化系数较大的情况下在设计泵的流量匹配中尤其重要。但应注意变速泵与定速泵并联运行时，运行工况点的水量和扬程会略低于设计工况，扬程会低于单泵运行扬程，且运行工况点状态下定速泵的流量大于其单独运行的值，变频泵流量会降低最多50%，变速泵处于高扬程、低流量下运行，水泵效率较低。这种并联状态下不仅会限制变速泵的变速范围，而且也容易造成定速泵的过流。若水泵只按照设计工况选型，变速调节时水泵电机有可能过载，特别是处于水泵切换点附近。对于双泵并联系统，水泵可能发生过载的系统流量范围为50%～70%，对应的实际负荷为设计负荷的70%～90%。大部分时间内水泵处于过流状态。对于变速泵与定速泵的并联运行，增加水泵并联台数也是不可取的。实际工程中，解决水泵变频问题可以采用两种方法：一是均采用变频调节，形成多泵并联、变速调节的系统形式；二是采用一变多定、轮换运行的系统形式，但需核算水泵单独运行时电机是否过载。一般不推荐采用第二种形式，因为此时水泵配用电机功率要大1～2号，造成电机效率下降，所需变频器容量也有所增加。

④ 并联运行的水泵，其设计扬程应接近，并联运行台数不宜超过4台。串联运行台数不宜超过2台，并应对第二级泵的泵壳进行强度校核。

（3）泵的型式

污水处理厂提升泵站常用的泵为潜污泵和离心泵。潜污泵不适用于含油污水，因为泵和电缆长期浸泡在水中会造成安全隐患。泵的型式和材质要结合接口单体要求、废水特点、平面布局、占地要求等因素来选择。市政污水和不同工业废水对泵的材质有不同防腐要求（主要涉及叶轮和泵壳），潜污泵的自耦、导轨、吊绳和基础螺栓材质的选择也同样应综合考虑pH值（酸比碱对材质的要求更高）、盐含量（Cl^-和SO_4^{2-}含量高时对材质要求不同，应注意区分）、腐蚀性和水温（影响电机夹套等要求）等相关的因素。设备表中宜注明潜污泵的配套自耦装置、提升导链长度、压力表、提升导杆长度、控制箱等信息，标明主要部件材质。排水泵站的建筑物和附属设施宜采取防腐蚀措施。设备和配件采用耐腐蚀材料或涂防腐涂料，栏杆和扶梯等采用耐腐蚀材料。

（4）泵的扬程

从泵出口开始计算泵的扬程。

$$H=H_1+H_2+H_3$$

式中，H_1为沿程水头损失和局部水头损失总和，包括管件（变径、弯头、三通管等)、沿程管道(管径、长度和材质)、阀门、水锤消除器等所有结构逐一计算水头损失并加和;H_2 为水泵静扬程,为泵设计出水水位与泵池平均水位(或设计水位)的高差;H_3 为安全水头,一般为 1.0～1.5m。

通常按照水力高程图初稿和如上方法计算出一个暂定扬程,逐项列入计算表,并根据《给水排水设计手册》认真核对,由于管径(流速)、水头损失和泵的功率(扬程)是相互制约的参数,需要整体综合考虑能耗、造价等因素对几个参数进行调整。

最后,扬程计算值 H 要和校核扬程比较,调整安全水头取值,最后确定扬程 H。

$$H_{校核}=H_1+H_4$$

式中,H_4 为按最不利点计算的静扬程。

最高校核扬程时:H_4＝泵排出的最高液位—集水池的保护液位(集水池最低水位)。

最低校核扬程时:H_4＝泵排出的最低液位—集水池的最高液位(集水池报警液位)。

选水泵型号的时候宜考虑满足设计扬程 H 时在泵工作曲线的高效区运行,同时要保证最高校核扬程和最低校核扬程时水泵在安全、稳定的运行范围内。否则要重新调整扬程 H 和重新选泵。

当两台或两台以上水泵并列安装,合用一根出水管时,计算扬程过程中,计算几台泵出水支管汇合到干管之前的水头损失只需计算 1 台水泵出口至干管沿程的管道、管件和阀门的水头损失加和,而不是算所有水泵出口之后的水头损失的加和。应根据水泵特性曲线和管路工作特性曲线验算单台水泵工况,使之符合设计要求。

(5) 泵的功率

泵的功率由供货商根据泵的流量、扬程、泵的型式、材质等条件提供,水泵的功率估算方法:

$$泵的功率=\frac{9.81\times Q\times H}{1000\times(90\%\times55\%)}$$

式中,Q 为泵的流量,L/s;H 为泵的扬程,m。

(6) 潜污泵出水管道设计

潜污泵出水口管道应设变径,一般情况下比泵出口管径放大一级或二级,以降低流速和水头损失,通过流速和水头损失计算,确定放大后的管径,流速取值应符合规范要求。并综合考虑流速、水头损失和泵功率因素,如果流速取得高,水头损失变大,可能泵扬程上升,增加投资和运行费用,如果流速取值对扬程和泵选型没有太大影响,则可取 1.2～1.5m/s 中的低值。在设计中要考虑远期扩建和近期建设的协调,管径应以远期峰值流量为设计流量并增加备用水头,不可兼顾时要考虑远期扩建更换管道的工程预留。泵出水管的设计宜兼顾近期安装小泵远期需要更换成大泵的情况,在池顶设备孔预留考虑远期的大泵,对于潜污泵,近期小泵出水管道可在池顶侧壁安装临时焊接支架做到合适小泵安装潜污泵导杆的位置,并与池体用胀锚螺栓固定,小泵出口管用 45°弯管连接到总出水管,穿墙套管处暂时填充,远期更换大泵则更换池内管道,取消小泵临时焊接支架,并将导轨改为安装到池顶侧壁,拆除套管填充物。

对于市政污水,泵出水管一般用焊接钢管。出水管管道支架尽量用预埋耳朵、槽钢或者角钢,管卡用 U 形卡。大管径的管道支架设预埋件固定,小管径的管道支架用膨胀螺栓固定,参见相关图集资料。泵出水管与墙的距离应考虑近期、远期和导轨中心线预留口位置,根据参考图集考虑弯头距离墙的距离 L(如图 4-7 所示的剖面图),该 L 值需要考虑焊接宽度至少 100～150mm,根据不同管径应做调整。

出水管的埋深应结合总图埋深要求和冰冻线等条件确定。泵出水管穿墙处应预埋穿墙套管。根据图集 02S404，穿墙套管按结构形式分为柔性防水套管（A 型和 B 型）和刚性防水套管（A 型、B 型、C 型）及刚性防水翼环三种，柔性防水套管适用于有地震设防要求的地区，管道穿墙处承受振动和管道伸缩变形或有严密防水要求的构建筑物，A 型一般用于水池或穿内墙，B 型用于穿构（建）筑物外墙。刚性防水套管适用于管道穿墙处不承受管道振动和伸缩变形的构建筑物，对于有地震设防要求的地区，如采用刚性防水套管，应在进入池壁或建筑物外墙的管道上就近设置柔性连接，A 型适于钢管。因此，市政污水提升泵站出水管一般安装柔性连接，穿池壁时用柔性防水套管（A 型），出阀门井处通常选用刚性防水套管（A 型）。

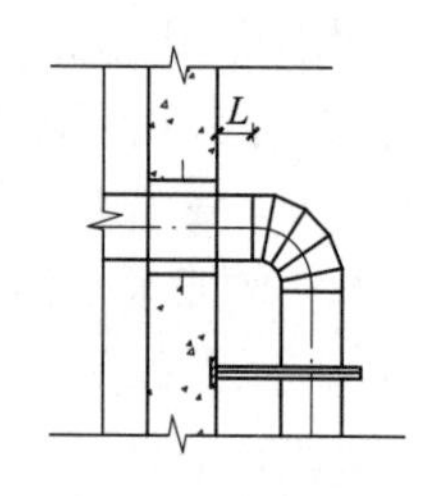

图 4-7　弯头距离墙的安装距离

（7）潜污泵出口阀门井设计

潜污泵出口管道出池侧壁预埋柔性防水套管通入阀门井。阀门井内设爬梯，深度不宜太深，既要满足管道的埋深要求、减少弯头，又要考虑放置阀门的空间和操作空间。阀门井内要设集水坑，阀门井内的排水可考虑两种方案，一是用移动泵排水，二是直接坑内设管道通到泵的集水池。方案一可避免集水池的臭气和潮气散入阀门井的问题，方案二可避免阀门井集水问题。并列运行的泵组，每台泵出水管单独对应一套阀门系统设于阀门井内，该系统主要包括压力表、止回阀（蝶式止回阀、旋启式止回阀或微阻缓闭式止回阀）、可曲挠橡胶接头（或双法兰传力接头）、闸阀（如暗杆楔式手动闸阀，有的情况可用对夹式蜗杆传动蝶阀），根据控制需要还可选用电动闸阀，阀门、管道和法兰的公称压力要考虑可能的最大水锤压力并留有余量，如为 PN 1.0MPa，宜表示为 $PN10$（依据 GB/T 1048）。止回阀要设在闸阀和水泵之间，且水平安装。并列运行的每台泵的出水支管如需汇入出水干管连接到下游单体，则干管可设在阀门井外以节省阀门井尺寸。阀门井的维修人孔位置和尺寸要方便出入和方便到达所有维修点。

（8）离心污水泵的设计

干式离心污水泵的设计与潜污泵的设计思路大体相同，不同点在于干式离心泵的吸水喇叭管应安装支架（参见 02S403），吸水管与集水池连接穿墙处应预埋柔性防水套管，变径后接入污水泵，吸水口上的变径管采用偏心异径管（顶平）。污水泵出口与潜污泵类似，变径后安装压力表、止回阀和蝶阀（或闸阀），阀门的选择思路同前。污水泵站和合流污水泵站宜采用自灌式泵站。水泵因冷却、润滑和密封等所需要的冷却用水可接自泵站供水系统，其水量、水压、管路等应按设备要求设置。当冷却水量较大时，应考虑循环利用。

4.1.4.2　泵站设计

（1）泵站选址

泵站的选址要结合污水收集管网设计进行考虑，包括不同地址建泵站导致的管网工程量的差异、水电接入工程量、占地限制、泵站数量、能耗、土方量、地基处理和护坡护堤等工程难度和费用、投资差异、运行费用差异、环境影响、文物保护、厂址地块价值、拆迁难度、防洪工程量以及泵站对周边地块用途和商业价值的影响等方面，综合列表比较和评估后确定选址。

（2）泵站规模

分期建设的工程比较经济的做法是建议提升泵站土建和出水管道按远期规模设计，水泵机组按近期规模配置，待远期扩建时增加泵或更换泵。市政污水泵站的设计流量应按泵站进水总管的最高日最高时流量计算确定。对于污水厂内的一级提升泵站，要考虑暴雨情况下的水量激增情况，根据管网是分流制或合流制的具体情况，采用适当的超越或溢流措施，避免溢水事故的发生。泵站设置事故排出口应报有关部门批准。

（3）预处理

泵的上游根据废水特点选择预处理设施。对于市政污水，设粗格栅，格栅的栅条间隙取值根据水泵口径取值，取值表见《室外排水设计规范》。对于特殊工业废水，则需要考虑温度、泥砂量和水质（如悬浮物、油、酸碱度、粘接性悬浮固体等）等因素进行针对性设计。

（4）起吊设备

泵站起吊设备可选用电动葫芦或起重机，视泵站布置和规模来定。图纸上标出葫芦轨道底标高，该标高根据水泵尺寸、水泵标高、维修空间要求和葫芦型式选取。轨道伸出池壁外长度取0.8～1m，再长需要加柱子，不经济。葫芦轨道中线位置的设置要能同时满足大泵和小泵的起吊以及综合考虑近期和远期换泵的情况，偏差多了会阻碍正常起吊。尽量取到一个比较合适的位置。葫芦起吊重量应根据不小于最大起吊设备（或部件）重量的1.3～1.5倍来选。应兼顾考虑远期设备。设计中注意门式吊车宽度不要影响泵的进出。起吊设备为手动控制，自带控制板。

潜污泵上方吊装孔盖板可视环境需要采取密封措施。吊装孔尺寸应按需起吊最大部件外形尺寸每边放大0.2m，边长或直径宜不小于800mm。

（5）泵的基础及机组布置

潜污泵基础设计不但要考虑近期还应考虑远期，但是基础上的地脚螺栓预留孔可只考虑近期，远期可重新做，用化学螺栓，并与土建专业沟通是否可行。地脚螺栓的埋深和尺寸以及螺栓与基础边缘的距离取决于设备的振动和冲击性，预留孔大小与螺栓尺寸相关，以供货商的建议作为参考。泵基础的平面尺寸、剖面尺寸以及地脚螺栓（或膨胀螺栓）的预留孔尺寸、定位尺寸和深度等信息应在图纸上表示出来。离心泵的基础的标高应满足泵的吸程要求。

水泵基础的高度一般取200～300mm高，根据泵的大小进行调整，泵基础间距应符合规范要求，大泵基础间距和小泵基础间距有区别，小于55kW净距不小于1.0m，大于55kW时应加大。根据《室外给水设计规范》，给水泵站单排布置时，相邻两个机组及机组至墙壁间的净距要求：电动机容量不大于55kW时，不小于1.0m；电动机容量大于55kW时，不小于1.2m。当机组竖向布置时，尚需满足相邻进、出水管道间净距不小于0.6m。双排布置时，进、出水管道与相邻机组间的净距宜为0.6～1.2m。当考虑就地检修时，应保证泵轴和电动机转子在检修时能拆卸。地下式泵房或活动式取水泵房以及电动机容量小于20kW时，水泵机组间距可适当减小。叶轮直径较大的立式水泵机组净距不应小于1.5m，并应满足进水流道的布置要求。

根据《室外排水设计标准》（2021年版）和《建筑给排水设计规范》，排水泵房的主要机组的布置和通道宽度应满足机电设备安装、运行和操作的要求，并应符合下列要求：水泵机组基础间的净距不宜小于1.0m。机组突出部分与墙壁的净距不宜小于1.2m。主要通道宽度不宜小于1.5m。配电箱前面通道宽度，低压配电时不宜小于1.5m，高压配电时不宜小于2.0m。当采用在配电箱后面检修时，后面距墙的净距不宜小于1.0m。有电动起重机的泵房内，应有吊运设备的通道。

（6）预防水锤设计

提升泵站的设计中必须了解的一个词是“水锤”。在泵压力管道中，由于阀门过快开启或关闭、停电、停泵、中段管路上的安全阀或减压阀等的快开快闭等情况发生时，压力水流惯性作用导致管道内流速突然变化，引起压力急剧交替升降波动的水力冲击现象称为水锤，又称水击。这种水流冲击可能会损坏阀门和水泵。

预防水锤是一个系统复杂的工程。对于输水管网，管网中根据地形地貌进行高低压分区，主输水管线布置时，减少管路布置的陡峭度，尽量布置平缓管路，应考虑尽量避免出现峰点或坡度剧变，在管路中各峰点安装可靠的排气阀。按照《室外排水设计规范》，重力流管道在倒虹管、长距离直线输送后变化段会产生气体的逸出，为防止产生气阻现象，宜设置排气装置。当压力管道内流速较大或管路很长时应有消除水锤的措施。为使压力管道内空气流通、压力稳定，防止污水中产生的气体逸出后在高点堵塞管道，需设排气装置。上海市合流污水工程的直线压力管道1～2km，设1座透气井，透气管面积为管道断面的1/8～1/10，实际运行中取得较好的效果。为方便检修，故需在管道低点设排空装置。

管网设计中，通过管道进行管网系统平差计算，在流速过高的管段增加管道直径、壁厚可降低输水管道的流速，一定程度上降低水锤压力。停泵水锤的大小主要与泵房的几何扬程有关，几何扬程愈高，停泵水锤值也愈大。当几何扬程≥30m时，各种工况下的最大水锤压力值（H_{max}）与几何扬程（H_0）的比值以及水泵最大逆转转速（β_{max}）与额定转速（β_n）如下表4-1所示，最大水锤压力按照《给水排水设计手册》计算。表中数据为计算值，实际工况中阀门关闭需要一段时间，因此实际水锤值将与表中所列数据有出入。

表4-1　几种管路条件下停泵水锤计算结果比较表

水锤边界条件	无逆止阀管路	普通逆止阀	缓闭逆止阀	普通逆止阀管路中有弥合水锤发生
H_{max}/H_0	0.9～1.44	1.9	1.25	3～5
β_{max}/β_n	约1.25		约0.2	

实际的污水处理工程设计中，泵站选择止回阀最常遇到两种情况，一种情况是扬程不高，管径小于DN300mm时，可尽量缩短管道长度并适当降低管道流速来防止水锤，选用旋启式或蝶式止回阀；第二种情况是当管径≥DN300mm时，选用微阻缓闭止回阀来消除停泵水锤。

泵站配置水锤消除器和稳压罐的工程实例如图4-8所示，图中3个止回阀为微阻缓闭止回阀，用以消除停泵水锤。3根支管连接主干管将水送出。

侧视图

俯视图

图4-8　泵出口阀门和稳压罐照片

(7) 附属设施

独立的污水提升泵站应根据需要设计变电间、配电间、卫生间、工具间、值班室、道路、围墙、绿化等设施。泵房设2个出入口，其中一个应能满足最大设备和部件进出，且应与车行道连通，目的是方便设备吊装和运输。泵站高度要能满足吊装设备和清渣要求。

(8) 地坪标高

确定地坪标高考虑洪水位、周边道路标高、排水接口等因素，并综合土建、电气的要求进行布局调整。泵房室内地坪应比室外地坪高0.2～0.3m；易受洪水淹没地区的泵站，其入口处设计地面标高应比设计洪水位高0.5m以上；当不能满足上述要求时，可在入口处设置闸槽等临时防洪措施。干式离心污水泵站地面地坪宜以1%坡向集水沟，并在集水沟内设抽吸积水的水泵。

(9) 电源

根据规范，若突然中断供电，会造成重大经济损失，给城镇生活带来重大影响者应采用一级负荷设计。二级负荷宜由二回路供电，二路互为备用或一路常用一路备用。根据《供配电系统设计规范》GB50052的规定，二级负荷的供电系统，对小型负荷或供电确有困难地区，也容许一回路专线供电，但应从严掌握，必要时设柴油发电机。一级负荷应两个电源供电，当一个电源发生故障时，另一个电源不应同时受到损坏。大型输水泵站35kV变电站都按一级负荷设计。

(10) 泵站通风和除臭

提升泵站可建在室外，根据规定和要求进行除臭设计。如在室内要做好通风除臭设计，通风换气次数一般为5次/h～10次/h，通风换气体积以地面为界。地下式泵房在水泵间有顶板结构时，其自然通风条件差，应设置机械送排风综合系统排除可能产生的有害气体以及泵房内的余热、余湿。可采用屋顶风机等排风设备，吸风口要设置在所有操作场所，并设有毒有害气体报警。当地下式泵房的水泵间为无顶板结构，或为地面层泵房时，则根据通风条件和要求确定通风方式。送排风口应合理布置，防止气流短路。

(11) 电气自控

污水泵启动或流量过大时如有变频调节，可避免下游二沉池满堰和出水悬浮物增加的现象发生。在泵流量设计合理的前提下，从运行方便和节能角度考虑，建议所有泵均配变频。泵的自控为PLC根据液位控制启停，设配电柜，中控室监控。设备附近设现场按钮箱。如果为设备自带控制柜，则中控室监控、监视。泵的控制为现场手动、液位自动控制和中控室远程控制，电气设计条件中要注明泵的变频数量要求并不得轻易改动，以免产生较大的电气设计修改量。泵的变频数量、是否配现场电控箱以及备用情况应写到施工图中。

4.2 调节池

调节池应用于原水排放水量、水质波动大的情况，为了保证后续处理构筑物或设备的正常运行，需要对废水的水量和水质进行调节，以保证后续处理构筑物有相对稳定的水质水量条件，一般应用于工业废水处理厂、小规模城镇污水处理厂或污水变化系数大的染水厂。

调节池在整个污水处理厂处理工艺流程中的位置需要根据原水的水质特点和主体工艺处理需要确定，原水中如果含高浓度油、悬浮物或高温、高酸碱或含特殊污染物的物质，则调节池的位置不同，见表4-2。

表 4-2 调节池预处理工艺概述

原水成分	建　议
高浓度含油废水	如高浓度含油废水与低浓度含油废水加权混合后油的浓度影响到后续生化等工艺的处理效果，则应先对高浓度含油废水进行隔油和（或气浮）预处理，除油后再进入调节池，以免与低浓度含油废水提前混合增加隔油设施规模、处理难度和投资
高悬浮物废水	如悬浮物浓度高的废水和低浓度污水加权混合后浓度影响到后续生化等工艺的处理效果，应先降低浓度高的废水的悬浮物浓度后再进入调节池，以免进入调节池造成沉积，占用调节池有效容积，也避免和低浓度水混合后增加下游初沉池的规模和投资
高温废水	生物处理受温度影响较大，温度过低或过高都不利于生物处理，如果高温废水和其他温度不高的废水混合后温度仍高于生物处理温度上限值，应单独处理高温废水进行降温后再进入调节池，以缩小降温设备规模和投资。如果高温废水悬浮物浓度高则应先去除悬浮物后再进入冷却塔，与其他低温废水混合后进入调节池
高浓度含特殊污染物废水	先判断进入调节池调节后加权水质是否会对下游工艺的处理效果产生不利影响，如果有不利影响，应在进入调节池前先设计工艺环节降低特殊污染物到控制浓度以下，再进入调节池均质后进入下游工艺处理

（1）设计接口条件

设计调节池前要确认的接口条件和信息包括可用地尺寸及在总图的位置（坐标），来水管、出水管、溢流管、排空管和冲洗管等管道接口，废水特点，规律性时间间隔的水量水质数据和规律曲线，上下游水位（或水位范围），地坪标高，冻土层，管道覆土深度最低要求，除臭要求，保温要求以及地质和气候等其他设计条件。

设计师不能局限于调节池本身的设计，还应考虑到调节池的系统调节功能。调节池一般情况下和事故池、pH 调节等单体（如有）有联动的控制关系，在设计前应搞清楚该单体和接口上下游单体的逻辑关系。举例来说，在工业废水处理中，常用的控制方式是在来水管设在线监测（根据废水成分确定检测指标项目，常用的是 COD、pH/T 等），当来水水质在设计范围内时，来水直接进入调节池，水质超出设计上限的事故来水通过在线监测联动电动阀门进入事故池，事故池配泵以小流量分批引入调节池，经调节池水稀释后达到低于水质上限范围进入下游构筑物，避免事故水对后续生化等工艺系统造成破坏性冲击。为了节约事故池容积，降低事故池闲置率，可考虑在调节池和事故池间设连通，有事故水时切断连通。有 pH 调节需要的情况下，宜注意 pH 信号反馈时间差的问题，容易造成信号反馈与中和加药设备的不同步性。

（2）池容计算

根据来水水量、水质规律画出曲线图计算调节池池容，可以参考崔玉川等用逐时流量曲线或累计流量曲线计算调节池容。如果非常清楚工厂各车间的生产情况和排水规律以及总排口的排水规律，可根据经验值直接确定调节池停留时间和池容。调节池容积应保证充足的停留时间，实现水质和水量均衡。

（3）池型设计

调节池一般设计为长方形，也可采用圆形设计。圆形不利于和其他单体共壁，且占地大，实际设计中采用长方形的居多。池角作成圆弧形。小规模的生产废水也可考虑采用深度较深的圆柱形调节罐设备。长方形调节池长宽比宜介于 2∶1 到 1∶1 之间，流态上要保证水的完全混合均匀，如果条件不允许，则需要中间设廊道避免短流。池型如为推流式，宜设池内循环流，首尾相接，每个廊道为完全混合式，进水口和出水口在对角线位置，不可短流。

调节池水深和平面尺寸的确定要考虑占地限制、来水标高、池体埋深、地质条件和土建费用等因素，全地下调节池有效水深取 2～3m，压力来水时半地下调节池有效水深取 4～6m，占地紧张和（或）采用鼓风机空气搅拌时可适当增加有效水深，在画施工图前与设计负责人沟通好停留时间、有效水深、基本尺寸和草图。

（4）附属设施

① 对于焦化、屠宰和造纸等废水，由于有泡沫需要设消泡装置，消泡装置一般设在池的两侧，尽量使用中水喷淋消泡，要控制中水的水质，避免堵塞喷头。喷头位置宜高于池顶，或高于泡沫高度，避免浸没在泡沫中造成堵塞。对于含油废水，选择使用冲洗、移动除油或撇渣等设施。

② 如果原水温度高，不利于生化处理或不利于后续的物化处理，则需要在调节池上安装冷却塔进行降温，冷却塔的选择宜充分考虑原水水质情况，避免悬浮物堵塞、填料腐蚀等因素。如原水温度太低不利于后续生化处理则需要对原水进行加温，可设计蒸汽管或者其他加热设备。蒸汽管架空进入厂区，距离地面高度需考虑运输车、人行和设备出入需要的高度并满足消防要求。蒸汽管道干管应装截止阀，入池蒸汽管设计成环路。对于腐蚀性不强的工业废水，蒸汽管可用无缝钢管向下开孔，如图 4-9 所示。

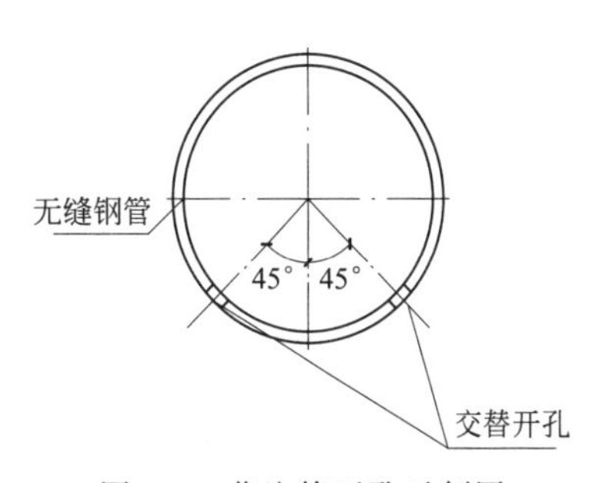

图 4-9 蒸汽管开孔示例图

（5）搅拌设计

调节池混合搅拌设备应力求混合均匀，避免悬浮物沉积。常用的混合搅拌设备主要包括潜水搅拌机（或推流器）、搅拌泵和空气搅拌鼓风机。普通污水可采用机械搅拌，用潜水搅拌机或推流器；当废水具有腐蚀性或者废水中含有硫化物，调节池的搅拌宜采用空气搅拌；对于高温、酸碱、高硬度和高盐度等特殊废水，除了考虑必要的预处理，还应根据具体温度、pH 值、碱度和盐度等数据对设备和管道材质进行相应的调整；有的项目不便于设置搅拌机时还可考虑泵搅拌。对于含有挥发性有毒有害物质的废水，不适于空气搅拌，以防止有毒有害气体溢出污染环境，此时则需要加盖将尾气收集处理后方能排入大气。

搅拌设备可选择耐腐蚀的不锈钢材质、适于采用高盐度废水的双相不锈钢以及塑料类材质。

机械搅拌强度一般为 0.004～0.008kW/m^3，搅拌强度与潜水搅拌机的叶轮直径、池型尺寸和水深等因素相关，需要进行专业的水力计算并根据池型进行水力模拟方能确定，也可以向设备供货商提供池型尺寸、水深和废水特点来沟通搅拌机规格、功率、布置位置、角度和预埋等问题，最后用表 4-3 所示经验值进行校核。

表 4-3 潜水搅拌机功率估算表

潜水搅拌机叶轮直径/mm	搅拌功率/(W/m^3)	备 注
＜400	7～10	注意标叶轮材质，一般为不锈钢
580	6～8	
1100	3～5	注意标叶轮材质，一般为玻璃钢
＞1800	2.5～4	

空气搅拌方式为鼓风机连接池底穿孔管，穿孔管通气量为 2～3m^3/(h·m)，穿孔管孔径 5～15mm，5mm 孔径较常用，3mm 孔径易堵。空气搅拌强度与进水中悬浮物有关，当 SS 小于 200mg/L 时搅拌强度可取 0.7～0.9m^3/(m^3·h)，以 5～6m^3/(h·m^2) 校核，相应

调整水深和池型。

(6) 管道

对于废水温度低于70℃的中温废水，空气立管采用钢管和UPVC管，采用法兰连接，钢弯管外防腐采用厚浆型环氧煤沥青涂刷，一道底漆，三道面漆，干膜厚≥0.45mm。也可采用不锈钢管。对于高温废水，内防腐应考虑耐高温的问题，空气钢管内壁涂两道有机硅耐高温底漆和两道有机硅耐高温面漆。

(7) 水量调节方式

调节池除了具有均质水质作用外还有衡量出水的作用，避免水量波动大造成后续构筑物处理效果不稳定。维持水量恒定通常采用如下两种方式。

① 常用的方法是调节池设泵，按平均流量设计泵流量和数量，出水保持后续处理环节水量恒定。但这种方式存在的问题是由于来水波动造成调节池水位上下变化，水泵的扬程变化后直接影响出水流量的稳定。同时，不建议泵出口设阀门通过调节阀门开度的方式来调节出水流量，要调节水量最好采用变频方式，以节约能耗。对于泵流量偏大的改造项目，如果不考虑换泵也不考虑变频的情况下希望能调节水量，则建议采用泵出水管装三通，在支管上装阀门调节干管的流量，不需要的水量从支管流回调节池，干管上装逆止阀，连接到下游单体。

② 阀门控制比泵调节流量节约电耗，原理如图4-10所示。这种方式可以对水量进行调节，但是对于水质没有调节能力。其中进水井的流速可参考《给水排水设计手册》。

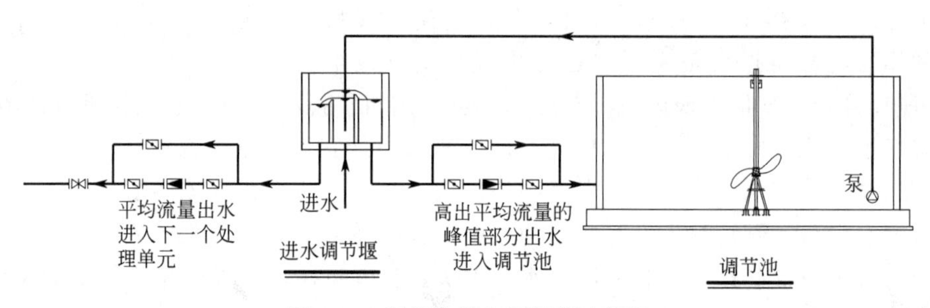

图4-10 阀门控制水量调节示意图

4.3 细格栅

4.3.1 设计接口条件和主要参数

细格栅作为污水厂的预处理设施，其型式和参数要考虑工程条件、下游工艺要求、对特殊污染物的去除效果和废水特性等因素。设计中要与设计负责人及相关单体设计师确认的接口条件和信息包括：

① 可用地尺寸及在总图的位置坐标；

② 设计水量，分期建设项目的近期和远期水量和变化系数，分期建设时间间隔；

③ 除臭和保温等相关要求；

④ 废水特点及悬浮物特点（例如是否容易被分离、悬浮物三维尺寸以及是否具有黏性等）；

⑤ 与总图确认各功能管道方向、坐标、下游构筑物水位标高以及水质检测配套设施所需接口数据，主要确认进水管坐标、管径、数量、管中心标高，进水液位标高（如有），反洗水进水管接口，是否考虑事故渠，放空管接口及放空方式，超越管接口和地坪标高；

⑥ 冻土层，最小管道覆土深度要求，地质、气候等其他设计条件。

根据接口条件，单体设计师提出自己的设计方案、计算和平面草图，与设计负责人沟通和确认如下主要设计参数：

① 格栅的型式、材质、数量、栅条宽度、格栅宽度、栅条间隙和格栅倾角；

② 过栅流速，栅前水深，栅渠深度，过栅水头损失；

③ 每日栅渣量，配套螺旋输送压榨机输送量、螺旋输送机进料口数量等。

4.3.2 细格栅的栅隙选择

原水中含悬浮物且粒径低于10mm的污水可直接根据悬浮物颗粒尺寸选用相应规格的细格栅。

为了降低细格栅的清渣频率和避免卡阻，对于漂浮物、悬浮物多粒径大于10mm的污水要在细格栅上游加设粗格栅。

如果污水厂拟采用MBR膜生化处理工艺，则细格栅下游要增加超细格栅，超细格栅的栅隙根据膜供货商的要求进行设计，一般要求<1mm，膜性能好的供货商可能建议格栅栅隙取到2mm，但从实际运行情况来看，建议按照栅隙1mm以下设计。膜格栅上游应设置溢流设施。浸没式超滤、生物滤池和反硝化滤池上游也应设超细格栅。

4.3.3 细格栅设计

市政污水处理中常用的细格栅有回转式格栅除污机、鼓转格栅、旋转滤网、板式格栅和阶梯格栅。工业废水中则根据水质的不同会选择有特殊要求的格栅，比如造纸行业的水力筛，屠宰行业的捞毛机等。阶梯格栅、转鼓格栅和板式格栅的计算和手册上的计算方法不一样，水头损失和计算值可能出入比较大，应根据经验和供货商的工程数据来确认。

4.3.3.1 转鼓细格栅

转鼓细格栅是一种典型的鼓转式格栅，兼有栅渣螺旋提升机和栅渣螺旋压榨的功能，配套清洗水箱、清洗水泵、管道和电磁阀等设施。格栅和水流夹角约35°，被压榨后的栅渣固含量30%～40%，无需另外再增加压榨机脱水。核心设计参数要与供货商沟通确认，一般情况下过栅流速可取约0.25m/s，栅前水深1.0m，事故高峰时不超过1.3m，水头损失小于200mm。

转鼓细格栅拦截毛发效果不如板式细格栅，因此对于来水毛发和纤维含量高的MBR工艺预处理，转鼓格栅仍然需要结合其他毛发拦截设施来设计。

转鼓细格栅的运行控制可分为现场手动和自动控制两种形式。由超声波液位差计和时间继电器共同控制，当格栅的上下游水位差达到预定的值时，格栅启动，圆形鼓栅开始转动，同时压力水开始对鼓栅表面的栅网进行冲洗；反之，当水位差回落，低于设定值时则转鼓格栅停止运行。当流量较低时，水位差长时间低于设定值，系统自动由时间继电器控制，设定运行1～2min，停机4～5min。为保证冲洗效果，反冲洗系统的反冲洗泵在鼓栅停止运行30s后再停止反冲洗泵的运行，反冲洗泵由浮球液位开关进行保护运行。转鼓细格栅系统中存在的主要问题是当流量较大时，超声波液位探头采集的栅前栅后水位数据波动较大，导致转鼓格栅频繁启停，可以将转鼓格栅的启动水位差值设置到较大值，将停机水位差值设置到较小值。当转鼓式细格栅系统需要检修或停电等原因长期不运转时，鼓栅筛网内部和表面、集渣槽及螺旋压榨机都会出现不同程度的堵渣、集渣现象，解决办法就是用高压水枪对其冲洗，以保证整个系统的畅通。由于反洗是比较重要的设施，在设计中要注意选用质量好的产

品，以免出现问题给下游工艺单体造成运行困难。

4.3.3.2 板式细格栅

板式细格栅也称作孔板式细格栅或网板细格栅，栅隙一般为1～6mm。板式格栅除渣系统由板式细格栅、不锈钢溜槽、栅渣清洗压榨机、喷淋冲洗系统和电控柜组成，含驱动装置、框架、牵引链条齿轮、孔（网）板、收渣槽和外罩等部件。板式格栅的工作原理是污水从格栅中心流入，板式格栅90°安装在格栅渠中，穿孔栅板平行于水流方向安装，从内向外通过两侧的穿孔栅板排出进行栅渣过滤。穿孔栅板不断旋转上升，汇集在栅板内侧的栅渣被栅板上的提升台阶提升到排渣区，并被格栅机顶部的冲洗水喷淋，冲洗掉入排渣槽内，然后通过溜槽输送到栅渣清洗压榨机，出渣含水率小于65%。栅板也同时被喷淋冲洗系统清洗干净。栅渣输送溜槽要保证一定坡度安装，除了和板式格栅以及压榨机连接口以外，溜槽应为封闭并配有可开启的盖板。U形输送槽和压榨机之间安装有水力过滤器，确保在栅渣输送过程中把多余的水分回流到水渠中。

穿孔栅板的材质应为具有足够强度的耐腐蚀非金属材料（不小于6mm厚的超高分子聚乙烯板材，过滤处的厚度应加厚）或更好材质。过滤栅板网孔为排列均匀的圆孔，网孔直径范围为1～6mm，可以有效去除其他类型格栅无法去除的毛发纤维和絮状杂物，在市政污水处理中越来越得到推广应用。

板式格栅的水头损失按照堵塞率为40%～65%进行设计计算，一般为0.2～0.4m。对于栅隙为0.75～1.5mm的超细格栅，水头损失约300mm，不超过450mm。

进水流速0.4～0.6m/s，过栅流速0.4～1.0m/s时，出水流速不应超过1.0m/s，避免水头损失过大。如果考虑40%～65%堵塞率的情况，出水流速可适当放大。板式格栅可按时间和液位差控制，渠深一般小于3m，考虑到强度要求，格栅上下游的最高允许液位差不得大于0.5～1.0m，不同的产品要求不同，应注意和供货商沟通。格栅最低淹没深度不能低于0.3m，设计水深一般取1.65～1.80m。导流槽长度应大于1.5m。格栅下游距离闸门间应留足够空间布置溜槽、人孔（如有密封除臭的工程）和除臭管道。

板式格栅冲洗水水源为再生水，自来水备用。压力6kPa。

4.3.3.3 回转式细格栅和阶梯式细格栅

如无特殊说明，以下施工图设计思路适用于回转式格栅和阶梯格栅的设计。

（1）设计规模

细格栅渠的计算要在平均流量和峰值流量下各项参数取在合理范围内，如果是压力来水直接连接细格栅，则按照上游提升泵站集水池各期、各阶段提升泵最大组合流量设计。用单渠事故状态来校核。如设计超越渠（事故渠），需在超越渠入口安装闸门和手动格栅。

（2）细格栅进水井和堰

细格栅上游如果是接提升泵站，常见设计为单泵单管形式，每台泵单独的出水管连接到细格栅的进水井，细格栅进水井的分格数按照泵来水管数量确定，进水管管径、数量应与上游泵站集水池各建设期各阶段提升水泵安装相匹配，如果只有一根来水管则细格栅进水井只设一格。上游泵出水管到细格栅进水井之间设开关型阀门和止回阀，置于阀门井内。进水井井底接口进水管穿池体处预埋刚性防水翼环，并按照远期规模或最大管径预埋，与近期水量流速不符时设变径管，兼顾近期和远期设计需要。

进水井每格出水经过非淹没堰和整流墙（如进水管数量大于2，则堰的下游宜设整流墙），堰的设置使水位壅高，保持每格出水量相对均衡，出水进入细格栅渠，如图4-11所示。进水井应有安全防护措施。如果占地紧张不利于按照图4-11中(a)～(d)进行布置，则细格栅进水井和格栅渠可以分开布置，如图中(e)所示。

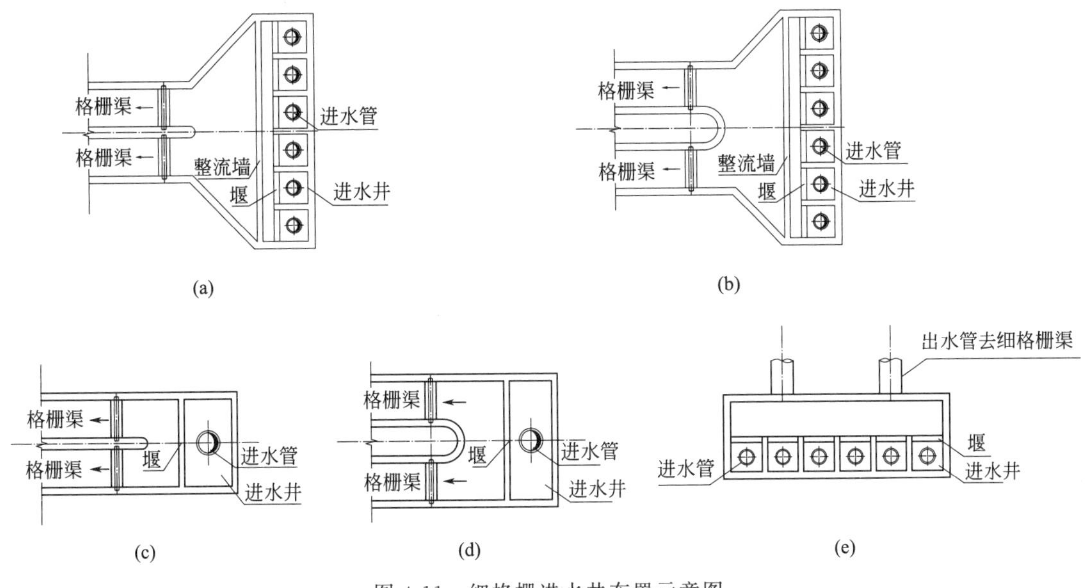

图4-11 细格栅进水井布置示意图

细格栅单体各部分液位标高应采用出水井液位倒推顺序计算，再用正推方式校核，进水井配水井超高应大于最高液位300mm以上。进水配水堰后宜设置整流墙，近远期分期建设或分不同阶段水量不同需考虑预留进出水堰是否有溢出或倒灌情况，如有，需将预留堰槽做封堵。

堰前后水深和堰高需要参考手册计算。堰的设计计算是设计师应该高度重视的环节，水处理工程常用堰进行控制和计量流量、配水和控制液位，具体可根据手册对矩形堰进行计算。堰可为不锈钢堰，也可设计为土建结构，堰上水头宜不高于0.2m，以减少水头损失。堰的计算按照峰值流量计算。

堰后格栅渠顶部标高可适当低于堰前进水井顶部标高，以节约土建投资。

(3) 主要参数

① 栅条厚度　回转式钩齿细格栅栅条宽度一般按照4mm计算，如供货商提供的栅条宽度大于4mm则按供货商提供的栅条宽度计算。

② 栅隙　根据废水悬浮物特点确定栅隙，宜为1.5～10mm，市政污水一般按照4～6mm设计。除转鼓和板式外，安装角度宜为60°～90°。机械格栅安装角度一般为70°或75°。

③ 栅渣　市政污水细格栅的栅渣量不宜小于$0.1m^3/(1000m^3)$。排渣高度1.0～1.2m并按现场条件调整。

④ 水深　校核高峰水量时栅前水深不超过0.9～1.0m，单渠不工作时其他渠流速不超过1.0～1.2m/s，当近远期分期建设时宜同时考虑远期水量变化系数变小以及建设期间隔长短的情况，尽量避免格栅设计偏保守造成投资浪费。图纸上标的水位标高为高峰水量时水深，不是单渠不工作时的水深。注意，如果细格栅下游是沉砂池堰出水，则格栅渠的水深受该堰的制约。

⑤ 渠道长度　栅前渠道长度按手册计算，按照标准，回转式固液分离机的栅前渠道长度应大于1.0m，转鼓式格栅除污机栅前渠道长度一般在2.0m左右，板式格栅的栅前渠道长度

一般在 1.30～1.50m 左右，不同设备供应商的要求略有差别。除了参考计算值还应保证检修空间（比检查井尺寸大），最终要结合总体布置确定。应避免来水直接冲击到格栅上。

⑥ 水头损失　校核过栅水头损失一般不大于 200～250mm，如计算值大于 250mm，则应考虑增加格栅渠宽来降低水头损失。

（4）闸门

每个格栅渠上下游设闸门，方便检修，可选用渠道闸门或叠梁闸。

渠道闸门常用材质为不锈钢，配套启闭机和轴导架等零件。常用的启闭机有手动或电动启闭机（其他还有气动、电液动和液动启闭机），采用止水胶圈进行密封。渠道闸门板重量轻，能承受较大反向水位，闸门外框通过二次混凝土浇注固定。

叠梁闸是使用多块单独的闸板，逐块横向放入门槽内叠合成一个平面挡水结构，搬运方便，但由于闸板与闸板之间止水靠自重而达到密封的效果，挡水结构的整体性差，靠水位密封差，渗漏量略大于钢制闸门。叠梁闸适合作临时挡水或检修闸门。叠梁闸门分普通型和带预紧装置的叠梁闸两种。带预紧装置的叠梁闸比普通型叠梁闸漏水量少。

渠道闸门开启高度应保证水流能无阻力通过。闸门安装部分需预留人工行走平台，便于安装和检修。渠道闸门预埋件一般做入墙体 100～120mm（图 4-12 中 L），以具体设备供货商提供的预埋条件为准，池壁宽度如果不够需要整体加厚池壁或局部加宽池壁，如图 4-12 所示，设计中与土建专业充分沟通。

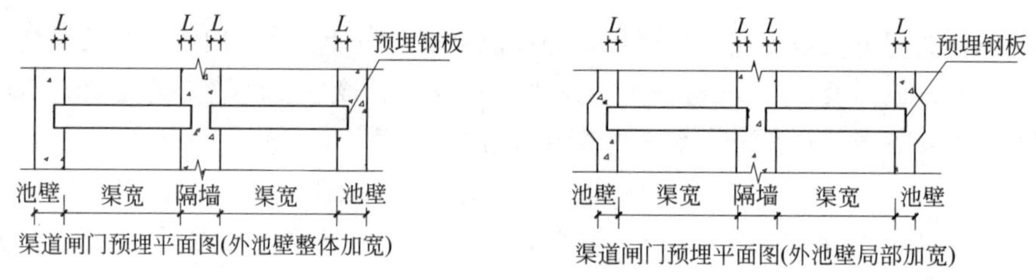

图 4-12　渠道闸门预埋平面图

（5）检修孔

闸门和格栅之间的格栅渠顶板均应设检查孔，上盖热浸锌钢盖板或混凝土盖板，如在室内可用玻璃钢盖板，用什么样的盖板还需要结合除臭的要求并与土建专业沟通。对于分期建设的工程，可预留远期格栅渠并做封堵，也可将预留远期的格栅渠安装渠道钢闸门或叠梁闸作为超越渠或事故渠，此种情况下远期的叠梁闸的闸板要一次安装到位，并设人工格栅。

（6）栅渣输送和压榨

螺旋输送机或螺旋输送压榨一体机进料口数量应与格栅数量一致，细格栅栅渣宜压榨后外运，如果选用螺旋输送机则要配压榨机，也可选用输送压榨一体机，视单体布置空间限制确定。压榨机应有排水管将压榨水排出并在图纸中标明。如果是细格栅渠高于地面、排渣出渣口高度高于地面且不方便直接送入栅渣车的情况下，可用竖直安装的导渣筒将高处的栅渣导入地面栅渣收集或压榨设备，需要设计导渣筒的托架，并标出固定托架用的膨胀螺栓位置。导渣筒可选用不锈钢材质，由格栅设备供货商配套提供或现场制作。

网板式阶梯格栅除污机或孔板格栅反冲洗产生的栅渣水含水率高，用普通螺旋压榨机可能无法达到脱水要求，尤其对进水含泥沙量较大时效果欠佳。此种情况下建议用高排水型螺旋压榨机进行栅渣压榨脱水，工作原理是栅渣从格栅出渣口排入高排水型螺旋压榨机的 U 型溜槽后流入压榨机的进料口，在螺杆的推动下，栅渣被压缩脱水，压缩管上分布有高密度的小圆孔，以便渣水分离，压缩螺旋的叶片上固定有清理转刷，随螺旋转动时清理排水圆孔。压榨分离出的水进入集液槽并经连接于其底部的出水管排入下水道。干渣经上翘的出料管排出进入容器中。

（7）与土建专业的配合

土建专业根据地勘、格栅渠宽、渠深、溢流液位和承重等因素确定格栅渠的中间隔墙壁厚，注意土建专业给的格栅渠间隔墙壁厚不是工艺专业用的最终的值。当总共两个格栅渠时，对于回转式格栅，无特殊地质情况时两条格栅渠的中间隔墙壁厚常见为400mm，格栅相对镜像安装，而当格栅渠数量为3或其他奇数时，会出现相邻的两台格栅同向安装，另外1台相对镜像安装，格栅渠之间隔墙厚度应保证设备安装空间并适当增加，因此比两台格栅时的隔墙壁厚增大，设计师应注意和设备供货商以及土建专业沟通确认渠间壁厚。

（8）走道板和楼梯

细格栅作为预处理设施，在高程的设计中为了减少提升宜尽量保证水能重力自流进入下游单体。因此，常见的细格栅设计会建到高于地面约4.5m左右的位置或更高，需要设置楼梯和走道板方便设备运行维护和监测。走道板的宽度应考虑方便人和设备的通行。根据规范设计并和土建专业沟通确认。走道板的最小宽度为750mm（从池外壁开始算），一般设750～1000mm。如果走道板被栅渣输送机电机或出渣通道挤占，有2种处理方式，第一种方式是出渣一侧不设通行走道板或走道板与其他区域同宽（750～1000mm），在栅渣输送机的电机一侧走道板宽度增加到1.0～1.2m，方便通行；第二种方式是走道板宽度统一设750～1000mm，在被栅渣输送机电机和出渣口阻挡走道板的2个位置附近设楼梯，目的是维护人员可以达到所有要检修和观测的部位。最终采取哪种方式可在方便维护的前提下与土建专业沟通并进行经济比较。工作平台正面过道宽度，采用机械清除时不应小于1.5m，采用人工清除时不应小于1.2m。

（9）栅渣车

可用不锈钢或车体碳钢内做防腐的栅渣车，建议采用不锈钢材质，材料表中应注明材质，容积0.25～0.30m^3，太大不方便搬运。

（10）室内排水

当压榨机设置于室内时有两种室内排水设计方案。

第一种方案是在压榨机区域内设集水沟，室内地面坡向集水沟，集水沟终端设集水坑接水封装置后管道连到厂区排水管网。

第二种方案是在室内设单独的压榨机区域，该区域地面低于室内地面0.1～0.2m，压榨机安装在该区域内，区域内设集水坑，室内地面坡向该集水坑，格栅冲洗系统也布置在该区域附近。集水坑设排水管将压榨机排水以及室内地面收集水排入厂区污水管网。室内建议设置洗手盆，排水接入上述两个方案中的集水坑中。

（11）格栅的除臭

格栅的除臭有两种方式，一种是整体除臭，如嘉兴联合污水厂采取的整体封闭和除臭处理，如图4-13所示。第二种除臭方式是对格栅和栅渣输送机进行加盖除臭，如图4-14所示，除臭管道从盖板上方安装，连接到除臭设备，格栅渠的除臭管道另外布置臭气收集管道，详见第10章内容。设计中注意每个格栅渠设单独除臭管，出池后汇入除臭干管，禁止采用格栅渠间连通只设一根除臭管的形式。

图 4-13 格栅整体除臭示例

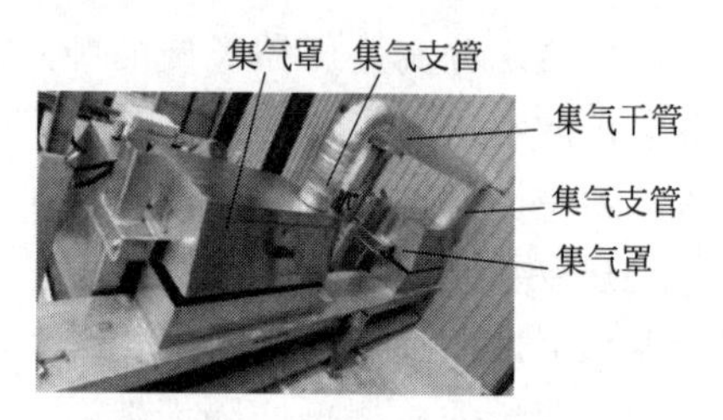

图 4-14 格栅加盖除臭示例

（12）电气自控

细格栅设手动和自动控制，通过液位压差计控制，也可设定时启动。并与栅渣输送和压榨机联动。一般自带现场控制箱，室外为户外型。中控室监控、监视。

4.4 沉砂池

4.4.1 旋流沉砂池

4.4.1.1 设计接口条件和主要参数

设计旋流沉砂池前要确认的接口条件和信息包括：

① 地质、气候等基本设计条件；

② 可用地尺寸及在总图的位置坐标；

③ 地坪标高，上下游水位或范围，冻土层高度，管道覆土最小深度要求；

④ 设计水量，峰值系数，单池设计流量，水质及特点；

⑤ 除臭和保温等相关要求；

⑥ 接口管道的数量、位置、标高、管径和材质等；进水管、出水管、砂水分离器出水管、回用水冲洗管、空气管、生物除臭用补充水管和取样管等。

根据接口条件，单体设计师提出自己的设计方案和平面草图，与设计负责人沟通和确认如下主要设计参数：

① 沉砂池的型式、数量和单池直径，表面负荷，水力停留时间，进水流速；

② 沉砂量，配套砂水分离器处理量，气提提砂风机风量，运行时间；

③ 出水流量分配要求，下游工艺单体的分组和配水方式，是否需要同时设计出水配水和计量设施。

4.4.1.2 基本设计思路

旋流沉砂池宜至少设 2 组，可按流量范围参考设计手册先选择 2 个不同直径尺寸，计算进水渠宽、进水渠水深、进水渠长度、出水渠宽和出水渠水深，设计水量应与上游细格栅各期、各阶段设计水量一致，并考虑峰值流量。进水渠道总长应不小于 4 倍进水渠道宽。进水渠道直段长度宜为渠道宽的 7 倍并且不小于 4.5m，以创造平稳的进水条件。出水渠道的直线段要相当于出水渠道的宽度。沉砂池有效水深宜为 1.0～2.0m，校核径深比宜为 2.0～2.5；单池 80％水量时的停留时间为 20～30s，最高流量时的停留时间不小于 30s；水力表面负荷宜为 150～200$m^3/(m^2 \cdot h)$，最大表面负荷≤200$m^3/(m^2 \cdot h)$；最高流量时进水渠流速不大于 1.2m/s，最小流量时进水渠流速大于 0.15m/s，最大水量的 40％～80％时，进水渠流速为 0.6～0.9m/s。校核后选取各参数符合要求的沉砂池直径作为最终设计值，旋流沉砂池竖向各部分工艺尺寸应满足手册计算的值，并对设备供货商给的旋流除砂器安装图上的工艺尺寸进行校核。

沉砂量计算时，干砂重量应按照容重法和相对密度法计算，最后取相对稍大的值作为沉砂量。干砂量体积按照 $30m^3/10^6m^3$ 污水计算。根据沉砂池泥斗容积计算每次排砂时间，选择砂水分离器，并计算气提鼓风机风量。常见砂水分离器的最小型号的处理量为5～12L/s，设计中应根据沉砂量计算值校核设备供应商提供的设备参数，不能照搬供货商提供的设备参数和图纸。如果砂水分离器放在房间里，应设置集水沟收集溢流水，上盖篦子，接管道排入厂内污水管网。

平面布置图应考虑每座沉砂池的均匀布水和占地限制情况，两座沉砂池的常用布置方式如图4-15所示，应根据用地空间大小和上下游单体的平面布局与总图专业协商选择。

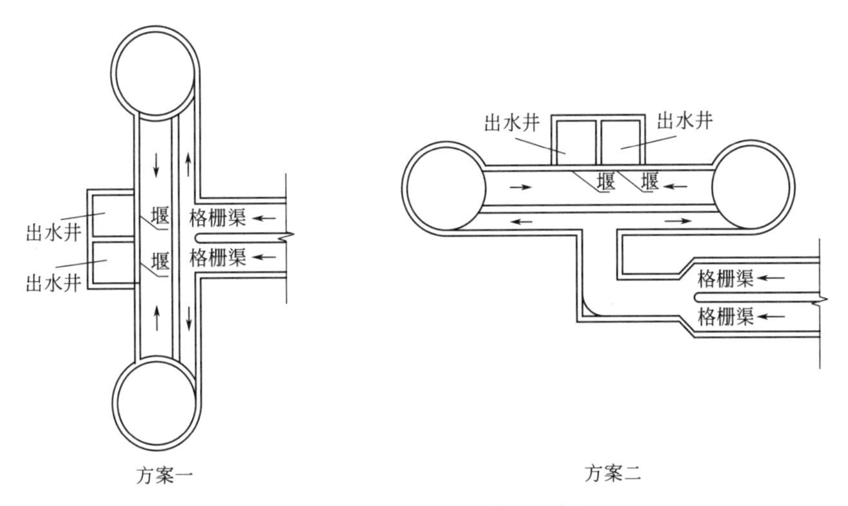

图4-15 旋流沉砂池布置示例

各组沉砂池出水端设置非淹没堰，汇入出水井，堰的设置目的是保持沉砂池内所需的水位。出流堰的设计计算根据《给水排水设计手册》计算。堰上水头宜不高于0.2m，以减少水头损失。堰的计算应按照峰值流量计算。沉砂池出流堰的水汇入出水井。井底接出水管(预埋刚性防水翼环)，出水管的埋深要满足最小覆土要求，还应考虑冻土、过路和下游构筑物高程限制等其他要求。

旋流沉砂池水头损失取值不小于0.05m（仅指沉砂池本身水头损失，不含进出水闸门和堰等沿程水头损失)。过闸门流速不超过0.3～0.5m/s，闸门处水头损失宜小于0.005m。如果算入进出水闸门的水头损失，旋流沉砂池总水头损失值不宜超过0.1m。

进水渠道和出水渠道上应设闸门方便检修，但应考虑一组关闭不运行时闸门承受力的方向和大小，设备表中宜标明。闸门安装部分需预留人工行走平台，便于安装和检修。进出水渠道闸门的设计注意事项参见4.1节及4.3节。

旋流沉砂器安装用的桥架宽度首先应满足安装要求，其次，桥架与圆形池壁间的空隙要能满足沉砂器叶轮的通过，方便维修。小规模的旋流沉砂池可选用活动盖板，方便维修。

对于腐蚀性小的污水，配管管道多采用Q235材质，管道、管件、阀门、附件等的压力等级均为0.6MPa。但砂水分离器进料管路上法兰、鼓风机提砂管路上法兰以及超越溢流管上法兰压力等级选1.0MPa。

建议旋流沉砂池设放空管方便维护。放空管的管径应大于150mm，由于有严密防水要求，出池处管道应预埋A型柔性防水套管，下游设置双法兰伸缩接头和闸阀。阀门井设集水坑，接入管道排水到厂区管网。

提砂用鼓风机出口装对夹式蝶阀或闸阀、旋启式止回阀和压力表，法兰1.0MPa。风管距墙距离应符合规范，并方便安装支架。风管水平安装高度不应影响通道上的通行。

排砂管要满足流速要求，排砂管直径不应小于200mm，并考虑防堵塞措施。安装坡度$i=0.01$，在过墙处标出按照坡度和长度计算出来的标高，在与管道平行位置标流态方向箭头，文字标注管径和坡度，参考图集02S402，设水平和立管支架。

如果有除臭要求，则需要对沉砂池进行封闭，池顶留设备孔和检修孔。

如果旋流沉砂池进出水渠底下层空间足够大，可利用来作为提砂用鼓风机房和进水检测室并配置必要的防腐性轴流风机，配套导流叶，换气次数按照每小时8～10次考虑。

图纸设计宜画两个不同标高的平面图，第一为池顶以上标高的平面图，体现顶板走道、栏杆、池顶以上设备、管道和管件、渠道、出水汇流井或配水井等；第二为进出水渠底标高以下的平面图，体现进出水渠道下面空间的设备和平面布局内容。设计中注意剖面的位置要切到轴线不要切到旋流沉砂池的弧线处。保证渠道、沉砂池、出水井、设备间等都至少用“一平两剖”图来体现。标注注意事项主要包括：

① 上层平面图只画看得到的池体、设备和管道，被顶板遮挡的位于池体下面的鼓风机等设备以及管道可以打断不画；

② 旋流沉砂池的半径或直径应标注；

③ 埋地管道不被构建筑遮挡，应用实线来画；

④ 打断的管道起端需要标注“接自……”，终端需要标注“去……”，进出水（空气、排砂）应用箭头标明水、空气和排砂流动方向，同时标管径和标高。所有能画出来没有打断的管道不用标来源和去向；

⑤ 主要标注管道轴线、阀门轴线和设备基础等；

⑥ 标注楼梯尺寸和平台尺寸。

旋流除砂机设现场手动和定时启动，提砂鼓风机与旋流除砂机联动，砂水分离器为变频并与提砂风机联动，设备自带现场控制箱，室外为户外型。

4.4.2 曝气沉砂池

曝气沉砂池的沉砂效果好于旋流沉砂池，但是占地较大。设计前要确认的接口条件和信息以及需要与设计负责人沟通和确认的主要设计参数参见旋流沉砂池相关部分。不同点在于，需要确认浮渣管和溢流管的接口条件，设计参数需要确认沉砂池分格数量、水力停留时间、有效容积、有效水深、宽深比、曝气量和水平流速。

4.4.2.1 主要设计参数

曝气沉砂池的主要设计参数包括：最大设计流量时沉砂池水平流速取不大于0.1m/s，宽深比1～1.5，有效水深2～3m，雨季高峰流量时（雨污合流制截留倍数大于1时）停留时间建议大于2min。考虑一组检修时，其他组的停留时间建议大于2min。当宽深比无法满足时可以适当放大宽度，使以上数据符合要求。市政污水的曝气沉砂池的停留时间建议峰值流量时放大到5min以上，平均流量停留时间6～7min，最大停留时间8～9min。其他计算参见手册。

曝气沉砂池的设计水量应与相对应的上游单体（比如细格栅等）近期、远期或分阶段设计水量一致。

曝气沉砂池建议至少建2座，保证一座检修时其他沉砂池能正常处理全部的水量。

曝气沉砂池的曝气量取值为0.1～0.2m^3/m^3污水，根据所需曝气量选择曝气风机型式和参数。曝气干管宜引自单独鼓风机。不建议将生化鼓风机的风量分过来作为曝气沉砂池的气源，以避免在干管安装流量计控制风量，且由于沉砂池风阻和曝气池风阻不同，不易于控制。空气干管布置到靠近进水端一侧，再沿池长边分支到各组沉砂池，如图4-18所示。

市政污水沉砂量取值按照30$m^3/10^6m^3$污水计算（按砂水分离器处理后含水率60%，容重1.5t/m^3计算），泥沙含量大的污水需要根据实际水质取值。砂水分离器前含水率为80%，按此计算砂泵的流量，并留适当余量。根据沉砂池砂斗容积计算每次排砂时间，计算气提风机风量，对砂水分离器进行选型。

4.4.2.2 平面布置

从平面布置来看，曝气沉砂池可分为五个区域：进水区、出水区、曝气沉砂区、浮渣区和排砂渠，附加浮渣井和排空井，需要时设置排砂井（配砂泵）。因为排渣布置方式不同，有两种典型的平面布置形式：方案一如图4-16所示，方案一的曝气管可布置在两池之间共壁池壁两侧或者分开在两侧布置，其相对应的沉砂区的布置也不同（如图4-17所示）；方案二如图4-18所示。

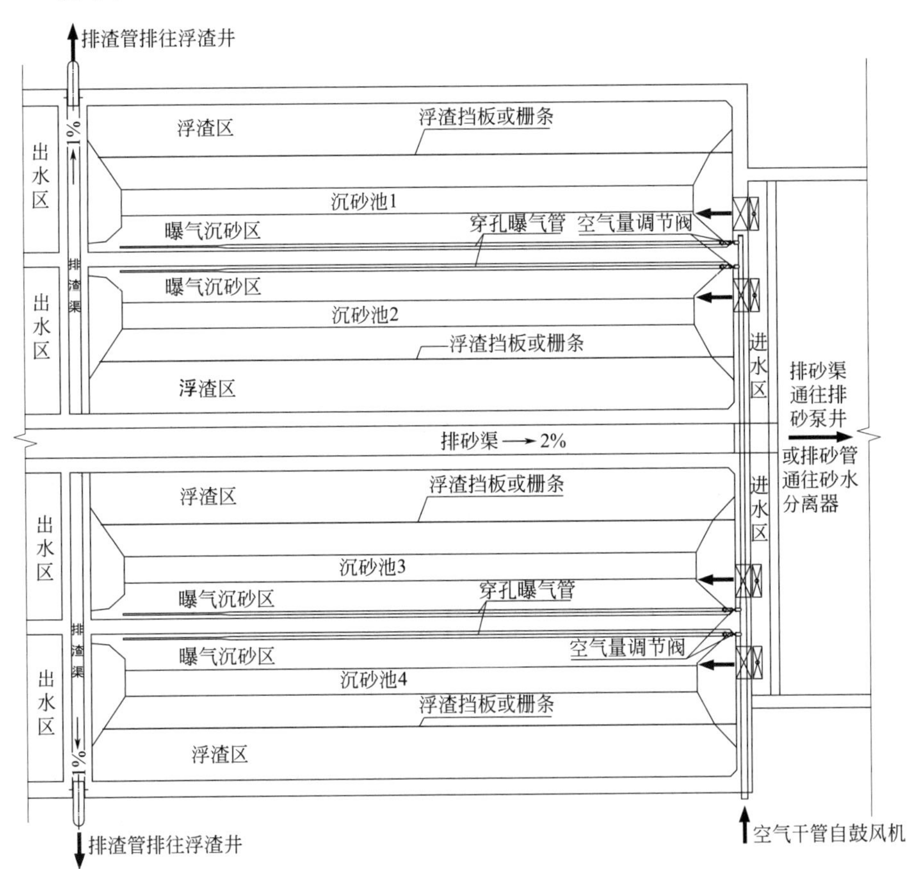

图4-16 曝气沉砂池布置示例方案一（四组）平面图

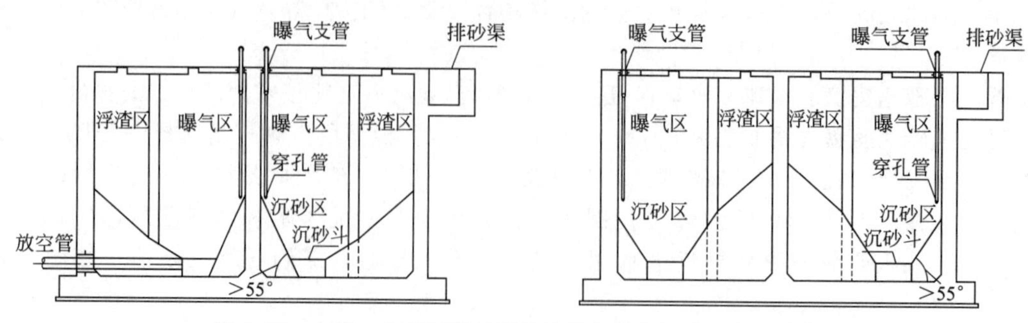

图 4-17 方案一中不同曝气沉砂池曝气管和沉砂区布置方案

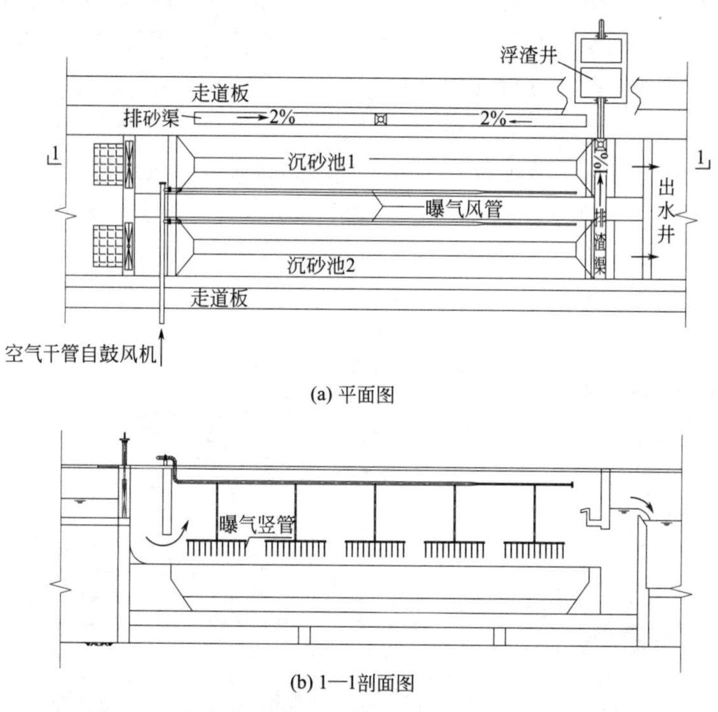

图 4-18 曝气沉砂池布置示例方案二平面图和剖面图

① 进水区 如果沉砂池分若干组，则采用渠道进水，渠内水分配到各组沉砂池，各组沉砂池进水口要布置在靠近曝气管的一侧（图 4-16），每组进水口宜设手动（电动）不锈钢方闸门，正向承压，方便分组检修。进水口下游设挡流墙起稳流作用。进水方向应与池中旋流方向一致。

② 曝气沉砂区 位于进水区下游，沿池长边方向、池侧壁布置曝气管，相对的另外一侧沿池长边方向布置浮渣挡板和浮渣区。在沉砂池内沿长边方向在池两侧分别平行布置，中间分隔部分设浮渣挡板，挡板顶标高高于液位标高 50mm，也可采用供货商生产的玻璃钢整流栅条。沉砂池底部坡度根据设备要求设计，应利于沉降砂粒的收集。

③ 沉砂区 沉砂斗容积不应大于 2d 的沉砂量，沉砂斗高度取 0.5m。采用重力排砂时，砂斗池壁与水平面的倾角不应小于 55°，最大可以取 60°～65°，沉砂斗尾端接放空管方便维修，如图 4-17 所示。

④ 浮渣区 两组沉砂池的浮渣区浮渣可经桥式吸砂机上的刮板将浮渣收集至靠近出水

端的排渣渠，两组沉砂池可共用一个排渣渠，该排渣渠设在沉砂池末端出水口上游，与沉砂池长度方向呈90°布置，渠底坡度取1%。排渣渠内的浮渣通过管道以2%坡度坡向浮渣井，浮渣井内的渣水分离示意图如图4-19(a)和图4-19(b)所示。注意排水三通距离池底的距离要保证渣水分离效果，该距离不高于1.8～1.9m，三通的位置太低容易造成浮渣和水不能很好分层导致管道堵塞。浮渣井的容积要根据浮渣量和存储时间计算，同时也要考虑冬季防冻问题。图4-19(c)的方案是在排渣井出口设拦渣栅格板。

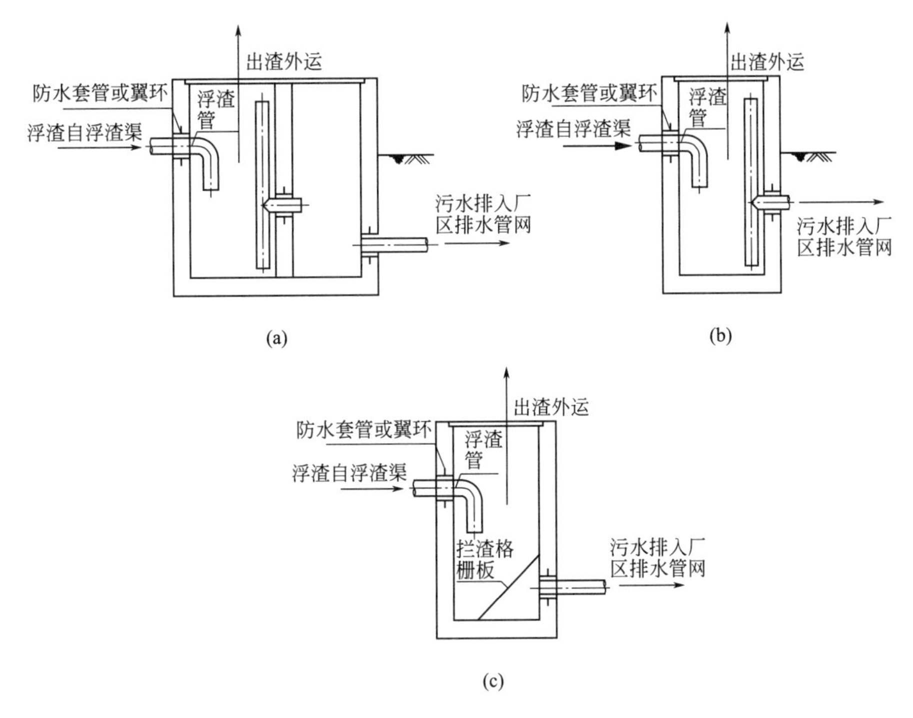

图4-19 浮渣井排水图

4.4.2.3 设计思路

(1) 曝气管道

沉砂池的曝气管可以选择竖管、穿孔管或粗孔曝气器。

竖管管径多为15mm或25mm，空气干管空气流速10～15m/s，空气竖管和小支管空气流速4～5m/s，干管在分出去一部分气量后剩余气量减少，根据流速计算的管道管径变小，变径处设异径管，尾端的支管流速可以取低些，经过阻力损失计算来验证是否设计合理。

穿孔管材质为SS304或PVC-U，可不考虑在曝气管廊安装阀门调节气量，在各组沉砂池曝气管首端装调节阀门即可（图4-16）。穿孔管穿孔直径取3～5mm，3mm孔径较易堵，一般取5mm，在与垂直角度45°方向开孔。根据孔的数量确定是双边开孔还是单边开孔，开孔方式和方向如图4-20所示。

穿孔的数量和间距根据空气量和空气流速10～15m/s计算，最后校核孔的间距在50～100mm之间，一般取50～70mm。如果一排孔无法满足要求，则应采用双侧开孔方式。图纸中应注明孔径、间距和个数。

(2) 放空

放空管道上接阀门和双法兰限位伸缩接头，阀门可采用闸阀、浆液阀或蝶阀。双法兰松

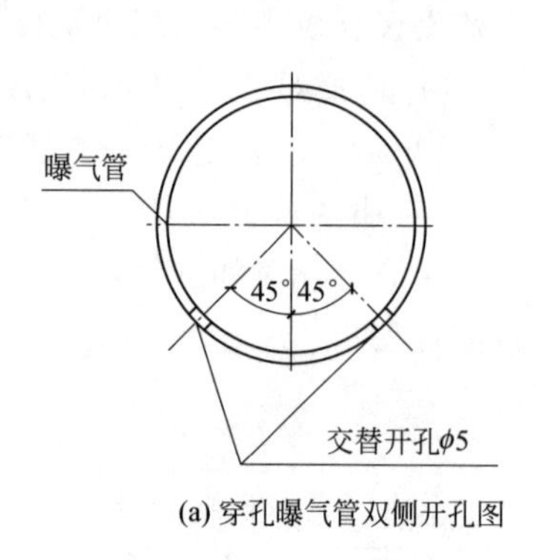

(a) 穿孔曝气管双侧开孔图

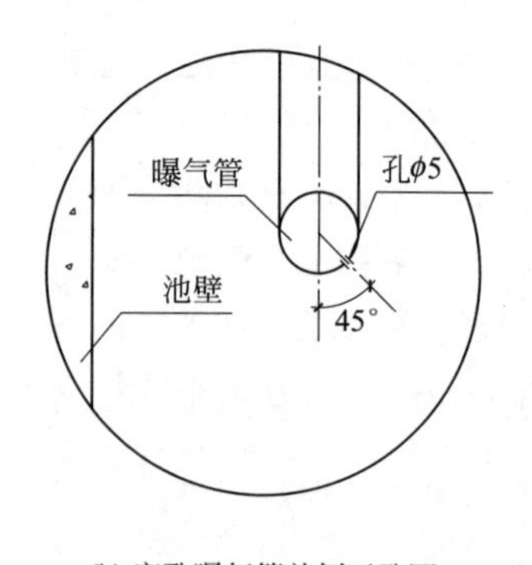

(b) 穿孔曝气管单侧开孔图

图 4-20 穿孔曝气管开孔图

套限位接头适用于阀门与管道连接的地方，在连接的同时能补偿管道的轴向位移及一定量的挠曲和偏心，拆卸管道在允许的伸缩量中可以自由伸缩，一旦超过其最大伸缩量就起到限位作用，从而保护阀门和管道的安全运行，在检修时便于泵阀的安装和维修。根据平面布置条件，放空管可连接到浮渣井的排水井内或者单独设置放空阀门井接入厂区排水管网。如果需要防止构筑物和管道的不均匀沉降造成对管道的破坏，放空管阀门之后宜设可曲挠橡胶接头。

(3) 排砂系统

曝气沉砂池的排砂系统包括：吸砂（刮砂）机→砂泵（或气提排砂）→砂水分离器→运砂车。

① 桥式吸砂机　桥式吸砂机主要由工作桥（主梁）、行走装置和轨道、主梁、吸砂系统、驱动装置和撇渣（油）装置等组成。吸砂机带撇渣装置。

一组沉砂池可用 1 台单槽桥式吸砂机；两组沉砂池可用 1 台双槽桥式吸砂机，吸砂机将砂排入共用的 1 个排砂渠中（图 4-18）；四组沉砂池可用 2 台双槽桥式吸砂机，每台服务两组沉砂池，吸砂机将砂排入两组（或四组）共用的 1 个排砂渠中（图 4-16）。

排砂渠底坡度 2%，排砂渠尾端以管道连接到砂水分离器。如果受高程限制无法自流排砂到砂水分离器，则排砂渠尾端设排砂井，井内设提砂泵将砂提升到砂水分离器。提砂泵出口设止回阀、限位接头和蝶阀。提砂泵型式可为潜水泵。

一般桥式吸砂机配套有气提风机或砂泵，该设备需联系供货商选型及配套。吸砂泵、吸砂桥和砂水分离器联动。

② 刮砂机　两组沉砂池可用 1 套刮砂机，每组沉砂池设一个集砂井，刮砂机将砂刮入井内，井内设吸砂泵将砂泵入砂水分离器。刮砂机下部刮砂、上部单向刮渣，能清除池底硬度较大、磨损性较强的颗粒状杂质和上部漂浮物。刮砂机配备主体工作桥、行走装置、刮砂板、行走轮、紧固件、定位件、出水堰板、导流板、滑触线（或滑动电缆）和就地控制箱等。排砂设备配现场控制箱，可现场控制，上位 PLC 监视。

③ 砂水分离器　如果砂水分离器放在房间里应设置集水沟或地面坡向集水坑，集水沟或集水坑顶盖篦子，收集溢流水用管道排出去。两台砂水分离器共用一个集水坑。

排入砂水分离器的管道坡度宜大于 0.02，弯头大于 135°，避免用 90°。避免出现如图 4-21 所示的连接方式。

(4) 出水和溢流

沉砂池出水方向应与进水方向垂直，并宜设置挡板，建议设出水堰。每组沉砂池出水区应设闸门，与上游进水口闸门配合使用，方便分组维修。必要时考虑在出水渠或堰槽设置溢流管，溢流水量和溢流管径需要结合全厂工艺流程和是否有超越需求来考虑。溢流管安装可

图 4-21 排砂管错误案例

采用出水堰形式溢流，也可采用直接在曝气沉砂池出水渠安装溢流管的形式。需根据工程条件和整体设计思路考虑是否在溢流管安装阀门。近期、远期或不同阶段分期建设时，水量不同，需考虑预留的出水堰是否有溢出或倒灌情况，如有，需将预留堰槽做封堵。

沉砂池出水管数量和位置取决于下游单体的设计数量和位置，如果预留远期接口，应在出水口设置闸门，方便未来管道衔接中不停水施工，缩短连接时间。

(5) 除臭

除臭管道可从沉砂池长边方向选几个点引出除臭管，封闭加盖要让出吸砂机的行走空间。池顶留设备孔和检修孔。

4.5 机械混凝池

混凝池用于生化池的上游预处理或下游深度处理，不但用于除磷，还用于增强 COD、SS 和色度等污染物的去除。

图纸设计前要确认的主要设计接口条件和信息包括：可用地尺寸及在总图的位置；水质及特点；上下游水位或范围；处理水量和变化系数；药剂种类、特性和加药量；管道接口条件（包括进水管、进药管、出水管、超越管和放空管等）；地坪标高；冻土层、管道覆土深度和保温等相关要求；地质、气候等其他设计条件。

根据接口条件，提出设计思路、计算和平面草图，图纸设计前与设计负责人确认混凝反应池的停留时间、反应级数和搅拌方式，对于药剂的腐蚀性、反应最佳条件和可能对环境和操作者的影响也要了解，在设计中考虑避免药剂的不良伤害。

污水处理混凝池的常用搅拌方式包括机械搅拌和空气搅拌，空气搅拌的设计参见调节池的空气搅拌章节。本节以典型的机械混凝池为例介绍。

4.5.1 核心设计参数

机械混凝池包括混合池和混凝反应池两个部分。

① 混合池停留时间　由供货商提供混合池搅拌机的速度梯度值，核算 GT 值，选定合适的停留时间（T 值），还需核算峰值情况。设计规范建议平均速度梯度宜采用 $300s^{-1}$，实际工程设计中 G 值范围可调整到 $500\sim1000s^{-1}$，混合池停留时间 T 值范围 30～120s。

② 反应池停留时间　由供货商提供反应池搅拌机的速度梯度值，核算 GT 值，选定合适的 T 值，还需核算峰值情况。G 值范围 $500\sim1000s^{-1}$。对于普通市政污水投加 PAC 或铁

盐，设 3 座反应池，实现三级反应。每座反应池混凝反应时间 T 值为 5～6min，总混凝反应时间 T 值范围为 15～20min，设三档搅拌机。对于其他废水或混凝剂，则需要根据经验或试验参数调整。

4.5.2 设计提要

① 系列数　混凝池的系列数根据水量、混凝池体大小、土建和设备造价以及下游构筑物系列数和平面布置等因素考虑。如果下游构筑物之间为并列运行且距离不远，宜尽量将混合池和混凝反应池建为一个系列数，方便布置加药管线及节约占地和设备；如果下游构筑物距离远不方便沟渠配水或分期建设，则要考虑增加混凝池系列数。分开建设时系列数问题需与上下游单体设计师以及设计负责人沟通确认。

② 池容和尺寸　根据核心参数，确定混合池和反应池的池容，有效水深一般取 2.5～4.0m。1 座混合池和 3 座反应池的平面尺寸均按照正方形设计，计算出混合池和反应池的面积，得到每座池的边长尺寸。有效水深和平面尺寸根据搅拌机的尺寸和过流孔尺寸进行微调。

③ 平面布置　混合池和反应池共壁布置。反应池的平面布置和流态根据下游构筑物的流态、共壁设计、平面尺寸的限制和相对位置等因素综合考虑，每级反应池间的过流孔设置在正方形的对角位置，孔的标高上下交错，遵循“上进下出”和“下进上出”的流态布置原则。平面布置需与相关单体设计师进行沟通确认。平面布置举例如图 4-22 所示。

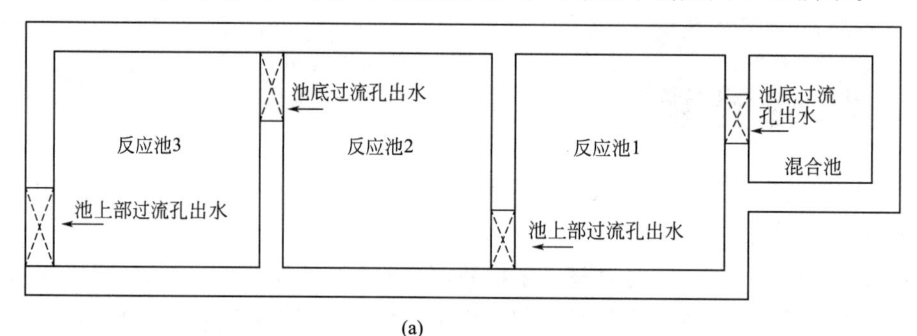

(a)

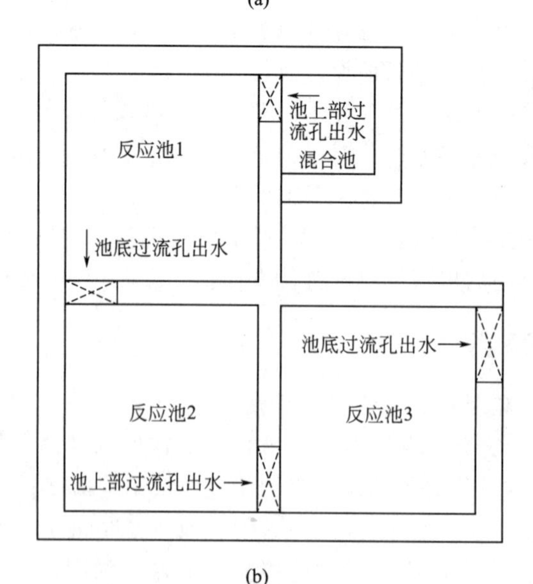

(b)

图 4-22　混凝反应池平面布置

④ 混合池的流态　一种是上游来水从池底进水，混合池上端出水，即为“下进上出”流态，加药管宜走池顶进入混合区，加药点设在搅拌机叶轮下部靠近进水口处加药；第二种是上游来水从池上部进入，混合池下端出水，即为“上进下出”流态，药剂和污泥回流点都放在混合区的上部。采取哪种方式要根据来水方向和下游的反应池的流态进行调整，避免短流。无法实现上述流态时也可采用加导流墙的方式调整流态方向。如为上出水，需要考虑设放空管。如果工程规模小，也可考虑临时泵排空。上部过流孔的孔顶标高宜低于液位。

⑤ 混合池搅拌机　可选用推进式混合搅拌机，推进式混合搅拌机叶轮焊接为一体，与轴之间可以拆卸。设计师先向设备供货商提供平面布置草图和废水特性等信息，方便供货商确定搅拌机功率、*GT* 值、叶轮直径及叶轮的材质等；设计审核过程中池体如有大的调整需重新向供货商提条件。混合池接口的进水管和进药管、出水口位置对混合搅拌机有影响，设计师提条件时需同步提供上述信息给供货商。

⑥ 混凝反应池搅拌机　一般选用垂直轴式搅拌机，搅拌机叶轮上层桨板距液面 0.3m，下层桨板距池底 0.3～0.5m，叶轮桨板外缘距池壁 0.25m。为了增加水流紊动性，在每格反应池的四个角附近均匀分布设固定挡流板，如图 4-23 所示。4 块固定挡流板可采用 150mm×150mm 的 UPVC 板，用 M12×140 膨胀螺栓固定在池壁上，调节范围 0～60mm，挡板边缘与搅拌机叶轮外缘的间距为 0.1～0.2m，不大于 0.2m。挡流板的底标高宜高于池底过流孔顶标高 0.1～0.2m，挡流板顶标高宜高于反应池上部过流孔底标高约 0.1m。混凝搅拌机的池内部分均可拆卸。

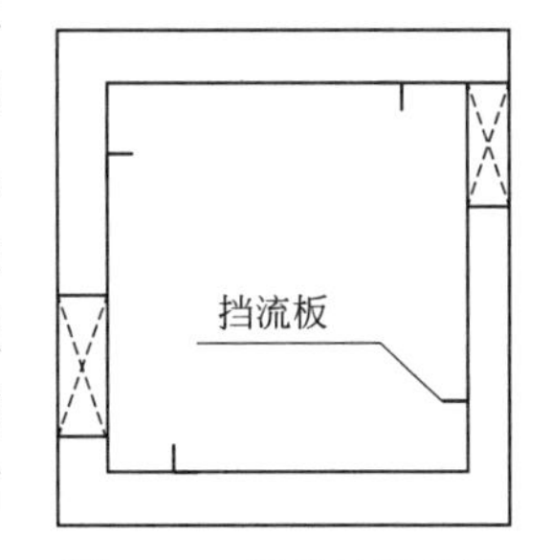

图 4-23　混凝池挡流板

混合搅拌机和混凝搅拌机可与土建的走道板固定，小规模也可以采用桥架固定。设计走道板时要考虑设备的检修空间。桥架或走道板的选择需要根据池体大小、造价、走道板的设置合理性综合确定。

⑦ 孔洞流速　混合池出水及各级反应池的进出水过流孔的尺寸主要考虑控制水头损失和保护形成的絮体不被破坏，过流孔的流速不超过 0.6m/s，可取 0.5～0.6m/s，过流孔的尺寸应根据流速计算，每级过流孔的流速以不大于下游反应池内搅拌机的叶轮桨板外缘线速度为宜，桨板线速度由供货商提供，线速度第一档 0.5～0.67m/s，第二档 0.43m/s，逐渐减小到末档的 0.2m/s 为宜。例如一级反应出口取 0.25～0.3m/s，二级反应出口取 0.12～0.25m/s，为了避免已形成絮体的破碎，混凝反应池最后一级出水孔（三级反应出口）的过孔流速宜小于 0.1m/s。反应池出水如通过管渠连接到下游构筑物，则管渠宜尽量短且流速宜小于 0.15m/s 以免破坏矾花，管渠坡度大于 0.01，尽量避免 90°弯头防止污泥沉淀。

混凝池下游构筑物若为沉淀池或气浮池，考虑到混凝反应产生的污泥为化学污泥，含水率低于生化污泥且沉降性更好，因此下游沉淀池的负荷可比生化污泥沉淀池的水力负荷取高一些，例如辐流沉淀池水力负荷可取 1.0～1.6$m^3/(m^2 \cdot h)$。

⑧ 水头损失　三级反应中每级反应的液位应有液位差 0.02～0.05m，应仔细核算，并计算超越管（如有）的水头损失进行比照，取水头损失大值作为液位差。混合池的超高取 0.4～0.5m，每级反应池的超高根据具体水头损失计算值依次增大。

⑨ 设备表　在设备表中要求填写搅拌机的名称、位号、规格、功率、转速、直径等，配套安装支架、工作桥等也应列入表格中（如有），同时标明材质为水上碳钢水下 SS304，

堰板配套含螺母及垫圈。腐蚀性高的工业废水的搅拌机材质需要提高到 SS316（L）或改用空气搅拌。

4.6 沉淀池

4.6.1 基本设计思路

（1）池型选择

选用何种型式的沉淀池取决于沉淀池在工艺流程中的位置、来水水质和特点、污染物去除要求、上游单体的设计参数、设计规模、占地要求和经济条件等因素。当占地紧张时优先考虑周进周出二沉池和平流式二沉池；规模小的项目占地紧张可选竖流式二沉池和斜板/斜管沉淀池。竖流沉淀池排泥方便，管理简单，占地面积较小，池子深度大，施工困难，因此池径不宜过大，否则布水不均，适用于小型污水处理厂；对于初沉池，如果有加药措施可能造成污泥密实，或水中含有较高浓度硫化物，沉淀颗粒密实，则应考虑选用平流沉淀池，选用链条式刮泥机；高浓度含油废水优先应用平流式沉淀池进行初级除油，设计细节要符合《石油化工企业设计防火标准》。

（2）建设规模

当工程为分期建设时，设计流量按分期建设考虑，按最大设计流量计算。如上游来水为提升进入沉淀池，应按每期工作水泵的最大组合流量计算。

（3）沉淀池的数量

沉淀池的个数或分格数不应少于 2 座，宜按并联设计。沉淀池上游建议设配水井，保证检修维护中各沉淀池可互为备用。并联运行的圆形沉淀池，图纸设计中通常在该单体的总平面图中画出所有沉淀池的相对位置、配水图和接管图，详图只体现一座沉淀池，材料和设备统计表中要注意统计全部沉淀池的量单。

（4）尺寸计算

初沉池的尺寸按照峰值流量和负荷计算。生物池下游二沉池的尺寸是通过平均流量的负荷计算，峰值流量校核后进行调整。

（5）水力计算

沉淀池的所有管道、堰、过水结构的水力计算要计入原水进水水量、回流污泥量、厂区排水水量和回到二沉池前的其他所有入流流量，还应考虑在一组沉淀池检修时处于工作状态的其他沉淀池的水力计算和水力负荷都要满足规范要求。

（6）水力负荷

① 对于普通市政污水，进水 SS＞240mg/L 时设初沉池。初沉池的表面水力负荷应取大值，其主要作用是去除无机物，以免沉淀有机物降低污水的可生化性，水力负荷不宜小于 $2.5 \sim 3.0m^3/(m^2 \cdot h)$（根据来水浓度和下游工艺要求调整），但负荷过大会影响沉淀效果，以不超过 $3.5 \sim 4.0m^3/(m^2 \cdot h)$ 为宜。初沉池宜按旱流污水量设计，用合流设计流量校核，峰值校核的沉淀时间不宜小于 30min。初沉池不利于来水碳源利用，需设超越。

② 对于工业废水的初沉处理，由于水质差别大，初沉的水力负荷取值不可一概而论，有以下几种情况。

a. 对于沉降性相对好的废水，若来水 SS 浓度高需回收沉淀物，可选用脱水压滤回收固体（如酒糟废水）。

b. 如含难降解成分宜采用混凝沉淀工艺，混凝反应可提高某些难降解污染物的去除率，同时去除SS和COD，有利于下游生化处理。

c. 来水SS浓度高且沉降性能好无需回收沉淀物，可采用分级沉淀。对于高悬浮物废水采用分级沉淀时，一级初沉去除率可为70%以上，水力负荷1.8～3.0$m^3/(m^2 \cdot h)$，二级初沉的去除率要低于一级初沉，可为50%以上，水力负荷1.5～2.5$m^3/(m^2 \cdot h)$，水力负荷高低根据SS可沉淀性选取，沉淀性好的水力负荷可以取高点，但去除率要求高些，水力负荷也不能取高。对于沉淀性不好但不适合气浮的SS初沉处理，负荷可以取值更低。最终要求进下游生化工艺的悬浮物浓度不超过220～240mg/L（取决于沉淀技术的能力），必要时增加气浮降低SS以满足下游工艺的要求。SS去除率和混凝加药量根据对该废水的实践经验和实验数据确定，计算时可从要求的出水SS浓度向前反推，使去除率取值合理，COD等其他污染物的去除率取决于这些污染物在SS中所占的比例。负荷和SS去除率等核心参数应在设计前与设计负责人沟通确认。

③ 二沉池的表面水力负荷受池型、来水特点、出水要求、污泥沉降性和上游生化设计参数等因素制约，经验值也比较重要。如果上游的生化池为延时曝气或者工业废水中含有有毒或者生物抑制性污染物影响污泥性状，污泥沉淀性能相对差些，则二沉池表面水力负荷应适当降低或者采取加药措施改善污泥沉降性能。有以下情况：

a. 中进周出辐流沉淀池。对于普通市政污水曝气时间长（根据经验15～24h以上时）的生化池后二沉池，平均流量时水力负荷不宜高于0.6～0.7$m^3/(m^2 \cdot h)$（不计算污泥回流量的情况），峰值校核时水力负荷不宜高于0.9$m^3/(m^2 \cdot h)$，如进水水量算入污泥回流量时，平均流量下水力负荷取0.9～1.0$m^3/(m^2 \cdot h)$。非延时曝气的普通市政污水的二沉池的水力负荷可以在此基础上适当提高。按照该负荷计算出的二沉池尺寸应该用峰值流量校核。峰值流量水力负荷不宜高于1.0～1.1$m^3/(m^2 \cdot h)$（不计算污泥回流量的情况下）。

b. 平流沉淀池。水力负荷与中进周出辐流沉淀池相似，但应按照水平流速校核。

c. 周进周出辐流二沉池。对于普通市政污水曝气时间长（根据经验15～24h以上时）的二沉池，平均流量时水力负荷不宜高于0.8～1.0$m^3/(m^2 \cdot h)$（不计算污泥回流量时计算的负荷），峰值校核时不宜超过1.0～1.4$m^3/(m^2 \cdot h)$。

最终二沉池的尺寸取值要均衡考虑平均流量和峰值流量时的负荷。当水量小时，由于峰值系数高，可能造成二沉池设计偏大，此时要先确保平均水量下的负荷符合要求，同时综合考虑分期建设间隔时间，远期水量增大后峰值系数会降低，可以将近期峰值水量的负荷取到高限，等远期建设的时候水量增加、峰值变化系数变小后，已建的二沉池峰值负荷随之降低。

④ 如果沉淀池上游是混凝反应池，由于沉淀池进水是化学污泥，沉淀池的表面水力负荷可以取高些，对于辐流式沉淀池，平均水量时表面水力负荷可取1.0～1.2$m^3/(m^2 \cdot h)$，峰值流量时1.2～1.6$m^3/(m^2 \cdot h)$。对于斜管/斜板式沉淀池，表面水力负荷2.0～2.5$m^3/(m^2 \cdot h)$，峰值负荷不得高于2.5～2.7$m^3/(m^2 \cdot h)$，上升流速0.4～0.6mm/s，峰值时不大于0.8mm/s。

⑤ 当单池检修时，其他平行工作的沉淀池的负荷要符合《室外排水设计标准》的要求。

⑥ 如果表面水力负荷过高、排泥有问题或者来水中污泥（悬浮物）沉降性能不好，可能出现出水带泥现象，应有针对性的设计，必要时应在前端加药改善污泥的沉降性能。对于

可沉降性不好的污泥，可选用气浮法。

⑦ 在设计中可在二沉池入口预留应急加药口和加药设备位置，预留污泥回流到二沉池进水口。如果二沉池出现沉降不好或者需要应急扩容时，可考虑投加应急药剂。当二沉池负荷较高且希望能改善二沉池出水水质，那么可以尝试以下方法：

a. 二沉池前加药。以烧杯实验为基础，选择沉淀速率快、产生的沉淀絮体体积小、密度大的药剂，絮凝剂的投加不应影响生化池污泥 SV30。采用有机和无机絮凝剂组合，无机絮凝剂可考虑铁盐或复合铁铝盐如硅酸铁铝盐，有机絮凝剂有胺类聚合阳离子、阴离子PAM、高阳离子 PAM 和聚二甲基二烯丙基氯化铵等聚阳离子。如果污泥脱水能力有余量，可以投加密度大的矿土如膨润土蒙脱土。可以尝试市场上出现的靶向絮凝剂、纳米絮凝剂等，此时需要结合供货商业绩案例并结合烧杯实验进行选择，另外还需要考虑成本、运送距离等其他因素。

b. 加药点设在配水井内时要加强搅拌，设置二沉污泥回流到二沉池进水口。

c. 沉淀改善工程调试中应注意：在生物池入口连续投加，1～2d 后改到二沉池入口投加，投加时需多关注二沉池的泥位液面升高的情况和速率。泥位升高快或者到预警位置，需间歇停药或加大排泥。

d. 生化池控制曝气，消除污泥膨胀。综合考虑曝气、碳源、絮凝剂、二沉池杀菌剂或碱度控制等改善因素。

(7) 固体负荷

二沉池的固体负荷≤150 kg/(m^2 · d)，周进周出辐流二沉池固体负荷要高于该值。

(8) 出水堰

污泥的沉降性能越好，出水堰堰口负荷可以越大。峰值流量最大堰负荷，初沉池不宜超过 2.9L/(s · m)，二沉池不宜超过 1.7L/(s · m)，以此根据工程条件按照峰值流量系数和(或)雨污合流截留倍数计算平均流量的堰负荷。计算负荷时取的流量要计入所有通过沉淀池出水堰的流量，包括系统回流水量，同时要考虑一组沉淀池检修时其他组的沉淀池过水负荷和水位变化对上游和下游单体可能产生的影响，设计中要和相关单体和总图设计人员进行沟通协调。周进周出辐流二沉池的堰负荷可达到 2.5L/(s · m)。单堰，不宜作双堰。

(9) 污泥区

初沉池的污泥区容积一般按不大于 2d 的污泥量计算，采用机械排泥时，可按 4h 污泥量计算；二沉池的污泥区容积按不小于 2h 储泥量考虑，泥斗中污泥浓度按混合液浓度及底流浓度的平均浓度计算。

(10) 排泥

排泥管直径不应小于 200mm。建议采用机械排泥，排泥机械的行进速度 0.3～1.2m/min。排泥泵宜选用无堵塞离心泵、转子泵和螺杆泵等。如采用静水压力排泥，初沉池静水头不应小于 1.5m；二次沉淀池的静水头不应小于 0.9m（曝气池后）或 1.2m（生物膜法后）。污泥管道设冲洗，管材选用不锈钢或 PE 管（1.6MPa），避免用 90°弯头。

(11) 放空

半池或全池放空要计算排空时间，半池放空要考虑避免积泥造成刮泥机启动问题，此外，还需要考虑放空管道阀门标高与总图的协调。

(12) 电气自控

刮泥机设备一般自带现场控制箱，室外为户外型，中控室监视。要注明泵的变频数量要求并不得轻易改动，以免产生较大的电气设计修改量。

4.6.2 中进周出辐流式沉淀池

（1）主要参数

对于中进周出辐流式沉淀池，直径与有效水深之比宜为6～12。水池直径不宜大于50m。污泥区停留时间小于2h，澄清区停留时间2.5～3h。

（2）池底坡度

池底有两种设计，第一种为平底，池底无坡度，不设泥斗，刮吸泥机沿池径方向同时完成刮泥吸泥；第二种为池底中心设泥斗，池底从池侧壁坡度1∶12～1∶20，坡向中心泥斗，坡度大有利于刮泥。坡向泥斗的底坡不宜小于0.05。

（3）缓冲层

缓冲层高度根据刮泥板高度确定，缓冲层上缘宜高出刮泥板约0.3m。刮吸泥机底部与池底（抹防水砂浆后的标高）净距根据供货商提供的尺寸设计，一般为10～15mm。

（4）管道流速

进水管流速应大于1.0m/s，不超过1.5m/s。出水口流速、稳流筒流速和出水槽流量等应详细计算。出水管流速宜不超过1.5m/s，最低流速按峰值流量和1.2倍平均水量计算时都不宜小于1.0m/s，平均流量时流速不宜大于1.0m/s。

（5）中心筒

进水中心筒流速的计算方法是流量除以过水断面积，计算时中心筒断面积宜用中心筒总断面积减去中间嵌的排泥管断面积，中心筒布水孔高度设在缓冲层。小规模中心筒如果做成土建可能会不满足流速要求，设计师可和设计负责人沟通是否可将中心筒做成设备。中心筒的总断面如图4-24所示，左边标重要的标高，右面竖向标各部分的距离、尺寸（线性标注）为宜。进水配水槽尾部布水孔孔径应适当加大，否则容易堵塞。稳流筒深度范围为1～2.5m，为池深的30%～75%，筒底距离进水立管布水孔口的距离a为0.5～1.0m。筒内流速0.03～0.02m/s。布水孔顶距离中心筒顶距离b为100～300mm。排泥孔稳流罩的尺寸主要考虑施工方便以及和进水中心筒的一致。中心筒预留孔平面图上要标出电缆穿管位置。

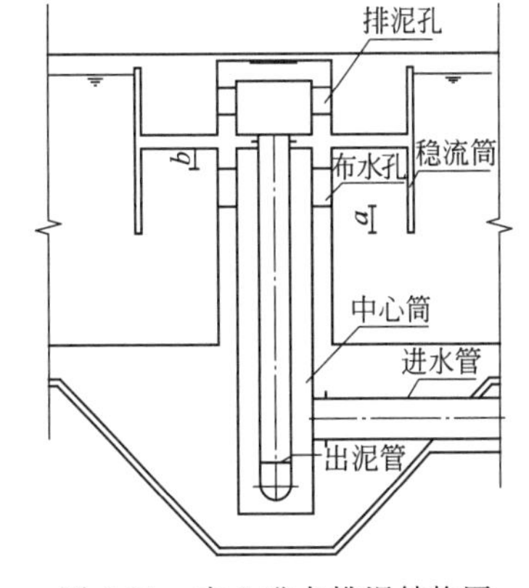

图4-24 中心进水排泥结构图

（6）排泥

采用静水压力排泥，在沉淀池边共壁建出泥井与图4-24中的出泥管相连，管径最小200mm，按照满流时流速0.8～0.9m/s考虑。出泥井顶标高与沉淀池顶同高，在出泥井旁联建排泥井，排泥井顶和下游中途提升泵站池顶标高与沉淀池顶标高同高，排泥井接排泥管接入污泥泵站或贮泥池。出泥井和排泥井共壁的隔墙上预留过流洞并安装可调节堰控制静水头。静水头宜大于0.9m。

排泥宜采用刮吸泥机，主要设计思路如下：

① 确定全桥还是半桥。沉淀池直径大于40m时建议用全桥刮吸泥机，避免泥停留时间过长；沉淀池直径小于30m时建议用半桥刮吸泥机；沉淀池直径在30～40m之间时可以用半桥或全桥刮吸泥机，可计算一下最长刮泥时间比较后确定。同一池径条件下，半桥式比全

桥式的污泥停留时间较长，刮吸泥的污泥量较多，管道较粗，数量较多。如果半桥刮泥机刮一圈泥的时间超过 2 小时，则宜改用全桥刮泥机，避免污泥中磷的释放。

② 确定中心传动还是周边传动。直径小于 20m 的沉淀池建议用中心传动刮吸泥机，池径大于等于 20m 的用周边传动刮吸泥机。寒冷地区室外建议使用中心驱动，避免周边驱动装置打滑。

③ 刮泥机外周刮泥线速度 1.5～3m/min。

④ 对于普通市政污水，刮吸泥机水上部分采用碳钢防腐，水下部分采用不锈钢 304 表面酸洗钝化。

⑤ 配套装置包括导流筒、浮渣斗和工作桥等，采购条件包括沉淀池总高度、有效水深、超高、池底坡度和工艺条件图。一般设备自带户外型现场控制箱，中控室监视。

（7）浮渣井

浮渣井可以和沉淀池合建，也可分建，分建要避免建在回填土上。浮渣井尽量与沉淀池合建，浮渣井的侧壁与沉淀池共壁。为了施工方便，一般浮渣井和沉淀池设计为同底标高，如图 4-25 所示。排渣管将浮渣导入浮渣井。浮渣井设两格，避免浮渣堵塞管道。如果浮渣井深度过深，可以在池底填充中粗砂，填到需要的高度，如图 4-26 所示。图纸中要标出浮渣井尺寸和位置。其他型式的浮渣井设计参见 4.4.2 曝气沉砂池。排渣井冬季容易结冰应注意防冻问题。

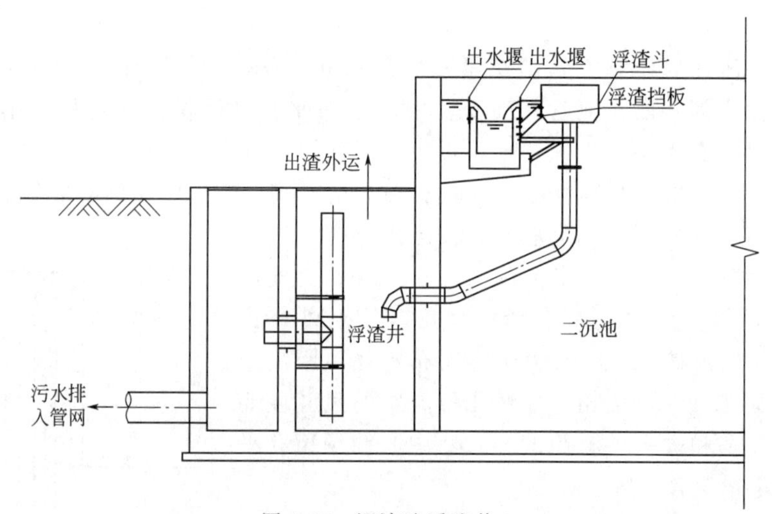

图 4-25　沉淀池浮渣井 1

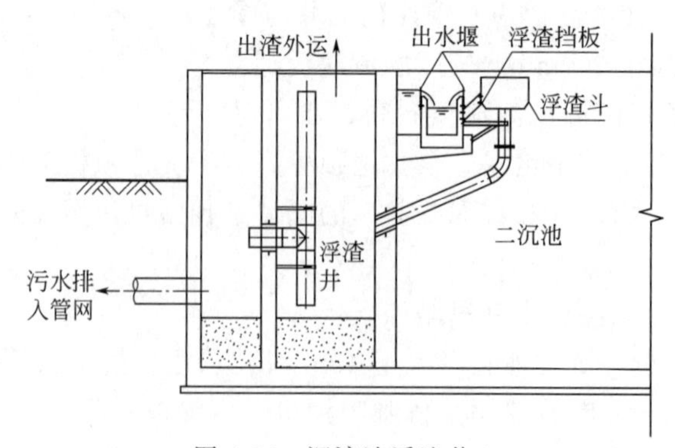

图 4-26　沉淀池浮渣井 2

(8) 井盖

出水井、浮渣井、阀门井等配的盖板由土建专业给出建议，不进入工艺图纸统计。盖板使用镀锌盖板还是玻璃钢格板要事先沟通，玻璃钢要考虑日晒、温差等因素可能造成的老化不安全问题，另外还应考虑井的深度、人出入等因素。

(9) 出水

沉淀池出水方式可从出水槽的汇水井引管道出水或设计排水井。平面图如图 4-27 所示。

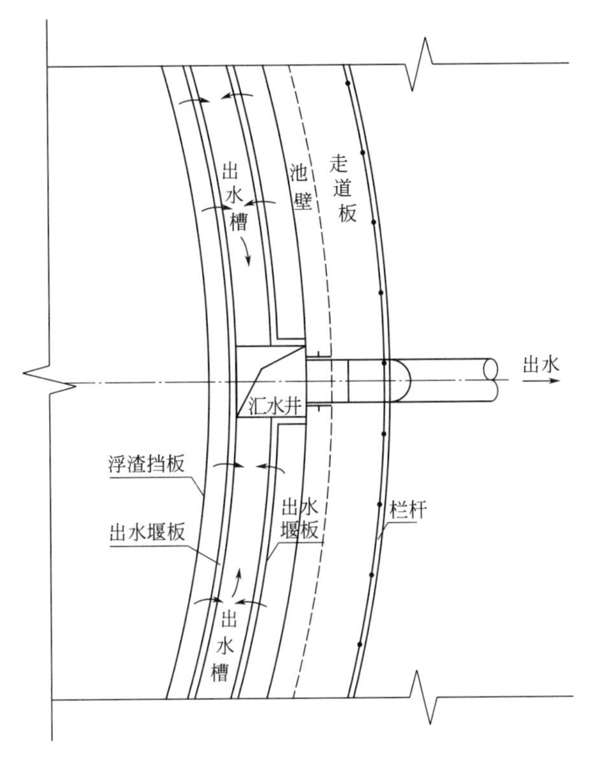

图 4-27 沉淀池出水平面图

沉淀池出水方式见图 4-28，图中（a）采用 90°弯头最节约占地，但是水头损失较大，（b）采用 30°、45°或其他适合的弯头可起到降低水头损失的作用。如果场地有限，可用（c）排水井的做法，这样可以省去 2 个弯头。根据出水管标高要求可在排水井后增加出水弯头，如（d）所示。出水管按照满流计算，埋深注意冻土层等因素，并注意与总图配合。

(10) 出水堰

出水堰的计算要参考《给水排水设计手册》流量计量堰中三角堰的计算公式，核算堰口数和过流能力是否满足峰值和一组沉淀池检修状态下的要求，最后要核算堰负荷，二沉池出水堰负荷一般为 1.2～1.5L/(s·m)，最大（峰值流量）不能超过 1.7L/(s·m)。根据堰负荷计算结果确定采用单堰还是双堰。出水堰板沿出水槽布置，由多个模板组合而成，模板个数为出水槽的周长除以单个模板的长度。画堰板详图以画一个模板的详图为宜，如图 4-29 所示为一个模板，模板长度 2.0～3.0m（取整，根据堰槽周长和堰板数量调整），模板高度 H 取 0.30～0.45m（取整），三角堰尺寸确定后考虑堰口底部距离堰板底部距离 h 大于 0.2m，不超过 0.3m，主要考虑安装堰板用螺栓需要的尺寸。堰口高度（$H-h$）也要取整。出水堰板膨胀螺栓固定。膨胀螺栓固定孔大小要比螺栓大一号，例如 M10 螺栓螺母的固定

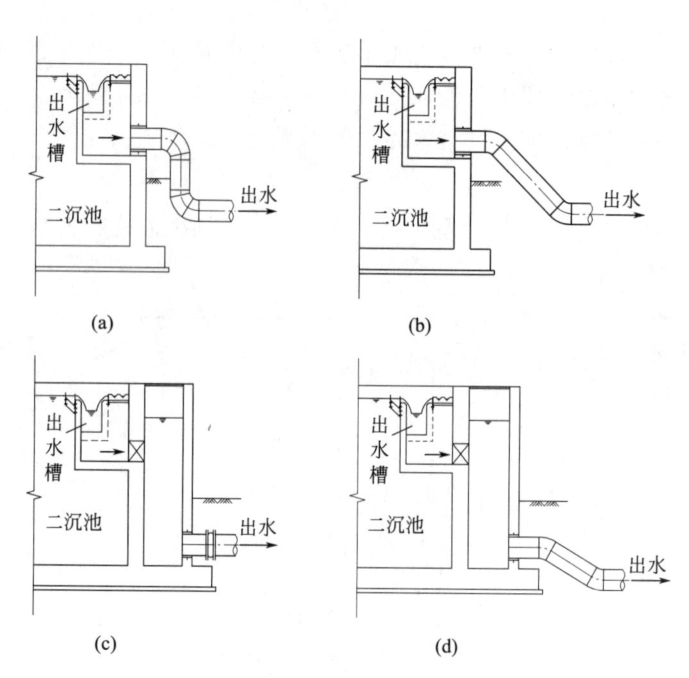

图 4-28 沉淀池出水管布置

孔半径为 6mm，螺栓螺母材质为不锈钢。出水三角堰的水位标高宜位于齿高的 1/2 处。

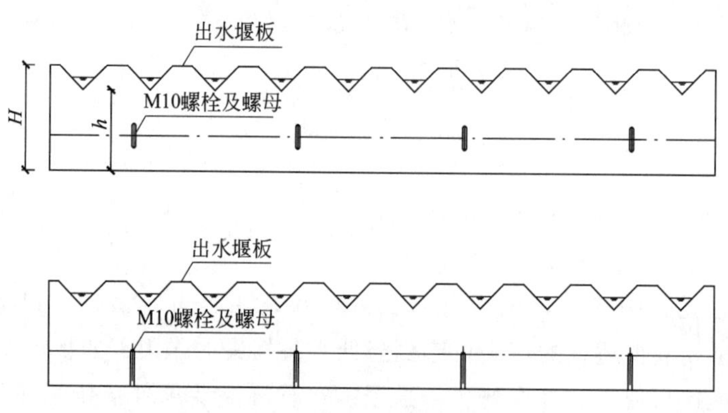

图 4-29 沉淀池出水堰板图例

堰板厚度根据长度确定，一般取 3mm，可根据供货商设计调整，选用 SS304 不锈钢材质，避免堰板腐蚀，影响出水水质。橡胶垫板厚度 5mm。与出水槽的安装结构图如图 4-30 所示。

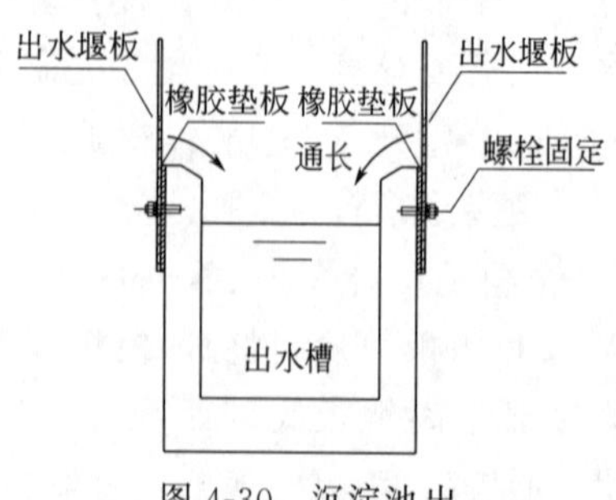

图 4-30 沉淀池出水堰板（双堰）侧视图

堰板施工要严格符合设计要求，控制安装误差在允许范围内。同时土建专业设计师要充分做好防沉降设计，否则会造成结构破坏，出水不均。出水过堰落入出水槽，出水槽可为不锈钢或混凝土结构，优先考虑混凝土结构，但要注意挑梁的长度不宜超出出水槽，避免影响刮泥机的运行，设计中要和设备供货商以及土建专业设计师充分沟通。

（11）放空

放空管的管径按适当流速计算，但是要考虑实际操作时不能全开阀门，否则管网无法承受。半池放空还是全池放空问题应和设计负责人结合总图沟通，全池放空会使埋深加深，但有利于避免半池放空后不及时抽走泥造成刮泥机重新启动时阻力加大问题。如为全池放空，则放空管设在出泥井底部，放空管上闸阀设在阀门井中。由于出泥井的深度较深，放空管上的闸阀阀杆宜加长到池顶适宜高度，手轮盘的高度也要调整到可操作位置，阀门井的尺寸要考虑安装阀门的情况下工人上下需要的空间，内设爬梯和临时排水设施。闸阀的阀体可为球磨铸铁，阀杆为不锈钢，密封为 NBR 橡胶，*PN*10。

（12）管道穿墙套管

池底来水管、排泥管和稳流筒处的排泥管口穿池壁处都用防水翼环。排渣管出池壁处用防水翼环。放空管和出水管穿池壁处用刚性防水套管，不均匀沉降地质加设软连接。

（13）电气自控

回流污泥泵最少设一台变频，设现场手动和自动控制，PLC 通过 MLSS 计（水质复杂时结合 ORP 计）与超声波液位计控制回流量。一般自带现场控制箱，室外为户外型。中控室监控、监视。刮泥机为连续运行，设现场控制箱，中控 PLC 监视。

4.6.3 平流式沉淀池

平流式沉淀池对冲击负荷和温度变化的适应力较强，平面布置紧凑，较多应用于有除臭要求、全地下污水处理厂、高浓度含油废水除油、平面布局受占地限制、污泥量大且可能有易板结污泥的工程。由于水深浅于其他型式沉淀池，不利于冬季保温。

（1）池体计算

每组平流式沉淀池的长度和宽度比不应小于 4，以 4～5 为宜，最大到 6，长度与有效水深比不宜小于 8，以 8～12 为宜。有效水深 3.5～4.0m。池长不宜大于 60m，池底纵坡采用机械刮泥时，不小于 0.01，一般采用 0.01～0.02。缓冲层高度，非机械排泥时为 0.5m，机械排泥时，应根据刮泥板高度确定，且缓冲层上缘宜高出刮泥板 0.3m。

（2）水头损失

平流沉淀池水位与出水渠运行水位差 0.40～0.45m。水头损失应根据经验值确定，设计师根据总图高程进行设计。

（3）水平流速

平流沉淀池的沉淀时间为 2.0～4.0h。表面水力负荷计算时，应对水平流速进行校核。对于普通市政污水，初沉池最大水平流速约 7mm/s，生化二沉池约为 5mm/s。其他污水或废水根据工程经验和项目情况确定，单池检修时工作组沉淀池的最大水平流速为 4～12mm/s。

（4）平面布置

典型的平流式沉淀池的平面布置和剖面图如图 4-31 所示，该设计中，进水管穿过排泥渠进入平流沉淀池的进水区，通过布水花墙进入沉淀区，污泥通过静压排入排泥渠，套筒阀控制排泥。

对于长宽比和宽深比合适的矩形池可改造为平流沉淀池。新加的污泥渠、出水堰、浮渣管等不能影响刮吸泥机的运动且不可影响排渣。电缆架不可占用过道。改造中较常遇到入流口为单孔入流的情况，即使加配水花墙，也较难配水均匀。遇到此种情况，建议在入口位置

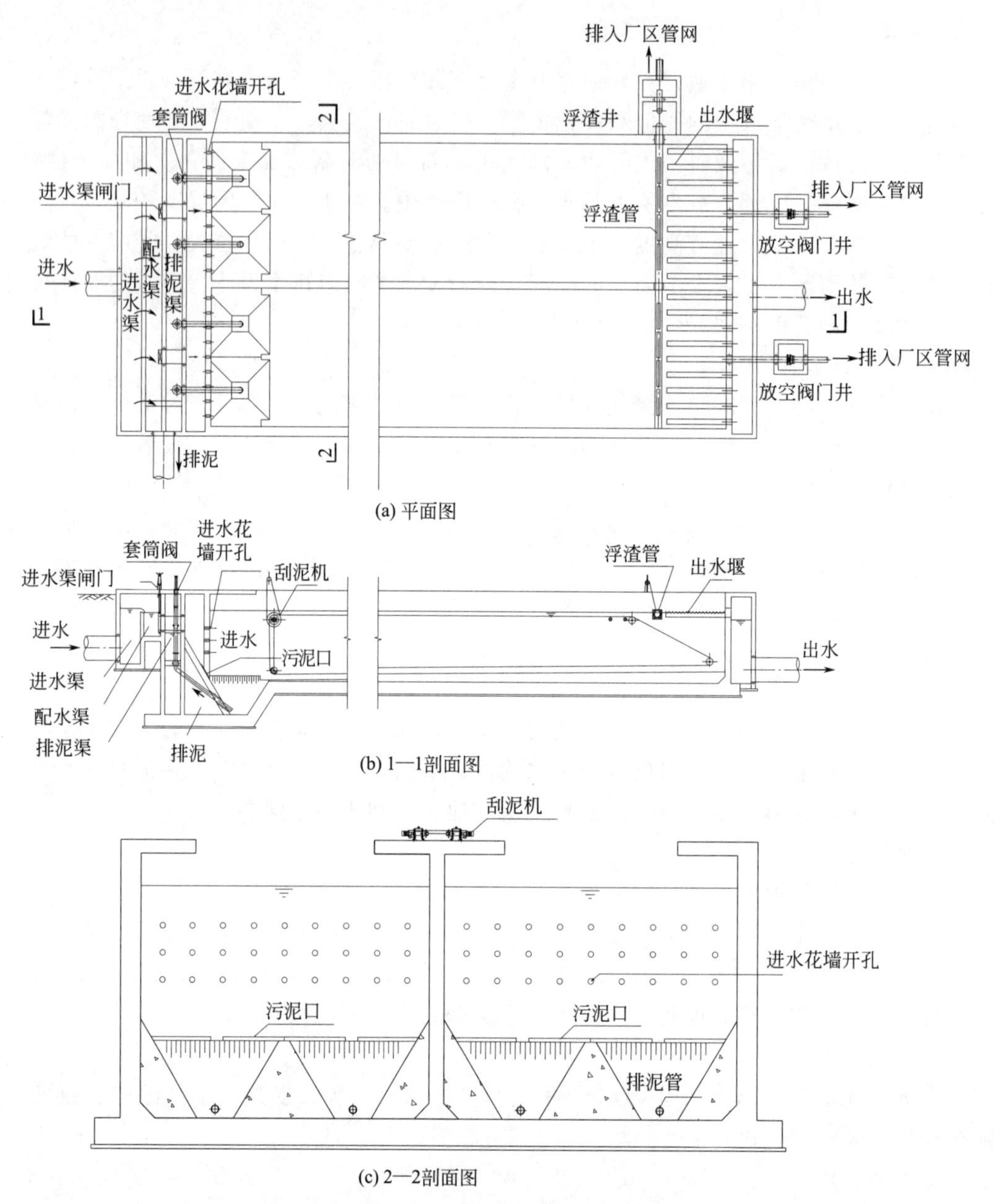

(a) 平面图

(b) 1—1剖面图

(c) 2—2剖面图

图 4-31 平流沉淀池布置示例示例图 1

沿宽度方向设置渐变渠，如图 4-32 所示，在上游池体末端的过水墙上挂渐变配水渠，渠下面设挡流板，调整流态。渐变渠渐变部分长度的计算可参考：

$$\text{渐变渠的渐变部分长度}=\text{渠道总长}\times\left(\frac{2}{3}\sim\frac{1}{2}\right)$$

渐变渠的水平流速为 0.5～1.1m/s，不变渠的水平流速取 1.0～1.1m/s，配水孔流速主要考虑水头损失低，可在 0.1～0.4m/s 范围选取，计算中应注意水量要算入二沉池的回流量，按孔的数量和孔径核算过孔流速。为了避免在进水调试阶段上游池体的液位不断升高、过流墙两边液位差加大导致过流墙被水流推倒，可以在过流墙底设置平衡孔。穿孔花墙底也要设平衡孔，避免积泥。平衡孔的计算可采用局部阻力计算公式进行计算，根据结构专业给出的该墙允许的两边水位差计算平衡孔的数量和尺寸。

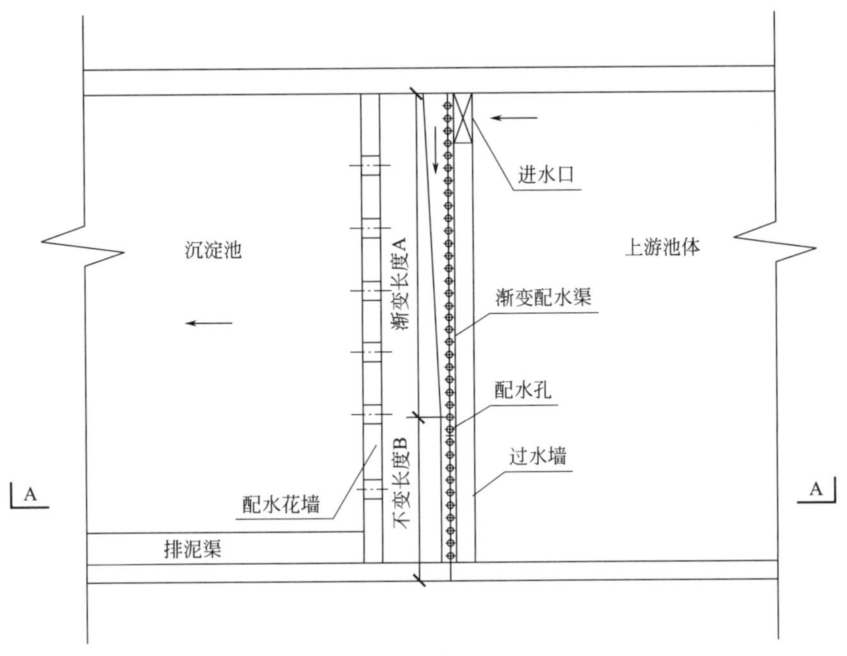

(a) 单孔进水配水平面图

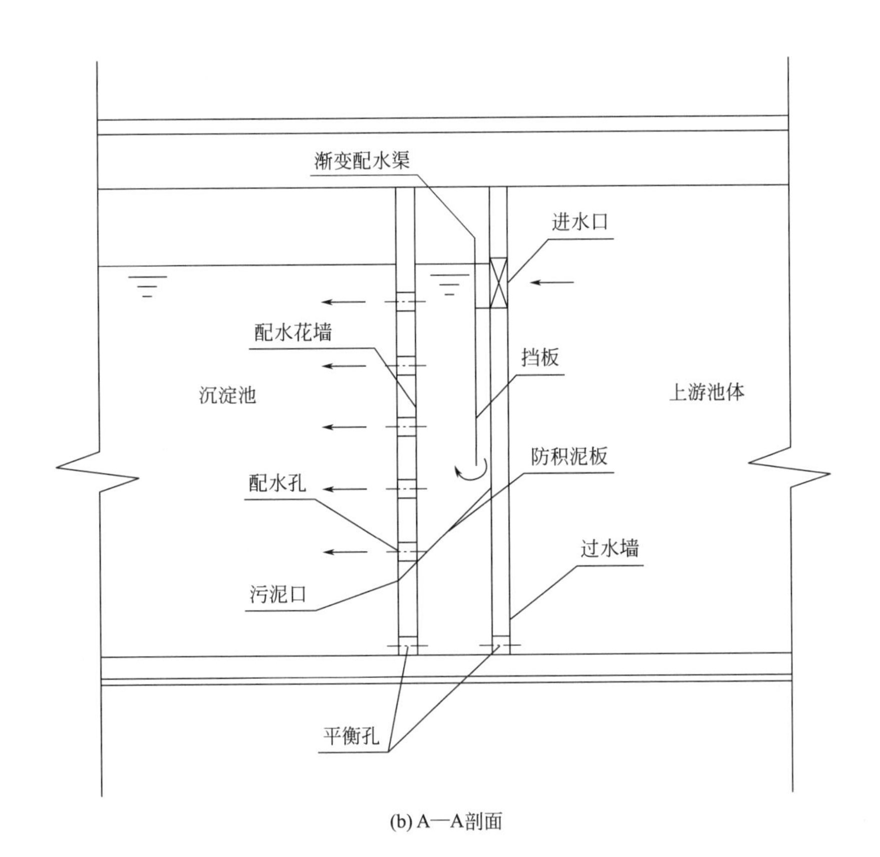

(b) A—A剖面

图 4-32 单孔进水改善配水均匀性案例

（5）排泥

静压排泥方式也可采用如图 4-33 方案 A 所示，用套筒阀调节水位和污泥量，设计中应标明套筒阀的伸缩量。套筒阀材质为碳钢或不锈钢。套筒阀开度可调，能调节管道内污泥流量和压力。应注意不宜采用图 4-33 方案 B 所示的 90°弯头，防止积泥堵塞。

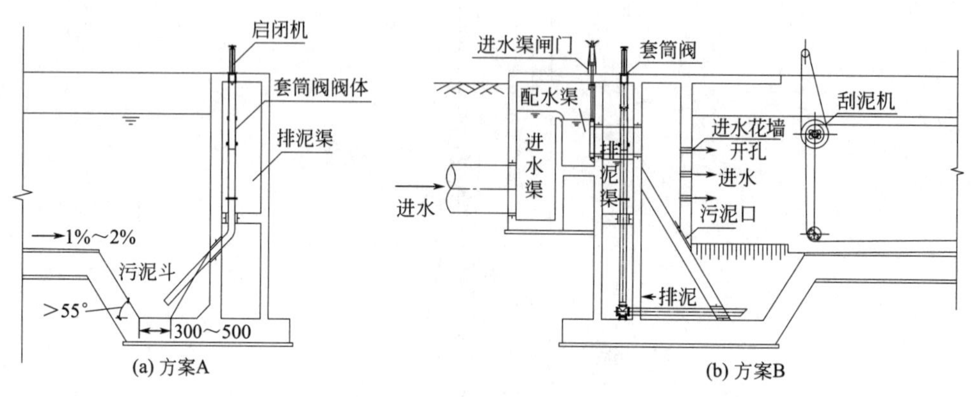

图 4-33　静压排泥示意图

在以上设计中也可在配水渠下部设计排泥阀门管廊，如图 4-34 所示示例图 2。布置静压排泥管连接到每个集泥斗，排泥管连接手动闸阀、管道伸缩器和气动快开排泥阀将污泥排入排泥渠，角式快开排泥阀配套二位五通电磁阀，阀杆为不锈钢，阀体为铸铁，PN10，驱动压力 0.4MPa，额定电压 24V。其缺点是无法观察每个污泥斗的排泥情况，排泥阀门管廊需要设换气和排水装置，操作维护不便，污泥管容易堵塞且不容易发现问题。其改进措施为用泵吸压力排泥，如图 4-35 所示示例图 3，该设计要做好地下污泥泵站的通风、消防和排水等配套设施。每个污泥斗对应 1 台泵，每个泥斗均应设单独的闸阀和排泥管，可设污泥取样管。由于是间歇排泥，可仓库备用污泥泵，无需在线备用。该方案造价会高于前两种方案。条件许可时可参考图 4-36 所示压力排泥示意图设计压力排泥，应注意泵井的高度设置中泵的吸程要留够余量，如果是泵井，井内要设爬梯、人孔、集水坑和通风设施。泵的型式根据污泥

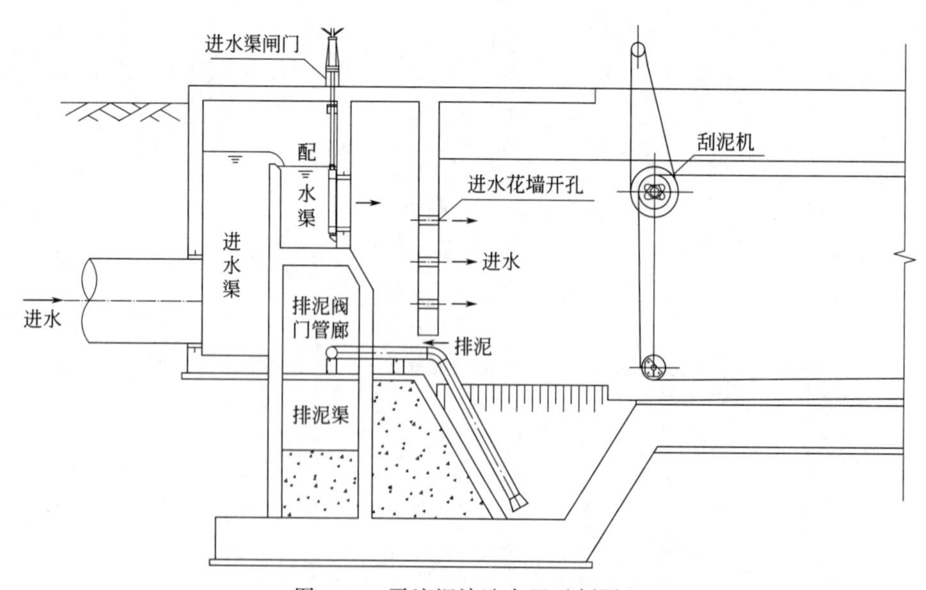

图 4-34　平流沉淀池布置示例图 2

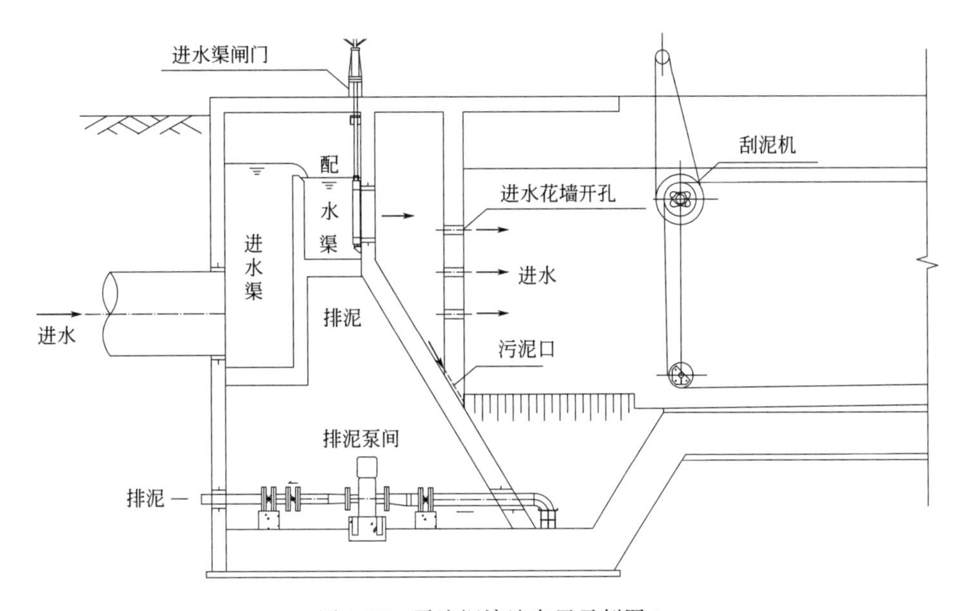

图 4-35 平流沉淀池布置示例图 3

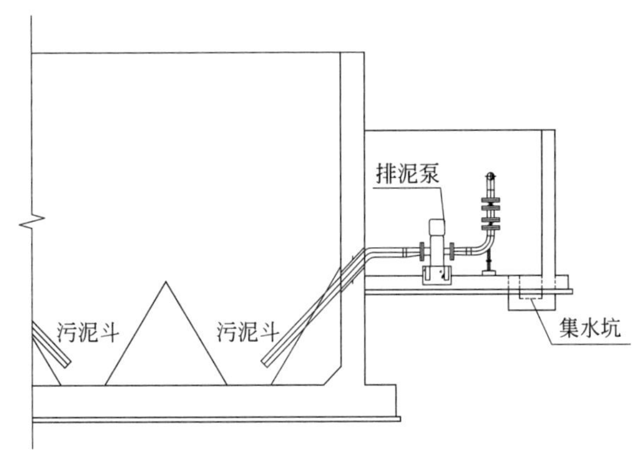

图 4-36 压力排泥示意图

性质和扬程不同可在渣浆泵、潜污泵和螺杆泵间选择。污泥斗的斜壁与水平面的倾角如为方斗不宜小于60°，圆斗不宜小于55°。污泥锥斗尖端的底部面积不宜过大避免排泥不及时造成积泥。一般为稍大于排泥管尺寸，边长取300～500mm。

平流式沉淀池的排泥有三种方式。

① 桁架式刮泥机也称行车式刮泥机（见图4-37），将沉淀在池底的污泥逆水流方向刮至污泥斗中。刮泥机跨距为4～25m。同时，池面的浮渣被撇向浮渣槽，浮渣的撇除方向可设

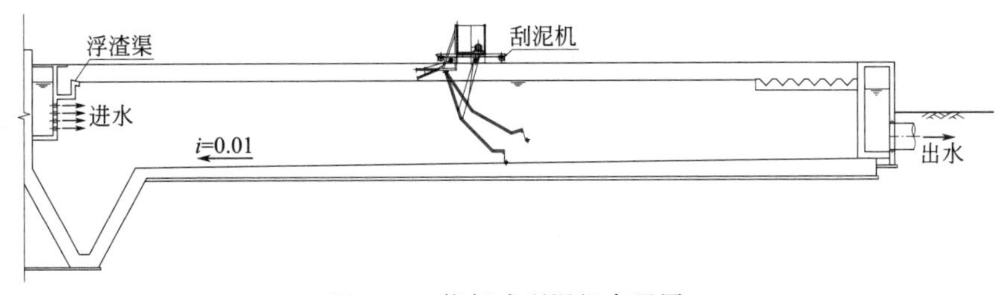

图 4-37 桁架式刮泥机布置图

置为逆流撇渣（浮渣槽设在沉淀池起端）和顺流撇渣方式（浮渣槽设在沉淀池的尾端出水口上游）。刮泥机构在不刮泥回程时刮泥耙全部抬起。当回到刮泥起始位置时，刮泥耙落下，这样周而复始地工作。刮板与池底上下调节机构调节范围为 0～50mm。

② 链条式刮泥机，将沉淀在池底的污泥刮至污泥斗中，污泥斗中的污泥通过静压或者泵吸排泥。其刮板数量多，刮泥能力强。如果污泥比较密实容易板结，则应优先考虑选用链条式刮泥机。如果是地下污水处理厂，该种型式的刮泥机利于加盖除臭情况下的运行，且节约占地，设计较简单。链条式刮泥机的刮板运动速度慢，对污水扰动小，有利于泥砂沉淀和刮除。与行车式刮泥机相比，链条式刮泥机的刮板在沉淀池中进行连续的直线运动，不必往返换向，因而不需要行程开关。驱动装置设在池顶的平台上，配电及维修简便。不需要另加机构，可同时兼作撇渣机，浮渣管调节器为设备配套。浮渣被收集到沉淀池末端出水区上游，通过浮渣管排入浮渣井内进行渣水分离。污水排入厂区排水管网。

③ 桁车式吸泥机，采用潜污泵或虹吸作为吸泥动力，装在行车平台上，与排泥管路相连，随着吸泥机沿池长方向运行，吸泥机上装有撇渣装置将浮渣刮集到浮渣渠，污泥排入沿长边方向共壁并列布置的排泥渠道中，如图 4-38 所示。

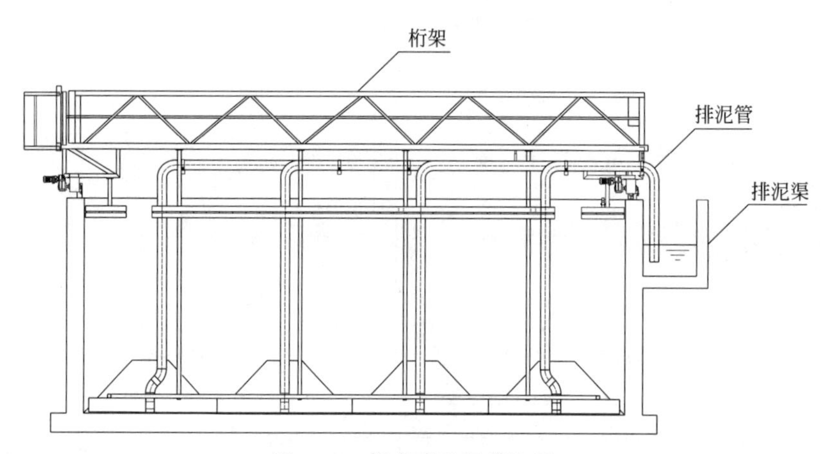

图 4-38　桁车式吸泥撇渣机

矩形池改造为平流沉淀池有 3 种排泥方式可供选择。

① 按平流沉淀池设污泥斗改造。

② 如果考虑工期等因素底部不方便设污泥斗时，可采用平底设计，排泥采用桁车式吸泥撇渣机，吸泥口为多斗喇叭口（图 4-38）。

③ 参考曝气沉砂池的桥式吸砂机进行排泥，底部污泥斗参考图 4-39 所示。

考虑到平流沉淀池的进水端污泥量大，出水端污泥量小，建议吸泥机的运行周期调整为走几个半程后走一次全程，周期循环，调试中注意确定吸泥机行走周期。

（6）其他设计细节

如果沉淀物密度大、易板结密实，平流沉淀池宜采用链条式刮泥机。

如果废水中有重油易板结，宜在泥斗中设加热管（如果是蒸汽加热盘管，则可采用无缝钢管）。

沉淀池入口的整流措施、出水堰、挡板、浮渣收集和排渣设计参考手册。每组沉淀池前宜设单独的闸门方便维修。配水渠供多组沉淀池配水时如果渠道偏长，应考虑设置潜水搅拌机避免污泥沉积。有孔整流墙上的开孔总面积为池断面积的 6%～20%。

出水堰设在出水端，参考 4.6.2 中堰负荷计算堰长度和出水槽，如果池宽尺寸不够放置

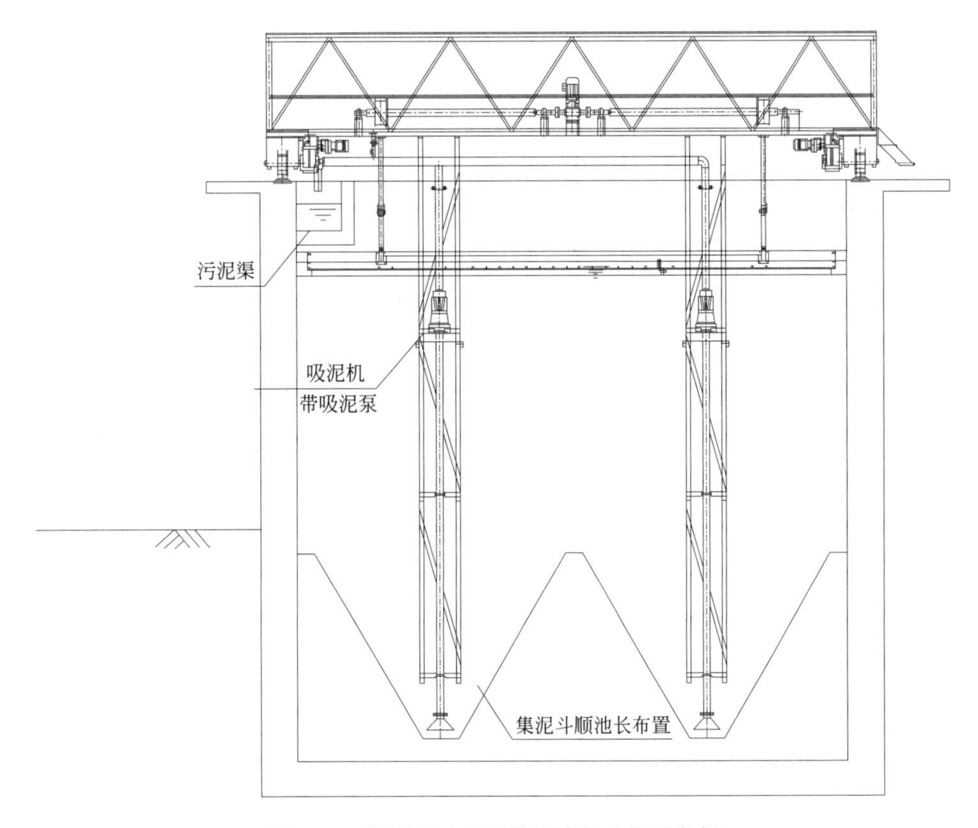

图 4-39 矩形池改为平流沉淀池的排泥案例

出水堰，则按指型堰布置，如图 4-31 所示。

出水端一般为指型堰，受指型堰距离的影响，如果刮吸泥机无法到达指型堰的下面，则指型堰下部容易积泥，影响出水水质。此种情况下建议指型堰的下面设斜坡，坡度 55°～60°，斜坡顶部与指型堰底相接，底端延伸到吸泥机可以到达的位置，斜坡表面贴光滑瓷砖或者摩擦力小的材料，便于沉泥滑落到底部，避免积泥，参考案例如图 4-40 所示。

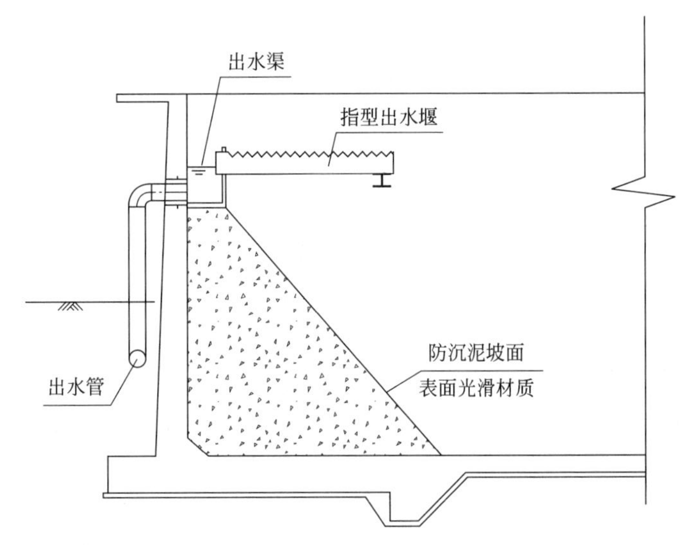

图 4-40 平流二沉池出水端改造设计案例

有除臭要求时沉淀池上加盖板，池顶设通气管进行补风，通气管尺寸和数量要根据换气次数和除臭风量确定。多组沉淀池之间隔流墙顶部要设通风孔洞连通各组池，利于收集臭气。从除臭设计和运行方便角度来讲链条式刮泥机较适合。进水区、出水区、刮泥机电机、浮渣区及除臭集风管等区域要设置活动热浸锌钢格板，方便检修。

4.7 高密度澄清池

高密度澄清池也称高效澄清池，主要应用于以下几个方面。

① 给水处理的混凝反应沉淀。

② 污水处理的除磷、强化初沉处理和深度处理。作为深度处理，可以去除生化工艺未能降解的部分溶解性有机物、色度和难降解污染物，具有生化工艺无法替代的作用，在去除悬浮物和降低浊度的同时也可降低悬浮物中携带的污染物，较适用于市政污水和部分工业废水处理。但是，对于难降解工业废水，建议采用传统的混凝沉淀池，以便针对不同的来水水质特点调整药品种类和剂量，高密度澄清池对来水变化的工艺调节性较差。

③ 给水厂污泥浓缩处理等。

④ 提标改造。

高密度澄清池的负荷远高于机械加速澄清池和其他型式的沉淀池（斜板/斜管、辐流式、竖流式和平流式），因此体现出占地少的突出优点，对悬浮物的处理效果与曝气生物滤池相当。

本节介绍的内容针对高密度澄清池应用于污水深度处理的设计，如用于处理饮用水，则设计参数要有所调整。高密度澄清池的结构、工作原理和设计参数可参考蒋玖璐等的文献。

4.7.1 结构图

根据水流顺序，高密度澄清池包含混合区、混凝反应区、推流区、预沉淀区和沉淀区共5个部分，平面布局示例和中轴线剖面图如图4-41和图4-42所示，其中混合池的位置可以根据总图、污泥泵站、进出水位置和加药管位置等因素进行调整，示例见图4-42。当应用于提标改造工程时，针对COD指标，可在混合池上游设加活性炭接触池。

4.7.2 工作原理

高密度澄清池按照工艺过程分为如下几个步骤。

① 混合是混凝剂与进水快速混合的过程，与普通的混凝沉淀工艺的第一阶段类似，进水与药剂、循环污泥在混合区机械搅拌下实现快速混合。

② 混凝反应在混凝反应区实现。由于进水中混合了外部循环回流污泥，悬浮污泥层作为接触介质可实现载体接触混凝，同时，投加助凝剂PAM强化絮体吸附，加快了混凝过程并保证了生成絮体的质量。搅拌机的作用是使反应区内原水、混凝剂、絮凝剂和污泥均匀混合，并为聚合电解质的分散和混凝提供需要的能量，达到快速凝聚的效果。

③ 混凝反应区出水携带的矾花慢速进入推流区和预沉淀区进行混凝沉淀，矾花尺寸在此增大，沉淀速度较大，大部分矾花在预沉淀区沉降。继而进入沉淀区实现拥挤沉淀、污泥过滤和压缩沉淀过程，由于污泥浓度大于20g/L，比普通沉淀池污泥浓度高1倍以上，因此

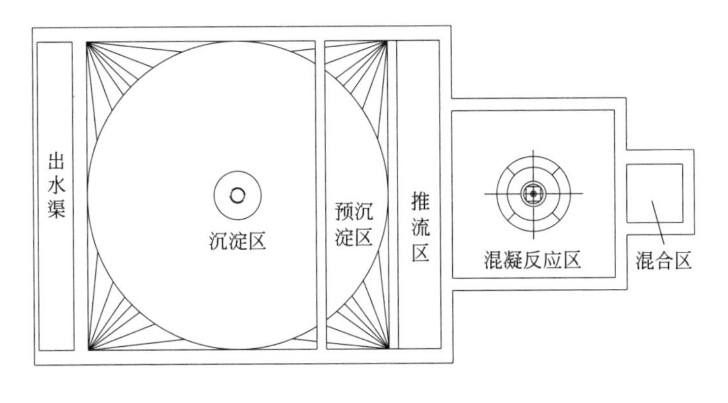

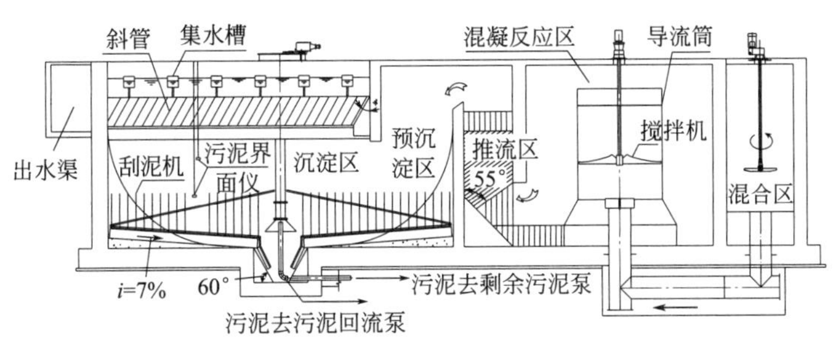

图 4-41　高密度澄清池平面图和结构图

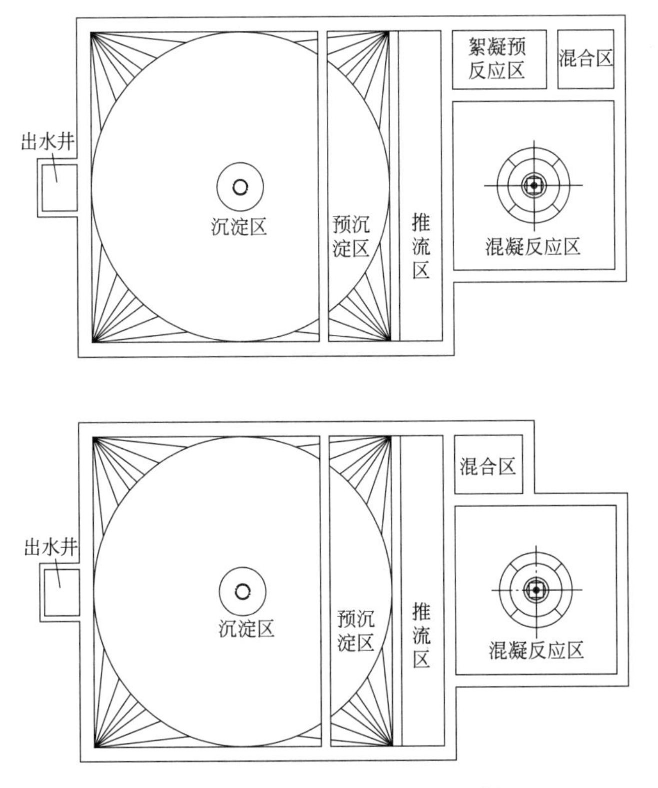

图 4-42　高密度澄清池平面图示例

水流过污泥层时，污泥层具有过滤作用，直接拦截水中颗粒，沉淀效率大大提高。剩余污泥污泥浓度高，无需浓缩，可直接脱水。

④ 斜管分离澄清。由于高效的沉淀作用，脱离开沉淀池污泥层的悬浮物浓度会较低，因此，可以采用斜管沉淀进行泥水分离，斜管增加了沉淀面积，利用浅池沉淀原理减少了水中悬浮颗粒沉降的路程，提高了悬浮物去除率，也提高了水力负荷。

⑤ 污泥回流及剩余污泥排放。污泥回流比为进水设计流量的5%（污泥回流设备选型时取3%～6%）并设变频调速，如条件允许，剩余污泥排放泵尽量和污泥回流泵型号一样并可互为备用，初始运行时剩余污泥泵可作为回流用。剩余污泥量包括去除的悬浮物量与加入药剂量的总和，可采用间歇或连续排泥方式。

当高密度澄清池出水接入的下游单体为混凝过滤池时，为了节约占地和方便管线布置，可将混凝过滤的混凝池与高密度澄清池合建，向高密度澄清池出水投加混凝剂作为后混凝池，配机械搅拌机。

4.7.3 药剂选择

高密度澄清池的基本设计思路是“混凝＋沉淀”，药剂选择是非常重要的环节，主要思路如下。

① 高密度澄清池的药剂种类应根据进水水质、污染物特点、水温、pH限制和处理要求等因素确定，经验也很重要。

② 去除浊度、色度、有机物和SS等污染物所需药剂和投加量有较大差异。

③ 市政污水常用PAC或聚合硫酸铁作为混凝剂，PAM作为助凝剂，但铝盐和铁盐混凝剂的缺点是当投加量大或水中碱度不足时会造成pH下降较多，超出了混凝的最佳pH范围，影响混凝效果。为了保证所需的碱度，有时需要考虑投加石灰等碱性物质作为补充，此种情况下需要在高密度澄清池的下游配硫酸等调节pH的中和加药设施。

④ 高密度澄清池作为深度处理工艺时，可在池内加氯，用于除藻，并防止斜管滋生生物膜。加砂可以增强混凝沉淀效果，提高出水水质。上游可设活性炭接触池，提高COD去除率。

⑤ 混凝剂的加药量应通过除磷量和有机物去除要求计算，并根据同类污水的设计经验值调整。对于普通市政污水生化后的深度处理，一般PFS加药量60～80mg/L（设备按最大投加能力100mg/L设置），$Al_2(SO_4)_3\cdot 18H_2O$ 60～80mg/L（设备按最大投加能力120mg/L配置），PAC 25～30mg/L（设备按最大投加能力50mg/L设置），PAM 0.3～0.5mg/L（设备按最大投加能力1～1.5mg/L配置）。

⑥ 对于非常规的污水处理工程，必要时需要做试验确定加药种类和加药量。

4.7.4 设计接口条件和主要参数

设计高密度澄清池前要了解的主要接口条件和信息包括：可用地尺寸及在总图的位置；进水水质、特点和处理要求；上游单体、下游单体、加药间、污泥脱水机房等相关单体的相对位置、液位、接口管道标高和路径；地坪标高；涉及的进出水管、冲洗水管、污泥管、加药管、取样管、超越管、放空管、厂坪标高等接口条件；设计规模和峰值系数；检修时的设计规模以及工艺超越要求；冻土层、管道覆土深度和保温等相关要求；地质、气候等其他设计条件。

根据接口条件，经过计算和布置草图，画图前需要和设计负责人确定的基本设计参数包括：高密度澄清池数量，各功能区停留时间，上升流速，表面水力负荷，有效水深，污泥回流量，药剂种类和投加量及剩余污泥量等。

4.7.5 设计思路

高密度澄清池的设计宜从工艺过程顺序着手计算，一些功能分区的参数会有相互影响，需要反复数次校核和调整方能确定。

（1）加药混合池的设计要点

① 快速混合区为正方形，配混合搅拌机。为了节约占地、布置紧凑和流态顺畅，混合区和混凝反应区宜共壁建，混合区出水通过管道或者过水孔引入混凝反应区。

② 混合区要求药剂与来水快速混合，宜采用机械混合，不建议采用水力混合，以适应水量和水温的变化。混合区的搅拌速度梯度宜取大，使悬浮颗粒脱稳及聚合，搅拌速度梯度 G 取 $300 \sim 500s^{-1}$，停留时间宜小于 2min。搅拌速度梯度 G 最大可取 $500 \sim 1000s^{-1}$，G 取值越大，停留时间越要取小些。

③ 快速混合区有效水深可取 3.8～4m，最大为 4.5m。

④ 混合区流态有两种，第一种是上游来水从池底进水，上端出水，即“下进上出”流态。加药管宜走池顶进入混合区，加药点设在搅拌器叶轮下部靠近进水口处。第二种流态是上游来水从池上部进入，下端出水，即“上进下出”流态。药剂和污泥回流点都放在混合区的上部。采取哪种方式要根据来水方向和下游的混凝反应区的流态进行调整，避免短流。如果出水流态不符合下游混凝反应区的要求，可换流态，也可采用加导流墙的方式调整流态。如果该池为上部出水，需要考虑设放空管。如果工程规模小，也可考虑临时泵排空。

⑤ 加药设备和流量计联动，根据原水流量与投加药剂量间的线性关系控制监控运行情况。

⑥ 注意 PAC、PAM 和自来水管冬季放空和防冻问题。

⑦ 混合区出水管与下游混凝区的距离越近越好，尽可能直接连接。如果采用管道连接，管内流速 0.8～1.0m/s，管道内停留时间不宜超过 2min。

（2）混凝反应区的设计要点

① 混凝反应区为正方形，流态为中心导流筒下部池底进水，经提升搅拌机，水从导流筒上部溢出，在混凝反应区下部出水进入推流区。搅拌机位于圆筒式缓流板的中央。

② 混凝反应区的平均流量停留时间为 8～12min，峰值时停留时间不超过 10min。计算中注意流量不算入污泥回流量和药剂量，但采用峰值流量计算，平均流量校核。污水深度处理中，若水中 SS 浓度不高添加 PAC 时，峰值流量下停留时间 6～8min，平均流量下停留时间不宜超过 15min。给水处理中反应停留时间可比污水深度处理时大些，取 6～10min，不超过 15min。反应池污泥浓度 $0.2 \sim 1.0kg/m^3$。

③ 混凝反应区的池底标高与沉淀区同底，有效水深 5.5～6.5m，根据停留时间和有效水深可计算正方形混凝反应区平面面积和边长。

④ 混凝反应区内主要设备为提升式混凝反应搅拌机，设备带导流筒，导流筒下部设计成锥体，上部设置两层稳流栅，一个十字板位于导流筒的下方。导流筒内回流量达到进水平均水量的 10～11 倍。进水流量为平均流量时，导流筒上升流速最高取 0.65～0.70m/s（按加入内回流量的水量计算），一般取 0.4～0.5m/s。导流筒由设备供货商提供设计，作为估算，导流筒的直径尺寸约为混凝反应区长边尺寸的 0.4～0.5 倍。

⑤ 提升搅拌机桨板的外边缘线速度为2.8～3.2m/s，一般取3.0m/s，应设计成变速可调。

⑥ 助凝剂有两种投加方式，第一种为加在混凝反应区，第二种为加到回流污泥管道上，可根据单体布置情况选择设计。加在混凝反应区的投加方式为压力管道输送，加药点设在搅拌机叶轮下部，药剂泵入环形或直穿孔管（孔口向内），穿孔管装在搅拌机叶轮下方，竖直方向间距约300mm，利于助凝剂的均匀投加。穿孔管应有冲洗管连接，防止堵塞。助凝剂多采用PAM。

⑦ 混凝反应区出水口设计为过流洞通到推流区。过流洞的流速为0.03～0.035m/s（峰值流量时）。

⑧ 可在池角设集水坑，连接放空管和阀门井。放空阀门井可以与其他区的放空合建。

（3）推流区的设计要点

① 推流区停留时间为2～4min，考虑有混凝土填充和池底放坡对池容的影响，一般取5～6min。根据停留时间和水量可以计算出推流区的体积，水深等于混凝反应区水深，推流区长度为正方形沉淀区的边长，这样就可以计算出推流区的宽度。

② 推流区上升流速为15～20mm/s（按照峰值进水水量加污泥回流量计算），不宜超过20mm/s。

③ 出口水平流速：从推流区顶部水平方向出水流向预沉淀区，水平流速在峰值流量加污泥回流量情况下计算，不应超过45mm/s。

④ 泥位计不能放在推流区而应放在沉淀区。

（4）沉淀区的设计要点

① 沉淀区主体为正方形，边长按下式计算：

$$L=\left(\frac{Q}{nq_0\sin\theta k}\right)^{0.5}$$

式中，L 为沉淀池主体正方形边长，m；Q 为水量，m^3/h；n 为斜管沉淀区所占沉淀池正方形主体表面积的百分比；q_0 为表面负荷（上升流速），可为12～15$m^3/(m^2 \cdot h)$，建议取值8～12$m^3/(m^2 \cdot h)$。峰值流量时负荷不超过15$m^3/(m^2 \cdot h)$，当占地紧张时可适当放大表面负荷，但需要增加水深来保证停留时间；θ 为斜管的倾斜角度，取60°；k 为斜管面积利用系数，0.92～0.95。

② 沉淀区进口速度80m/h。

③ 固体负荷。给水处理取6$kg/(m^2 \cdot h)$，污水深度处理5～24$kg/(m^2 \cdot h)$，一般取12$kg/(m^2 \cdot h)$。

④ 沉淀区分为两个部分：预沉淀区和斜管沉淀区，两部分的表面积比例为（1∶3）～（1∶4）。斜管沉淀区占沉淀区表面积的75%～80%，斜管斜长按照1m考虑，直径50～80mm。预沉淀区为缓慢反应区。

⑤ 沉淀池的底板坡度0.07。放坡后坡顶高度不宜超过斜管底部高度，池深与沉淀区的直径有关。

⑥ 沉淀池水深设计可取5.5～6.5m，斜管区上部水深0.7～1.0m，斜管区底部缓冲层高度1.0m，超高0.4～0.6m，浓缩污泥深度0.1～0.5m，一般取0.2m。

⑦ 斜管区出水采用集水槽型式，集水槽下侧设分隔板进行水力分布，这些纵向板有效地将斜管区分成独立的几组以改善水力分布。纵向板上部设矩形堰或穿孔集水槽出水，集水槽应考虑抗浮。采用矩形堰出水型式，堰的布置要保证均匀出水，过堰水进入集水槽，集水槽宽度

约 400mm，深度约 400mm，具体按照流速核算。过堰流量要按照手册核算，堰口负荷峰值流量时不大于 1.6～1.7L/(s·m)，平均流量时 1.2L/(s·m) 以下。集水槽的计算公式如下：

$$Q=Av$$

$$v=(1/n)\times R^{\frac{2}{3}}i^{\frac{1}{2}}$$

$$A=WH$$

$$X=W+2H$$

$$R=A/X$$

式中，Q 为流量，m^3/s；v 为流速，m/s，按上式计算，集水槽内流速宜为 0.8～1.2m/s，不低于 0.3m/s；A 为水流断面，m^2，槽宽×槽内水深，按照充满度 0.5 计算；n 为粗糙系数，集水槽为不锈钢材质，粗糙系数 n 取 0.01；R 为水力半径，m；i 为水力坡降，5‰；X 为湿周 m。

均匀分布的集水槽的水汇入总集水槽，总集水槽的计算同上述公式。

集水槽的平面图如图 4-43 所示。

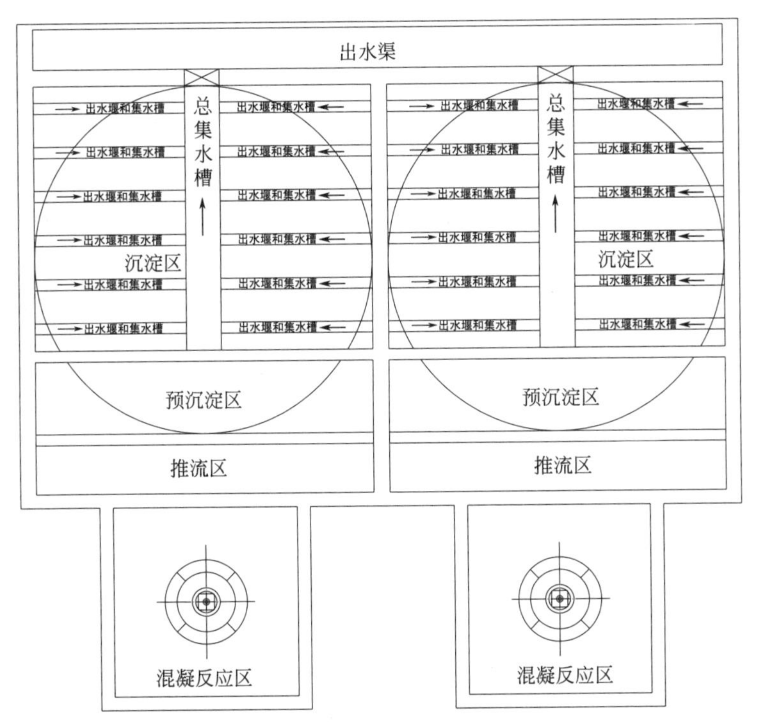

图 4-43 集水槽平面图

⑧ 设斜管填料冲洗水管或冲洗风机，冲洗用水最好用中水，如用自来水应在管道上设自来水倒流防止器。冲洗废水经收集井排入厂区管网。寒冷地区应考虑反冲洗和加药管线的放空和保温。

⑨ 池体不同高度设取样管（包括取水样和泥样），污泥回流管、剩余污泥管上设置污泥取样管，寒冷地区取样管注意防冻。

⑩ 刮泥机须有扭矩过载保护，低泥位报警，过扭矩强制排泥。扭矩 $30N/m^2$，外缘线速度 0.04m/s，最大不超过 0.07m/s，最小不低于 0.02m/s。

⑪ 污泥泵不要用渣浆泵，可用螺杆泵、无堵塞泵或转子泵，注意留出定子维修空间。

容积式循环泵利于保证污泥的完整性及在澄清池内相对稳定的固体负荷。

⑫ 污泥浓度：剩余污泥浓度一般为20～30g/L，排泥浓度10～50g/L，加石灰软化时浓度更高，达到100～200g/L。

⑬ 高密度澄清池的污泥量等于去除SS污泥量与化学污泥量的加和：

污泥量(kg/d)＝去除的SS污泥量(kg/d)＋[药剂投加量(mg/L)×水量(t/d)÷1000]

⑭ 如条件允许，剩余污泥泵和回流污泥泵尽量选一样的型号，并可相互备用。回流污泥泵应可变频调速，根据实际进水流量调节回流污泥量。剩余污泥泵也宜有变频调速控制，根据实际进水水量的累计值、刮泥机的力矩和泥位计的读数进行变频控制。污泥回流泵高于液位或泵房在地上/半地上时，应校核吸程是否满足。

⑮ 污泥回流应回流到反应池进水处，并注意与中心筒支架错开布置。

⑯ 建议配置的仪表为污泥界面仪，可检测悬浮污泥层的污泥界面，了解污泥的累积状态，并反馈控制信号给剩余污泥泵。根据需要配置浊度仪、流量计、pH计和污泥浓度计。浊度仪可设在进出水位置，可反馈信号给加药系统。流量计（通常为电磁流量计）的设置可反馈信号给加药系统，调整加药量。

应考虑整体工艺运行的灵活性，设置超越管道，尤其是分期建设的工程，考虑开始运行时可能水量少，该工艺段设超越的可能性。

如果混凝反应区采用提升搅拌机，则混合区、混凝反应区、推流区和斜管沉淀区的水位一致。如果没有提升搅拌机而用普通的混凝搅拌机，则每个区都宜考虑水头损失，水头损失主要计算过流洞、堰、连接管道、弯头阀门、闸门和超越管等。每个区的水头估算值为混合区0.01～0.02m，混凝反应区0.01～0.02m，沉淀区0.05～0.06m。

设计电气自控时，混合搅拌机和提升混合搅拌机为连续运行，变频调速，设现场控制箱，上位PLC监视；刮泥机为连续运行，设现场控制箱，上位PLC监控。扭矩保护方式为扭矩到一限值时报警并强制启动剩余污泥泵，达到高值时报警并强制停止刮泥机运转；回流污泥泵连续运行，设MCC柜和现场按钮箱，上位PLC监控；剩余污泥泵间歇运行，设MCC柜和现场按钮箱，上位PLC监控。剩余污泥泵在受泥位计和时间控制的同时，受下游污泥贮池液位控制，还受刮泥机过扭矩保护控制。起重设备和闸门等是否自带控制箱比较后确定，上位PLC监视。每格高密度澄清池安装1台泥位计，控制剩余污泥泵，高泥位启泵，低泥位报警。

4.8 V形滤池

由于滤池种类和型式繁多，本节主要讨论典型的污水深度处理均质石英砂单层滤料、小阻力滤头配水配气的V形滤池的设计。设计细节参考《室外给水设计标准》、《给水排水设计手册》和《城市污水处理设施设计计算》等资料。

4.8.1 设计接口条件和主要参数

设计V形滤池单体要确认的主要接口条件和信息包括：水量（峰值水量、平均水量和自用水系数）；进水水质及特点；出水水质要求和用途；反洗水水质是否满足反洗要求；可用地尺寸及在总图的位置；地坪标高；冻土层、管道覆土深度和保温等相关要求；气候和地质条件；超越和通风要求；进出水管、排水管、反洗排水管、放空管、取样管等的尺寸、标高、材质和接口坐标等；上下游单体液位标高及变化范围；反洗水排放方式需要和总图协调

(有直接排入管网和设反洗废水池两种方式)；是否有其他可能同时产生反洗排水的工艺单体(如曝气生物滤池)对厂区排水管网造成负荷增加。

与设计负责人确认的主要技术参数包括：滤池型式，长宽比，填料类型，滤池格数，滤料组成；反洗水、反洗空气和仪表风来源和设置要求，气源合建还是分建；是否需要加氯来抑制滤池藻类滋生和形成生物膜，若上游单体中有高分子混凝剂的添加则建议在滤池内加氯。

4.8.2 布置型式

V形滤池的平面布置型式有三种，单排和相对双排布置，如图4-44～图4-46所示。V形滤池的结构包括进水配水、填充层、产水、反洗配水配气等部分组成，以单排布置为例，如图4-47和图4-48所示。

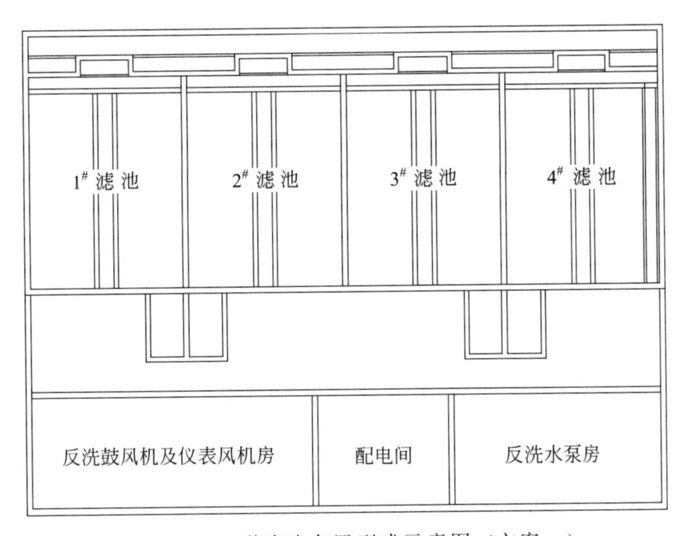

图4-44 V形滤池布置型式示意图(方案一)

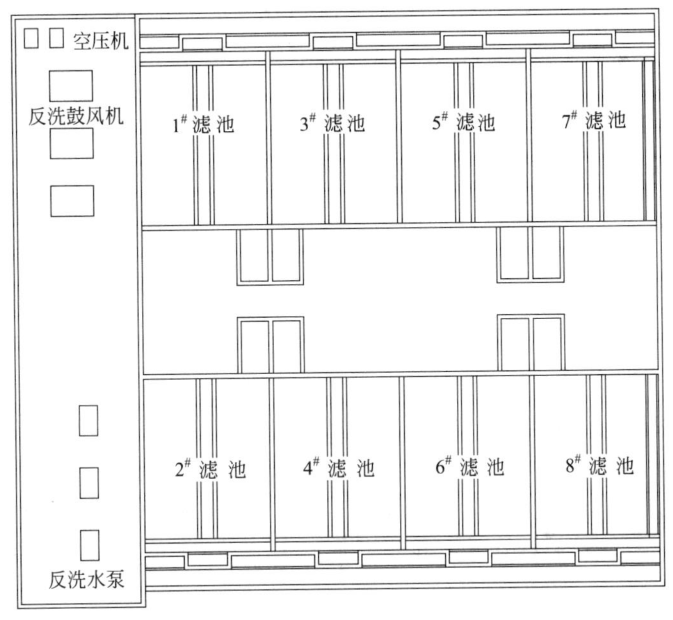

图4-45 V形滤池布置型式示意图(方案二)

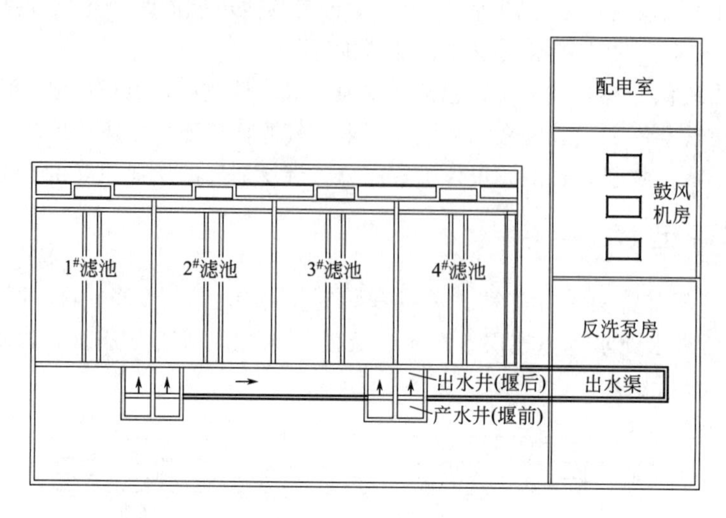

图 4-46　V 形滤池布置型式示意图（方案三）

下文中涉及的结构名称均与图 4-44～图 4-48 一致。

4.8.3　工艺过程

V 形滤池主要工艺过程包括进水配水、过滤出水和反冲洗三大系统。

（1）进水配水

来水先进入总进水渠，总进水渠的水从渠底过流洞（进水洞）进入进水槽，再通过进水堰配水进入每格滤池的进水渠。总进水渠顶板应设人孔。

进水洞设闸门控制每格滤池是否进水，选气动不锈钢闸门（配手气动启闭机），进水闸门孔底高出渠底 200～300mm，方便安装闸门。

每格滤池进水渠的水分流到滤池两边过流洞进入 V 形配水槽，通过 V 形槽进入滤池开始向下穿过滤池砂床实现过滤。总进水渠、进水槽、进水渠和 V 形槽底标高尽量作平。

每格滤池进水渠设溢流堰，溢流水通过溢流堰进入溢流槽。溢流槽与进水槽间隔布置。溢流槽底、总进水渠底、进水槽底和进水渠底标高一致。溢流槽的水通过通孔跌入反洗排水槽。反洗排水槽设在进水槽、溢流槽和进水渠的下部。

总进水渠设溢流孔，溢流水跌入反洗排水槽。

总进水渠设放空管连接到反洗排水槽。配柔性接头和手动阀门。

（2）过滤出水

水由 V 形槽均匀通过滤料层进入产水廊道。滤料层下部有承托层、滤板，过滤后的水汇聚进入产水廊道，产水廊道出水通过管道引入产水井（稳流），产水井的水通过出水堰进入出水井，以保证堰前水位稳定，确保反冲洗能正常进行，不会随着出水流量大小变化使水位降低，产水井堰板应便于调节堰板标高，堰上水头 0.20～0.25m，保证安装水平度误差在允许范围内，控制过滤出水水位。产水井底标高低于产水管底标高 250～300mm，产水井水位标高高于滤板顶标高 400～600mm，超高不小于 0.3m。产水井水深为产水管管径 2.0～2.5 倍。每格滤池配 1 个出水井，出水井的出水汇入出水渠排入下一个工艺单体。

出水井和产水井的布置有两种，如图 4-46 和图 4-47 所示，其不同点在于不同的反洗泵的位置和型式以及出水位置、方向。每组滤池的出水井的水通过出水渠连接输送到下游工艺

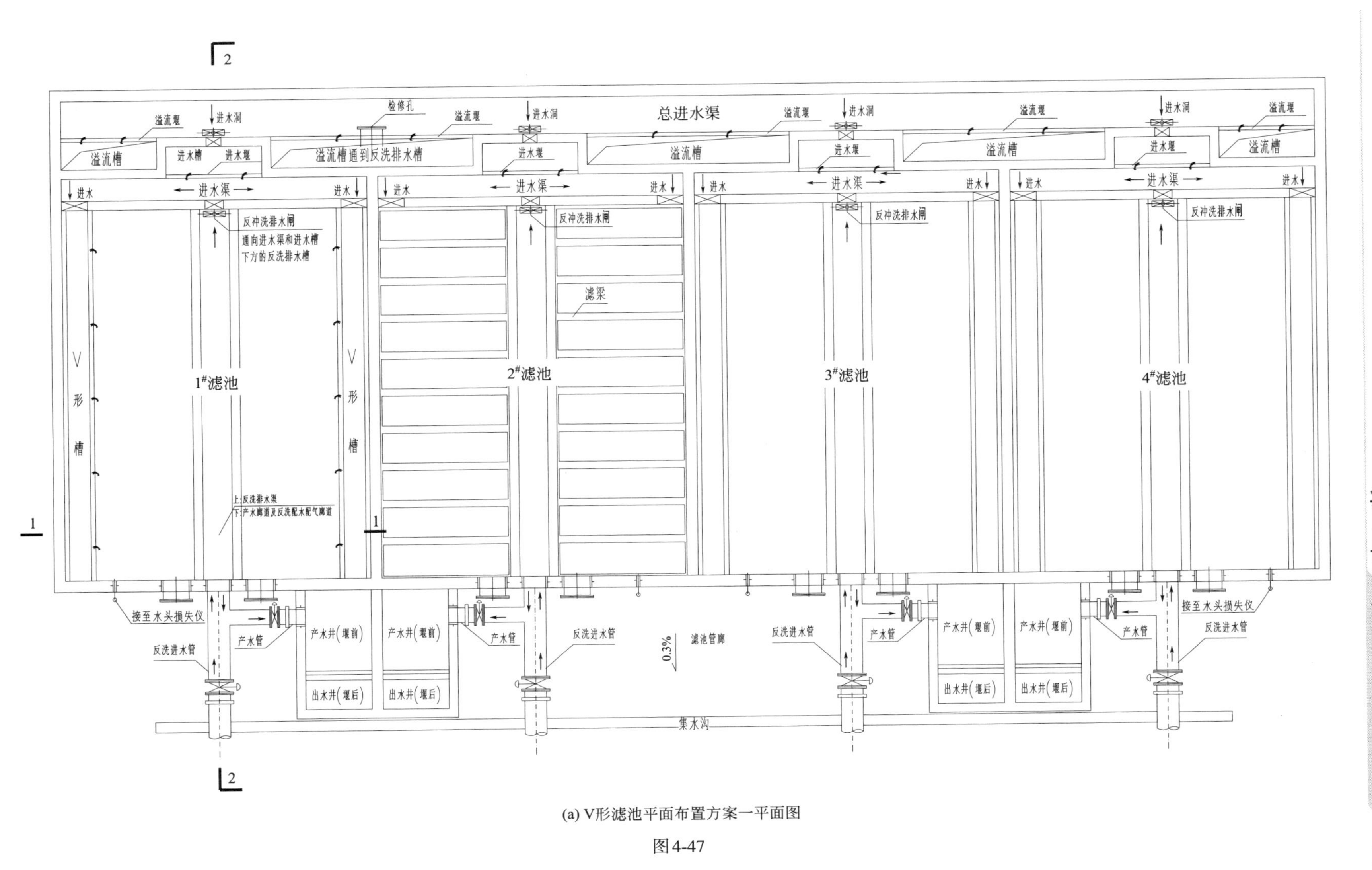

(a) V形滤池平面布置方案一平面图

图4-47

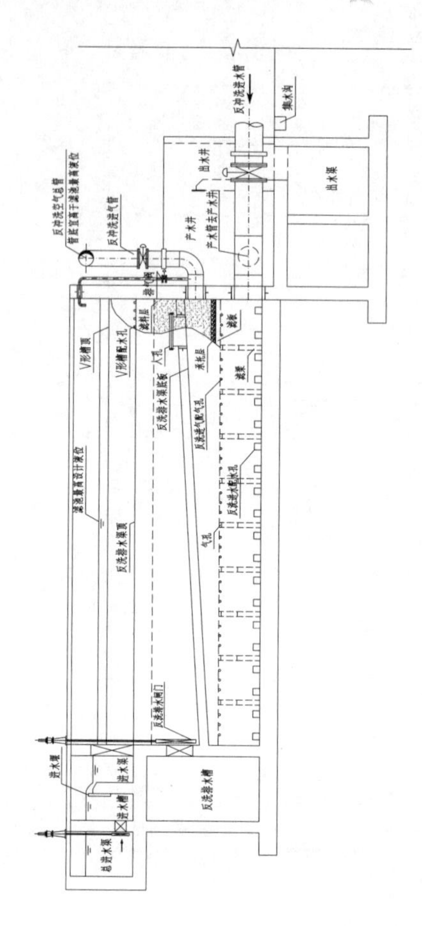

(c) V形滤池平面布置方案一2—2剖面图

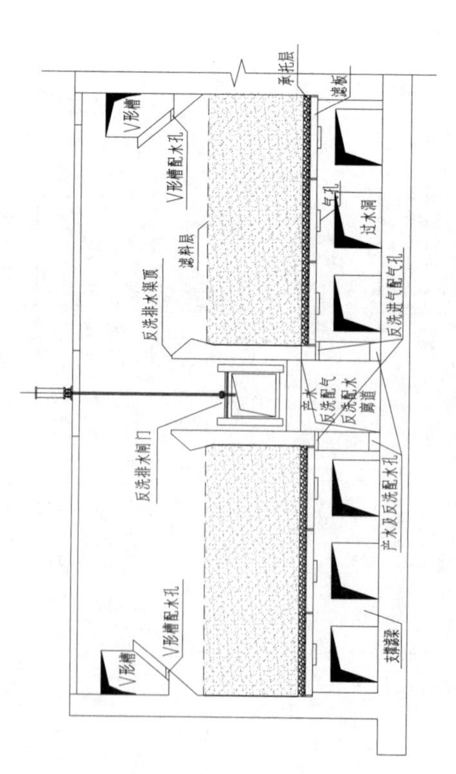

(b) V形滤池平面布置方案一1—1断面图

图4-47 V形滤池设计图示例方案一

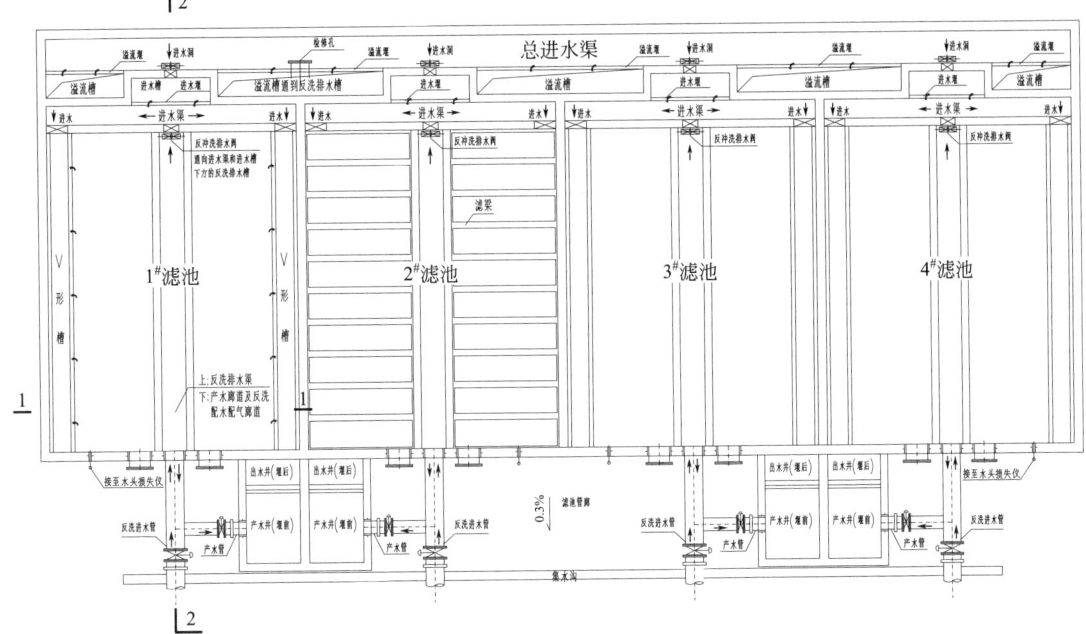

图 4-48 V形滤池设计图示例方案二

单元。图 4-47 和图 4-48 所示出水井和出水渠可以与滤池池壁合建，则节约土建费用。整体布局要综合考虑出水方向、出水用途、反洗管道顺畅、反洗设备布局合理以及操作方便等因素。出水管设阀门支管连接集水沟或室外排水管网，用于排放不合格滤出水。

每格滤池在恒定的液位下连续工作，滤池中设液位计，产水管连接到产水井，设气动蝶阀（调节型，法兰式）和传力接头，传力接头可选卡箍式柔性接头或双法兰限位接头。产水管的气动调节阀可根据液位信号与设定值的差值自动调整阀门开启度，使滤池系统的水头损失保持恒定，从而实现恒水位和恒滤速过滤。滤层不出现负压。

(3) 反冲洗

反冲洗方式应根据滤料层组成、配水配气系统型式、通过试验或经验来确定。本节介绍典型的V形砂滤池的气水联合反冲洗程序。

反冲洗由气洗和水洗两部分组成。反冲洗空气来自鼓风机，鼓风机可布置在滤池区靠近出水端，也可布置在单独的鼓风机房。反冲洗水来自回用水池或者出水渠（具体根据水质情况和整体设计来确定）。反冲洗水通过产水管进入反洗廊道，反冲洗气通过空气管进入反洗廊道。反洗廊道和产水廊道共用。反洗廊道位于反洗排水渠的下部，延池长方向两侧布置配水孔和配气孔。反洗水通过滤梁下的过水洞均匀分布于滤池滤板下部空间，继而穿过滤池从反洗排水渠顶溢流到反洗排水渠，完成反冲洗。

反洗气通过滤板下的气孔和滤头均匀进入滤床对滤料层进行冲洗。气孔位于每块滤板中间滤梁顶部，长度300～500mm，高度20～50mm，用于平衡各滤板配气均匀。反冲洗程序是根据每格滤池的水头损失或时间或手动进行控制，每格滤池全部冲洗过程需要25～30min，共需要6个步骤，停止进水→停止过滤→单独气洗→气水同时反洗→单独水洗→恢复过滤。各步骤设定的时间和反冲洗周期可在滤池运行一段时间内根据调试经验、季节及水质的变化作相应调整。

① 停止进水。关闭需要冲洗的一格滤池的进水闸门，可用气动不锈钢闸门，停止进水。

② 停止过滤。待滤池水位降低至反洗排水渠顶面以下时，开启反冲洗排水闸门（可用气动不锈钢闸门），待滤池水位下降到高于滤料层顶位置 100～200mm 时，关闭产水管上的调节阀（可用气动蝶阀），停止过滤。

③ 单独气洗。启动反冲洗用鼓风机，约 5s 后自动开启滤池反冲洗进气阀（可用气动蝶阀），对滤池进行 2～3min 气洗。

④ 气水同时反洗。保持反洗气系统的状态，同时打开反冲洗进水阀（可用气动蝶阀）和 1 台反冲洗水泵，水洗强度为设计值的一半。打开滤池的进水闸门，进行 3～5min 的气水同时反洗和表面扫洗（表面扫洗指的是 V 形滤池反冲洗时，待过滤原水通过进水 V 形槽配水孔在水面横向将冲洗含泥水扫向中央排水槽的一种辅助冲洗方式）。

⑤ 单独水洗。先关闭气洗系统，关闭反冲洗进气阀，0～5s 后停反洗鼓风机，停止气冲洗，同时开启反洗进气管上的排气阀排除反洗配水配气系统内残留的空气，排除残留空气后关闭该排气阀，结束气洗。继而打开第 2 台反冲洗水泵，开始单独的水洗程序，水洗强度达到设计值，水反洗和表面扫洗时间共 3～7min，待出水达到要求后结束水洗，关闭反冲洗进水阀，同时停反冲洗水泵，关闭反冲洗排水闸门，完成反洗程序。

⑥ 恢复过滤。由于进水闸门在步骤④已经开启，当停止反洗程序后，滤池水位逐渐上升，待上升到高于滤料层顶部 1.0m 位置时，打开产水管通到产水井的阀门，滤池恢复过滤。V 形滤池的进水浊度宜小于 10NTU。

4.8.4 设计思路

① 分格数　考虑到反洗时的正常出水水质以及控制滤速和强制滤速等原因，一格冲洗时其他格的强制滤速不能太高，滤池分格数建议不少于 4 个。

② 滤池面积计算　滤池面积为填料区的平面投影面积，根据流量、滤速和每日工作时间计算，滤速根据进水水质、出水要求、水量和滤料等因素确定，对于均质石英砂滤料（粒径 0.9～1.2mm，不均匀系数 $K_{80}<1.4$），平均水量时可采用滤速 4～10m/h。强制滤速为一格冲洗时另外几格滤池工作按平均水量设计的滤速，不用考虑强制滤速时高峰流量，否则滤池设计太大，不经济。强制滤速可采用 10～13m/h，对于污水深度处理，强制滤速和峰值滤速都不宜超过 10.0m/h。对于普通市政污水深度处理，平均水量滤速取 6.0～7.0m/h，强制滤速和峰值滤速可取 8.0～10.0m/h。需要注意的是平均流量和强制过滤的流量基础上要加上反洗消耗的水量，以保证最终产水量达到要求，保证水量平衡，同时，以平均流量乘以 1.05 的系数计算流量进行校核，两种方法得到的值哪个大用哪个。每日工作时间为扣除反洗时间的过滤时间。相关参数参见表 4-4。对于低温低浊度进水或采用微絮凝过滤时，强制滤速宜取低值，且根据滤料不同滤速取值不同，参见《低温低浊给水处理设计规范》(CECS 110:2000)。

表 4-4　滤池的滤速及滤料组成

序号	类别	滤料组成			正常滤速/(m/h)	强制滤速/(m/h)
		粒径/mm	不均匀系数(K_{80})	厚度/mm		
1	石英砂滤料滤池	0.5～1.2	<2.0	700～800	6.5～7.0	7.0～8.0
2	双层滤料滤池	无烟煤 0.8～1.8	<2.0	400	7.0～8.0	8.0～9.0
		石英砂 0.5～1.2	<2.0	400		
3	均质石英砂滤料滤池	0.9～1.2	<1.6	1100～1200	7.5～8.5	8.5～9.0

③ 各结构高度　滤池面积确定后开始计算各结构高度。滤板下方（滤板底到池底的间距）高度 900～1000mm；滤板厚度 0.1m，配长柄滤头，每平方米配 30～55 个，由供货商提供资料；当采用滤头配水（气）时，承托层可采用粒径 2～4mm 粗砂，承托层高度 0.1m；滤层厚度 1.2～1.5m，滤料粒径 0.95～1.35mm，不均匀系数 1.2～1.3。给水处理可适当降低滤层厚度；滤层表面以上水深（清水层）不应小于 1.2m，宜取 1.2～1.5m；滤池超高 0.7m；反洗风机风压 0.5bar（1bar=10^5Pa），进水槽超高不小于 0.3m。

④ 平面尺寸　由滤池面积、高度和分格数计算平面尺寸，注意上述滤池面积为滤料区投影面积，V 型槽配水孔至中央反冲洗排水槽边缘的水平距离宜在 3.5m 以内，最大不超过 5m。滤池长宽比 2.5～4.0。总进水渠、进水槽、进水渠和反洗排水渠的尺寸需要在滤料尺寸基础上向外增加。

⑤ 反冲洗强度　要根据反洗程序的设置调整，常用参数为气洗 14～16L/(m^2·s)；气水同时冲洗时气洗强度 13～17L/(m^2·s)，一般取 15L/(m^2·s)，水冲洗强度 2.5～3L/(m^2·s)；后水冲洗强度（单独水反洗）4～8L/(m^2·s)；水表面扫洗 1.4～2.3L/(m^2·s)。冲洗强度应考虑由于全年水温、水质变化因素以及混凝剂等因素的影响，当有表面扫洗时，气水冲洗强度可适当降低。由于单独水洗强度是气水同时冲洗时水洗强度的 2 倍，因此反洗水泵宜配 2 用 1 备，方便操作和自控。风机宜 1 用 1 备。

⑥ 流量取值　进水洞、进水槽、进水堰、进水渠、V 形槽、产水管、产水井、出水堰和出水渠等注意按照强制过滤和峰值流量时的水量计算，平均水量校核，与滤池面积计算类似，需要注意的是平均流量和强制过滤的流量基础上要加上反洗消耗的水量，以保证最终产水量达到要求，保证水量平衡，同时，以平均流量乘以 1.05 的系数计算流量进行校核，两种方法得到的值哪个大用哪个。设计中要考虑各部分的尺寸要满足安装设备、管道和检修所需空间。

总进水渠流速 0.7～1.0m/s。出水渠流速 0.7～1.5m/s。按照强制过滤和峰值流量时的流量计算。并考虑所设检修孔尺寸是否足够。

⑦ V 形槽　V 形槽断面应按非均匀流满足配水均匀性要求计算确定，其斜面与池壁的倾斜度宜采用 45°～50°。槽内流速≤0.6m/s，V 形槽配水孔预埋 ABS 管，内径 20～30mm，壁厚 150mm，过孔流速不大于 2m/s。计算中用的水量为强制过滤和峰值时的水量。

V 槽一般做成混凝土结构，为了减少预埋预留和缩短工期，也可采用 SS304 不锈钢材质，厚度约 5～6mm。为了加强刚度，可在上口翻边，池壁采用膨胀螺栓将固定角钢与 V 槽固定，V 槽底加强角钢用膨胀螺栓与池壁固定，与池壁连接处设橡胶垫片。

⑧ 滤梁　滤梁为支撑梁，如图 4-47(b) 所示，在池中应均布，支撑滤梁的型式要满足支撑滤板、承托层和滤料层的承重要求，并要满足产水流、反冲洗水流和反冲洗气流的顺畅、均匀通过。预埋锚栓，过水洞注意空间上过人尺寸，可为方形、梯形或通孔（跨度小时不设计滤梁），具体需要结合土建专业协调设计。

⑨ 滤板　滤板一般可采购或者现场自制。供货商生产的滤板可能规格不同，应注意选用通用规格，以免设计了非通用规格造成采购中没有选择性引起造价升高。滤板上采用长柄滤头进行配气、配水。滤头滤帽或滤柄顶表面应严格安装在同一水平高程，其误差不得大于±5mm。

⑩ 产水廊道　产水廊道与反洗配气、反洗配水廊道共用，宽度同宽，尺寸满足进口处冲洗水流速≤1.5m/s，反洗气进口处冲洗空气流速≤5m/s，产水流速 0.6～1.2m/s。还应

考虑廊道顶板尺寸满足人孔尺寸。

⑪ 空气反冲洗　反冲洗空气主干管的管底应高于滤池的最高水位至少0.5m。如果主干管走屋顶以下可配吊架固定。配气干管进口端流速为10～15m/s。反冲洗进气管接入位于反洗水排水渠下部的反洗水（气）廊道内，入池处注意留预埋套管的安装距离。管路上安装气动蝶阀控制空气反洗启停。反洗廊道两侧延池长方向设有配气孔（可用预埋UPVC管）均匀配气到滤板下方，反洗气均匀穿过滤头和滤床区进行气洗。反洗进气配气孔的空气流速15m/s左右，但是考虑到配气孔最小尺寸要求以及部分堵塞的可能，可适当降低到8～10m/s。滤池中反洗后的残余空气需要排除，从每格反洗廊道首端空气管入池前留足够安装阀门空间安装排气支管从滤池顶伸入池内排空空气，该管出口标高低于池顶并高于滤池最高水位，穿池壁处设刚性防水套管。该支管管径为进气管管径的1/3～1/4，排气支管上设电（气）动蝶阀（开关型，对夹式）控制，可采用双作用气缸的型式，配套2位5通电磁阀，电压220V，并安装卡箍式柔性接头，如图4-47(c)所示。阀门压力等级1.0MPa（PN10）。

⑫ 管廊　管廊内设集水坑，坑内设潜污泵2台，1用1备。管廊尺寸考虑检修空间。

⑬ 鼓风机　鼓风机的参数应按照单格滤池冲洗强度设计，应设备用。罗茨鼓风机配隔声罩、带过滤器消声器、安全阀、压力表、排气口挠性接头、放空管消声器、止回阀和泄压阀管等配套设备。出风干管上设手动蝶阀（可为对夹式）、卡箍式柔性接头（球墨铸铁）和卡箍式气动蝶阀（球墨铸铁），管道焊接（不用法兰）。送风到每格滤池的支管上用手动蝶阀（可为对夹式）、卡箍式柔性接头（球墨铸铁）和气动蝶阀（对夹式或卡箍式，开关型）。风机基础高出地面200mm以上，根据型号进行调整。

⑭ 反洗水泵　冲洗水泵的参数按照单格滤池冲洗水量设计，应设备用，变频控制。如为单级双吸水泵，注意尽量选择吸水扬程高的产品，设备吸水扬程要大于计算值并留适当富余，吸水喇叭口距离地板400～500mm，吸水管路上安装手动蝶阀（可为法兰式）和卡箍式柔性接头（或双法兰限位接头），出水管上安装电动蝶阀、卡箍式柔性接头（或双法兰限位接头）、微阻缓闭止回阀和手动蝶阀（可为法兰式），干管上根据情况设手动蝶阀+卡箍式柔性接头（或双法兰限位接头），反冲洗水管连接到每格滤池入口处（也即滤池出水管出池处）尽量保证管内底标高与池内底标高平（主要考虑到反洗配水孔尺寸按照孔底与池底平），但要和土建设计师沟通该种预埋套管的安装注意事项并写入施工说明，反冲洗水管入池前均要设卡箍式柔性接头（或双法兰限位接头）和气动蝶阀（开关型，可为法兰式），支管上设放空管连到管沟。所有卡箍式柔性接头都可用球墨铸铁材质。反洗配水干管流速取2～3m/s，但考虑到反洗进水配水孔的最小尺寸要求，干管流速可以适当降低，但不宜小于1.5m/s。反洗配水廊道两侧连接到滤梁区池底的配水孔［图4-47(c)中反洗进水配水孔］的流速规范要求1.0～1.5m/s，实际设计中可控制在0.6～1.5m/s（单独水洗时，需要考虑单个反冲洗进水配水孔的尺寸不能小于100mm×100mm）。

⑮ 阀门风系统　阀门风系统主要由空压机、储气罐、净化器、空气过滤器和冷干机组成。连接顺序为空压机→储气罐→过滤器→冷干机→过滤器→减压阀→气动阀门闸门用气点。储气罐也可放在冷干机下游。储气罐和空压机的计算步骤分如下4步：

第一步，计算每种气动阀门的总需气量$V_{阀门i}$

$$V_{阀门i}=\frac{N_i T_i V_i'(p+101.4)}{98}$$

式中，$V_{阀门i}$为阀门i的需气量，L/d，i为$1\sim n$，代表n种不同的气动阀门规格编号；

N_i 为相同规格的阀门 i 的个数；T_i 为阀门 i 的开启周期，次/天；V'_i 为阀门 i 单次启闭需气量，L/次；p 为气缸压力，kPa，一般为 500kPa，取值可咨询产品供货商。

第二步，计算每种规格的气动阀门需气量转换成储气罐压力时的需气量，求和后为：

$$V_{总}=\sum\frac{V_{阀门i}p}{1000p_{储}}$$

式中，$V_{总}$ 为换算为储气罐压力时的总需气量，L/天；$p_{储}$ 为储气罐的储气压力，一般 0.7～0.8MPa。

第三步，计算储气罐体积 $V_{储}$ （m^3）

$$V_{储}=\frac{V_{总}T_{储}}{1000}$$

式中，$T_{储}$ 为储气罐的储气周期，天。

第四步，计算空压机供风量 $V_{空压机}$ （m^3/h）

$$V_{空压机}=\frac{V_{储}(p_{储}-p/1000)/p_{空压机}}{t_{空压机}}$$

式中，$p_{空压机}$ 为空压机出风压力，与 $p_{储}$ 取值相同，MPa；$t_{空压机}$ 为空压机充满时间，h。

空压机配排水管，以截止阀连接到地沟。

空压机出气管配变径、活接头、止回阀和截止阀连接到储气罐（或冷干机上游的过滤器），阀门材质为铜质，连接方式为丝接。

储气罐配套压力调节阀、压力表和安全阀，碳钢材质。底部排水管配截止阀通到集水沟。

冷干机上游和下游均需要配空气过滤器，以截止阀和活接头连接，方便更换维护。冷干机上游设超越管，超越管上配截止阀手动控制。

减压阀上下游要分别配截止阀和压力表，同时设超越管。超越管上配截止阀手动控制。截止阀压力等级为 1.6MPa。

⑯ 反洗排水渠　按照手册计算坡度，坡度不小于 0.02，渠底板最高处的标高要考虑反洗气管道尺寸和配气孔位置的影响，并核算过流能力，渠底板最低处（即产水廊道顶）标高与承托层顶标高一致，要高于滤板层的标高 0.1m 左右，必要时调整坡度。反洗排水渠底板（即产水、反洗廊道顶板）应设检修人孔（不小于 *DN*600）。孔盖板采用承压法兰盖板封闭。反洗排水渠的长度延池长布置，宽度考虑人孔、反洗排水闸门的尺寸，按水位低于反洗排水渠顶 50～100mm 计算水深时，渠内流速不能高于 1.0～1.5m/s。反洗排水渠顶标高宜高于滤料层表面标高 500mm，且与 V 形槽配水孔底标高一致。反洗排水渠的水通过闸门排入反洗排水槽，槽内流速 0.7～1.5m/s，槽底坡向排水口。反洗周期的设计应考虑与厂区其他大流量冲洗水排水（如曝气生物滤池）错开排，以免增加管网压力。由于反洗水量较大，直接排入排水管网可能增加管网的设计规模，可考虑设反洗废水池暂时储存反洗废水（水量除了反洗水量还要加上表面扫洗时的进水量以及沟渠内残存水量），用泵在下一格滤池反洗排水前将废水均匀排入管网，要从投资、占地以及在总图上相关单体的连接顺畅上比选是否设反冲洗废水池以及反冲洗废水池是否与反洗排水槽合建等问题，并与土建专业和设计负责人充分沟通和确认。

⑰ 放空　放空管尽量贴池底以避免无法放空影响维修。

⑱ 取样　取样管根据项目条件及要求设置。

⑲ 通风　风机房和地下泵站设置必要的通风设施，注意通风机、门和窗的位置保证室内均匀换气通风。反冲洗泵房与鼓风机房大门位置应便于设备进出安装维修。大门位置要对应吊车轨道布置。

⑳ 电气自控　V形滤池一般需要液位计、水头损失控制仪（或水头损失指示仪）和浊度仪。每格滤池设一个液位计，液位现场显示并传输到中控，根据设定水位控制产水阀门开度和反冲洗阀门的开闭；每格滤池设一个水头损失仪。水头损失控制仪简称水头损失仪，为水头损失传感器，测量范围0～5m，两个点分别安装在滤料层上方（V形槽布水孔高度）和滤板下方，可测量两个点的液位差、水头损失，实现远传PLC和控制，当水头损失大于2.5m时启动反冲洗程序。压力变送器根据储气罐压力控制空压机。浊度仪测量范围根据出水要求确定，测量高限可在出水要求的一倍以上。高于设定值时启动反冲洗程序。电动阀设中控室监控。电动阀和轴流风机要标明是220V和380V电源。标明风机、泵的额定电流或电动机的型号规格。所有进出水闸板阀、气动阀均为周期间歇运行，设MCC柜和现场按钮箱，PLC监控。

4.9 滤布滤池

滤布滤池也称纤维转盘滤池，作为污水厂的深度处理工艺得到较广的应用，与砂滤相比具有能耗低、水头损失小、占地小、投资低和运行维护方便等优势。滤布滤池出水可作为污水厂内冲洗格栅、污泥脱水设备等用水。由于滤布滤池出水水质不如砂滤水质好和稳定，不适于作为市政再生水回用处理。

滤布滤池的主要设备从供货商处购买，供货商配合设计，配套设备自行设计，池体可为钢结构设备或建成钢砼结构，需要根据工程条件考虑投资、规模和占地等因素确定。有些设备是专利产品，工艺设计师要了解最基本的设计理念，以便对供货商提供的相关接口条件、设计图和资料进行校核，把控设计质量。

4.9.1 运行方式

滤布滤池的运行方式包括过滤和反洗排泥两个过程。

① 过滤。污水重力流入滤池，滤池内安装滤盘组件，滤盘外表面包覆可拆换的长毛绒滤布，滤布滤盘完全浸没在水中，污水由滤布外侧进入滤布内侧，过滤水通过位于滤盘中心的中空管收集，接入出水集水渠再通过出水堰排出。整个过滤过程为连续运行。

② 反洗排泥。过滤过程中悬浮物被截流于滤布外侧积聚为污泥层，滤布的过滤阻力随着污泥层的增厚而增加，滤池内水位逐步上升到反洗液位，超声波液位计反馈信号给PLC启动反洗程序，滤盘开始旋转，反洗泵（可和排泥泵共用）同时启动，反洗泵吸泥干管上连接支管到滤盘的反洗排泥支管上，每条支管可服务2组滤盘（根据供货商设计调整），支管上设电动阀，反洗时需要反洗的滤盘所连接的电动阀打开，滤盘旋转过程中滤盘表面污泥被刮板刮离滤布汇入反洗吸泥支管，被反洗泵抽吸排出。每台反洗泵服务的盘片数不宜超过6片或根据供货商建议调整，避免抽吸不均。反洗结束时泵停止，排泥电磁阀关闭，滤盘停止转动。池中残留污泥重力沉淀到转盘下的泥斗，斗内设排泥穿孔管连接到排泥支管，支管上连接电动阀并汇入排泥泵吸泥干管，PLC根据设定的污泥静沉时间启动排泥泵打开电动阀，将泥斗污泥排出。

4.9.2 设计接口条件

设计要确认的主要接口条件和信息包括：近期和远期建设的水量，变化系数，来水水质和特点；上下游水位或范围；地坪标高；可用地尺寸及在总图的位置；进水管、出水管、回用水管、超越管、放空管和排泥管的管径、管材、标高和坐标；冻土层、管道覆土深度和保温等相关要求；地质、气候等其他设计条件。

4.9.3 设计思路

首先确定滤池分组数。根据水量、池体大小、在总图中的位置和布局、土建和设备造价、自吸泵的布置和近期远期分期建设规模整体考虑确定分组数和污泥泵台数和位置。

单体计算内容主要包括每组滤布滤池的盘片数；工作液位；过流洞、闸门、进水堰、出水堰、溢流堰、管道的尺寸、标高和水头损失；泵的流量和吸程；污泥量；计算电耗时要按照反洗周期和排泥周期，计算电动阀、反洗泵、反洗传动电机以及排泥泵工作时间，运行频次需要根据实际水质运行情况确定。

滤布滤池的组数宜不小于2。

因供货商的产品规格不同，滤盘盘片直径较常见的规格有2m（有效面积约为5m^2）与3m（有效面积约10m^2，根据供货商数据调整）。

滤速取6～9m^3/(h·m^2)。需满足最大水量时滤速≤10m^3/(h·m^2)，也有供货商提供的滤速可达15m^3/(h·m^2)，与水质和产品质量有关，需要甄别成功运行案例，根据工程经验确定。

每组滤池的盘片数量＝水量÷滤速÷盘片有效面积。

滤盘盘片数取为偶数，其直径和数量的取值对整体布局以及反洗排泥泵的影响较大，反洗（排泥）泵的台数不同则设备布置不同，每种规格的滤盘在每格滤布滤池中最多能安装的滤盘数不等，滤盘数取值主要考虑反洗周期不可过于频繁，也同时要考虑反洗泵的数量，根据供货商建议和已建工程经验选取。

计算完成后，咨询供货商根据设计条件反馈成套设备清单、功率参数、报价、盘片起吊方式、起吊需要的操作空间尺寸、对门的尺寸要求和图纸等资料，图纸中注明滤池各部分尺寸和标高、污泥斗的位置和标高以及预埋等信息。设备表上写明单组转盘盘片数量，滤盘直径，每个滤盘过滤面积，平均滤速，过滤网孔径，平均过滤介质抗拉强度大于600N/cm等信息。主要参数需要与设计负责人沟通确认。

平面布置顺序顺水流方向依次为“进水（配水）渠道→进水堰→滤布滤池→出水集水渠→出水堰→出水渠”，根据供货商提供的盘片组尺寸、盘片间距和前后轴承需要的空间距离计算滤布滤池尺寸，画出滤布滤池外形尺寸，然后逆水流共壁设计上游的进水入流堰、进水渠道、闸门和进水配水渠等，如有可能，滤池进水渠处也设置溢流堰。从滤布滤池顺着水流方向在其下游共壁开始排布出水集水渠、出水堰和出水渠，计算确定尺寸，如图4-49所示。

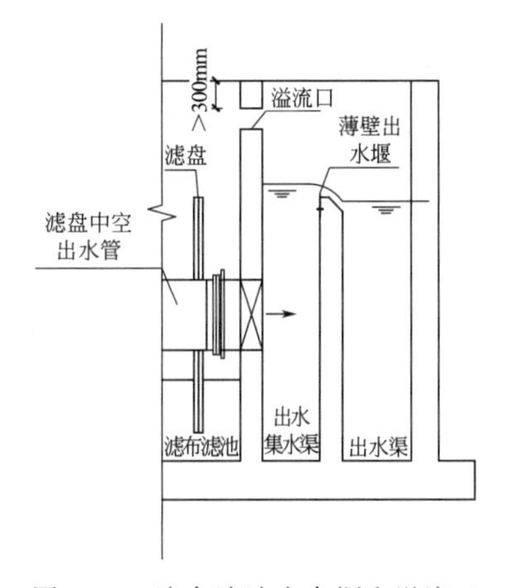

图4-49 滤布滤池出水堰和溢流口

絮凝剂可改善颗粒滤料的过滤效能（微絮凝过滤），但是对于滤布滤池，如果设计不当，絮凝剂投加可能对过滤效果产生不利影响。建议在工程实践的基础上验算滤布滤池的停留时间，如果停留时间长形成矾花，易堵塞滤布；如果停留时间不够形成矾花，则在滤池下游可能形成矾花絮体，宜和设计负责人沟通相关问题。

进水堰和出水堰均采用非淹没堰、薄壁堰计算，堰水头损失0.15～0.20m，薄壁堰设计成可调。配水堰板的安装高程误差不超过±2mm。

峰值水量下过流洞水流流速宜0.3～0.5m/s，渠道流速不大于0.6m/s，以减小水头损失。附壁式闸门安装应配轴导架的预埋，图纸中标预埋件间距或轴线标高，标预埋件长宽和厚度尺寸和数量。闸门安装保证水平，每个闸板安装水平误差不超过±1mm，闸板间的高程误差不超过±2mm。

溢流口大小及滤池最低液位通过计算确定，避免造成进水端滩水。溢流堰按非淹没计算，同时要确保溢流堰堰前最高水位高于进水堰堰顶标高，即溢流的时候使进水堰处于淹没堰状态，避免溢流状态下液位升高过多。溢流洞顶距离池顶不小于300mm（根据土建要求，主要考虑安装设备需要的顶板厚度），如图4-49所示。溢流液位高于反洗液位的差宜>150～200mm。反洗液位由供货商提出建议，反洗液位一般高出工作液位0.3～0.5m。

如无特殊情况，反洗泵和排泥泵可共用。反洗泵（排泥泵）排泥管尽量用小阻力弯头与总管连接，其管道阻力损失小于90°弯头且排泥更顺畅。污泥排放点要考虑反洗污泥对污泥系统的稀释和冲击作用，也可能会对贮泥池液位产生影响，设计中要考虑到相关因素并与相关单体设计师沟通。排泥泵的吸水管顶标高宜低于工作液位，如果不好实现，则泵的吸程应满足要求，避免发生吸水困难的运行问题，设备要配真空表。

根据平面布置起吊要求采用普通电动葫芦，电动葫芦转弯半径以及是否配转弯跑车与供货商沟通，并注意在设备表里标导轨和滑触线（或滑动电缆）的长度、转弯半径和功率。滤布滤池组数大于3组时需配电动单梁起重机。

滤布滤池设在室内时要设计通风和给排水，设计集水沟，与土建专业沟通避让柱子等土建结构，除了盘片自身的反洗，还宜预留冲洗水接口，冲洗水压力不低于0.2MPa。室内设排水沟、集水坑和水封地漏，通风按每小时换气5～6次设计。若滤布滤池设在室外，则要设计电机防护和提高防护等级。设置必要的栏杆。

滤布滤池配超声波液位差计（水损传感器）和浊度在线检测仪，如果滤布滤池下游除了消毒没有其他单体，可考虑将SS在线检测仪和出水监测间设备合并。

排泥泵、滤布转盘驱动电机、电动阀门、闸门等一般建议设备自带现场控制箱并自带PLC，实现手动和PLC控制，中控室监视。注意电磁阀一般为220V。

4.10 气浮

气浮工艺一般用于去除废水中比较轻质、无法通过重力沉淀而去除的悬浮物、油、羊毛脂、胶状物、纤维、纸浆、微生物和其他低密度固（液）体，通过投加混凝剂实现颗粒电中和和黏附架桥作用，使亲水性物质疏水化。同时，通过加压溶气、电解或散气叶轮（涡凹气浮是将微气泡注入污水中，通过散气叶轮把“微气泡”均匀分布于水中）等手段产生大量微小气泡，这些微小气泡可与疏水性颗粒黏附，形成密度小于水的带气絮体，在浮力的作用下，上浮至水面完成固液或液液分离，比重大的颗粒沉淀在池底，通过重力排出系统，轻质颗粒上浮形成浮渣。气浮常用于处理来自于造纸、焦化、制药、化工、石油炼制、采油、棉纺、毛纺、印染、食品、啤酒以及屠宰等行业的废水，也可用于污泥的浓缩。

气浮的设计按照供货商提供的接口条件来设计，图纸设计前要确认的主要接口条件和信息包括：可用地尺寸及在总图的位置；来水水质和特点；主要污染物浓度；规模；峰值流量；上下游水位或范围；地坪标高；相关的接口管径、材质、位置和标高（主要是进水管、出水管、浮渣池出水管、污泥斗出泥管、加药管和放空管等）；冻土层、管道覆土深度、除臭和保温等相关要求；地质、气候等其他设计条件。

设计师应根据设计条件和手册规范中的相关规定对供货商提供的整体气浮设备尺寸、接口条件和技术参数进行校核，图纸设计前要和设计负责人确认的信息包括气浮设备的型式、分组数量、主要污染物浓度和处理程度、药剂类型、加药量和主要设计参数（停留时间、溶气水回流比、表面负荷、上升流速等）。

用于气浮的药剂包括 PAC、PAM 和 $FeSO_4$ 等，根据废水特性、经验和实验值确定加药种类和加药量。加药量和浮渣量的设定影响加药泵及污泥泵（螺杆泵或渣浆泵）的选型和贮泥池的大小。设计时应考虑水温对加药的影响。

常用的气浮有加压溶气气浮、涡凹气浮（散气叶轮气浮）和浅层气浮，应用较少的是电解凝聚气浮。

4.10.1 涡凹气浮

涡凹气浮适用于处理中等规模水量，对于含有较高浓度悬浮物沉淀性差的废水分离效率较高。

涡凹气浮池的结构顺水流方向包括配水段、曝气段、气浮段、沉淀排泥段和溢流出水段，配曝气机、刮渣机、浮渣收集、污泥输送和液位控制系统。

在设计涡凹气浮时，给供货商的设计条件包括废水处理规模、水质、特点、腐蚀性、pH、温度、负荷及处理要求。曝气段由若干共壁的方形曝气格并联组成，曝气格数量与曝气机数量相等，每台曝气机安装在每格方池曝气格内，曝气格的池边尺寸不大于叶轮直径的6倍。气浮段一般负荷可取 $4\sim6m^3/(h\cdot m^2)$，有效水深 1.5～2.0m 为宜，不宜超过 3m，停留时间 15～20min。气浮段长宽比不小于 4∶1。

管道接口包括进水口、出水口、排渣口和排泥放空口，进水为已和混凝剂混合反应后形成矾花后的进水，排渣管坡度 0.02，排入浮渣池，浮渣外运。

池体材质根据水质和规模确定，可以建成钢混或者碳钢（内壁防腐，可采用环氧煤沥青漆）。

涡凹曝气机的底部散气叶轮高速转动，在水中形成一个真空区，液面上的空气通过曝气机进入水中，产生微气泡，并在叶轮的强力搅动下螺旋地上升到水面。在产生微气泡的同时，涡凹曝气机会在有回流管的池底形成一个负压区，这种负压作用会使废水从池子的底部回流到曝气区，然后又返回气浮段。

叶轮直径、转速、叶轮与导向叶片的间距及吸气管安装位置是设计的关键，设计中应和供货商多沟通。其中，叶轮直径 200～400mm，最大不应超过 600mm；叶轮转速 900～1500r/min，圆周线速度 10～15m/s；叶轮与导向叶片的间距应调整小于 7～8mm。

池内设爬梯，自带现场控制箱，易起泡沫的废水需要加装喷淋消泡装置。

4.10.2 溶气气浮

加压溶气气浮分三种：全加压溶气气浮、部分加压溶气气浮和回流加压溶气气浮。主要流程参见图 4-50。

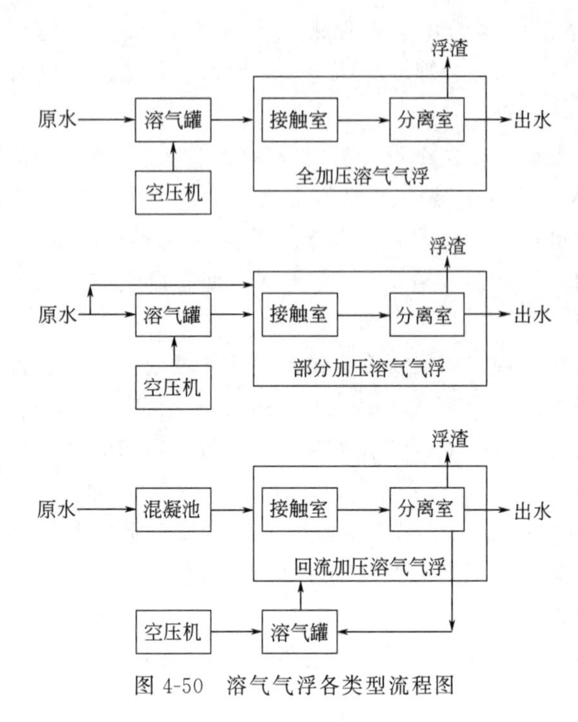

图 4-50 溶气气浮各类型流程图

(1) 全加压溶气气浮

全加压溶气气浮是将所有待处理水加压到 0.3～0.4MPa，与压缩空气同时打入溶气罐，在溶气罐内完成溶气过程（空气充分溶于水中），溶气水经过管道进入安装于气浮池接触室的溶气释放器，释放器将溶气水压力突然降低到常压，释放器释放出微小气泡，气泡与颗粒接触黏附后在气浮分离室进行固液分离，出水经过穿孔集水管均匀收集，送入下游处理单元，浮渣被刮渣机刮入排渣槽，沉淀的污泥从污泥斗排出。此工艺耗能大，但是对于浓度较高的隔油后炼油废水和采油废水具有较高效的处理作用。

(2) 部分加压溶气气浮

与全加压溶气气浮的区别是只有部分待处理水加压到 0.3～0.4MPa，与压缩空气同时打入溶气罐，溶气水通过释放器释放出微小气泡，未溶气原水可经混凝后与溶气水在接触室混合，在气浮室完成固液分离。

(3) 回流加压溶气气浮

回流加压溶气气浮是将全部原水引入混凝池，混凝池的设计流速参见 4.5 章。混凝后进入气浮池的接触室，一部分气浮池出水被加压回流进入压力溶气罐，回流比 15%～30%（根据工程条件和经验确定），溶气压力 0.3～0.4MPa。同时，压缩空气也打入压力溶气罐，在溶气罐内完成溶气过程，溶气水经过管道进入安装于气浮池接触室的溶气释放器，与混凝后原水混合。接触室出水在气浮分离室实现渣水分离。

溶气罐的压力及回流比根据原水气浮试验情况或参照相似条件下的运行经验确定。溶气罐的自控设计要保证工况与空压机、水泵的协调。

回流加压溶气气浮比全加压溶气气浮节约能耗、占地和投资，可满足一般的处理要求，也是较常用的溶气气浮工艺，有关计算在《给水排水设计手册》中有较详细的介绍。

对于原水悬浮物浓度较低且不含纤维类物质，无需混凝前处理时，可采用全加压溶气气浮或部分加压溶气气浮；如果原水悬浮物浓度高或为纤维类物质，需要有混凝或破乳等预处理的条件下，则为了避免混凝后矾花破碎和堵塞释放器，不适于采用全加压和部分加压溶气气浮，此时宜采用回流加压溶气气浮。

部分加压溶气气浮和回流加压溶气气浮的设计要点如下所述。

加压溶气气浮池常用型式为平流式，长宽比没有严格要求，一般为（2∶1）～（3∶1），单格宽度不超过 6m，池长不宜超过 15m。

① 溶气系统　由进水系统（包括进水泵、进水管、抽真空管和射流器）、溶气罐和溶气

出水管组成，抽真空管连接到所有释放器。压力溶气罐一般采用阶梯环填料，压力溶气罐的总高度在 2.5～3.5m 之间，可取 3.0m，填料层高 1.0～1.5m，罐直径根据过水截面负荷率 100～150$m^3/(h \cdot m^2)$ 选取。

压缩空气管、回流管等由设备供货商制作并提供配套的空压机、溶气罐、回流泵、污泥泵和释放器等。

气路管线用不锈钢或镀锌钢管，不能采用碳钢管，避免钢管腐蚀后对溶气管系统产生堵塞。

实际工程中可选用溶气泵替代空压机和溶气罐来实现将空气溶入气浮出水回流液的功能，但是容易出现溶气泵腐蚀的问题，设备选择中要调查好实际应用效果，选用质量好的产品。

② 进水 进水管通入接触室池底，管底标高高于池底 200～300mm（留够管道安装所需距离），沿接触室池长（接触室长边为气浮池的宽边）在水流上游布置进水布水管；按穿孔管设计方法设计向下开孔大小和孔间距；进水布水管的上层布置溶气水管环状管。

③ 接触室 溶气水管接入接触室后接成环状管，环状管上间隔均匀地安装释放器，释放器应设独立的快开阀及快速拆卸接口，溶气释放器的型号及个数应根据单个释放器在选定压力下的流量及作用范围确定；接触室的水流态为下进水上出水，接触室与分离室之间设隔墙或隔板，使接触室出水为上出水。隔墙上部可作穿孔花墙，隔板倾向分离室方向与水平夹角 70°～80°。接触室的上升流速取 10～20mm/s（下端取 20mm/s 左右，上端 5～10mm/s），停留时间不小于 60s；分离室的表面负荷取 4.0～6.0$m^3/(h \cdot m^2)$，峰值流量最高不能超过 7.2$m^3/(h \cdot m^2)$，有效水深宜取 2.0～2.5m，不宜超过 3.0m，水力停留时间 10～20min，分离室的向下流速为 1.5～2.0mm/s。

④ 分离室 分离室末端在距离池底标高 20～40cm 处、平行于水流方向均匀布置穿孔集水管接出水管，管内流速为 0.5～0.7m/s。实际工程设计中，集水管的最大流速宜控制在 0.5m/s 左右。集水管开孔，孔口向下与垂线成 45°交错排列，孔距为 20～30cm，孔口直径 10～20mm。集水管不可直接从池底连接到出水井，距离出水端的距离取决于所需集水孔的数量和间距的计算结果，集水管首端（与出水端相对一侧）连接回流干管连接到回流泵，集水管的尾端（出水端）连接出水干管到出水井，应向上弯保证气浮池水位达到设计水位并应设液位控制系统。

⑤ 排渣 气浮池宜采用刮渣机排渣。刮渣机的行车速度宜控制在 5m/min。刮渣方向与水流流向相反，使可能下落的浮渣落在接触室。浮渣含水率在 95%～97%，浮渣厚度控制在 10cm 左右。

浮渣槽出渣口用喇叭口连接出渣管道，安装于分离室后段，收集浮渣后排入浮渣池。浮渣管线尽量缩短，浮渣池尽量布置在距离气浮池最近的位置，浮渣去向根据废水特性确定，不能混入污泥脱水系统的浮渣（比如油渣）可直接外运，适于进入污泥脱水系统的可采用螺杆泵排入脱水系统进行处理。

⑥ 除油 除油用的溶气气浮池要与周边构建筑物保持 15m 以上的安全防火距离，防火设施也应符合规范要求。

4.10.3 浅层气浮

浅层气浮的溶气原理与回流加压溶气气浮类似，将空气在溶气管内溶解入气浮出水回流

液中，溶气后进入气浮池进行固液分离，但浅层气浮的混凝和分离方式与回流加压溶气气浮不同，浅层气浮的分离室运用了“浅池理论”及“零速原理”，进水通过连续转动的布水管均匀布水到气浮池，絮体的悬浮和沉降在静态下进行。即布水管的移动速度和出水流速相同，方向相反，由此产生了“零速度”，使进水的扰动降至最低，气泡与絮体间的黏附发生在包括接触区在内的整个气浮分离过程中，在相对静止的环境中垂直上浮到水面，上浮路程减至最小，且不受出水流速的影响，上浮速度达到或接近理论的最大值，浮渣排出效率高，浮渣可以暂存于整个气浮池表面，方便撇渣机收集浮渣。

与加压溶气气浮比较，浅层气浮的固液分离室将平流改为垂直流静止分离，水体扰动小，池高度浅，负荷大大高于普通溶气气浮，出水悬浮物浓度低，出渣含固率高，广泛用于工业废水的处理，近年来，随着浅层气浮工艺的进步，也逐渐有应用于市政污水处理厂用于替代高密度澄清池的实例。

浅层气浮构成主要包括溶气系统、气浮池池体、旋转进水布水系统（含驱动装置）、污泥斗、旋转架、稳流系统、水位控制调节机构、溢流堰、出水机构、撇渣浮渣收集系统（含驱动装置）、旋转集电器、电控箱、走道板和护栏。气浮池体可为碳钢。诸城市水衡环保科技有限公司的浅层气浮结构如图 4-51 所示。

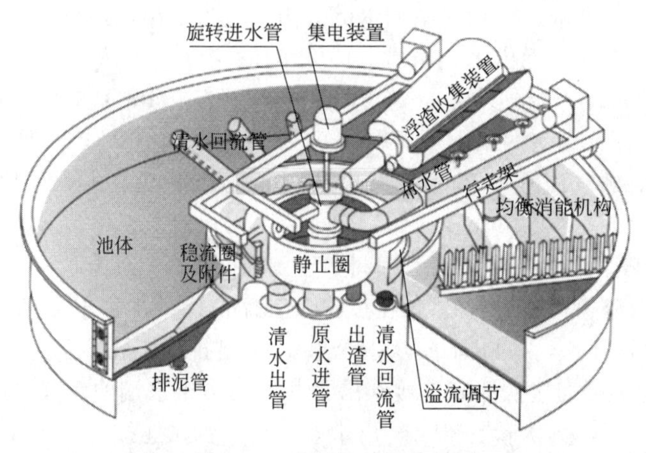

图 4-51　浅层气浮结构图

浅层气浮设计接口包括原水进水管（依次接加药管、管道混合器和溶气水管）、出水管、清水回流管（通过泵接入溶气管，与压缩空气在溶气管内实现溶气功能，溶气水接入原水进水管道）、清水回流泵出水管（接入溶气管）、加药管、溶气水管、浮渣管、排泥管和放空管，如图 4-52 所示。其中溶气系统要考虑的接口包括清水回流水泵进出水口、气浮回流口、溶气管进出水口、溶气水管与原水进水管接口以及部分溶气法的污水支管与主污水管接口。设计中，气浮池底开口位置以及工艺管线图要向供货商确认，以免开口不合理造成安装困难和错误。进水管和溶气水管在进气浮池前都应安装阀门。与气浮池相连接的管道要设法兰连接。

有的工程要求将部分溶气与回流溶气结合，则需要引一部分原水和回流清水同时被泵入溶气管，如图 4-52 所示。溶气管出水管道为溶气水管，溶气水管接入气浮池进水管为图中 A 点，A 点宜接近气浮池的入水管接管处；原水进水主管上设三通（图中 B 点），支管连接到原水分流泵，B 点要与 A 点保持足够距离（不小于 8m），避免拟进入进水管的溶气水被原水分流泵倒吸回溶气管。还应考虑原水分流泵对于原水和回流清水的流量控制。

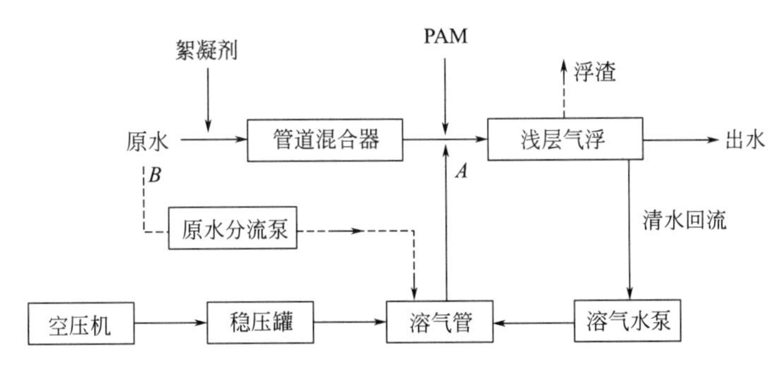

图 4-52 部分溶气与回流溶气结合的浅层气浮流程框图

浅层气浮水力停留时间一般为 12～16min，最小为 3～5min；分离室水力负荷 3～5$m^3/(m^2 \cdot h)$，最高为 8～15$m^3/(m^2 \cdot h)$；有效水深 0.55～0.6m（不含泥斗）。不同供货商的设备对于药剂量、负荷、能耗等均有差异，对废水的温度和特性的适应性也有差异，选择时要进行技术经济比选。

计算确定溶气水回流比，一般应大于 30%。溶气水水力停留时间应计算确定，一般大于 3min，设计工作压力 0.4～0.5MPa。计算气浮所需空气量及空压机所需额定气量可参考《给水排水设计手册》。

① 气浮所需空气量 Q_g

$$Q_g=\frac{rC_s(fp-1)RQ}{1000}$$

式中，Q_g 为气浮所需空气量，kg/h；r 为空气密度，g/L，与温度相关，要根据温度查；C_s 为一定温度下，一个大气压空气溶解度，mL/(L・atm)；p 为溶气压力，atm，溶气罐工作压力 0.4～0.5MPa，溶气压力为 4～5atm；f 为加压溶气系统溶气效率，80%～90%；R 为溶气水回流比；Q 为气浮池处理水量，m^3/h，注意要考虑峰值系数。

② 空压机所需额定空气量 Q'_g

$$Q'_g=\frac{\psi Q_g}{60r}$$

式中，Q'_g为空压机所需额定空气量，m^3/min；ψ 为空压机效率系数，一般取 1.2～1.5；r 为空气容重，g/L，与温度相关，要根据温度查。

③ 溶气水量 Q_r

$$Q_r=Q_g/(736fpK_T)$$

式中，Q_r 为溶气水量，m^3/h；Q_g 为气浮所需空气量，kg/h；f 为加压溶气系统溶气效率，80%～90%；p 为溶气压力，MPa，溶气罐工作压力 0.4～0.5MPa；K_T 为溶解度系数，根据水温查。

④ 回流比$=Q_r/Q$

式中，Q_r 为溶气水量，m^3/h；Q 为气浮池处理水量，m^3/h。

药剂投加时，混凝剂（PAC 等）和助凝剂 PAM 都加在原水进水管上，但是不能加在相近的位置上。混凝剂与原水在进水管道内接触反应的停留时间不能低于 40s（估算混凝剂加入点到气浮池的进水口距离约 30m 以上），如果场地限制，也可设单独的混凝反应池，保证足够的混凝时间。PAM 加药点宜尽量距离气浮池的进水口近些，防止 PAM 和 PAC 混合

后产生的絮体在管道混合器内被打散影响气浮效果。加药量、药剂种类根据经验或现场试验确定。

布水机构的出水处应设整流器，原水与溶气水的配水量按分离区单位面积布水量均匀的原则设计计算。布水机构的旋转速度应满足微气泡浮升时间的要求，通常按8～12min旋转一周计算。

气浮池设自动水位调节装置，流量适应范围大。气浮池应设水位控制室，并有调节阀门（或水位控制器）调节水位，防止出水带泥或浮渣层太厚。

由于池底部进出管道多，为了维护方便，一般架空或叠装，下设井字架作支撑。气浮池一般放在室外，可不设房子，减少管道铺设限制。如果项目所在地冬季寒冷，则应将气浮池放在室内，但设计房间尺寸时要考虑设备安装及管道铺设要求的空间，还应考虑门、窗和楼梯的合理布置，不得影响通行、设备的出入及维护。

工艺给结构专业提设计条件时要考虑设备运行总重量，包括井字架和基础的重量。

4.10.4 电解工艺

电解工艺是通过直流电电解作用，破坏污染物化学结构，分解污染物，或将一些难降解物质的分子链打断，提高废水的可生化性。电解工艺分为阳极可溶和不可溶两种。

采用可溶电极作为阳极进行电解，金属阳极溶解出铝和铁的阳离子，并与水中的氢氧根离子结合，形成吸附性很强的铝、铁氢氧化物以吸附、凝聚水中的杂质颗粒，形成的高活性絮团比投加絮凝剂形成的絮团更大、更密实、吸附性强，对于溶解性和非溶解性高分子有机物有较好的去除效果，利于泥水分离。阴极上产生的微气泡（氢气）与絮体黏附，实现气浮分离。

对于不溶解阳极，除了对污染物进行电解去除，阴阳两极还产生氧气和氢气的细小气泡，将已絮凝的悬浮物载至水面，达到气浮分离目的。必要时添加助剂，气浮或沉淀后实现泥水分离。

电解对于以下污染物可进行有效处理：

① 油类。动物性、植物性、矿物性的油脂以及形态上如水合、乳化、混合、溶解性油脂或脂肪均可处理，去除率达99%以上，可应用于油田、切削液等高浓度含油废水。

② 胶状SS和浊度。电解后，对于浊度、悬浮物的去除率可达到90%～99%以上，结合后续沉淀、过滤技术可使出水浊度控制在3NTU以下。

③ 难降解COD。对于高浓度、难于生化降解类有机物，将电解气浮和电解氧化作用相结合，可以通过强氧化切断化学键，破坏电中性，适于生化前提升废水可生化性，或者生化后的难降解污染物的深度处理。由于难降解污染物的复杂性，需要通过小试确定电解参数，并与臭氧氧化、芬顿等高级氧化技术进行技术经济比较后确定方案。

④ 色度。色度一般是由有机物中发色官能团引起的，电解技术的强氧化与强还原作用可以破坏有机物的发色官能团，降低水质的色度，对于色度的去除率一般大于80%。

⑤ 金属。在电场的作用下，通过氧化、还原、絮凝、吸附等协同作用，生成氢氧化物，去除废水中的金属污染物，对于CN^-和Cr^{6+}具有低成本处理效益。电解产生Fe^{2+}，其作为一种还原剂，可将水中的Cr^{6+}充分转化为低价态的Cr^{3+}，再结合反应产生的OH^-，生成沉淀物质分离去除，对于铬离子的去除率可达到90%以上。

⑥ 铁、锰、钙和镁离子。一般是采用曝气法将铁、锰离子转化为高价氧化物和氢氧化

物，使其由离子态转化为不溶态从水中析出，再利用过滤技术除去。如果采用电解技术，在加电反应过程中使水中生成 OH^-，结合铁、锰离子形成不溶物析出，再配合砂滤设备，去除率可达到 80%～95%。电解技术在合适的 pH 值环境下可以使水中的钙、镁离子析出，絮凝沉淀分离，对于总硬度的去除率可达到 85%以上。

⑦ 氮、磷、藻类。电解去除地表水、河道水中的营养物和藻类，去除率 85%以上。

⑧ 细菌、病毒、囊孢。电解技术利用极板间强电场作用和反应生成的强氧化性基团的氧化作用，去除杀灭水中的细菌和病毒，其去除率可达到 80%以上。

⑨ SiO_2、胶体硅、有机硅去除。SiO_2 在达到过饱和状态时即会从水中析出，往往其对于膜过滤系统造成的影响较大，因为析出的 SiO_2 会黏附在膜表面，所以在膜的预处理过程中必须进行控制去除。传统的絮凝技术可以吸附 SiO_2 从水中析出，一般的絮凝剂对于 SiO_2 的去除率在 30%～40%，电解絮凝技术对于 SiO_2 的去除率可以达到 70%～90%。

⑩ 放射性同位素去除。

电解技术在二十世纪九十年代已在国内应用于处理毛纺废水等，结构型式通常采用正负极间开布置在长条形矩形池内，该结构型式易存在极板钝化、极板间距随电解进程发生变化导致电解效率下降、极板污染、电解参数不合理等问题，限制了其推广应用。近年来，新的结构型式开始涌现，给电解技术的推广应用提供了更多可能，比较常见的有网状电极。郑梅等研究的自清洗电极，应用特殊流道设计加强水流紊流，增加反应比表面积和布水均匀性，防止电极极化和浓差极化，延长电解反应时间。

根据污水不同的电导率预先调整并设定阴极和阳极之间的间隙距离，运行中自动保持恒定阴极和阳极间隙间距，可应用于油田采出水处理，从而达到回注水标准。各油田原油的特性、地质不一样，油田采出水水质各异，但又都有相同的特性。以延长油田为例，水质有如下特点：

① 有机物浓度高。含有多种原油有机成分和各种化学药剂，化学需氧量高。

② 高矿化度。油田采出水矿化度最低 1000mg/L 以上、高可达 14×10^4mg/L，高矿化度加快了腐蚀速度，同时也给废水生化处理造成困难。

③ 含油量高。一般采出水中含油量均在 1000mg/L 左右，有些可达到 5000mg/L，其中 90%以上为悬浮态油，漂浮在污水表面，或以微小油珠形态悬浮于水中，油珠粒径在 10～150μm，另有 5%～8%为乳化态油，以极小微粒油珠状态稳定的成为乳化液，最后有 1～20mg/L 的油在水中以溶解态存在。

④ 水中含有微生物。采出水中常见微生物有硫酸盐还原菌、铁细菌、腐生菌，均为丝状菌，细菌大量繁殖不仅腐蚀管线，而且还造成地层严重堵塞。

⑤ 悬浮物含量高。含有多种杂质和悬浮固体颗粒，如 Ca^{2+}、Mg^{2+}、Fe^{3+}、Ba^{2+}、Cl^-、CO_3^{2-}、HCO_3^-、SO_4^{2-} 和悬浮固体颗粒。颗粒粒径一般在 1～100μm，主要包括粘土颗粒、粉砂和细砂等，容易造成地层堵塞。

⑥ 废水偏酸性。pH 值变化大，需要加入 NaOH 调节 pH 值。

⑦ 温度高，40～80℃。

现有的采出水处理大多使用传统的“沉淀—气浮—过滤”工艺，难以稳定达到回注水的标准。过滤工段采用核桃壳、烧结管填料、石英砂等介质，如果选择不当，容易造成板结和滤料失效，需要频繁反洗或更换。大量药剂的使用直接造成运行费用提高，也会对回注水与油层的配伍性产生影响，同时造成大量药剂成分在采油水系统中的累积，增加水处理的难

度。某油田联合站的采出水典型水质（经过简单隔油沉淀预处理后）如表 4-5 所示。

表 4-5 某油田采出水经简单隔油沉淀预处理后的水质情况

水质	COD	BOD	SS	pH	油	传导率	S^{2-}	SO_4^{2-}	Cl^-	Fe^{2+}
单位	mg/L	mg/L	mg/L		mg/L	ms/cm	mg/L	mg/L	mg/L	mg/L
数值	1350	600	270	7.2	90	80.6	5.85	200	8000	6

电解处理后，出水含油量小于 1mg/L，粒径中值小于 1μm，SS 小于 1mg/L，硫化物小于 1mg/L，达到油田回注水的水质标准，可用于油田回注。

4.11 臭氧氧化

4.11.1 工艺设计概述

臭氧常用于市政给水和市政污水的脱色消毒，臭氧对细菌的杀灭率高，杀灭速度快。近年来臭氧氧化越来越广泛地应用于印染、石化、造纸、煤化工、纺织、香料、制药、电子等行业的工业废水处理，但是臭氧氧化的选择性很强，对于不同行业的工业废水适用性差别较大，对于同一行业的工业废水也会因为生产原料、生产工艺的不同造成废水浓度和成分的区别而使臭氧氧化的适用性发生改变。臭氧氧化工艺不是对所有难降解污染物都有去除作用，也不适用于所有难处理的工业废水。如果臭氧氧化无法达标，还需要考虑其他物化工艺，例如 Fenton 法、超声波、电解、反渗透、离子交换、电渗析和其他高级氧化工艺。

臭氧氧化单体设计前要确认的主要设计接口条件和信息包括：可用地尺寸及在总图的位置；水质及特点；出水水质要求；上下游水位或范围；水量和变化系数；臭氧氧化在工艺流程中的位置；管道接口条件包括进水管、臭氧管、循环水管、出水管、超越管、放空管和排水管等；地坪标高；冻土层、管道覆土深度和保温等相关要求；地质、气候等其他设计条件。

图纸设计前要和设计负责人确认的信息包括：设计臭氧剂量和接触时间；接触反应池的数量和尺寸；投加臭氧的隔室位置和相应的投加剂量、曝气器的数量和布置型式；紫外灯管的照射剂量、隔室位置、布置方式（横向或竖向）和固定方式；制备臭氧的气源种类、质量与数量。

臭氧氧化工艺应用于工艺流程的位置基于废水性质的不同而不同，已有工程的设计参数可供借鉴性差，在选择该工艺前主要考虑如下几个因素：

① 废水处理的工艺流程和处理程度，在整个工艺流程中预臭氧氧化或深度处理臭氧氧化环节节点的污染物的成分特点；

② 对于该种废水的已有工程经验；

③ 是否有针对臭氧剂量和接触时间等设计参数的实验数据；

④ 是否需要结合其他工艺使出水数据指标达标。

除了脱色，臭氧氧化在工艺流程中的位置大致有以下三个，也可以是三个位置的组合。

① 第一个位置是预臭氧氧化。臭氧氧化放在生物处理前作为预臭氧氧化的目的一般为提高废水的可生化性，但这种方式不是对所有废水都适用，应注意考虑臭氧会优先氧化容易

降解的污染物，易降解污染物优先消耗臭氧（每毫克生物可降解有机物需投加0.2～0.5mg臭氧），难降解的污染物需要更多的臭氧剂量和更长的反应时间方能降解为生物可降解物质，从而提高废水的可生化性。因此，预臭氧氧化可能造成较大的臭氧消耗量，但是对于某些难降解废水，预臭氧氧化对于整体处理的经济性和可行性来说又是其他工艺无法替代的。预臭氧氧化的接触时间根据试验或经验确定。用于消毒作用的预臭氧接触时间为2～5min。

② 第二个位置是深度处理臭氧氧化。将臭氧氧化置于生物处理下游作为深度处理，以强氧化作用处理未能被生物降解的污染物，使出水最终达标。此法适用于有实际工程经验或实验数据支撑的废水处理工程。对于某些难降解废水，臭氧氧化需要结合光催化和（或）活性炭催化来实现。

③ 第三个位置是深度处理提高废水可生化性。当废水经过生物处理后可生化性低，残余的难生物降解污染物如果全部用臭氧氧化处理到达标可能对臭氧的消耗量过大，投资和运行费用高，不经济，此时可以将臭氧氧化作为提高废水可生化性的深度处理设施来考虑，臭氧氧化后进行第二次生物处理（一般用曝气生物滤池、生物活性炭等）使出水达标，则臭氧消耗量和费用都会大大降低。

臭氧-生物活性炭联合处理工艺应用于难降解工业废水取得了较成功应用。臭氧可以脱色、杀菌、除臭、除味、去除水中的铁锰和除藻类，臭氧氧化可将多种难于生物降解的有机物分解为可生物降解的有机物，同时提高水中的溶解氧含量，增强后续生物活性炭的生物活性，最终使有机物和氨的去除率比单独使用臭氧或活性炭的工艺显著增加。但在设计中应控制臭氧氧化剂量，加入过多臭氧会降低溶解有机物的可吸附性。

臭氧结合活性炭吸附工艺，吸附容量为5gO_3/gC，施工图阶段需要小试和中试数据的支撑。非生物降解有机物浓度根据单用氧气预处理以及用含臭氧预处理时颗粒活性炭两者性能上的差值来估算。臭氧化后的粒状活性炭滤料的再生周期得到延长。

臭氧的投加剂量和接触反应时间是基于工程经验确定，随着臭氧氧化功能和废水特点不同而不同，如果没有经验可参考则应进行小试、中试确定，分以下几种情况。

① 对于饮用水消毒和杀菌，臭氧剂量为1～3mg/L，如果水源水质不好，需要提高到3～5mg/L，接触时间12～15min，水中臭氧残留量≤0.3mg/L，去除率99%。同样剂量和接触时间条件下，受污染给水水源除臭除味除色度的去除率为80%～90%。

② 游泳池循环水处理中臭氧剂量取2mg/L。

③ 目前市政用于臭氧脱色剂量多为5mg/L，反应15min。

④ 臭氧对于有机物的氧化顺序为：链烃>胺>酚>多环芳香烃>醇>醛>链烷烃。氧化1mg氰消耗臭氧1.87mg，氧化1mgCN^-需消耗臭氧2.0～2.5mg。当用于去除水中的CN^-、酚、ABS等杂质时，接触时间5～10min，去除率可达90%。目前市政污水高级氧化投加量为20～30mg/L，反应时间40～60min。

⑤ 没有实践数据情况下，臭氧投加量估算为0.2～0.5mg（臭氧）/mg（生物可降解有机物），3～4mg（臭氧）/mg（难降解有机物）。

臭氧发生装置的产量应满足最大臭氧加注量的要求，并应考虑备用能力。

选择臭氧发生器时要了解臭氧处理过程是受消毒用的传质控制还是由臭氧氧化用的反应速率控制的，可利用水头如何，整个臭氧发生系统可利用的气体压力如何，臭氧利用要求到什么程度，液体臭氧摄取率如何。

臭氧发生器系统配置要确定的主要内容包括：根据气源成本和臭氧发生量大小，经过价

格、综合成本、功率、工程限制条件、安全性以及原料消耗量等综合因素列表比较，选用适当型式的臭氧发生器，确定机组的数量；通过臭氧发生器气源的除湿计算，确定气源的除尘和干燥系统的工艺流程及其主要设备尺寸；确定尾气处理设备及其主要设备尺寸；主要监测传感器的数量和型号，如流量、压力、温度、臭氧浓度及露点；系统控制，包括联锁及自动切断能力；供配电系统、臭氧发生器冷却系统及其他附属设备的确定；系统的平面布置、高程和管道系统的设计。

4.11.2 臭氧设备间

制备臭氧的气源主要包括氧气源、空气源和富氧源三种。气源中的碳氧化合物、颗粒物、氮以及氩等物质的含量要满足臭氧发生器的要求。

氧气源臭氧发生器为液氧经过汽化器变为气体后作为原料气。运行费用低，应充分考虑的影响因素包括氧气罐租赁、氧气源来源和价格的稳定性，氧气罐的高度是否违反工程限高和安全的要求，氧气源不适用于地下污水厂以及氧气罐与附近设施的距离未达到安全距离要求的情况。一般用于20kg/h以上的设备。液氧储罐供氧装置的液氧储存量应根据场地条件和当地的液氧供应条件综合考虑确定，一般不宜少于最大日供氧量的3天用量。

空气源臭氧发生器将压缩空气经过冷却、干燥、过滤处理后作为原料气，常用于10kg/h以下的设备。

富氧源臭氧发生器将无油压缩空气经过冷干和过滤处理后送入制氧机，将氧气收集作为原料气，特点是运行费用较低。主要包括空压机、空气储罐、冷干机、除油过滤、除尘过滤、制氧机、氧气储罐、臭氧发生器和水泵板换组件，多用于10～20kg/h的设备。制氧机供氧装置应设有备用液氧储罐，其备用液氧的储存量应满足制氧设备停运维护或故障检修时的氧气供应量，不应少于2天的用量。

臭氧发生装置的组成主要包括臭氧发生器、臭氧电源柜、供电及控制设备、冷却设备、气源系统、投加系统、尾气系统、配套检测仪器和仪表（臭氧和氧气泄漏探测及报警设备）等。要求气源含油量小于0.01mg/m^3，粉尘颗粒度小于0.01～1μm。主要参数包括臭氧产量、浓度、功率、出口压力、出气/进气体积比等。设计中要向供货商提供详细的设备参数。

不同等级的臭氧发生器产生公斤臭氧的电耗见表4-6所示。

表4-6 不同等级臭氧发生器电耗和冷却方式

项目	气源	优级品	一级品	合格品
电耗/(kW·h/kg)	氧气源	8	9	10
	空气源	16	18	20
冷却方式	水冷却	双极水冷	单极水冷	
	空气冷却		单极气冷	双极气冷

供应氧气的气源装置应紧邻臭氧发生装置，其设置位置及输送氧气管道的敷设必须满足现行国家标准《氧气站设计规范》(GB 50030）的有关规定。以空气或制氧机为气源的气源装置应设在室内；以液氧储罐为气源的气源装置宜设置在露天，但对产生噪声的设备应有降噪措施。臭氧发生装置应尽可能设置在离臭氧接触池（用气量较大的位置）较近的位置。

设计设备的平面布置图先从各供货商提供的图纸开始着手。臭氧设备应根据不同的功能分开布置，主要包括5个功能区：①空气压缩、空气处理和储存部分（或纯氧部分）；②制氧机和氧气储罐（如有）；③臭氧制造部分；④供电部分；⑤臭氧接触反应部分。每部分应设单独的房间，尺寸根据设备尺寸和通道维护空间需要确定。

臭氧发生器的两端应留出检修空间（约 1.8m，考虑放电管需抽出检修所需距离），臭氧发生器与其他设备（空压机、鼓风机和水泵）之间的主要通道宽度净空不宜小于 1.5m，当机器的宽度与高度均小于 800mm 时则通道宽度净空可减少到不小于 0.8m。相邻机组间的距离参见《给水排水设计手册》。

电动机容量≤55kW 时：相邻机组间距不得小于 0.8m。

电动机容量＞55kW 时：相邻机组间距不得小于 1.2m。

在保证设备布置的前提下宜尽量减小臭氧设备间的尺寸，节约造价。平面布置按照流程顺序布置，如果环境条件允许，臭氧接触反应池可在室外。平面布置确定后，根据设备的外形图确定连接管道的标高。

各个房间应完全用独立的供暖、通风和空调以及单独的室外出入口，对于可能被臭氧泄漏污染的封闭空间两分钟换气一次。并设置臭氧泄漏报警仪（报警浓度为 0.1×10^{-6}）与换气装置和臭氧发生器联动。

配电柜要与臭氧发生器距离近些，注意留足配电柜开门方向需要的尺寸。电源柜最好单独一个房间，如果和臭氧发生器放在一个房间，则需要做防爆处理。电源柜防护等级不应低于 IP44，并符合 GB 4208 的规定。

臭氧发生器的冷却系统包括外循环冷却水和内循环冷却水系统两部分。每台臭氧发生器可以配 1 台板式换热器和内循环冷却水泵，也可以多台臭氧发生器共用几台板式换热器，但内循环冷却水泵要和臭氧发生器数量一致，一一对应。臭氧发生器的冷却水出水管路上宜安装流量开关和温度变送器，当冷却水的流量不足或温度超过设定值时报警。冷却水管道不宜沿地面铺设，可设在管沟内，管沟底设坡度坡向末端集水坑。冷却水管道附近要设集水沟。绘制循环冷却水系统图。系统图应尽量详尽。

直接冷却臭氧发生器的冷却水应满足以下条件：pH 值不小于 6.5 且不大于 8.5，氯化物含量不高于 250mg/L，总硬度（以 $CaCO_3$ 计）不高于 450mg/L，浑浊度（散射浑浊度单位）不高于 1NTU。

抽吸臭氧气体水射器的动力水不宜采用原水。

臭氧设备间与变配电间的距离取决于臭氧设备间的火灾危险性等级，氧气源臭氧设备间与变配电间的距离应满足规范要求的 25m，与其他建筑的距离要满足 10m 以上的要求。臭氧设备间的设计要满足建筑防火规范、制氧站规范和通风要求。

臭氧设备间的管道材质主要为：臭氧管道不锈钢 SS316L；氧气管道不锈钢 SS304；空气管道为碳钢管（GB 50013—2018）。空中管道要设支架或者吊架。高度不能妨碍人和设备的通行。

根据流量计应用的位置宜使用不同类型的臭氧流量计，主要计量位置有两个。

① 臭氧发生室的进气端可选用玻璃转子流量计、金属浮子流量计、孔板流量计或质量流量计，以原料气（空气或氧气）标定，可准确测量进入臭氧发生室的原料气的体积流量，经温度压力修正后的流量值可按测得的出气端臭氧浓度换算为臭氧化气的体积流量，用于臭氧产量计算。

② 臭氧发生室的出气端可选用的流量计有容积式流量计、涡街流量计、超声流量计，需要对温度和压力按照规范修正。臭氧发生器出气端常用涡街流量计。当臭氧输送管道分配

到不同的臭氧投加点时，应在各分支管路上安装玻璃转子流量计和压力表，应安装阀门（通常为316L材质，闸阀）用于调节流量和检修，各支路的管道尺寸应根据分支点与投加点的距离进行计算。

4.11.3 臭氧接触反应池

臭氧接触池的个数或能够单独排空的分格数不宜少于2个。臭氧接触池的接触时间应根据不同的工艺目的和待处理水的水质情况，通过试验或参照相似条件下的运行经验确定。

臭氧接触池水流宜采用竖向流，可在池内设置一定数量的竖向导流隔板，隔板间净距不宜小于0.8m。各个隔室间设导流隔板，顶部和底部分别设通气连通孔和过流孔。通气连通孔设在接触池顶板以下并不得低于液位使气相相通。改良型涡流接触池使用气液环流涡轮运行即使在出水剩余臭氧浓度1～1.2g/m^{3}时，其损失也在5%以下。隔室之间水的移动速度应低于30cm/s，如图4-53所示。水的平均下流速度为10～15cm/s。

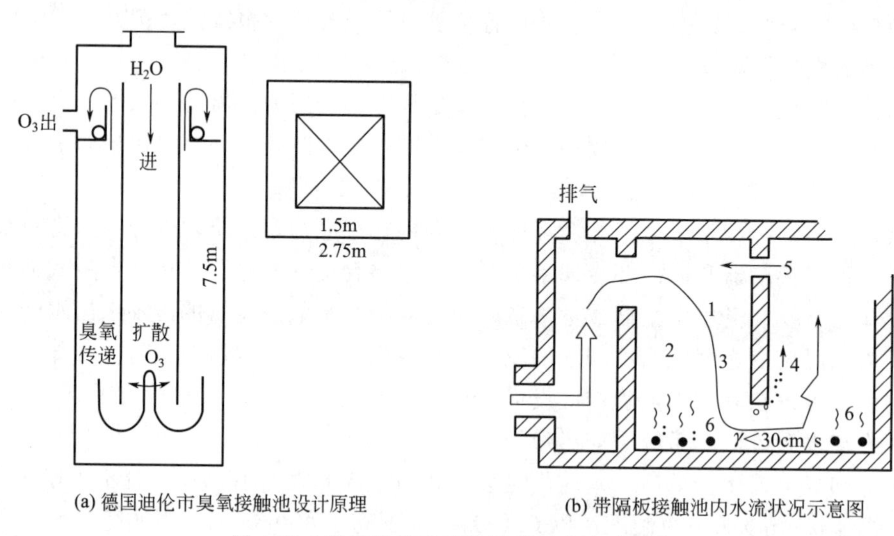

(a) 德国迪伦市臭氧接触池设计原理　　(b) 带隔板接触池内水流状况示意图

图4-53　臭氧接触池设计原理及水流速要求

臭氧紫外联合处理反应池为紫外催化臭氧氧化反应，反应池分组数量不小于2组，方便清洗和检修，分组设计中宜留有余量，考虑紫外模块在线清洗和检修时保证其他分组单元的处理效果不受影响。每组又分为串联的数个隔室。

臭氧投加应按照多点投加设计，臭氧投加隔室和反应隔室是串联设置的，间开布置，示意图参见图4-54。建议收集ABCD室的尾气并涡轮增压后引入进水稳流池实现预臭氧化反应，预臭氧化反应池的尾气再通入尾气破坏装置。新制备的臭氧从A室开始投加，反应后控制溶解臭氧剩余浓度到0.4mg/L，B室无需臭氧投加，依靠水中携带的臭氧进行反应，停留时间应大于5min，一般取6～10min，根据消毒或者臭氧化反应需要设计，后面依此类推。D室的出水用薄壁堰跌水出流，保证反应池的正常水位。臭氧曝气器的A室和C室的流态建议是水流下行，与臭氧流态方向上下错流，提高接触反应效率；每格隔室的反应停留时间需要结合臭氧的分解半衰期和实际工程运行数据考虑，对于复杂的工业废水，要基于工程经验和实验数据来设计。含量1%以下的臭氧，在常温常压的空气中分解半衰期为16h。臭氧在含有杂质的水溶液中可迅速恢复到氧气状态，如水中臭氧浓度为3mg/L时，其半衰期为5～30min。设计中注意考虑臭氧的溶解度，避免臭氧剂量过高造成过饱和问题。臭氧用于消毒时则不需要设置紫外装置，停留时间要相应调整。A 室的布气量宜占总布气量的 50%左右，保持 8.333×10^{-6} mol/L（0.4mg/L），A 室和 C 室的体积和布气量可按 6：4 分配。进水稳流区、B 室和 D 室的水流速度可取 5～10cm/s。根据规范，布气区的深度与长度之比宜大于 4。

臭氧氧化一级喷射阶段工艺气体体积（以标准立方米表示）一般不超过所接触水体积的 20%。作为饮水处理最终阶段的臭氧氧化中，每座接触池内平均气体流量一般保持在水流量的 10%以下［气水体积比（m^3 气/m^3 水）为 1：10］。接触反应池设计水深宜取 4～6m，超高 0.5～0.7m。臭氧化空气在池中的上升流速小于 4～5mm/s。用于消毒作用的后接触臭氧接触池的接触时间大于 15min。

臭氧接触池必须全密闭，池顶设尾气管将多余臭氧尾气收集、破坏并达标排放。臭氧尾气管安装是在臭氧接触池顶处预埋刚性防水翼环，穿顶板的尾气管为一端带法兰的不锈钢 316L 材质的短管，该短管应与翼环周边满焊，并在混凝土浇注前就位（预埋防水翼环），尾气短管通过法兰与尾气除雾器连接，除雾后的尾气进入尾气破坏装置进行尾气破坏，最终达标排放。各尾气支路收集管路和尾气总管上要设阀门方便维修和调节。

池顶设双向呼吸阀（自动气压释放阀），双向呼吸阀的安装与尾气管类似，呼吸阀通过法兰与穿顶板的、带法兰的不锈钢 316L 短管连接，该短管与防水翼环周边满焊，并在混凝土浇注前就位（预埋）。穿顶板处混凝土厚度应不小于 200mm，否则应使一边或两边加厚。

臭氧的微孔曝气器采用纯钛金属曝气器，其水头损失为 0.3～0.5m，应严格水平安装，在臭氧管路上焊接不锈钢 316L 锥形内丝将曝气头的接口与内丝连接。可采用环状布置或者“丰”字形布置。如采用 5.3.5 节中的射流曝气，则臭氧转移效率可达 96%以上，可实现池外维护、故障点低，也是较好的选择。

对于难降解工业废水（与图 4-54 不同）紫外催化和臭氧投加在一个隔室中设置，紫外

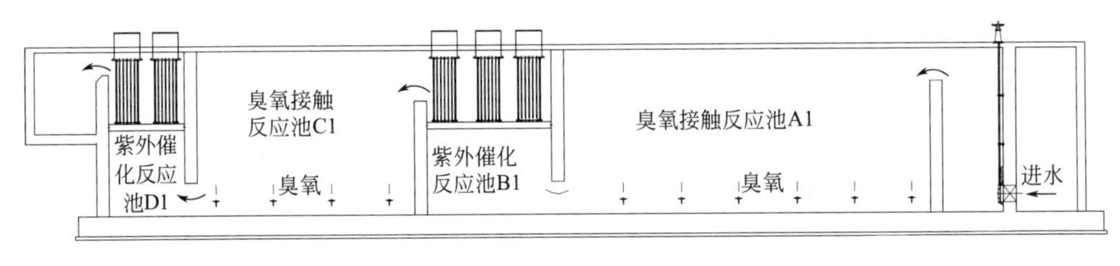

1—1剖面图

图 4-54 臭氧接触反应池平面图和剖面图

选用浸没式，含有臭氧的水要均匀流过紫外灯管，中间不宜有衰减才能有较好的催化处理效果。碱性条件有利于臭氧化处理，对于部分工业废水，工程上可考虑添加石灰提高 pH 进行臭氧化处理来提高对污染物的去除率。设起吊装置用于吊装和检修紫外模块。

与臭氧接触或可能接触泄漏臭氧的臭氧管道、尾气管道、管件、阀门、闸门、支架、法兰人孔、楼梯、栏杆和预埋件均采用 316L 不锈钢。为了防止水和臭氧的渗漏，预埋套管要带翼环（预埋防水翼环）。臭氧接触池体内的管道角钢支架应为不锈钢 316L 材质，臭氧接触池体以外的管路支架采用 Q235A 材质。焊接不锈钢管道装置优先选用钨极电弧惰性气体保护焊接工艺（TIG）。不推荐用 PVC 或 UPVC 管道。人孔、法兰的密封垫等垫圈材料采用全氟橡胶、聚四氟乙烯（特氟隆）、聚偏二氟乙烯（PVDF）或氯磺酰化聚乙烯合成橡胶。应结合工程条件进行选择。

钢筋混凝土结构可用作臭氧接触池，但在浇筑养护混凝土时应特别注意避免形成空鼓和裂缝，以防止臭氧腐蚀钢筋。钢筋混凝土应做保护层进行防腐处理。对于构筑物的气体空间部分应考虑用镀锌钢筋。混凝土接缝材料用 Sikaflex-IA。

臭氧系统所有管道采用焊接或法兰连接。施工时做严格的密封与清洁，确保管道不能有任何泄漏，也不能含有任何颗粒、纤维和油脂等。当臭氧发生器低于接触池顶时，进气管应先上弯到池顶以上（高于液位 500mm 以上）再下弯到池底接触池内，以防池中的水倒流入臭氧发生器。池顶进气管预埋两端带法兰的短管，该短管与防水翼环满焊并在混凝土浇注前就位。管道支架通过 316L 不锈钢膨胀螺栓与池底固定。埋地的臭氧气体输送管道应设置在专用的管沟内，管沟上设活动盖板。在气候炎热地区，设置在室外的臭氧气体管道宜外包隔热材料。冷却水管道布置在管沟中，其材质应根据冷却水的水质进行选择。

臭氧接触反应池的放空不建议采用管道加阀门的放空方式，宜设泵坑用泵放空。

在设有臭氧发生器的建筑内，用电设备必须采用防爆型。电缆钢套管应密封防止臭氧进入钢套管，密封可选用密封胶或环氧树脂。挠性连接采用不锈钢。

臭氧尾气排放的安全浓度为 4.46×10^{-9}mol/L（约 0.2μg/L）。

臭氧尾气消除装置的设计气量应与臭氧发生装置的最大设计气量一致。抽气风机宜设有抽气量调节装置，并可根据臭氧发生装置的实际供气量适时调节抽气量。

常用的尾气处理方法有预臭氧化、稀释法、洗涤法、热分解法、吸附法、催化分解法和吸附/分解法。

① 预臭氧化是将各隔室的尾气引回到进水稳流池或者生化处理池前进行预臭氧化，降低整体臭氧消耗。为了保证压力，需要在引回前将尾气加压，可用涡轮混合器（能耗 100～200W·h/m^3）或不锈钢水封空气压缩机（能耗 80～150W·h/m^3），也可以直接外排进行尾气处理。

② 稀释法是依靠通风或通过补充空气的稀释作用来处理尾气，如果尾气进行预臭氧化后再进行稀释可降低稀释比。用机械通风 100～120 的稀释比足够。吸气点压力降 10mmH_2O，运行能耗 8～10W·h/m^3 尾气。稀释法可能对臭氧接触池的运行产生不利影响，且离心通风机产生噪声，较少使用。

③ 湿粒状活性炭吸附法的吸附量按照 2L（约 1kg）活性炭处理 1m^3 尾气/h 设计，过滤器炭层高度 1.2m，水头损失 0.02～0.03MPa。但是该法有爆炸危险，主要是因为活性炭上吸附的有机物与臭氧发生臭氧化反应，导致过氧化氢积累引起爆炸。如果要使用则应在吸附前先进行臭氧破坏，因此该法应用较少。活性炭吸附的臭氧尾气消除装置宜直接设在臭氧接

触池池顶，且露天设置。以氧气为气源的臭氧处理设施中的尾气不应采用活性炭消除方式。

④ 催化分解法是国内最常用的臭氧尾气处理工艺，主要过程包括除湿、加热和催化分解，能耗约 $5W \cdot h/m^3$ 尾气。在用该法处理尾气的设计中要重点考虑催化剂中毒、更换和使用环境要求，尤其是处理工业废水的情况下，更需要考虑挥发性污染物对催化剂的影响并进行催化分解的可行性论证。臭氧尾气消除装置宜直接设在臭氧接触池池顶，露天设置。如设在室内需要加强通风，尾气破坏后排到室外。

⑤ 当工程条件无法选择前述尾气处理方法时，热分解法是相对较好的选择，该法有广泛应用，有单通道电阻加热（能耗 $130 \sim 170W \cdot h/m^3$，尾气温度 250～300℃）、热交换器加热（能耗 $85W \cdot h/m^3$，尾气温度 90～100℃）和加热并过热燃烧三种方式。余热可利用于对污水厂的低温进水进行升温。

臭氧尾气消除装置包括尾气输送管、尾气中臭氧浓度监测仪、尾气除湿器、抽气风机、剩余臭氧消除器、排放气体臭氧浓度监测仪及报警设备等，必要时需设置消泡器。处理后尾气排放口的标高应高于地面或操作台 3m 以上。

4.12 巴氏计量槽

巴氏计量槽分为标准巴歇尔量水槽和大型巴歇尔量水槽，不得应用与标准巴歇尔水槽相似的其他巴歇尔量水槽。设计思路主要包括如下四个步骤：

① 根据水量初步选定喉宽，然后验证该喉宽的巴氏槽流量范围、上游观测点水头以及行进渠道的弗劳德数是否符合要求，如有其中一项不符合，需重新选择喉宽；

② 通过喉宽和上游水深验算流量，确定计量槽各部分尺寸（槽体、行进渠道等），渠道宽度要比巴氏计量槽入口宽度略宽，参考《给水排水设计手册》；

③ 通过流量计算公式确定设计流量（最高时流量）时的上下游水深，并根据总图水力高程图调整池底标高；

④ 计算进出水管管径，校核流速，并与总图校对一致。

计量槽应设在渠道的直线段上。行进渠道为顺直平坦的矩形明渠，其长度不小于渠宽的10倍。计量槽上游直线段不少于渠宽的2～3倍，下游直线段不少于渠宽的4～5倍，如果下游有跌水而无回水影响，处于非淹没状态，则可以缩短该距离到1～2m左右。

巴氏计量槽上下游的水位要同时考虑峰值和谷值，谷值要考虑水是否能顺利流出去。计量槽下游渠道应处于非淹没状态。堰板高度 300mm。

巴氏计量槽可采用 SS304 材质或玻璃钢。

渠道、计量槽和出水井顶部需要设盖板，盖板或格板要根据强度、环境条件、造价和密封性等要求来选择，室外不建议用格板以避免落入环境污染物影响出水水质。阳光直射也会因水中残余的氮磷等营养物质造成藻类的滋生，影响出水水质。

静水井设在计量槽槽壁的外侧，与槽壁距离尽量缩短。静水井与巴氏槽的连通管管长应尽量缩短，连通管以 0.1 坡度向下坡向量水槽，直径不小于 50mm，静水井的井底低于连通管进口管底 300mm。静水井顶高度应不低于渠顶。水位计浮子与井内壁的间隙不小于 75mm。

巴氏计量槽的仪表为明渠流量计，工艺专业提供运行液位和测量范围给仪表专业，现场显示并传输中控显示。

4.13 回用水池

污水处理厂再生水可回用于格栅、脱水机等的冲洗，如果水质达到要求，还可考虑用于绿化、冲厕和道路浇洒等其他用途。设计回用水池前要确认的主要接口条件和信息包括：可用地尺寸及在总图的位置；回用水用途；回用水接点位置、管线长度、沿途管件阀门、各用水点用水量、用水压力、单次用水时长、每日用水时间段和用水频次等要求；管道接口条件包括进水管、出水管、回用水管和溢流管等；上下游单体最高最低液位和位置；地坪标高；地下水位、冻土层、管道覆土深度、是否考虑管道沉降和保温等相关要求；地质、气候等其他设计条件。图纸设计前与设计负责人确认停留时间、平面尺寸和有效水深。

回用水池施工图设计思路如下。

① 容积　根据最大用水量和叠加用水量计算回用水池的容积，回用水池池容应大于最大 1 台泵流量的 5～6min 容积，同时要根据进水流量和储水量，满足回用点持续用水时长内补水量的要求，如果水量不足，则需要加大回用水池容积，蓄存足够水量供回用要求。

② 有效水深、位置和长宽尺寸　需要满足泵的布置尺寸、来水和出水管道方向和泵间距要求。回用水泵水量和扬程需计算确定，需要满足最远工况点的流量和压力要求，对于没有特殊要求的绿化、输送等用途，建议扬程最低要≥20m，具有灵活性。如果用于污泥浓缩机或脱水机的冲洗，则应将回用水输送到冲洗水箱，再按照冲洗要求的压力在冲洗水箱旁单独配冲洗水泵。此种情况下要设置冲洗水箱液位与补水电动阀门和回用水池水泵的联动。

③ 水泵　回用水泵由液位计控制，能自动启停及报警。图纸上要标出工作液位、保护液位、启动液位和高位报警液位。水泵可选择潜污泵或离心泵，但潜污泵扬程要满足要求，离心泵入口处水平的偏心异径管采用顶平接。如为干式泵，需要在回用水池设吸水坑，图纸设计中泵基础间距、泵距离墙和过道距离、吸水喇叭管距墙的距离、吸水喇叭管之间的距离等要符合规范的要求。

④ 水质监测　回用水池一般涉及的设备为泵、液位计和水质在线监测仪表。市政污水处理厂常用的水质在线监测仪表包括在线 COD、在线氨氮和在线 TP，输出信号 4～20mA (DC)，电源 220V (AC)，量程根据水质情况设计，配套支架和电缆。COD 分析仪含 COD 传感器和 COD 变送器。

第5章 生物处理工艺

5.1 设计接口条件和主要参数

生物处理工艺的主要设计接口条件和需要了解的信息包括：可用地尺寸及在总图的位置，水质及特点，上下游水位或水位要求范围，上下游工艺，进水管、污泥回流管、出水管、放空管（生化池放空和管廊放空）、进风管、管沟排水管、加药管和排冷凝水管等的接口，地坪标高，冻土层、管道覆土最小深度要求、除臭和保温等相关要求，地质、气候等其他设计条件。

设计生物工艺单体首先要在项目启动期间针对污水特点对可能采用的不同生物工艺做计算，进行占地、投资、能耗、运行费用、产泥量、运行维护方便性和抗冲击能力等方面的比较，推荐方案并结合设计负责人的意见确定最终生物工艺类型和主要设计参数，在该大框架下进行详细设计，单体设计前应独立计算并确认的大框架至少应包括以下方面。

① 设计规模，峰值系数，进出水水质及波动范围。

② 来水特点。了解来水性质、污染物成分和浓度，对工业废水要注意分析水质特点和处理难点，对毒性或生物抑制性成分对生化参数的影响进行评估和量化计算。

③ 预处理工艺。尽管单体设计前设计负责人已经确定总工艺流程和各单体主要参数，单体设计师仍然需要评估生化工艺的上游预处理工艺是否符合生化工艺的要求。例如，是否设计调节池、事故池、初沉池、气浮池、隔油池、脱氨吹脱、中和池、升温、冷却和出水回流稀释等，根据不同水质特点选用预处理工艺。对于普通市政污水，初沉池用于 SS 大于 220～240mg/L 的污水，边界状态下如果 BOD/TKN $\leqslant 4$ 时，为了保留碳源可不设初沉池。有机悬浮物在氧化沟中可部分稳定化，因此可不设初沉池。生化工艺上游如果要设初沉池，为了减少碳源损失影响脱氮除磷，水力负荷要取高些，约 3.5～4.0$m^3/(m^2 \cdot h)$。此外，还要考虑除磷加药点是否在该单体有涉及，如有，单体设计师需要和设计负责人确认投加点；对含磷浓度高不适于稀释后除磷的工业废水，宜先单独除磷再进入污水处理系统。

④ 确定设计最低温度和最高温度。应充分考虑冬季低水温对去除碳源污染物、脱氮和除磷的影响。设置最低设计温度时要考虑到生物处理和鼓风机曝气会使水温有所升高的情况。若设厌氧区（池）及缺氧区（池）的可调节区，可灵活调整厌氧和缺氧的水力停留时间；若设缺氧区（池）及好氧区（池）的可调节区，可灵活调整缺氧和好氧的水力停留时间，这些可调节区都有利于系统应对温度变化和水质变化的影响，实现除碳、脱氮和除磷的最优化设计；添加填料有利于旧池改造、增加负荷和适于某些工业废水；寒冷地区以及来水水温低时要考虑保温或增温等措施。

⑤ 主要参数包括以下几点。

a. 各功能区停留时间（包括水解池、选择池、厌氧池、缺氧池和好氧池等）、污泥浓度、污泥总 BOD 负荷、总氮负荷、总磷负荷和污泥龄。充分考虑脱氮除磷的矛盾关系和相互影响、泥龄的差异以及与脱碳的平衡，充分论证碳氮比和碳磷比对生化工艺选择的影响。

b. 确认污泥回流比，混合液回流比，回流泵的型式和数量，是否设计多点进水和多点回流。

c. 加药药剂种类（如营养物氮、磷和碳源等、混凝剂和碱度等）和加药点的确定。

d. 气水比，总需氧量和风量，有效水深，污水的氧转移特性，当地大气压。

e. 鼓风机数量、鼓风机型式（单级离心、多级离心、罗茨、磁悬浮或气悬浮等风机的选择）、变频或软启数量，进行鼓风机能耗、占地和经济比较，选择时应注意高温高湿环境对风机的要求，注意选择时为进风口风量（一般为标准状态下进口处的体积流量，指温度 20℃、气压 101325Pa 和相对湿度 50%的空气状态）。鼓风机的轴功率按照当地实际条件（大气压）及风机进、出口处压力计算获得。风压估算的时候根据经验，普通非高原地区的风压为“水深 m+(1～1.5m)H_2O”，高原地区如内蒙古的风压为“水深 m+2.0mH_2O”甚至更高，施工图阶段应根据当地大气压和鼓风系统的流体力学计算风压。

f. 产泥量，剩余污泥含水率，排泥周期，排泥泵的型式、流量、数量和备用数量。

5.2 生物池设计共性思路

5.2.1 工艺计算

AAO、SBR 和氧化沟的工艺计算包括计算池容、有效水深（根据曝气设施要求和占地限制因素确定）、池体尺寸、剩余污泥量、营养药剂量（如需要）、碱度投加量（如需要）、需氧量、鼓风曝气风量、曝气器数量、污泥回流量、硝化液回流量以及相关设备的数量和参数等。

对于市政污水，计算方法比较成熟，可参考的资料也非常多，计算时可参考《给水排水设计手册》《室外排水设计标准》《Wastewater Engineering Treatment and Reuse》以及其他计算书籍，本节只介绍计算中要特殊考虑的因素。需注意的是，市场上能买到的工艺计算书大多是适用于市政污水，对于工业废水并不完全适用，只能作为计算 BOD 降解所需池容、需氧量和搅拌风量等参数的参考，不可用市政污水的计算方法直接套用在工业废水的计算中。

重要设计参数计算和工艺选取思路提示如下。

① 对于工业废水，设计计算中考虑工业废水中难降解的废水的成分以及参考类似废水实际工程运行经验得到的负荷、曝气气水比、剩余污泥量等数据更为重要，尤其是 COD 负荷 [kgCOD/(kgMLSS · d)]、BOD 负荷、氮负荷和其他特殊污染物负荷。

② 如果对于某种工业废水没有实践数据和文献介绍，则只能通过各污染物成分的环境数据结合所占权重判断可生物降解性，分三种情况：

a. 对于大部分污染物为可生物降解的废水进行小试和中试取得设计参数后再进行工程设计，如果其中含有的环境数据判断为不可生物降解且会造成浓度不达标的成分，宜考虑在生物处理下游补充其他针对性处理工艺；

b. 对于不易生物降解的废水分别进行生物工艺、物化工艺、“生物+物化工艺”、“提高可生物降解性工艺+生物处理工艺”或“提高可生物降解性工艺+生物处理+深度处理工艺”进行小试和中试研发，取得设计参数后再进行工程设计；

c. 对于不可生物降解废水，则不能采用生物处理工艺，宜考虑其他工艺的研发设计。

③ MBR工艺的污泥浓度比传统活性污泥浓度取值高，同步除磷情况下，对于浸没式MBR，好氧池MLSS设计值不宜超过8000mg/L，一般按照MLSS 6000～7000mg/L设计，膜池污泥浓度按照10000～12000mg/L设计。膜分离是采用MBR工艺的污水厂的最后一道去除SS的工艺环节，膜不具有二沉池的缓冲作用，一旦有问题会造成出水水质迅速恶化，因此，膜的设计关系到污水厂的最终达标，要充分考虑峰值水量、清洗和检修等情况下整个系统的出水稳定达标，设计参数设计中考虑适当余量。

④ MBR工艺需氧量计算。对于浸没式MBR需氧量的计算容易有如下错误计算：

$$SOR_{生化}=SOR-膜冲刷用鼓风量换算成的充氧量$$

式中，$SOR_{生化}$为不含浸没式膜池之外的好氧生物池的标准需氧量，kgO_2/d；SOR为根据需要降解BOD量计算出的总需氧量，注意冬季和夏季均需计算，kgO_2/d。

这种算法错误的原因是膜冲刷用鼓风量一般非常高，会使膜池溶解氧达到饱和状态，一部分空气溢出，实际膜池的充氧量要小于按照膜冲刷风量计算出来的充氧量。如果按照上式计算，则会导致生物池鼓风机风量计算偏小。正确的计算方法建议如下：

$$SOR_{生化}=SOR-\frac{(C_s-C_1)QR}{1000}$$

式中，C_s为膜区溶解氧饱和度，mg/L；C_1为好氧池进水溶解氧浓度，mg/L；Q为水量，m^3/d；R为膜区污泥回流到好氧区的回流比。

$SOR_{生化}$用于计算好氧生物池的鼓风量，也可直接用于对曝气机进行选型，无需换算成空气量。由于风阻不同，膜池冲刷用风机和生物池曝气风机应各自独立，不可共用。膜冲刷气量需根据不同膜产品的要求设计，不宜出于保守考虑，设计供气量过大造成对膜的损伤。

⑤ 微孔曝气好氧池有效水深。对于微孔曝气好氧池，有效水深取值越深，曝气器的溶氧效率越高，也越有利于节约占地和冬季保温。在一定范围内，随着水深的增加溶氧效率提高利于节能，但如果水深的增加值造成风机功率的档位加大，则要在投资、占地和电耗间进行方案比选。有效水深大于6.5m时不利于选择到合适的风机和节约能耗，因此，在常压地区，占地不紧张的前提下一般取有效水深5.5～6.3m较经济。高原地区由于压力变化，水深的取值要考虑风机选型、风压变化、风机效率、当地气压和节能等因素。

⑥ 对于温度低于10℃的市政污水，污泥负荷需温度校正，污泥龄相应加长，可参考CECS111等。

5.2.2 设计思路

生物池的池容和平面尺寸计算完成后着手进行平面布置，布置的总体原则是流态顺畅，满足设备布置和总图占地要求，确定好分组，厌氧与缺氧段池型尽量实现推流器搅拌，节约能耗。

由于MBR的设计与产品性能直接相关，不同膜产品的互换性较差，建议先进行招标，挑选出成功业绩多、性能稳定、能耗低、占地省、膜寿命长、清洗方便、运行维护方便、与其他膜产品的互换性高和投资运行费用比较经济的产品，确定供货商后再进行施工图设计。

(1) 进水区

按照规范生物池并列运行数量不应少于2，如果规模小，近期和远期实施的时间间隔短，也可以在近期只设一组，但应和相关单位（审图单位、业主和工程监管机构等）进行协

调沟通。对于重力或压力进水管接入生物池，建议采用配水渠（或配水井）设淹没堰进行配水，配水区一般会接污泥回流管或加药管，为了物料均质混合，必要时需配机械搅拌。对于压力来水管一分二配水分别接入两组生物池的做法可能无法达到均匀配水，即使在两根来水管上分别装调节阀门，工程应用上使用效果也可能不理想。

（2）配水区

进水配水区的位置不要影响或者阻挡水解池或者厌氧池的水流流态，配水渠（井）设在生物池里面可能影响生物池水力条件，如果条件允许宜放在生物池壁外侧［如图 5-3(a) 和 (d) 所示］。

（3）进水区管道布置

进水管水流和污泥回流管（渠）水流宜从相对方向接入或同方向上下对齐布置，避免并列同标高布置增加配水井尺寸，条件不允许时可考虑加弯头错开布置，优先考虑水流混合效果好的布置方式。也可考虑增加搅拌设施，设计中应重视配水配泥的均匀问题。立式搅拌机有可能效果差，主要是积泥问题。

如果考虑多点进水、多点回流、设除磷加药点、投加碳源和粉末活性炭投加点等情况以及考虑可能的超越，需要就具体投加点和投加量的分配与设计负责人进行沟通确认。阶段曝气生物池宜采取在生物池始端$\frac{1}{2}$～$\frac{3}{4}$的总长度内设置多个进水口。

（4）生物池间切换

并联的两组好氧池间连通和切换可采用闸门或者阀门井。建议在生物池和二沉池之间设配水井或者阀门连通管，以备各组生物池和二沉池交叉组合运行，便于维修。

（5）池型设计

池型设计主要考虑流态，推流式好氧池或氧化沟的沟内平均流速宜大于 0.25m/s，一般取流速 0.3m/s，设计师要和推流器供货商充分沟通，注意内导流墙和外导流墙的设置，避免死区，外导流作用是防回旋。过流洞的位置主要考虑避免短流，尽量让水流走完全程，水头损失小。

（6）设备布置

推流器设置的位置要综合考虑进水口、回流口和曝气区等对流态的影响，推流距离应小于 80m。推流器的布置应充分考虑弯道处水流速度差，留足足够的弯道距离，保持良好运行条件，同时还要考虑便于设走道和维修，避免过于分散。避让曝气区的做法是推流器上游和下游距离曝气区的最小距离应为池宽或水深的 1 倍以上（取大值），且要与推流器供货商充分沟通。推流器的三脚架的位置要考虑方便操作。小规模项目可考虑设移动三脚架，需与设计负责人沟通。

（7）走道板和楼梯

走道板和楼梯的设置应便于参观、巡视和维护设备，有设备、阀门的地方设走道板并考虑维护时少走弯路即可到达所有要维护的点，楼梯设置方便连接到上下游构筑物，直线段楼梯距离不大于 50m。

（8）出水区

如果生物池出水渠设计成渠道则深度较浅，不利于安装出水闸门，这种情况建议在出水口位置先设计出水井加深到 2.5m 左右，便于安装闸门，出水井的出水再接入出水渠。如果生物池出水接下游二沉池，则出水管尽量接小阻力弯头直接弯到二沉池进水管高度，如

图 5-1 所示。如果总图没有位置，可以按照90°弯头出水或接出水井出水。氧化沟出水可用非淹没堰，建议用可调节堰，堰的型式根据下游二沉池配水要求以及氧化沟内水位控制要求确定。

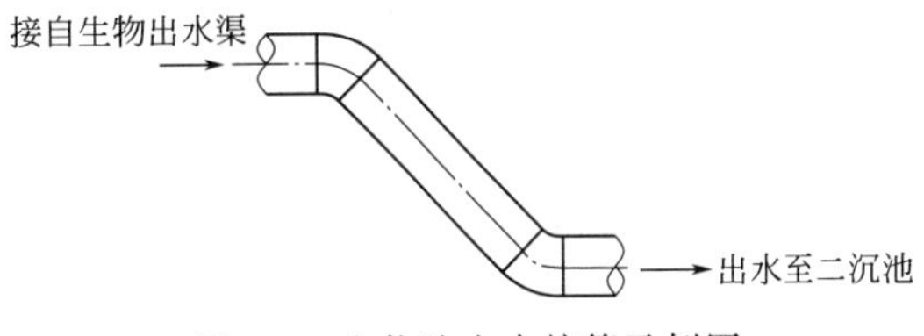

图 5-1 生物池出水接管示例图

平面图设计中剖面的位置选择应尽可能不要漏掉回流门和出水堰。

5.2.3 生物池的超高

生物池的超高与工艺类型、选用的曝气设备和土建结构等因素有关。

① 采用微孔曝气器时外池壁超高一般为 500～1000mm；

② 采用转刷、转碟时，超高宜不低于 0.5m，转碟上下游 1.5m 范围内隔墙标高与外池壁相平；

③ 当采用竖轴表曝机时，超高宜为 0.6～0.8m，其设备平台宜高出设计水面 0.8～1.2m；

④ 氧化沟的隔流墙和导流墙宜高出液位 0.2～0.3mm，以节约造价。单体平面图中应标出各隔墙和池壁的标高。氧化沟不同区（选择区、厌氧区、缺氧区和好氧区）之间隔墙宜高出液面不少于 300mm，若有走道板或者管廊，局部隔墙标高宜与外池壁相平。

5.2.4 生物池的放空

放空的设置位置和标高主要结合总图设计，为了避免放空管埋深太深和损失活性污泥菌种，一般建议设半池放空（在有效水深一半处放空，例如：6m 有效水深可在距离池底 3m 处放空），放空管连接到厂区排水管网，同时在池壁内侧池底做 500mm 深泵坑，用临时泵排空剩余活性污泥，活性污泥可排入其他组生化池或暂存池，待检修完再倒回活性污泥尽快恢复运行。半池放空易造成堵塞（污泥沉积造成）。如果工程条件允许，可设计为半池放空和全池放空相结合，如图 5-2 所示。半池放空采用管道重力自流。管道出口设置阀门和双法兰限位伸缩接头，阀门可采用闸阀、浆液阀或蝶阀。双法兰松套限位接头适用于阀门与管道

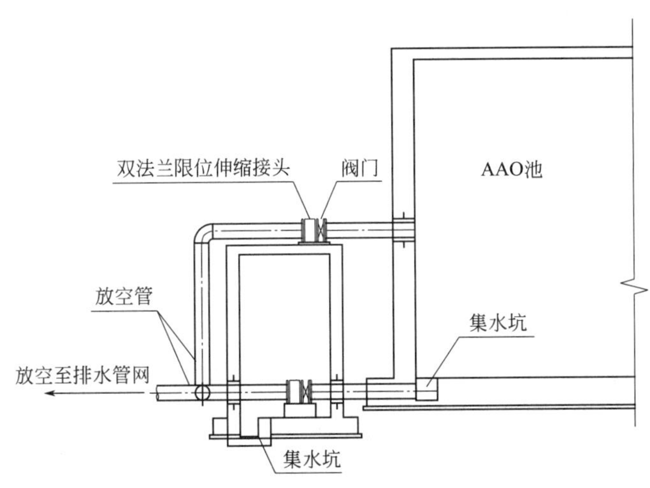

图 5-2 AAO 池放空示意图

连接处，对管道的热胀冷缩有一定的补偿保护作用，拆卸管道在允许的伸缩量中可以自由伸缩，一旦超过其最大伸缩量就起到限位作用，从而保护泵阀和管道的安全运行，在检修时便于泵阀的安装和维修。闸阀开启状态需要的高度较高，阀门井的高度设计需要考虑阀门开启需要的高度尺寸，阀门井尺寸要考虑工人操作空间。

5.2.5 设备选型

① 供氧设备　根据需氧量和设备充氧效率，结合工艺型式，经过技术经济比较确定供氧设备型式、功率和布置等信息。选用供氧设施时，应考虑冬季溅水、结冰、风沙等气候因素以及噪声、臭气等环境因素。作为校核，要符合《室外排水设计标准》的要求，即采用鼓风曝气器时，处理每立方米污水的供气量不应小于 $3m^3$。好氧区采用机械曝气器时，混合全池污水所需功率不宜小于 $25W/m^3$。氧化沟不宜小于 $15W/m^3$。

② 搅拌机和推流器　用于生物池的搅拌机的搅拌功率宜采用 $3\sim8W/m^3$，搅拌机的型式、功率、数量、布置的间距和位置等信息宜和供货商沟通，根据池型、水力流态、尺寸、有效水深、水质特性、腐蚀性和功能要求结合水力计算和模拟进行设计。设备表中除了上述参数还应注明潜水搅拌机或推流器的叶轮材质。小叶轮采用不锈钢，大叶轮采用聚氨酯材质，根据供货商建议确定。如果是方案阶段，功率估算可参考表 4-3。

③ 曝气器　曝气器的选择需考虑价格、业绩、结构型式、材质、溶氧效率、池型、有效水深、风压、出风量、充氧量、服务面积、搅拌和冲刷性能、阻力、废水特点、抗腐蚀性、抗悬浮物堵塞性、抗污染物粘接性、防止回水、温度限制、维修、更换方便和寿命等因素。

④ 自控仪表　仪表的配置根据工程的自控水平确定。水解池、厌氧池和缺氧池末端设置在线 ORP 仪，现场显示和传输中控，可控制回流泵，便于控制回流量，利于脱氮控制；ORP 仪测量范围为 $-500\sim500mV$，若氮浓度偏高，则 ORP 仪的测量范围为 $-1000\sim1000mV$；好氧段末端设置在线溶氧仪，溶氧仪量程 $0\sim10mg/L$，现场和中控显示。在线溶氧仪控制风机进口电动阀开度、鼓风机变频或表曝机变频，利于节约能耗。根据需要在缺氧池末端也可加设溶氧仪；在线 MLSS 污泥浓度仪和 pH 计可设置在水解池、厌氧池或好氧池等单体的末端，显示污泥浓度和 pH 变化，现场显示并传输中控，利于对关键工艺参数的把握；对于工业废水，需要根据废水特点和工艺控制要求具体设计仪表。在线 ORP、在线溶氧仪、在线 pH/T 和在线 MLSS 都需要提供水深范围和量程给仪表专业，设置现场显示和中控显示。潜水搅拌器的额定电流需要标明，标明泵的额定电流或电机型号规格。工艺提交给电气专业的设计条件要注明泵的变频数量要求并不得轻易改动，以免产生较大的电气设计修改量。

5.3 AAO 池

典型的除碳除磷脱氮功能 AAO 工艺系统由配水、厌氧池、缺氧池、好氧池、二沉池、（硝化液）内回流、（污泥）外回流、放空、曝气系统、加药（可选）、出水及剩余污泥排放等部分组成，主要功能为除磷、脱碳、硝化和脱氮。二沉池污泥通过污泥回流泵回流至厌氧池。氨氮在好氧池通过硝化细菌的作用转化为硝态氮，硝化液通过回流泵从好氧池末端回流至缺氧池，在缺氧池内通过反硝化作用转化为 N_2 或 N_2O，释放到大气中，实现脱氮。

5.3.1 流程设计

典型AAO工艺流程为“厌氧池→缺氧池→好氧池”，对典型AAO池进行变形的设计列举以下三种。

（1）强化脱氮

当来水脱氮要求高，要达到较低的出水TN要求，往往一级AO无法满足脱氮的出水TN要求时，应采用两级甚至多级“缺氧-好氧”工艺，整体生化工艺为“厌氧池→缺氧池1→好氧池1→释氧池→缺氧池2→好氧池2”。在计算硝化液回流量时要考虑好氧池1进入缺氧池2的硝化液的量及好氧池1的硝化液量，避免计算池容过高。

（2）预缺氧强化脱氮除磷

预缺氧池可实现厌氧氨氧化和强化系统脱氮，同时可促进厌氧池厌氧释磷，提高系统的除磷能力，降低能耗。实现方式为系统进水通过渠道、堰或过水洞（配闸门）分配到预缺氧池和厌氧池，二沉池的污泥被分别回流到预缺氧和缺氧段。整体生化工艺为“预缺氧池→厌氧池→缺氧池→好氧池”。预缺氧池的水力停留时间采用0.5～1.0h。

（3）AAO-MBR组合用于脱氮除磷

当污水厂占地有限无法布置AAO、氧化沟、SBR、接触氧化、MBBR及相关变形工艺时，或现有工程改造存在占地限制时，可考虑采用MBR结合AAO工艺，该工艺可较大程度提高活性污泥浓度，有利于截留多种微生物，对部分难降解物质也容易驯化出针对性降解微生物，对氨氮的去除率高于常规生化工艺，节约占地。在选用该工艺时还需要注意：

① 预处理　MBR预处理对于整个MBR系统是否能正常运行起到关键作用，要按照膜产品供货商的要求设计。使用纤维膜的MBR工艺对毛发、纤维和油等杂质的预处理要求较高，以避免膜丝缠绕；平板膜没有缠绕问题，对毛发、纤维杂质的预处理要求不是特别高。处理效果较好的拦截毛发和纤维的格栅有转鼓超细格栅和板式膜格栅，栅隙1～2mm，但需要甄别产品质量。

② 膜产品不同对工艺设计的影响　不同的膜产品对来水水质的要求、膜组件材料、布置型式、清洗方式、投资、占地、能耗和自控仪表配置等方面都有较大的不同，因此，在设计中要对不同膜产品的上述相关方面列表比较，根据工程条件进行选择。MBR能耗和后期换膜费用都较高，还有废弃膜的二次污染处理处置问题，在设计中要考虑相关费用。

③ 脱氮除磷的矛盾　AAO工艺脱氮除磷的矛盾在AAO-MBR组合工艺中更为突出，因为除磷要依靠排泥，而加强排泥就会降低污泥浓度，导致降低了MBR工艺污泥浓度高的优势，在除磷和维持污泥浓度间寻找平衡、在脱氮除磷的污泥龄矛盾中寻找平衡是MBR工艺设计的关键。如果MBR设计中污泥浓度取得偏高，有可能运行中因为除磷的问题不得不降低污泥浓度，对整体达标造成风险，因此设计中MLSS取值非常关键，不能照搬供货商的建议值取太高，而应把整个生化系统放在一起考虑。李天增等发明了侧路除磷工艺，侧路除磷系统由混合池、厌氧释磷沉淀池、混合反应池和第二沉淀池组成，尽管该工艺没有应用于MBR工艺的工程实例，但笔者认为可以借鉴，具体做法是将MBR污泥释氧后接入厌氧释磷沉淀池，沉淀污泥回到MBR系统，维持MBR系统的高污泥浓度，富含磷的沉淀池上清液经混凝反应除磷后进入第二沉淀池，沉淀污泥脱水后外运，第二沉淀池上清液回到污水厂预处理段进入污水处理系统。这样，能较好地解决MBR除磷和保持高污泥浓度的矛盾，真正发挥MBR工艺的优势。

对于可生物降解性不好的工业废水或者来水污染物浓度低的污水或废水，可在好氧池中添

加悬浮填料（MBBR），MBBR兼具活性污泥法和生物接触氧化法的优点，悬浮填料除了利于培养高浓度活性污泥生物膜，还利于驯化和生长对毒性和难降解污染物有针对性处理能力的菌种，利于菌种截留，避免流失，因此对工业废水具有提高去除率、增加污染物负荷和节约占地的作用。缺点是增加水头损失和投资，增加了填料截流系统的投资和维护复杂性。污水进入MBBR处理构筑物前，必要时宜进行沉淀处理，以尽量减少进水的悬浮物质，从而防止填料堆积堵塞。如果污水中含有易堵塞填料拦截网的纤维类或有黏性颗粒的物质，应在生物池上游设超细格栅（膜格栅）进行预处理，以免这些杂质堵塞出水口填料拦截网，造成出水不畅，预处理对MBBR的正常运行非常关键，要准确分析来水水质，进行有针对性设计。如果工程条件不允许，也可考虑在出水口设置旋转拦网以拦截填料。

5.3.2 进水配水

每组AAO池上游如果是一对一管线进入相对应的AAO池，则无需设配水井，在以下情况下一般需要在AAO池前设配水井，配水井的位置和尺寸不应影响生物池的流态。

① 生物池上游单管进水，需要分成支管进入各组并列运行的AAO池，上游来水可选择性接入各组AAO池，需要设配水渠（井）。

② 改良AAO池，采用逐步曝气法，情况较复杂，图5-3(a)举例了一种设计思路，其中各段的流量可通过开关闸门调整该段进水对应的堰的长度方式来调节；另外一种做法是用渠道（明渠或暗渠，根据池型设计确定）输送进水到各功能区进水点，每个进水点处

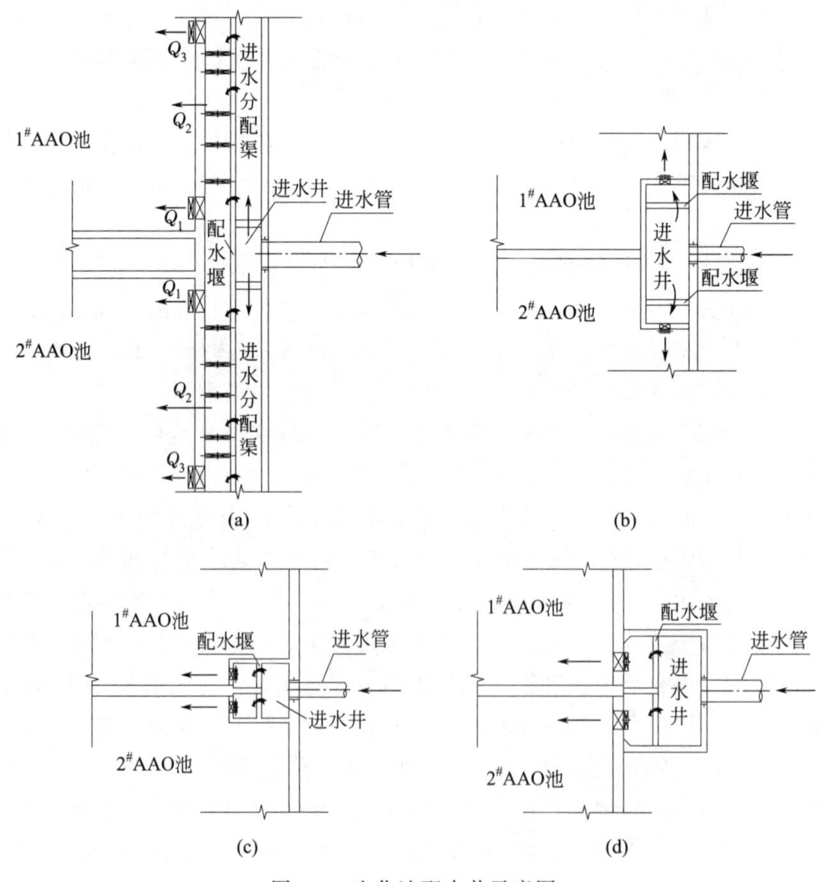

图5-3 生化池配水井示意图

设闸门，根据需要关闭或打开某个进水点闸门，控制进水点位置和数量，方便灵活运行和维修。如需各进水点的流量可调，则需要加设调节堰。渠道配水情况下渠道内流速宜≥0.7m/s，明渠最小设计流速为0.4m/s，当水流深度为0.4～1.0m时混凝土明渠的最大设计流速为4.0m/s，其他材质明渠以及其他水流深度的最大设计流速见《室外排水设计规范》。特殊渠道可减至0.2～0.3m/s。其他配水井型式示例如图5-3(b)～(d)所示。为了检修方便，每组AAO池的进水口都需要设单独的闸门。

多点进水应用于污水处理厂倒置AAO、前置预缺氧AAO和多级AO等生化处理工艺，工程设计案例中主要有以下3种配水方法。

(1) 多孔堰多点进水案例

进水通过进水渠进入各进水口，每个进水口由同样尺寸、同样标高的洞口（2～4个不等，可安装插板闸）组成，如图5-4所示，也可称为多孔堰。每个插板闸只有全开和全关两种状态，均为手动，全开时插板闸的洞口孔底即为平顶堰，每个进水口的全开插板闸数量的堰长之和决定了该进水口的进水量。各进水口的水量比例为各个进水口打开的插板闸的孔口数量之和的比例，运行中水量分配比例较为准确，计量方便，只需测量洞口水位，根据洞口尺寸即可计算出过孔流量。平面布置图如图5-5所示。

图5-4 缺氧池进水口工程照片（2个插板闸）

(2) 可调节堰门多点进水工程设计案例

进水渠通到需要布水的进水口，进水口以过流洞型式预留洞口，在洞口安装可调节堰。可调节堰门有两种型式，图5-6(a)为A型，通过堰板的角度变化调整堰前水深；图5-6(b)为B型，通过启闭机在垂直方向调整堰的高度。这两种型式都是通过堰的长度和堰前水深计算过流水量，也可以根据需要关闭该进水口，调节较灵活。选择堰门型号时根据所需水量反算堰前水深、调节范围、过流洞尺寸和堰长。

(3) 插板闸多点进水工程设计案例

插板闸的工程应用案例如图5-7所示。首先，污水进入进水渠，水流翻过进水堰进入水量分配渠，进水堰的长度根据水量、堰前水深、池体尺寸、分配量比例要求和池体平面布置确定。图5-7的案例中，进水渠的水拟分配到厌氧区和缺氧区，进水渠的水通过进水堰进入

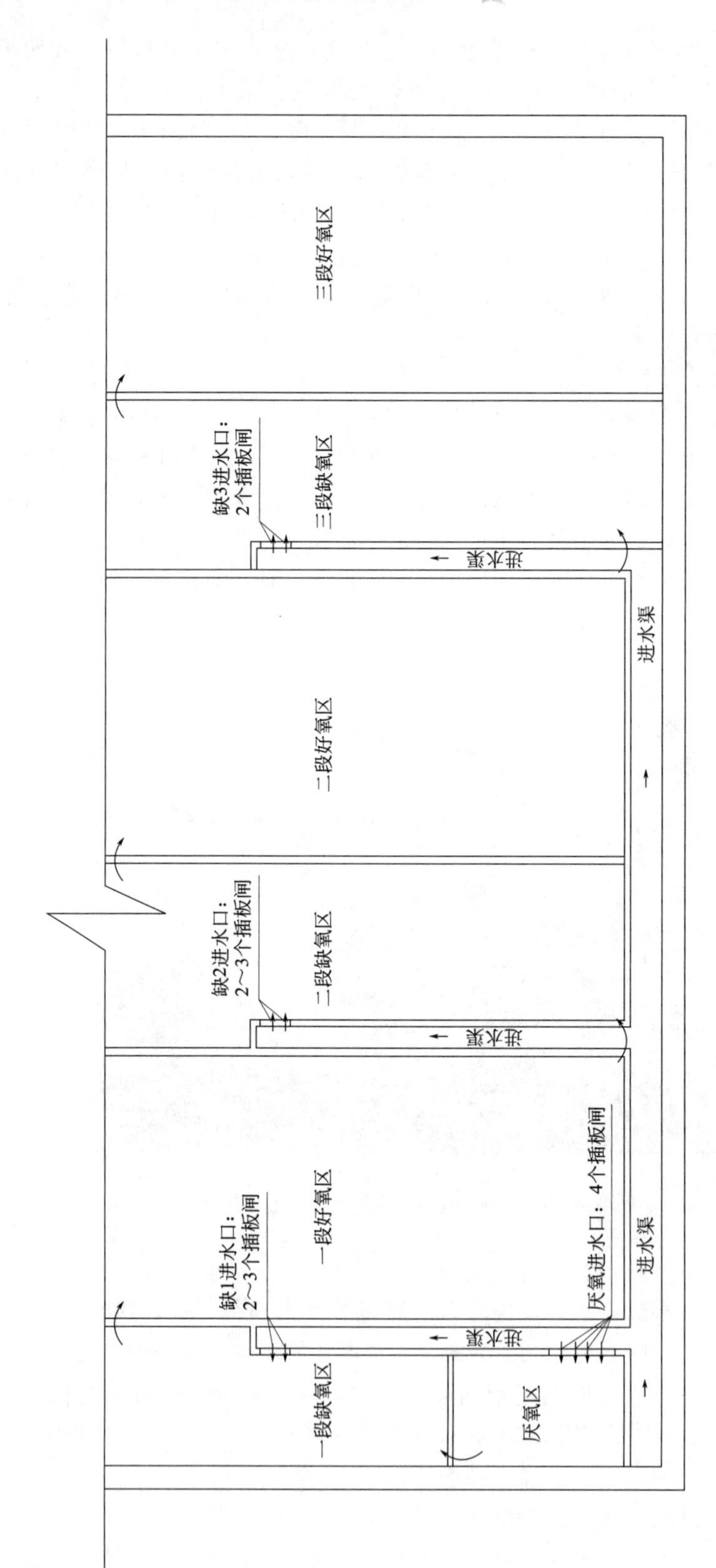

图 5-5 插板闸多点进水工程案例示意图

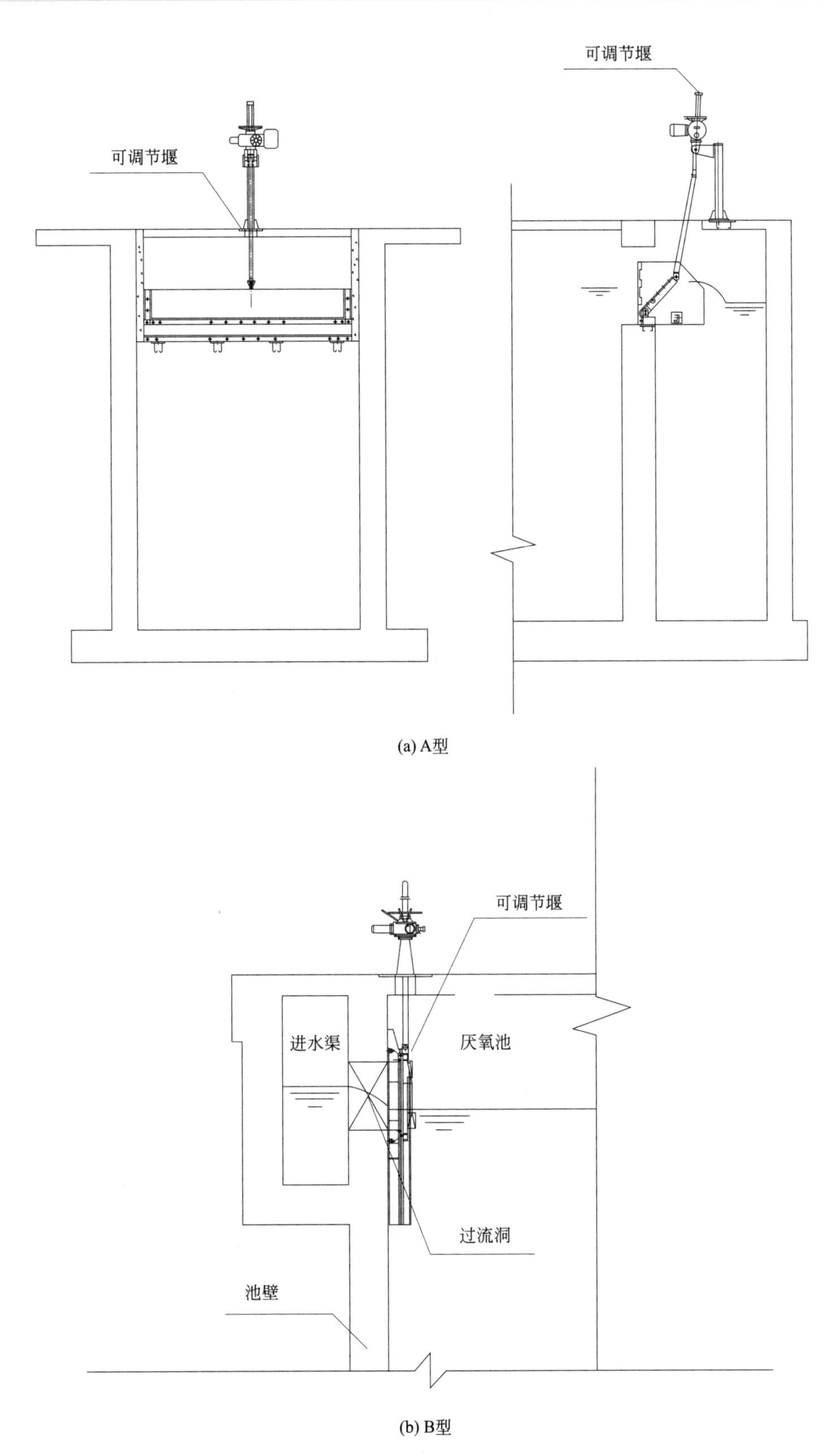

图 5-6 可调节堰门型式

配水渠后可以划分为 10 份（其他工程设计中份数可以根据需要调整，每份长度可以相同或者不同），如何分配取决于插板闸的位置，插板闸的位置可分别为 a、b、c、d、e、f、g、h 和 i 共 9 个位置，将水量平均划分为 10 份，插板闸只能选取 1 个位置放置，其他位置用于过水。

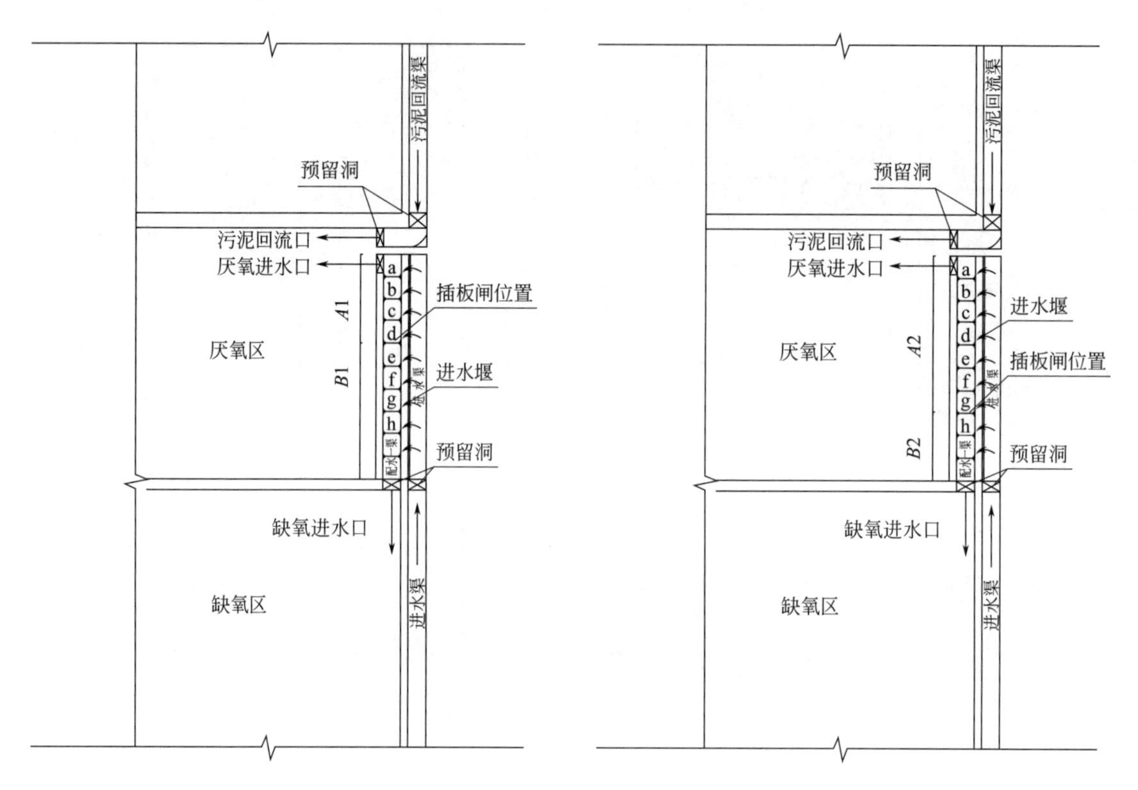

图 5-7　插板闸多点进水工程设计案例

如果插板插在图 5-7 中 d 的位置，则进入厌氧区的水量对应的堰长为 $A1$，进入缺氧区的水量对应的堰长为 $B1$，则进水比例为厌氧区：缺氧区 $=A1:B1$，即 4：6；如果插板插在图中 g 的位置，则进入厌氧区的水量对应的堰长为 $A2$，进入缺氧区的水量对应的堰长为 $B2$，则进水比例为厌氧区：缺氧区 $=A2:B2$，即为 7：3。以此类推，随着插板闸的位置变化，可以灵活调节厌氧区和缺氧区的进水量。该方法与图 5-3(a) 总结的多点配水方法类似。

以上 3 种方法都可以通过堰长和堰前水深计算水量，一般情况下不用仪表进行计量，运行中掌握各进水口的流量比例即可。但是对于设计要求高的项目，运行人员依然希望能直观读到各进水口的流量时，此种情况可以安装明渠流量计、巴氏计量槽等仪表，也可以安装超声波液位计，读数后计算水量。

对于小规模工程，还可以应用三角堰法自制流量计放在进水口，该装置透视图如图 5-8 示意。图中水通过 90°三角堰流过，根据水位和三角堰尺寸在依据给水排水设计手册计算出过堰流量。三角堰尺寸设定好后，不同水位对应不同流量，在三角堰上游安装水位稳定盒，盒内水位与进水渠水位一致且没有扰动，盒内安装带导杆的浮球，可限制浮球位移在适当范围之内，浮球导杆末端安装指针，根据计算结果在流量标尺上刻上不同水位对应的流量，即可直观读出水量。该方法简单易行，造价低廉，尽管精度不高，但可满足日常计量基本要求。

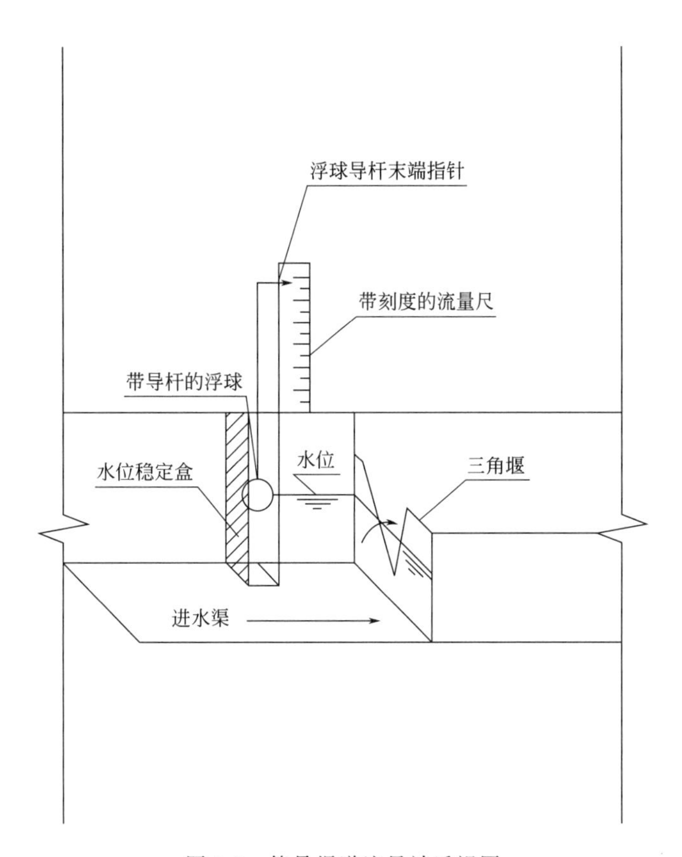

图 5-8 简易渠道流量计透视图

多点进水的施工要求高，多个进水口的尺寸、标高以及进水渠底标高等要严格一致，细微的堰前水深不同都会导致进水量差异大，因此，施工误差要求尽量小。

5.3.3 回流系统

(1) 二沉污泥的回流点

二沉池污泥回流点建议设在 AAO 进水配水井，回流污泥与进水充分混合后进入 AAO 池。回流到进水配水渠（井）的回流污泥可以用渠道或者管道接入，结合总体布局考虑。对于多点配水设计，尽量是原水单独多点配水，与回流污泥分开，尽量不要把回流污泥混合到原水中再配，污泥单独回到厌氧池。如需计量污泥回流量，根据池型布置可在回流污泥渠道上装巴氏计量槽或者在回流污泥管道上装流量计，宜设调节回流流量的措施。根据水质情况，污泥回流点还可设在水解酸化池、预缺氧池或缺氧池的进水端。

(2) 污泥回流设备

二沉池污泥回流宜采用不易复氧的污泥回流设施，常用的是离心泵、潜水混流泵、潜水轴流泵和潜污泵，设备选型视污泥回流泵井位置和高程计算值而定。回流污泥设备台数不应少于 2 台，并应有备用设备。回流泵的参数设计宜有一定余量，不可紧贴临界值。

(3) 硝化液回流点

对于普通 AAO 池，为了保证反硝化脱氮效果，好氧池要设计足够的停留时间，充分实现脱碳和硝化功能后将硝化液回流到缺氧池进行反硝化，因此在池型设计上要注意尽量在好氧池末端设硝化液回流泵（即混合液回流泵），将硝化液回流到缺氧段入口。平面布置时尽量将硝化液回流泵与缺氧池进水端一墙之隔，减少输送距离，降低能耗，简化设计。如果没有条件布置为这种型式，有两种方案可以考虑：

① 一种是采用两级“缺氧-好氧”的型式，强化脱氮。

② 另一种是将好氧池末端回流液的输送采用渠道或管道输送方式，输送到缺氧池进水端。硝化液回流渠内流速可介于 1.0～1.5m/s，一般取≥0.7m/s，在最低流量时，流速不得小于 0.4～0.6m/s。流速低值要避免污泥在渠内的沉积，如果对回流量有控制需求，则在末端设可调节堰。与渠道输送硝化液的方式比，管道输送弊端多些，如果是工业废水，回流管长期浸泡在水中，应考虑防腐问题，长期曝气也会加速管道腐蚀，可考虑用 HDPE 管或不锈钢管来代替钢管。

(4) 硝化液回流泵

硝化液回流泵的设计应根据反硝化要求计算回流量，计算泵扬程时除了计算沿程水头损失，还要注意确认拍门（如有）的水头损失。硝化液回流泵宜设变频。泵的型式为大流量低扬程的潜水轴流泵或潜污泵，如果根据泵的参数能选到合适的潜水轴流泵，则潜水轴流泵一般好于潜污泵，设计中应就能耗、效率、投资、布置的合理性和占地等方面进行比选。此外，设计中还要注意如下两点：

① 如果回流泵为 2 台，回流管道较长时管道支墩可合并到一个，做法参考 03S402。

② 如果回流泵为 1 台，回流管道穿曝气池时选用带埋件或者预留洞的管道支架，对曝气影响较小。两台回流泵时这种做法则不合适，底部的泵检修不方便。

对于容易起泡沫的工业废水（比如屠宰、造纸、印染和焦化等或者含表面活性剂的工业废水），建议在曝气池两侧设计消泡水管和喷头，消泡水质可采用中水，但中水的悬浮物等指标应满足要求，避免消泡水喷洒喷头的堵塞。喷头宜高于常态泡沫高度，避免被泡沫堵塞。

5.3.4 AAO 池型

AAO 池以矩形或氧化沟型为主。对于普通市政污水，好氧池主体廊道的设计宜为推流式，推流式的反应速率和污染物降解效率比完全混合式有较佳的优势。因此，好氧池宜采用推流式或者采用“推流-完全混合”结合的形式，池中水平流速约 0.25m/s，长度/宽度比值 5～10，单格的长度/宽度比值最高取 13～16，宽度与有效水深比 B/H 为（1∶1～2∶1）。应注意保证流态的顺畅，避免短流，方便布置硝化液回流和污泥回流，好氧池转弯处宽度最小取 2m，可不与廊道同宽。90°拐角处宜设弧线导流墙，导流墙两端修圆，减小水头损失，避免积泥。

好氧池中添加悬浮填料（MBBR 工艺）后要注意以下设计细节。

① MBBR 填料要做好支撑，下部支撑件的承重应考虑检修时放空池水后没有水的浮力状态下湿挂膜填料的重量。

② 出水口设填料拦截网。MBBR 池出水口设防止填料流入下一格池体或下游单体的有效拦截措施，拦截网可为不锈钢双层网、玻璃钢穿孔板或其他材料网，拦截网要耐腐蚀和耐磨损，拦截网孔径小于填料尺寸，双层布置时孔眼错开布置，设冲洗设施。池中潜水推流器等设备如有可能与填料接触，也要设拦截网，拦截网与推流器的水平距离根据叶轮大小和功率确定，至少要保证 3m 以上，避免影响推流器的推流流态。

③ 出水口可以与池宽同宽以降低阻力，设计出水口位置要保证整个池体流态不短流，

出水口的流速至少要按照拦网堵塞50%～80%状况计算，并留合适的富余量，确保水能顺利流出，拦截网水头损失要尽量小，建议拦截网高度设置为自池底通到池顶，宽度尺寸满足过流要求。

④ 考虑填料增加的单体水头损失。

⑤ 容易堆积填料的部位可在填料下层设穿孔曝气管，用大气泡冲刷解决填料堆积问题。该鼓风机由于压力低和风阻小，建议和曝气风机分开设置；也可结合池型流态用潜水推流器/导流墙等设计协同解决填料堆积和流失问题。

⑥ 填料层下部要留出检修通道高度，利于检修曝气器。

MBR膜池设计以供货商提供方案为主，兼顾不同品牌的池型特点，设计中留有余量。注意预留膜池空间10%～20%，膜通量、膜池分格考虑峰值、离线清洗、温度等因素。

5.3.5 曝气器选择

AAO工艺的好氧段较常采用曝气器或曝气机供氧，如条件允许，从节能角度优先采用微孔曝气器。对于MBBR工艺可采用池底微孔曝气进行充氧，如果采用散流曝气器或塔形曝气器等具有较大冲刷力的曝气器，则效果更好，但是会增加能耗。

下列污水不适合采用微孔曝气器，而需要选择旋混曝气器、射流曝气器、浮筒安装射流曝气器和表面曝气机等氧利用率低于微孔曝气器的曝气型式。

① 水中含有纤维、纸浆、油、焦油和固体粉末等易堵塞微孔曝气器的污染物；

② 废水具有腐蚀性或者温度高于30℃；

③ 采用接触氧化工艺，不便于进入填料层以下进行曝气器维修；

④ 采用接触氧化工艺，好氧池中加填料，填料表面附有高浓度微生物膜，需要曝气气泡或水力具有足够的冲刷力使失去活力的生物膜脱落以便生长新的生物膜，微孔曝气器无法满足冲刷生物膜要求。

以造纸废水处理中常用的曝气器为例，由于水中含有纤维，不宜采用普通微孔曝气器，可采用低压射流曝气器避免曝气器的堵塞，其工作原理是利用离心泵对好氧池的水进行大比例的水循环，同时导入低压空气，高速水流切割空气产生高速涡流充氧，气水混合物通过喷嘴被射流到好氧池体中为生化处理供氧，如图5-9所示。根据溶解氧的高低，可以控制充氧风机风量，循环水泵可以维持池内的搅拌，因此节省了氧化沟推流器，并且在水平方向也有充氧能力。该种曝气方式风压损失小，因此一般情况下风压和水深接近，从而减小了风机的能耗。

图5-9 低压射流曝气

5.3.6 微孔曝气器

常用的微孔曝气器有盘式微孔曝气器、管式微孔曝气器和塔式曝气器，以盘式和管式微孔曝气器的氧转移效率最高。

（1）曝气器的数量计算

第一步从生物需氧量先计算出风机风量，除以单个曝气器的通气量，计算出曝气器数量 N_1；第二步根据搅拌强度和服务面积计算曝气器数量 N_2。

如果 N_1 和 N_2 不一致，则要在产品的参数范围内调整鼓风机风量、曝气器数量、曝气器型式、单个曝气器通气量和曝气器充氧效率等因素，最终计算出符合各项要求的曝气器型式和数量，使 N_1 和 N_2 结果一致。单个曝气器出风量小于产品的气量要求范围则易造成曝气器堵塞，单个曝气器出风量的设计值高于产品的气量范围会影响曝气器的寿命。新建污水厂初期水量经常达不到设计规模，水量小、曝气量只达到设计值 50%以下时，空气管只有顶部出气，受力不均，容易破裂，因此需要适当提高曝气量。

微孔曝气器的氧转移效率通常在 20%～28%，根据水深、温度、污水的氧总转移特性、当地海拔和供货商产品性能等因素有所变化，温度高低以及有效水深不同时溶氧效率不同，计算中要进行试算和比选，确定曝气量。不可盲目按照供货商提供的氧转移效率取值，而要根据产品质量和工程条件具体分析，经验数据比较重要。

（2）曝气器的布置方案

在推流式曝气池中，微生物的需氧速率沿曝气池廊道推流方向逐渐降低，若采用均匀布置微孔曝气器的方式，会出现前部供氧不足而后部供氧过剩的情况，解决的方案有两个。

① 第一个方案是采用渐减法，沿池长循水流方向逐渐降低曝气器布置密度以降低曝气强度，每段的污染物浓度不同，污泥浓度相同。每段曝气强度可利用需氧曲线来计算确定，例如，BOD 从 110mg/L 降低到 20mg/L，则第一段曝气强度最大，第二段强度为第一段的 82.5%，第三段强度为第一段的 60.5%，每段曝气强度也可通过经验确定。

② 第二个方案是逐步法，由三级完全混合段串联组成，采用分段进水逐步曝气法，污水进入曝气池时，分几个不同的口流入曝气池中不同位置，各段的污染物浓度和污泥浓度都不同，各段均化负荷和需氧量，使沿曝气池长度的需氧量变得均匀。活性污泥浓度会沿水流方向降低。

渐减法的处理效率比逐步法要高，原因是渐减法前端 BOD 浓度较高，生化反应速率正比于系统中 BOD 浓度，这样前端生化反应速率高，大量 BOD 在前端被去除，另外，也可以认为前端 BOD 向微生物颗粒的渗透动力大，加速生化反应。

对于浓度高、可生化性好的工业废水可考虑渐减曝气，浓度低、可生化性不好的工业废水以及浓度低的市政污水不建议渐减曝气。对于占地紧张、出水水质要求高的市政污水，建议采用多级“缺氧-好氧”的工艺并采用渐减曝气和逐步曝气相结合，提高脱碳脱氮效率。

曝气器的平面布置型式通常有环状和枝状，环状的布置对于曝气效果好些，如果曝气器系统采用枝状布置，则空气管路也要尽量形成环路。均布池底的曝气器距池壁距离不小于 200mm，配气管间距 300～750mm。曝气器的布置位置要避开搅拌机、推流器和泵等设备。

给曝气器设备供货商提设计条件时要提出支架做法。如果更换维修曝气器是要求不排空曝气池进行在线维修，宜在每个独立的曝气环路单元组空气进口处设置手动阀门和活接头，每组设计可提升的装置，方便维修。

（3）曝气器风管材质

连接微孔曝气器风管的水下部分的材质多采用塑料管，要注意根据空气流速算出来的管径为公称直径，塑料管的管径 *de* 和公称直径 *DN* 有对应关系，要根据曝气器供货商提供的曝气器配套空气支管的管径要求调整为一致，且验算流速合理。空气管建议用不锈钢管。如采用空气钢管，要作环氧沥青防腐（三油一布，包括管道、管件和法兰等）并采用不锈钢螺栓，曝气管支架由曝气器供货商配套提供，如为腐蚀性废水支架宜采用 316L 不锈钢。曝气管管中或曝气盘底距池底的高度一般为 200～300mm，需要和供货商确认最佳安装工艺。

板式曝气器是基于盘式、管式曝气器开发的新结构微孔曝气器，橡胶曝气薄膜为一个平面，典型布置如图 5-10 所示，可分组成环状。曝气器含支撑体、连接件，特点是阻力损失小，2.5～4.5kPa，氧利用率高，在较宽的工作气量范围内均能保持恒定的氧气转移率，服务面积 1～2m^2/个，不易脱落、堵塞，工程案例证明寿命可达 8～10 年，最大通气量 8～10m^3/h。

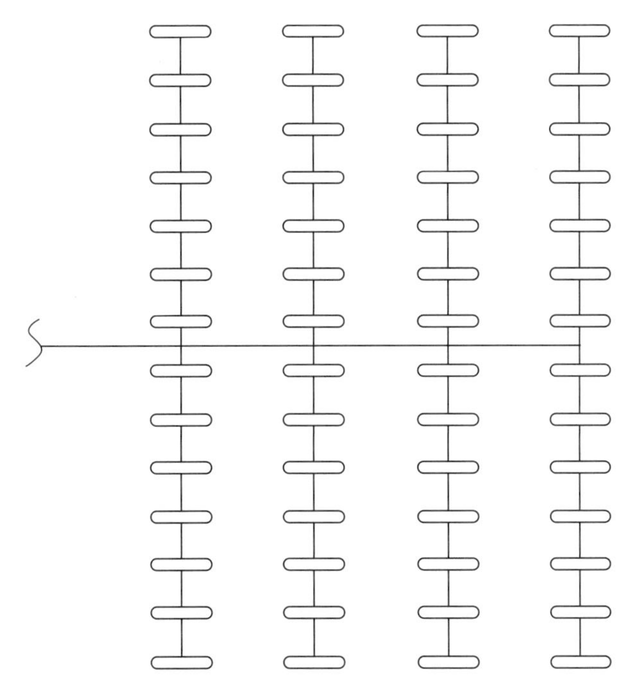

图 5-10　板式曝气器布置图

固定式安装是最基础的设计方式，在池顶空气竖管上便于操作位置应设计酸洗接头。为了维修方便，避免停水更换曝气器，建议选择可提升式安装或悬链式曝气器，也可选择风管在液位以上布置的插入式安装方式。设计精确曝气系统可进一步节约能耗。

5.3.7　微孔曝气器风管设计

空气管的干管和支管风速取 10～15m/s，竖管和小支管风速取 4～5m/s。风管接入曝气池时，最高处管顶应高出水面至少 0.5m。

风管的平面布置尽量保证风量和风阻平衡布置。空气干管给多组并列运行的生物池曝气情况下，每组的风管起端的阀门宜设限位伸缩接头，当每组的气量要求较准确控制时（比如

渐减曝气和“缺氧-好氧”双功能池）宜设计线性流量调节阀和流量计。图纸上定位干管的位置，并提供供风管和曝气器的供风系统图。气量调节阀宜采用电动阀门。

微孔曝气器的曝气池风管布置有管廊布置和池顶风管布置（无管廊）两种型式。

（1）有管廊的微孔曝气器布置方式

好氧生物池的风管一般设计在管廊内，便于布置维护走道和操作调节阀门，如图 5-11 所示。管廊高度 0.8～1.0m，应注意管廊底部外壁标高要高于曝气池内液位标高，避免管廊泡在水里。风管的管廊底部坡度 0.1%，坡向尾端排水孔，管廊最低端应设放空管。风管管廊的放空管的标高应注意高于曝气池内液位，放空位置应防止池中水倒流进入管廊，对于北方寒冷地区更应避免。接每组曝气器的空气支管宜设手动阀门方便检修，阀门设在管廊内。布置图例见图 5-12～图 5-13。

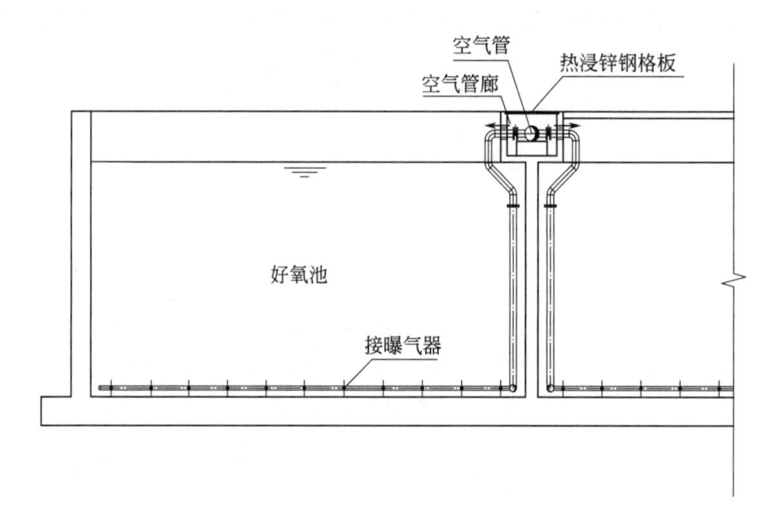

图 5-11 好氧池风管管廊剖面图

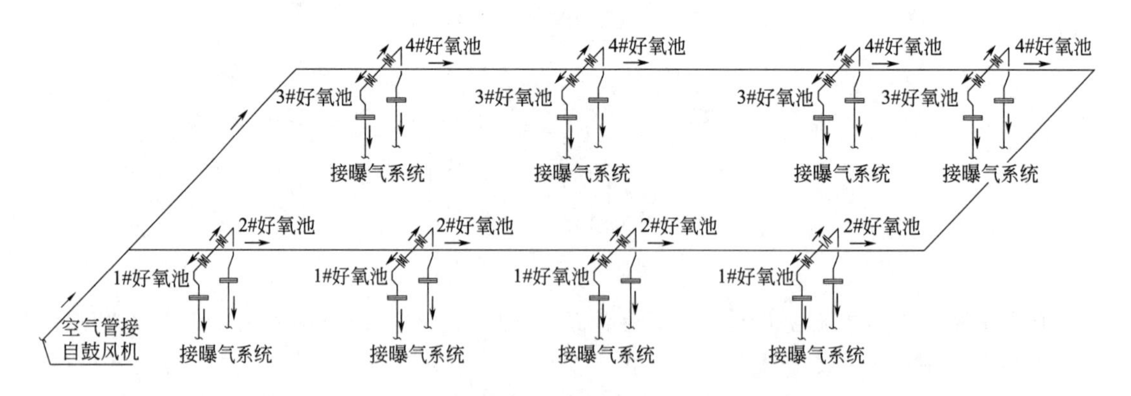

图 5-12 有管廊风管布置图例（方案一）

（2）无管廊的微孔曝气器风管池顶布置方式

如果空间或占地限制，为了降低生化池超高，也可不做风管管廊，将风管布置在好氧池顶部，但要注意风管温度较高，其周围应有维护空间，现场要有相应的防护提示，且风管位置应避让维修通道。阀门设置位置和高度应便于操作和检修，设计如图 5-14 和图 5-15 所示，工程实例如图 5-16 所示新加坡 newater 水厂的曝气管布置型式。

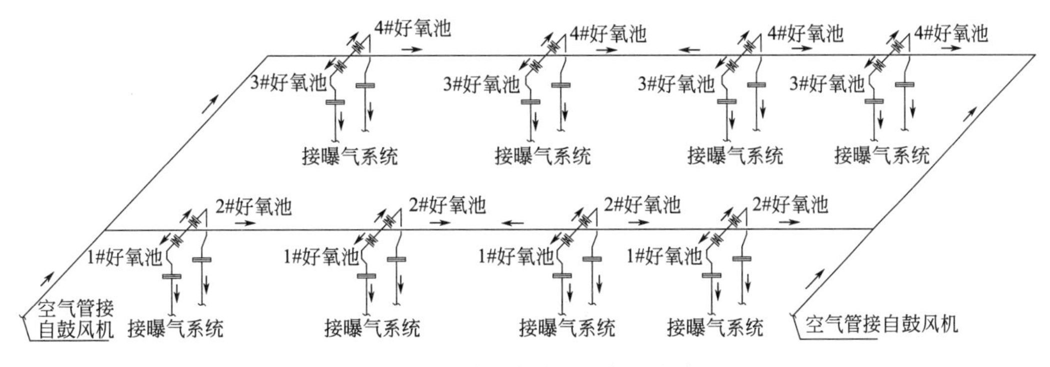

图 5-13　有管廊风管布置图例（方案二）

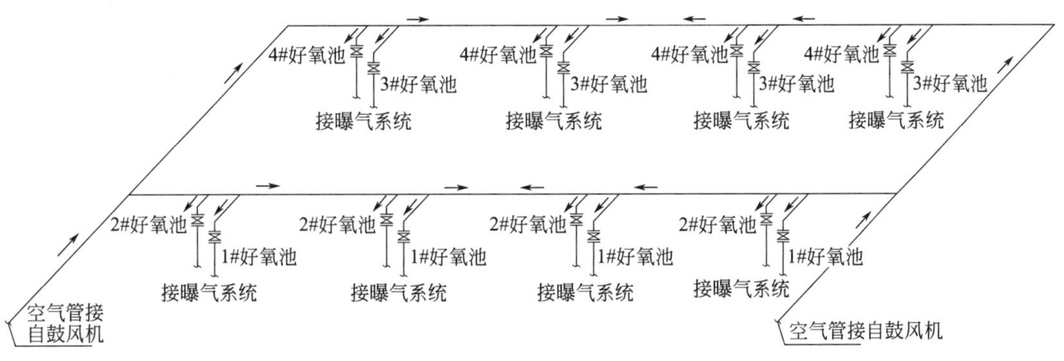

图 5-14　无管廊风管布置图例

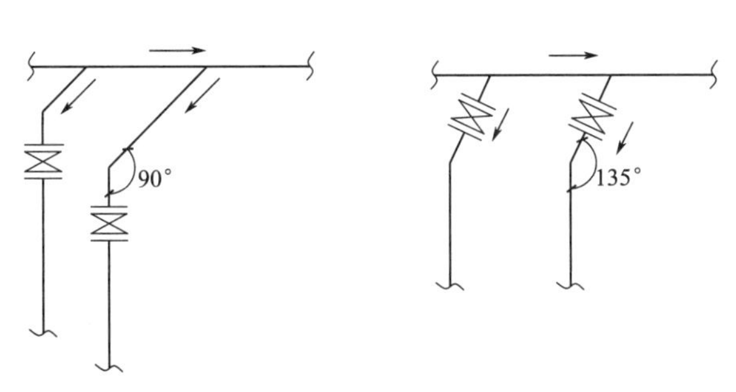

图 5-15　无管廊时曝气管池顶布置方式

每组曝气池的支管管径和风速应根据距离鼓风机距离远近、是否为环状布置以及是否设计渐减曝气而有所调整，渐减曝气的好氧池后段曝气器布置少于前段，因此风量也不一样，风速取值也不一样。尾端的支管内空气流速可以取低些，并经过阻力损失计算来验证空气流速取值是否设计合理，放大管径可降低阻力，设计中进行管网阻力平衡调整。

对于管线长、风压大、风机功率高、空气温度高的风管，应在一定间隔内设置波纹补偿器（波纹膨胀节）或双法兰松套限位接头，补偿热变形、吸收振动对管道的影响、降低噪音。风管系统应有排冷凝水管，冷凝水排除管应设在空气支管末端而不是起端，在便于操作的标高处设阀门。

5.3.8 电气自控仪表设计

AAO 池内潜水搅拌器或推流器的选择根据池型、水力条件、废水特性、材质、能耗和造

图 5-16　池顶布置曝气管实例

价等因素确定，为连续运行，可根据工程条件设现场控制箱或设 MCC 柜和现场按钮箱，上位 PLC 监视或监控。对硝化液回流量和污泥回流量的控制可通过采用在线 DO、pH、ORP 和 MLSS 结合流量计可精确控制回流泵的启动台数、回流泵变频以及回流管路上可调节阀门的开度而控制回流量。但为了简化控制，现有的工程中，常用的控制方式为根据在线 ORP 和 DO 反馈的信号，通过信号控制器直接控制硝化液回流泵的工作状态或开启数量来控制硝化液回流量，比较粗略和模糊，较容易实现，可以满足普通市政污水厂的控制要求，但是对于进水氨氮浓度高、反硝化控制要求高的工业废水处理厂，则需要设计比较精确的回流比控制系统。

对于 MBR 工艺要注意回流量和溶解氧控制的平衡。MBR 工艺的高污泥浓度是依靠膜池的大比例回流实现的，纤维膜的膜池浓度的控制一般建议在 10000～12000mg/L 以下，避免浓度过高造成污泥在膜丝上的堆积，不易冲刷掉，平板膜的膜池污泥浓度可以更高些。同步除磷情况下，大比例回流的目的是把好氧池的污泥浓度 MLSS 控制在 6000～7000mg/L，最高不宜超过 8000mg/L。各功能区污泥浓度需要结合整体生化工艺考虑，根据不同膜产品的性能进行调整。膜池污泥大比例回流同时带回高浓度溶解氧，要同时实现系统中厌氧段 DO 小于 0.5mg/L、缺氧段 DO 保持在 0.5～1.5mg/L 及好氧段 DO≥2.0mg/L 的状态，需要考虑通过多点进水、膜池污泥回流到好氧池的首端、好氧池末端出水回流到缺氧池的首端、缺氧池末端出水回流到厌氧池的首端以及膜池污泥经释氧池回流到厌氧池的首端等设计思路的结合来控制各工艺段的回流量、污泥浓度、溶解氧和 ORP 等参数，并且注意设计回流量的可调性，以便根据不同来水水质进行工艺控制。

AAO 池内潜水搅拌器或推流器的选择根据池型、水力条件、废水特性、材质、能耗和造价等因素确定，为连续运行，可根据工程条件设现场控制箱或设 MCC 柜和现场按钮箱，上位 PLC 监视或监控。

5.4 氧化沟

氧化沟设计计算参考相关手册、规范和规程。采用转碟或表曝机时氧化沟的有效水深一般选取 4.5m 或 4.0m，转刷曝气时有效水深不能大于 3.5m。微曝氧化沟有效水深不宜大于 6.5m，有效水深过深会因为风压大增加鼓风机的能耗，且不利于风机选型。

（1）尺寸设计

氧化沟的直线段长度大于12m（$L>12$m）或大于2倍渠宽（$L>2B$）（参见《氧化沟技术规程》），宽度B要考虑到占地面积和设备要求，根据池容开始设计时建议先设计不同宽度和深度、不同池型组合的氧化沟布置草图，从流态、设备布置、土建造价、设备费用、运行电耗、运行灵活性和内回流门位置等综合考虑后确定池型。沟宽可在4m、5m、6m和7m中比较。平面布置宜避免如下方案：

① 总长太长；

② 弯道处推流器和转碟不好布置，如果没有更好的方案，曝气转碟也可以布置在弯道上；

③ 直线段太短，宜12～15m。

（2）水位

对于转碟供氧的氧化沟，沟内水位设在转碟曝气效率最高的位置，约为转碟淹没500mm处（根据供货商的数据调整）。为了保证峰值流量和平均流量时转碟浸没深度处在充氧高效区，出水设可调节堰，有手动和电动两种，调节范围比较小的时候一般采用手动，调节范围比较大的时候采用电动，需配超声波液位计。计算过程中调节堰采用非淹没堰计算，通过非淹没堰公式计算出相应运行最高与最低液位，从而确定可调节最高与最低液位，随之确定堰的可调节的最高最低位置，进而确定可调节堰设备基础顶标高（可比设计值稍低50～100mm）。确定相关位置和标高过程中，要让需要调节的位置在可调节范围的中部，注意堰可调节的最低位置不是0°，最高位置不是90°，供货商提供设计条件图。调节堰的支墩可做低点，否则调节不到位。可调节堰的位置设在受水流影响小的位置，调节堰的堰板和水下部分材质为SS304。

（3）设备的布置

转碟设置重点考虑是否满足供氧量和间距要求，转碟的间距不大于25m，一般为21～25m，应考虑备用，同时考虑防溅罩，每个转碟宜对应设一台推流器，运行中转碟和推流器根据运行情况开一个，便于灵活操作。氧化沟转碟的布置和推流器的布置位置要综合考虑两者的互相牵制和影响因素，两种设备的布置图要发给相应的设备供货商互相确认，优化布置。设计中要注意转碟安装方向不要和水流方向反了。两个相邻的氧化沟的转碟可以共用一个轴承座，但应尾尾相碰，其他情况下要错开布置，轴承座平台会有污泥，应考虑排泥坡度或者预留排泥孔。

对于不同沟宽的转碟，电机类型不同，比如沟宽4m和7m的转碟电机不同，则预埋基础形式不同；转碟转轴底座预留地脚与电机预留地脚在实践过程中有调整，目的是让设备受力条件更好，减少磨损，降低设备故障率。电机的偏心方向是偏向水流的上游还是偏向水流的下游要充分与供货商沟通，避免安装困难或者重新钻孔等施工问题。转碟与相对水流的方向在剖面图中要注意标注准确，容易出错。在弯道处转碟的导流板与直线段导流板长度不同，采购过程中要留意。此处预留预埋件在核对土建图中要一一核对，很容易出错或者偏心方向弄反，尤其是弯道处。

潜水推流器中心与转碟外缘间距取2.5m左右。配套起吊装备，一般自带现场控制箱，现场控制，室外为户外型，上位PLC监视。

（4）导流墙

陈志澜等对导流墙的偏置设计提出的观点是，导流墙的偏置设置可使隔墙背后的水

流低速区域所占的份额比例下降，相应扩大了水流的高速区域所占的份额，同时改善了隔墙背后的水流速度分布。导流墙的偏置距离应在0.25～0.5m比较合适。陈威等应用模拟软件计算导流墙的下游引伸墙的长度、导流墙半径和偏心距。实际设计中导流墙的布置型式举例如图5-17所示。

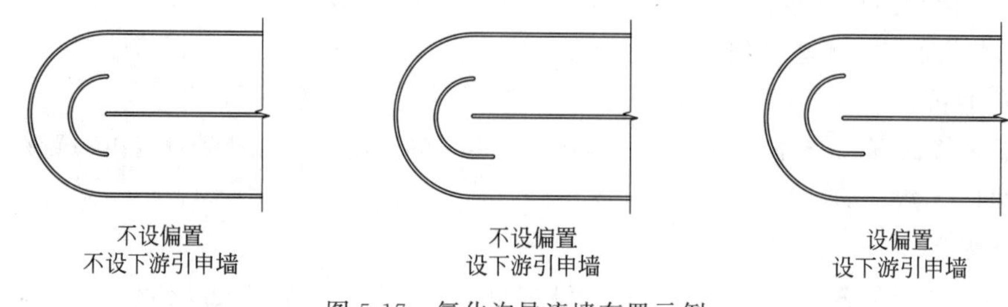

图5-17　氧化沟导流墙布置示例

（5）出水区

出水区的位置尽量放在氧化沟行程的末端，要考虑周围环境，比如推流器和内回流门等对出水区水流的影响。平面布置中注意内回流门选用常规的180°布置，不推荐选用90°转弯的布置方式，以免造成水流不畅。内回流门的门体高度宜高出水位300mm，例如，水深4.5m则门高4.8m。内回流门最小宽度在700mm以上，否则土建施工困难。建议内回流门选择SS304材质，配套手电动启闭机，采购时需要提供门板中心至池顶高度。设备自带户外型现场控制箱，中控室监视开启角度。内回流门是否能实现设计的回流量需要准确测算。对于脱氮要求高的工程，建议内回流门设回流泵，加强回流。

（6）电缆槽

氧化沟电缆槽建议布设在走道地面上。如果布在走道下面，环境潮湿导致桥架线槽锈蚀严重，维修不便。可在走道板上做电缆沟，上盖钢格板，底部留泄空管。此种做法土建费用会提高。还有一种方式是提高线槽的材质，采用316级别不锈钢，但需要和相关专业以及设计负责人沟通确认。

（7）走道板

氧化沟的走道板宜尽量能串起来，方便巡视。遇到转碟处可考虑在转碟基础外单做一个通行的走道板。

（8）表曝机

氧化沟表曝机的设计可参考《给水排水设计手册》。竖轴表曝机应安装在沟渠的端部，推流器装在沟长度方向中间位置。当采用倒伞型和平板型叶轮时，叶轮直径与曝气池直径之比可用$\frac{1}{5}$～$\frac{1}{3}$，一般设变频，设MCC柜和现场按钮箱，中控室监视、监控，PLC通过溶氧仪控制表曝机。对于倒伞型表曝机，核心参数是叶轮直径、叶轮与水接触的面积、浸没深度和氧化沟有效水深，直接影响充氧效率和搅拌、推流能力，由于浸没深度对充氧效率有直接影响，一般需要设可调堰控制氧化沟水位，同时在表曝机基础上设升降平台（升降动程±100mm，调节叶轮浸没深度），以适应对水位的变化。叶轮速度应可调，控制叶轮供氧量，达到节能目的并使效率最高。伞轴长度范围为1.8～2.0m，确定伞轴长度要考虑到基础厚度、地脚螺栓预留孔尺寸和升降平台高度，伞轴长度越长则功率越大。动力效率宜大于$2kgO_2/kW\cdot h$。

5.5 带选择区 SBR

5.5.1 SBR 单体设计思路

SBR（序批式活性污泥法）单体设计分以下 8 个步骤。

（1）根据水质特点、负荷和经验参数完成计算，确定池容和分组数。SBR 单体计算中应注意以下问题：

① SBR 反应池宜按平均日污水量设计，SBR 反应池上下游的水泵、管道和滗水器等输水设施应按最高日最高时污水量设计，同时考虑单组维修时以及管网不完善可能造成的地下水渗入造成进水量升高的情况；

② 对于普通市政污水，充水比 0.24～0.3，实际工程设计中充水比不宜低于 0.22。选择区停留时间一般为 0.5～1.5h，回流比为 30%～50%，脱氮区根据生化计算确定。回流量控制通过阀门控制或者选择变频泵；

③ 工作周期需要根据计算和经验确定。根据不同水质，一个周期的时间从 4h～24h 不等，工业废水的周期时间一般要长些。沉淀时间不宜低于 1.0h，滗水时间也不宜低于 1h，一般 1.0～1.5h；

④ 根据规范，间歇进水时（SBR）反应池长度与宽度比为（1∶1）～（2∶1），连续进水时（CASS）时长度与宽度比为（2.5∶1）～（4∶1）[实际经验取（3.5∶1）～（4∶1）为宜]；

⑤ 微孔曝气时有效水深宜为 4.5～6.5m，其他型式曝气则以曝气机（曝气器）的要求确定有效水深，有效水深的取值参考 5.3 节 AAO 池。

计算完成后，单体设计师与设计负责人沟通确认 SBR 工艺或其变形工艺的型式及核心参数。SBR 反应池数量宜不少于 2 个，尽量设计多组 SBR 池以便各组池的进水和出水周期能错开衔接，实现总体的连续进水和连续出水。如果无法实现连续出水，则需要在下游设计出水缓冲池，避免下游深度处理构筑物规模过大，造成投资浪费。

SBR 曝气系统分组应与 SBR 池系列设置、运行时序相匹配，避免出现同一组曝气系统曝气风量的大幅波动，或出现不同水深区域在同一组曝气系统中同时曝气情况。

普通的 SBR 周期为“进水→曝气→沉淀→滗水→闲置”，基于 SBR 计算，不但要确定池容，还要根据水质特点对所设计工程的周期进行调整。对于氮含量高的工业废水，如果氮的含量超过了生化的毒性阈值则要在进入生化前进行脱氮；若没有超过阈值，可在 SBR 运行周期中增加搅拌脱氮段。对于低碳氮比的污水，需要考虑脱氮型 SBR，典型运行周期为“进水搅拌（脱氮）→曝气→进水搅拌（脱氮）→搅拌（脱氮）→曝气→沉淀→滗水→闲置和污泥排放”，这样分批进水将最大化利用原水中的碳源进行脱氮，如有必要，还需要补充碳源。CASS（循环式活性污泥法）是连续进水的改良型 SBR，为了提高运行稳定性或加强脱氮功能，通常在 CASS 池前设置选择区。

（2）不同型式曝气机、曝气器和鼓风机对能耗影响较大，因此有效水深设置和曝气系统的优化涉及 SBR 的能耗和造价，宜先进行比选优化，确定曝气型式。

（3）根据池容、分组数、长宽比、有效水深以及曝气系统参数等数据计算单体尺寸并画平面草图，结合接口条件和总图布置进水区、出水区和排泥方向，把平面草图放到总图位置看是否符合总图的接口要求，必要时调整有效水深和平面尺寸，使上述各因素整体合理，并

和设计负责人沟通确认再进行详细设计。

(4) SBR 池与进水区、选择区/脱氮区的水位设计一致，各池底等标高，不设坡度。从低到高共分 5 个液位。

① 污泥液位，设污泥泥位计。

② 滗水最低液位，根据充水比和有效水深计算出滗水最低液位。

③ 正常液位，即 SBR 有效水深对应的液位。

④ 滗水最高液位，考虑单池最高流量时的工作最高液位。滗水最高液位和正常液位的差距不宜大于 0.5m。如果滗水器没有按照最高值考虑，则应考虑与上游泵站的联合控制或设置溢流，防止溢水事故发生。

⑤ 溢流水位，管底标高高于滗水最高液位 0.10～0.15m。

(5) 池体超高宜≥0.5m，如果设空气管廊，则超高＝空气管廊的高度（土建外形尺寸）＋(0.05～0.1)m。

(6) 根据滗水器供货商的设计条件，确定滗水深度，并结合回流进行出水区设计。

(7) 设计混合液回流、剩余污泥排放泵、回流泵、潜水搅拌机/潜水推流器/双曲面搅拌机（也称旋切涡流式搅拌机）等设备及必要的阀门井的平面布置、预埋、基础和安装详图。

(8) 设计曝气管网、回流管网等其他部分详图，完善材料表、设备表和图纸说明。

5.5.2 各功能区设计

带选择区的 SBR 工艺按功能分区，主要包括进水区、选择区/脱氮区、SBR 主反应区和出水区四部分。

(1) 进水区

进水干管按每组池一根进水支管通入 SBR 池上游的选择区/脱氮区，各组进水支管上设手动闸阀和电动蝶阀，如阀门低于地坪标高，则宜在阀门井中设集水坑，阀门井统计在总图或单体图中，阀门井的具体位置宜和总图协调。进水支管穿阀门井和池壁处设刚性防水套管(如为泵连接则选柔性防水套管，如为不均匀沉降地质，则需要加软连接)。为了防止阀门维修中的返水问题，选择区/脱氮区进水支管出口的标高宜高于滗水最低液位 0.4m 以上，宜管口竖直向下。

对于连续进水（CASS）或 SBR 池上游不设选择区/脱氮区的情况，由于 SBR 进水支管标高要求高于滗水最低液位 0.4m 以上，滗水液位在池上部，为了避免“上进水上出水”造成的高程或水平方向的短流，建议在进水端设置导流墙，实现 SBR“下进水上出水”的较佳流态。如果是工业废水 C/N 比低的情况下考虑加强脱氮效果，则进水区宜用管道布水，同时采用沿 SBR 顺水流方向多点进水的流态。

(2) 选择区/脱氮区

SBR 池为矩形，根据需要在 SBR 池上游共壁设计选择区/脱氮区，选择区/脱氮区流态为“上进下出”，该区出水口即 SBR 池的进水口，宜设在 SBR 进水端（宽度边的池侧壁）的池底，避免短流。该种设计也同时考虑到了滗水器安装在 SBR 池宽度边的池侧壁出水端，滗水器堰均匀出水，出水口在池上部区域，因此 SBR 池的进水口设在进水端池底以均布的过流孔型式进行均匀布水，有利于实现 SBR 池“下进上出”的流态。过流洞流速 0.3～0.6m/s，尽量降低水头损失，还要考虑堵塞的可能情况和排列均匀，避免 SBR 池单点进水。

（3）SBR主反应区

① 曝气器的选型和布置。参考5.3节中AAO施工设计，稍有区别的是接每组SBR池的空气支管宜同时设手动阀门和电动阀门，方便检修。曝气器的选型和安装高度应考虑间歇曝气和曝气器泡在沉淀污泥中对曝气器堵塞的影响。微孔曝气器的布置应避开污泥泵和搅拌器/推流器等设备。如果废水含有易堵塞微孔曝气器的成分则不宜采用微孔曝气器。

② 潜水搅拌机/推流器的叶轮安装高度。在供货商提供的叶轮安装高度的基础上上调曝气器的安装高度，以减少叶轮运行中的阻力。设计中与供货商确认所提供叶轮安装高度是否已经考虑了因为曝气器的影响而上调的量。

③ 风管的冷凝水外排。应在曝气管网的池内和池外部分分别设置，池内宜选在曝气管网末端，池外宜选在空气管网最低处。每个曝气周期结束后空气管上电动阀门关闭。为了释放管道内残存压力，宜设计电磁阀放空，多用于1台鼓风机服务1组SBR池的情况。

（4）出水区

常见的滗水器型式有虹吸式滗水器、旋转滗水器和自浮式滗水器，旋转滗水器应用较多，虹吸式滗水器用在规模比较大的项目，自浮式滗水器用在规模比较小的项目。下面介绍旋转滗水器的设计要点。

按照最大滗水高度给设备供货商提设计条件。根据CJ/T 176—2007（旋转式滗水器）的规定，旋转滗水器滗水深度应≤3.5m。滗水深度为滗水器出水管管中标高到滗水最低液位的高差，滗水最低水位应高于池外出水管中心标高300～500mm。滗水器处于初始位置时，其堰口应高于最高水位100mm以上。

① 滗水速度0.25～0.85mm/s。出水管流速宜控制在0.6～1.0m/s，按重力管设计并计算水头损失。

② 出水方式。有单侧、双侧出水两种。当滗水量大于1500m^3/h时，滗水器排水主管宜采用两端同时出水结构，以减小主管直径，降低浮力。当滗水量不大于1200m^3/h，滗水器宜采用单吊点驱动堰口运动。当滗水量大于1200m^3/h，滗水器宜采用双吊点同步驱动堰口运动。滗水器设备自带浮渣挡板，确保出水水质。

③ 荷载。工艺设计师要协调滗水器设备供货商向结构专业提供不同部位荷载，以便结构专业设计。

④ 出水堰。由于SBR为静态沉淀，污泥沉淀性好，出水堰负荷比普通沉淀池高。传统的推杆式旋转滗水器堰口随着水位下降都有角度的变化，造成堰负荷发生变化。不同设备供货商设计值不同，平均堰负荷为10～30L/(s·m)，在排水开始时堰负荷最大可到40L/(s·m)，在排水后期水头小，应保持较小的堰负荷，减小滗水对泥水界面的扰动。排水结束时堰负荷可降为3～10L/(s·m)。选择设备时应注意旋转滗水器是否有某些机械结构（例如通过连杆结构来保证堰口的垂直下降速度的均衡）或采用变频电机使滗水器堰负荷恒定，以满足滗水水位均匀下降，且不因水位下降过快而搅动污泥层、过慢而延长工作时间。这样，总体堰负荷保持不变，一般在20～40L/(s·m)之间，通常取值在30～35L/(s·m)内。同时，工艺专业设计师要对滗水器出水堰按照矩形堰（非淹没堰，参考《给水排水设计手册》）进行过流量核算，校核每个周期出水流量是否满足要求。

⑤ 污泥泵的位置与出水区要保持一定的距离，避免排泥和排水同时进行时排泥对出水的干扰，排泥泵与滗水器的水平距离要大于2.5～4.0m，该距离需根据泵的大小以及滗水

器的尺寸进行调整。排泥泵的布置也可设在池外，吸泥穿孔管伸入池内集泥坑，集泥坑深度设为400～500mm。

5.5.3 放空和走道板设计

放空设计可在低于滗水结束时水位约0.1～0.2m的位置，设喇叭口连接排空管道并设阀门连接到池外，该管兼作事故排放管。同时，池底设深度500mm的集水坑，可接移动泵进行全池放空。如需要同时设半池放空和全池放空，则上述喇叭口连接管可接入全池放空干管。

SBR池走道板宽度的确定主要考虑两点，一是设备安装要求，如滗水器、泵、风管和推流器；二是满足检修巡视通道要求。大泵和小泵共用走道板时，按照大泵做设计，小泵采取自耦装置加长或者管道设弯头等措施进行安装。

5.5.4 电气自控仪表设计

电气自控仪表设计条件主要包括：

① 缺氧池末端设ORP在线测定，量程范围根据水质情况和控制范围选择±500mV～±1000mV，提供水深，设在线显示和中控显示。

② 根据ORP数据、MLSS以及其他运行数据人工调整搅拌和曝气周期。

③ 设液位计控制进水电动阀开闭、进水泵运行台数和滗水器，电动阀在开启时优先受液位控制。

④ 滗水器滗水液位设定后，通过调节电机频率，实现不同液位下滗水时间恒定。滗水器一般为设备自带控制柜，接受MCC柜启动信号后启动，根据水位自带控制柜控制停止滗水，上位PLC监控。

⑤ 滗水器设过电流、过电压及欠电压保护、过热及机械过扭矩保护功能，自动复位功能，设置限位装置。电控箱为户外式，防护等级为IP55，环境温度－10～50℃，相对湿度20%～90%。潜水搅拌器的额定电流需要标明。

⑥ 根据需要设泥位计和（或）MLSS仪，当污泥浓度超过设定值时启动排泥泵，当污泥液位达到设定值低限时停止排泥泵。

⑦ 池内其他设备包括搅拌机、泵和电动阀等设MCC柜和现场按钮箱，上位PLC监控。回流泵设变频。

⑧ 按照周期顺序进行控制，电气条件要详细写明每个周期每个设备的动作及动作时段，周期要求可以调整。

⑨ 风管上的电动阀要求在对应的风机开启前全部打开才可开启风机。

5.6 升流式厌氧污泥反应器（UASB）

按运行温度分类，厌氧污泥反应器分为低温（10～30℃，20℃左右最宜）、中温（30～40℃，最宜35～38℃）和高温（50～60℃，最宜51～53℃）三类。

按照结构分类，厌氧反应器分为厌氧接触池、厌氧生物滤池、升流式厌氧污泥床（UASB、EGSB和IC等）、厌氧膨胀床、厌氧流化床、厌氧生物转盘、厌氧折流板反应器（ABR）、复合厌氧法、两相厌氧法和序批式厌氧反应器等。

按是否封闭，厌氧反应器分为两种：开放式，适于中低浓度污水，不回收沉淀区沼气。在有机物浓度不高（COD＜600～800mg/L）的工程中应用；封闭式，适于高浓度废水（有机物浓度高，COD＞800～1000mg/L），三相分离器在液面与池面形成一个大的集气室收集反应区和沉淀区的沼气，同时促进污泥回落反应器。

设计厌氧反应器施工图前应了解厌氧反应器的分类、原理、结构及影响处理效率和稳定运行的因素，再根据接口条件进行深入设计。相关的厌氧反应器计算、三相分离器设计等方面的手册和参考书较多，本节仅提炼部分进行简介，偏重对升流式厌氧污泥反应器（UASB）施工图设计思路的介绍。

5.6.1 厌氧反应器的原理

复杂物料的厌氧降解过程可以被分为四个阶段。

（1）水解阶段。高分子有机物因相对分子质量巨大，不能透过细胞膜，不可能为细菌直接利用。因此它们在第一阶段被细菌胞外酶分解为小分子，例如纤维素酶水解为纤维二糖与葡萄糖，淀粉被淀粉酶分解为麦芽糖和葡萄糖，蛋白质被蛋白酶水解为短肽与氨基酸等，这些小分子的水解产物能够溶解于水并透过细胞膜为细菌所利用。同时还有碳水化合物的水解和脂类水解过程。

（2）发酵（或酸化）阶段。在这一阶段，上述在水解阶段产生的小分子的化合物在发酵细菌（即酸化菌）的细胞内转化为更为简单的化合物并分泌到细胞外。反应过程包含氨基酸和糖类的厌氧氧化与较高级的脂肪酸与醇类的厌氧氧化。这一阶段的主要产物有挥发性脂肪酸（简写作VFA）、醇类、乳酸、二氧化碳、氢气、氨、硫化氢等。与此同时，酸化菌也利用部分物质合成新的细胞物质，因此未酸化废水厌氧处理时产生更多的剩余污泥。

（3）产乙酸阶段。在此阶段，上一阶段的产物被进一步转化为乙酸、氢气、碳酸以及新的细胞物质。也有由氢气及二氧化碳形成乙酸的过程。

（4）产甲烷阶段。这一阶段里，乙酸、氢气、碳酸、甲酸和甲醇等被转化为甲烷、二氧化碳和新的细胞物质。

此外，当废水含有硫酸盐时还会有硫酸盐还原过程。

5.6.2 厌氧反应器的结构

厌氧反应器可设计成矩形池（多为钢筋混凝土结构）或圆形池（多为钢结构或钢筋混凝土结构），可根据废水特点和工程条件进行选择。有加盖和不加盖型式，加盖的情况下池顶要设放气阀，集气管道上也设自动放气阀（安全阀）。典型的厌氧反应器结构图如图5-18所示。

5.6.3 易被忽略的碱度问题

在工程设计中要对废水中的碱度成分进行分析，如果碱度过低，厌氧反应器中污泥的颗粒化程度较低，颗粒污泥的强度低引起产甲烷污泥活性差，影响反应器的启动速度。此种情况应添加碱度。

5.6.3.1 碱度定义

碱度表示水中与强酸中氢离子结合的物质的含量。属于这样的物质在废水中可能是多种

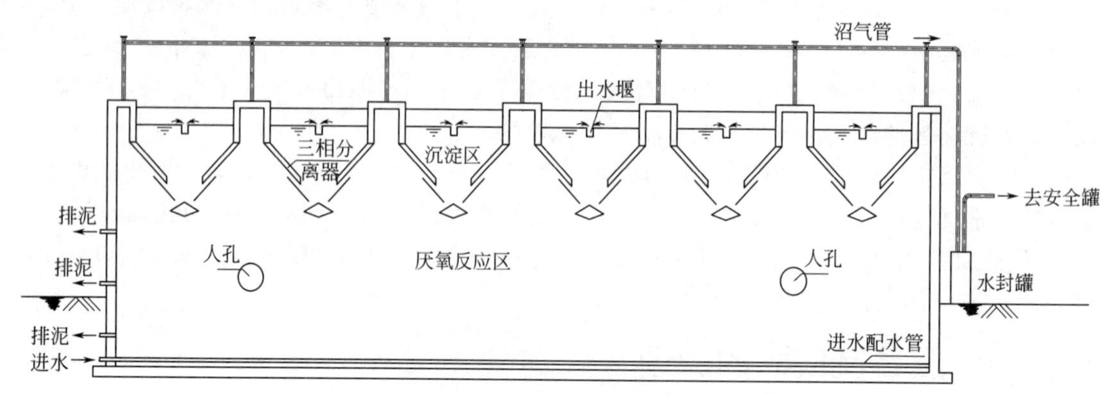

图 5-18　厌氧反应器结构图

多样的，它们包括：强碱，例如氢氧化钠、氢氧化钾等离解得到的 OH^-；弱碱，例如氨、苯胺、吡啶等；弱酸阴离子，例如 CO_3^{2-}、HCO_3^-、HPO_4^{2-}、$H_2PO_4^-$、SO_3^{2-}、HSO_3^-、腐殖酸阴离子、HS^-、S^{2-} 等。

生化过程中产生的挥发性脂肪酸（VAF）阴离子也具有结合氢离子的能力，也会表现为碱度。碱度也可定义为比强酸中阴离子数超出的正电荷部分，即

$$(ALK)=(NH_4^+)+(Na^+)+(K^+)+2(Ca^+)+\cdots\cdots+2(Mg^+)-(R—COO^-)-(Cl^-)-2(SO_4^{2-})-\cdots$$

水中的碱度是中和酸能力的一个指标，主要来源于弱酸盐。在水化学中碱度是最重要的概念之一，因为它控制着 pH 值，同时也是水中存在其他酸时缓冲 pH 能力的一个指标。

5.6.3.2　碱性的来源

大部分废水代谢能够产生碱度，这意味着有机化合物代谢释放的阳离子可以使废水中碱度增加，但并不是所有的有机物降解时都产生碱度，比如碳氢化合物、糖类、有机酸、醛、酮和酯类降解就不会产生碱度，因为这些有机物生物降解时不释放阳离子。

有些废水可能来源于大量使用氢氧化钠、碳酸钠或者氨水的工艺，从而也含有较高的碱度。

为了确定废水生物代谢产生的碱度，可以对可生物降解释放的阳离子的有机成分（如蛋白质）的浓度、有机酸盐或脂肪酸盐以及硫酸盐、碳酸氢盐和亚硫酸盐进行测定，了解该种废水经过代谢后可产生多少碱度，在设计时即可确切知道是否需要额外添加碱度。但这种方法在实际工程中较难应用，多停留在实验阶段。

5.6.3.3　碱度变化的影响因素

在生物降解过程中影响水中碱度变化的主要因素包括如下内容。

① 在厌氧或好氧工艺中，生物降解含氮有机物可导致碱度增加，它与释放出铵离子的数量成正比。比如玉米淀粉废水，代谢前碱度仅 300～500mg/L，厌氧处理后出水碱度为 2000～3000mg/L。还原 0.5mol 的硫酸盐或者 1mol 的亚硫酸盐可产生 1mol 的碱度。

② 如果水中碱度主要组成部分为挥发酸盐或脂肪酸盐，尽管 VFA 碱度有助于缓冲 H_2CO_3，但由于 VFA 在变化，这种作用是短暂的，挥发酸碱度不能对多余的游离 VFA 进行中和，对于 pH 的缓冲几乎没有作用，因此无法避免反应器中 VFA 的积累，会造成酸化。因此，该种情况下即使理论计算碱度足够，仍应添加碱度调节 pH 后再进行厌氧处理，或者

采用出水回流方式降低碱度添加量。

③ 有机物的酸化过程是碱度消耗的过程，而产甲烷过程产生的大量 CO_2 和 HCO_3^- 则提高了反应器内的碱度。碱度在厌氧反应器中的作用主要是中和反应器中 CO_2 分压导致的高 H_2CO_3 浓度和挥发性酸浓度，从而防止发生酸化。醋酸钠废水代谢产甲烷过程产生的大量 CO_2 和 HCO_3^-，有机化合物的代谢释放阳离子可以使废水中碱度增加，即使原废水中仅含有几百毫克每升碱度，经代谢后碱度可增至几千毫克每升，其中一部分可以通过回流中和产酸阶段的 pH 下降，厌氧出水碱度比进水碱度可能提高 100～200mg/L。因此，酸化过程与产甲烷过程同时进行，酸化过程消耗的碱度可由产甲烷过程部分补偿。这种碱度所起的作用是与酸度一起构成缓冲体系，控制反应器内有一个适宜的 pH 环境，以确保产甲烷过程能顺利进行。厌氧反应器出水的碱度不会降低，反而升高，好氧反应池也会有这种情况，因此在反应器中不应盲目添加碱度。

连续运行结果表明，UASB 中循环回流一定量的反应器出水，可以减少碱的投加量。当回流比为 3∶7 时，碱的消耗量减少了约 44%，但是出水回流比过高会导致系统酸化，因此，需要合理控制出水回流比。

消除酸化、提高系统缓冲能力的措施有：①保证合理的有机负荷；②加入足够的碱量；③保持足够长的水力停留时间。

以上三种方法尽管能有效地确保工艺的稳定运行，但是工艺启动较慢且增加工艺运行成本，在设计中要考虑合理的设计参数。

5.6.4 设计接口条件和主要参数

设计厌氧反应器前要了解的主要接口条件和信息包括：与废水相关的水量、水质、pH、水温、腐蚀性、碱度、微量元素、营养物质、每种成分的物化性质和环境数据、氧化还原电位和有毒有害污染物浓度等信息；上游预处理工艺，管路接口（包括排泥、进水、出水、放空、自来水、回用水、取样和沼气等），占地限制，反应器周围设施是否有安全距离，上下游单体水位或范围，地坪标高，冻土层、管道覆土深度、除臭和保温等相关要求，沼气利用要求和传输接口条件（是否需要脱硫、脱水、提纯以及提供储气柜等），以及地质、气候等其他设计条件。

根据接口条件进行计算和构思，参考类似废水的厌氧处理工程案例以及案例中的厌氧反应器的负荷，进行不同型式的反应器的技术经济对比，每种方案布草图。需要与设计负责人沟通确定的主要参数包括：厌氧反应器的结构型式，厌氧反应器的设计温度，污泥类型（颗粒污泥还是絮凝污泥），有机负荷，停留时间，水力负荷，反应器有效高度，反应器分组数，三相分离器的结构型式和材质，进水配水型式，排泥方式和排泥点布置以及沼气处理工艺和设计参数等。施工图阶段要进行厌氧反应器热平衡计算。

5.6.5 设计思路

5.6.5.1 预处理工艺

设计厌氧反应器前首先要确认厌氧反应器的预处理工艺是否满足要求，针对不同来水水质特点，常用的预处理工艺有初沉、沉砂、气浮、隔油、中和、硬度和碱度调节、加温、冷却、添加营养物、降低有毒有害物质的不利影响和稀释等。设计师应对相关的预处理单体有所了解，一旦有缺漏需要和项目负责人进行沟通。预处理工艺考虑的因素主要包括以下

几点。

① 悬浮物。当原水中悬浮物浓度高于6000～8000mg/L时厌氧反应器难于运行，因此，对于悬浮物浓度高的废水，建议设初沉池和（或）气浮池进行预处理；如果来水COD浓度高，按合理去除率计算厌氧后出水COD达不到1000mg/L以下，则需要设计多级（多段）厌氧反应器；当原水悬浮物浓度高、来水有毒性物质浓度高且不易培养厌氧污泥或反应器负荷高的时候，建议在厌氧反应器后设厌氧沉淀池，进行污泥回流；当原水浓度高（COD超过10000～15000mg/L）时增加出水回流；如果原水含有较高浓度毒性物质，也建议增加出水回流。

② pH值。对于以产甲烷为主要目的的厌氧过程来说pH值为6.5～7.5是比较合适的。中温产甲烷菌的最适合pH值为6.8～7.2。

③ 温度。温度对于厌氧反应器的处理效率影响较大，如果来水温度低或者需要中温、高温运行温度不足，都需要考虑加热和保温。寒冷地区，为了减少热量损失需要对池壁进行保温，同时对池顶加盖。来水温度高于厌氧要求时则需要设冷却装置。

④ 营养成分。对来水水质进行分析，厌氧反应器对原水的营养成分要求为：

$$C:N:P=(200\sim300):5:1$$

$$COD:N:P=100:1:0.1 \text{ 或 } BOD:N:P=100:2:0.3$$

投加尿素可补充氮，投加磷酸二氢铵可以补充氮和磷。

如果原水中氮源过多导致C：N过低，氮不能被充分利用，将导致系统中氨的积累，引起pH值上升，达到8以上会抑制甲烷菌的生长繁殖，导致污染物去除率降低。遇到此种情况可在厌氧反应器上游加设脱氮装置或将高氮废水分流按配比接入系统。

⑤ 生物抑制性物质。有毒物质、金属、重金属、氨氮和盐等都会有毒性抑制作用，影响UASB的处理效率，设计前要了解原水的水质情况。

a. 氨氮浓度50～200mg/L对生物有刺激作用，1500～3000mg/L抑制厌氧反应。

b. Cr^{3+}<5000mg/L不会影响产甲烷菌生长，但17mg/L以上会影响好氧反应。

c. 高浓度的毒性抑制成分需要依靠分流高浓度毒性废水、预水解酸化、物化处理、出水回流、设厌氧后沉淀池进行污泥回流和稀释等方法来解决。

d. 盐浓度超过5000mg/L会抑制厌氧反应，如果TDS主要是硫酸盐，则对厌氧影响较大。厌氧过程中硫酸盐氧化和蛋白质分解都会释出S^{2-}，低浓度S^{2-}有利于沉淀重金属并提供细菌生长所需元素，但是浓度高时过多H_2S进入沼气中，抑制甲烷产量，同时会腐蚀设备（管道和锅炉等），可能发生使气柜出现漏点、沼气发电机内热交换器发生腐蚀穿透以及堵塞等现象，从而影响余热利用效率和发电效率。单独的干式脱硫和湿式脱硫均不能解决脱硫问题，必须考虑硫从系统中去除和回收的问题。

因此，对于含较高浓度硫酸盐的工业废水如部分制药废水和造纸废水，不适于选用厌氧反应器进行处理，但可以选用水解工艺，将反应控制在水解酸化阶段，提高废水的可生化性，继而再进行好氧处理。

⑥ 预水解。对于原水水质成分复杂、反应条件不宜控制或原水含有毒性污染物的厌氧反应器系统，不容易及时发现运行问题，一旦发生酸化和厌氧反应器污泥性状改变等问题，则厌氧反应器恢复效率低，所需时间非常长，会影响整个工程的处理效率。因此，建议将水解酸化池与厌氧反应器分开设计，预水解可以初步分解一部分难降解物质，改变甲烷菌抑制性污染物的结构，有利于后续厌氧反应器的产甲烷反应效果。当原水存在较

高的 Ca^{2+} 时，预水解酸化可避免厌氧反应器的颗粒污泥表面产生结垢。在水解工艺段监测碱度、pH、温度及相关指标并进行及时调整，有利于后续产甲烷阶段厌氧反应器能正常、稳定运行。

5.6.5.2 反应器池容计算

厌氧反应器池容一般按照以下四种方法进行计算。

① 进水有机容积负荷（注意不是去除有机负荷）：根据经验或试验数据确定。

对于不同废水，负荷相差非常大，即使是同样废水，可能因为原料、生产工艺、添加剂、产品种类、不同产品产量和清污分流状况而导致废水水质和特性不同，需要采用不同的设计参数，例如同样是乳品废水，生产普通乳品和生产冰激凌则废水水质不同，所需要采用的负荷差别较大，经验性的数据如果没有，则应通过小试和中试确定。一些典型废水的负荷参见表5-1。

表5-1 国内外生产性UASB装置的设计负荷统计表

序号	废水类型	COD负荷/[kgCOD/(m³·d)]							
		国外资料				国内资料			
		平均	最高	最低	厂家数	平均	最高	最低	厂家数
1	酒精生产	11.6	15.7	7.1	7	6.5	20.0	2.0	15
2	啤酒厂	9.8	18.8	5.6	80	5.3	8.0	5.0	10
3	造酒厂	13.9	18.5	9.9	36	6.4	10.0	4.0	8
4	葡萄酒厂	10.2	12.0	8.0	4				
5	清凉饮料	6.8	12.0	1.8	8	5.0	5.0	5.0	12
6	小麦淀粉	8.6	10.7	6.6	6				
7	淀粉	9.2	11.4	6.4	6	5.4	8.0	2.7	2
8	土豆加工等	9.5	16.8	4.0	24				
9	酵母业	9.8	12.4	6.0	16	6.0	6.0	6.0	1
10	柠檬酸生产	8.4	14.3	1.0	3	14.8	20.0	6.5	3
11	味精					3.2	4.0	2.3	2
12	再生纸，纸浆	12.3	20.0	7.9	15				
13	造纸	12.7	38.9	6.0	39				
14	食品加工	9.1	13.3	0.8	10	3.5	4.0	3.0	2
15	屠宰废水	6.2	6.2	6.2	1	3.1	4.0	2.3	4
16	制糖	15.2	22.5	8.2	12				
17	制药厂	10.9	33.2	6.3	11	5.0	8.0	0.8	5
18	家畜饲料厂	10.5	10.5	10.5	1				
19	垃圾滤液	9.9	12.0	7.9	7				

② 停留时间：根据经验或试验数据确定。

③ 水力负荷：UASB水力负荷（空塔水流速度）0.1～0.9m³/(m²·h)；EGSB高径比3～5，上升流速5～10m/h。

④ 空塔气流速：空塔气流速度应小于1.0m/h。

空塔气流速度=产气量÷UASB截面积

如果以上四种方法算出的结果不一致，可以在允许范围内调整负荷和停留时间，尽量使池容和尺寸满足四种算法的参数范围。设计中如果由于UASB的停留时间太长导致上升流速过低，可采用出水回流方式解决，提高流速，对于一些难降解废水回流比可达到4倍以

上。如果厌氧反应器后设厌氧沉淀池，则可进行污泥回流。回流还有一个优点是可以稀释来水浓度，降低来水中有毒有害物质的生物毒性，使反应器运行更稳定。

为了增大负荷，可采取以下方法：增加内循环，提高反应效率；增加机械搅拌；沼气搅拌，如图 5-19 所示。

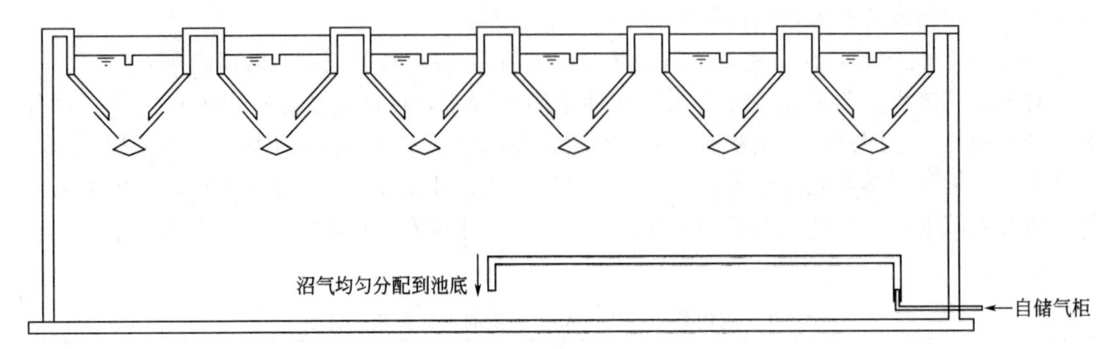

图 5-19　沼气搅拌示意图

厌氧反应器宜分组设计，组数≥2。每组的容积不宜大于 1000m³，避免布水和排泥不均。反应器有效高度 4.5～6m（其中污泥床高度占 1/3～1/4，悬浮层高度占 2/3～3/4），按照有效装液量 70%～90%反算，反应器总高为 6～7.5m 左右（总高＝超高 0.5m＋分离出流区高度＋有效高度），最大不超过 10m。矩形厌氧反应器长宽比不大于 2∶1 为宜。按照以上方法计算出的池体尺寸仍不是最终的尺寸，需要根据厌氧池组数和长宽尺寸画草图，进行三相分离器设计，如果所选尺寸能满足三相分离器的各部分尺寸的流速要求，则可以确定池体尺寸，否则需要根据三相分离器的要求调整池型和尺寸，但反应器的容积和尺寸需要满足负荷和停留时间。此外，平面尺寸的调整还需要结合总图进行，需要和总图专业充分沟通后确定。

5.6.5.3　进水配水

以 UASB 厌氧反应器为例，进水要保证尽量均匀，避免堵塞，并且起到水力搅拌的作用。可采用旋转布水器、虹吸脉冲布水器、一管一点或穿孔管环状布水，可参见相关文献资料。配水管设计示例如图 5-20 所示。脉冲布水器结构复杂，容易堵塞，造价较高，单个出水口服务面积小，适用于小型 UASB 池；圆形布水方式适用于圆形 UASB 池（在矩形池中易有死角），布水较均匀，但也有容易堵塞的问题；穿孔配水为每个孔配两个挡流翼板，挡流翼板为 200mm×200mm×4mm 钢板，孔口流速 1.5～2m/s。每个孔的服务面积宜根据反应器容积负荷进行调整，如表 5-2 所示。

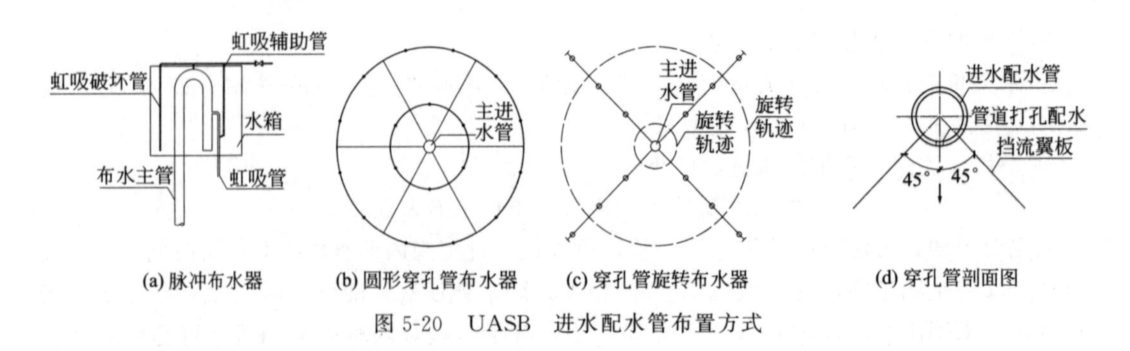

图 5-20　UASB　进水配水管布置方式

表 5-2 不同条件下进水点设置的粗略指标

污泥类型	反应器 COD_{Cr}容积负荷/[kg/(m^3·d)]	每个进水点的服务面积/m^2
絮凝污泥(TSS),质量浓度>40g/L	<1.0	0.5~1
	1~2	1~2
	>2	2~3
絮凝污泥(TSS),质量浓度20~40g/L	<1~2	1~2
	>3	2~5
颗粒污泥	<2	0.5~1
	2~4	0.5~2
	>4	>2

第三代厌氧反应器（EGSB）的布水比UASB简单，容易做到配水均匀，一般可以采用大阻力配水系统，进水负荷为2m^3/个布水口。

穿孔管均匀排布在池底，可实现均匀布水，是较常采用的进水布水方式，但是容易堵塞，改进措施是采用压力进水，压力进水干管在池外分出多条支管通入池内，每条支管上连接阀门，常开状态。定期通过关闭大部分阀门只留个别阀门保持开启状态用压力水冲洗，解决该阀门所连接穿孔管路上的堵塞问题，每个进水管路和阀门的冲洗都可以这样依次来做，清理管道内污泥，降低堵塞概率。进水管通到各组厌氧池的干管上最高点要设放气阀。

5.6.5.4 三相分离器

三相分离器设计主要考虑如下因素：

① 水和污泥的混合物在进入沉淀室之前，气泡必须得到分离；

② 混合液在进入沉淀区前，通过入流孔道的流速不大于颗粒污泥的沉降速度；

③ 沉淀区斜壁角度要适当，应使沉淀在斜底上的污泥不集聚，尽快滑回反应区；

④ 应防止气室产生大量的泡沫，并控制气室的高度，防止浮渣堵塞出气管；

⑤ 由于厌氧污泥具有凝结的性质，液流上升通过泥层时，应有利于在沉淀器中形成污泥层。

典型的三相分离器有三种，如图5-21所示。

图5-21中，A和B两种型式的三相分离器及变形的设计计算参见颜智勇等、王凯军、沈耀良和张自杰等的论文和著作，参考表5-3所示的流速计算三相分离器的尺寸。

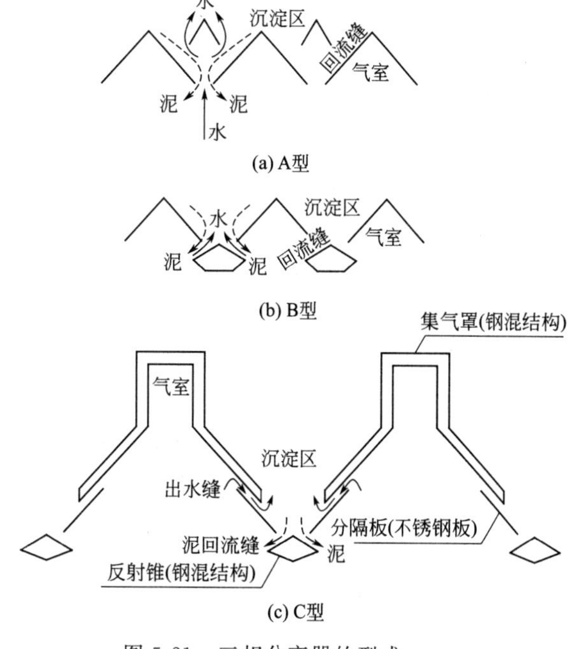

图5-21 三相分离器的型式

表 5-3　三相分离器计算取值

参　数	反应器		设计值/(m/h)
反应器内上升流速	UASB	颗粒污泥床	1.25～3
		絮状污泥床	0.75～1
	EGSB		5～10
沉淀区泥水升流速（沉淀区表面负荷）	UASB	颗粒床	≤8
		絮状污泥床	≤1.5 实际应小于 2
	EGSB		<3m/h
污泥回流缝中混合液上升流速	UASB	颗粒床	≤12
		絮状污泥床	≤3 实际应小于 2
气体上升流速	UASB	颗粒床	≥1
		絮状污泥床	≥1

从工程实践经验来看，A 和 B 两种型式主要存在如下问题。

① 跑泥。A 和 B 这两种三相分离器方式都存在泥水分离不理想（即跑泥）的问题，原因是回流缝同时存在气水上升和泥下降三种流体，互相有干扰，影响分离效果，从而最终影响处理效果。尤其是进水水量发生变化时。

② 腐蚀。由于存在沼气和水泥界面，非常容易腐蚀，有时废水中硫酸盐浓度高时更增加了腐蚀性，甚至普通不锈钢都会腐蚀，因此造价非常高。

③ 上浮。由于采用钢制结构，气室和池水浮力造成三相分离器的上浮力较大，时间长了会损坏三相分离器的固定点，造成沼气漏气。

④ 堵塞。污水污泥中的渣滓会黏着在三相分离器气室内壁，造成气室堵塞，设计中需要设反洗管冲洗，实际运行中很难冲洗干净。

C 型三相分离器较好地克服了前两种三相分离器的缺点，集气罩和反射锥都可采用钢混结构，在工程实践中得到了较好的应用，主要有如下优势：

① 改善了跑泥现象。污泥回流在回流缝区域附近进行，气水分离在出水缝前面完成，由于把功能区分开，气液分离、污泥沉淀、污泥回流和水流上升都互不干扰，污泥回流通畅，泥水分离效果较好，气体分离效果也较好。

② 避免了腐蚀问题。集气罩设计成钢筋混凝土结构，下面的反射锥也可以设计成钢筋混凝土结构，中间的隔离板不怎么受力，甚至可以用 PVC 材质，与 A 和 B 相比，施工非常方便，且大大降低了造价。

③ 气室面积大，不易堵塞。

④ 避免了上浮问题。

C 型三相分离器的设计计算可参考《废水生物处理设计实例详解》，设计中需要注意原书的计算公式中针对的集气罩为钢制结构，其厚度忽略不计，而在实际工程设计中集气罩和反射锥都可采用钢混结构，此时集气罩的厚度对于整个沉淀区的负荷、池边长尺寸都会有较大影响，气室侵占了一部分沉淀表面积，造成同样尺寸下沉淀区的沉淀负荷大于其他两种型式的三相分离器，需要调整厌氧池尺寸。因此，计算完成后核对各部分的尺寸在满足流速的前提下，需要最后调整厌氧反应器的池体尺寸，以保证合理的沉淀区负荷。

图 5-21 中 C 型三相分离器的计算图如图 5-22 所示。

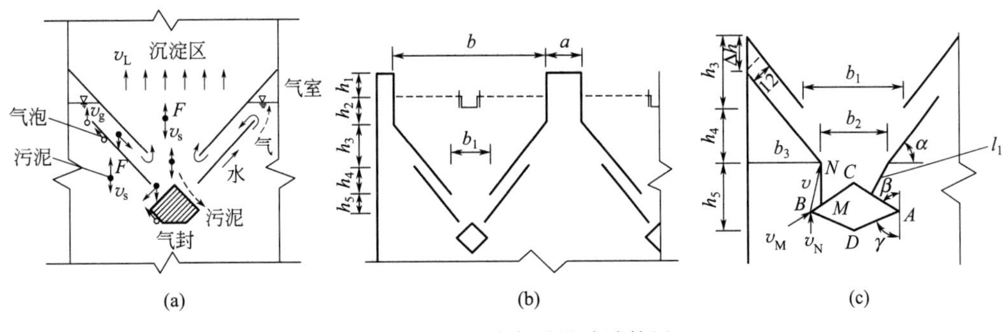

图 5-22 三相分离器设计计算图

三相分离器的主要参数如下：

① 沉淀室底部进水口宽度 b_1，此处水流速应<$2m^3/(m^2 \cdot h)$。

② 沉淀区表面负荷（n 个三相分离器，n 个 b 覆盖的面积上负荷的水量)<$0.7m^3/(m^2 \cdot h)$。

③ 沉淀区进水口水流上升流速（n 个三相分离器，n 个 b_1 覆盖的面积上负荷的水量)<$2m^3/(m^2 \cdot h)$。

④ 上部液面距反应器顶部距离 h_1 应>0.2m，可取 0.5m。

⑤ 集气罩顶以上的覆盖水深 h_2 为 0.5～1.0m。

⑥ 沉淀区斜面高度 h_3 为 0.5～1.0m。

⑦ 无论采用哪种型式的三相分离器，其沉淀区水深应≥1.0m，不超过 2m，并且沉淀区的水力停留时间宜为 1～1.5h。

⑧ 沉淀区斜壁倾斜度 α 为 45°～60°。

⑨ 反射锥 β 为 60°，γ 为 70°。

⑩ 设有 70%废水通过出水缝进入沉淀区，30%废水通过回流缝进入沉淀区，v_M 应<2m/h，则$\frac{v_N}{v_M}>\frac{MN}{MB}$。

三相分离器出气口应多设几个，同时放大出气管径，防止堵塞。每一组厌氧反应器内在同一高度上的三相分离器沼气总管要设单独的水封罐。

沼气腐蚀性强，管道材质为不锈钢。

此外还可以通过如下设计改进三相分离器：增加一个可以旋转的叶片，在三相分离器底部产生一股向下水流，有利于污泥的回流；采用筛鼓或细格栅，可以截留细小颗粒污泥；在反应器内设置搅拌器，使气泡与颗粒污泥分离；在出水堰处设置挡板，以截留颗粒污泥。

5.6.5.5 水封罐

每组厌氧反应池内的三相分离器收集的沼气通过沼气总管通到水封罐，调节水封罐中水位即可调整沼气的压力。水封罐上安装一个“U 型”装置用于注水，在不同高度上设阀门，操作不同高度的阀门可以调节水位高低，如图 5-23 所示。水封罐应设排空管。注水可用自来水，自来水管道上设逆流防

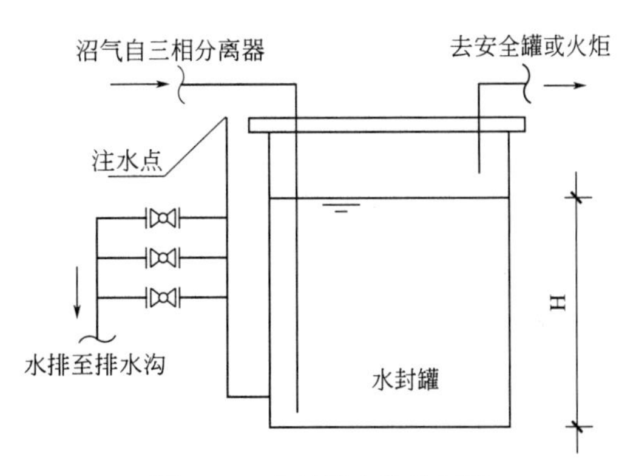

图 5-23 水封罐水位控制图

止器。

另外一种方法是在水封罐上安装一个溢流水出水管道，该管道用螺纹连接，调节水封罐水位。

水封罐的面积一般为进气管面积的 4 倍。

当不设安全罐时：

水封罐的水位高度 $H=H_1+H_2-$三相分离器气室至水封罐的沿程阻力损失。

H_1 和 H_2 尺寸如图 5-24 所示。H_2 为集气室液面与三相分离器顶部距离，对于 A 型和 B 型三相分离器，一般不小于 0.7～1.0m，并设浮渣排放口和反冲洗管道。对于 C 型三相分离器，H_2 取 0.2m 以上。集气室的压力等于水封罐水深压力。

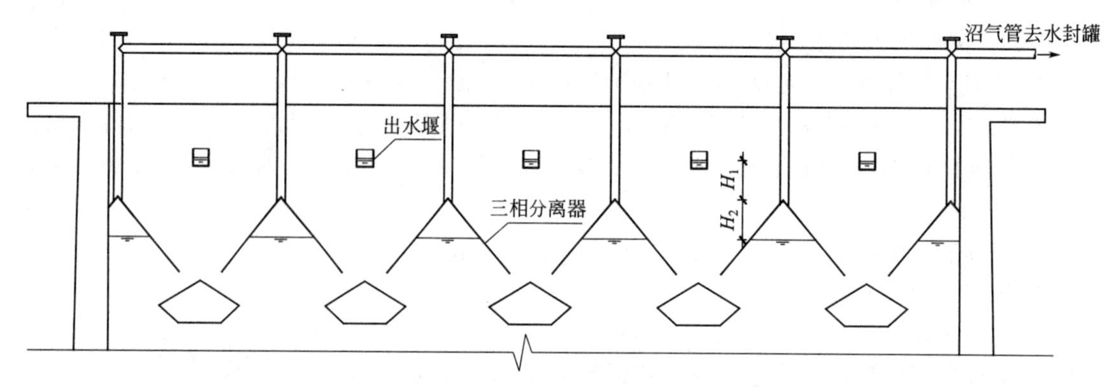

图 5-24 水封罐水深计算图

建议沼气收集系统采用安全罐，安全罐的设计可以降低水封罐的高度，同时可设安全阀。沼气管在罐内水位以下长度的关系为：$h_1=h_2+h_3$，高度定义如图 5-25 所示。h_3 一般取 300～400mm。

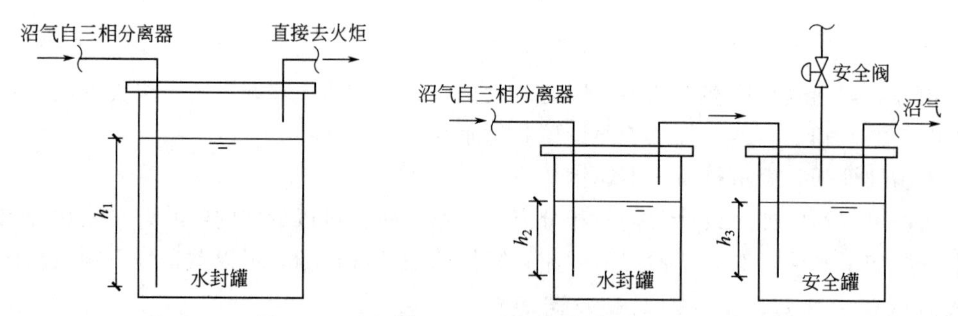

图 5-25 水封罐和安全罐沼气管连接示意图

水封罐或安全罐最终出气管道通往火炬的管道上需要设闸阀、压力传感器、必要的流量计和电动阀，方便维修。水封罐和安全罐都需要设池底放空管和补水管道。火炬要设防风罩。寒冷地区水封罐和安全罐要放室内，设计必要的通风和报警装置，罐外采用酚醛玻璃棉保温，外做石棉水泥保护层，罐内冬季添加防冻液。

5.6.5.6 排泥及放空

为了保证良好的排泥均匀性，不建议进水布水管和排泥管合二为一的做法，宜将排泥管和布水管分开，但是进水布水管可以接支管和阀门连接到排泥管，阀门常闭，排泥管日常正常排泥，需要的时候开启进水布水管连接到排泥管的阀门，排除池底部和布水管中污泥。厌氧反应器应考虑在垂直方向上、中、下不同位置排泥，排泥管在竖直方向设阀门，间歇打开排泥。上层排泥点距离三相分离器距离约0.5m，底部排泥管位于布水管之下。均布多点排泥，每10m^2一个排泥点，专设排泥管径不应小于200mm。

建议沿反应器高度设置3～5个污泥取样口，口径不小于100mm。

剩余污泥量的确定与每天去除的有机物量及废水性质有关，可根据经验数据计算。一般情况下可按每去除1kgCOD产生0.04～0.15kgVSS或每去除1kgBOD产生0.07～0.25kgVSS计算污泥表观产率，VSS/SS根据经验或试验确定，一般取0.8可实现污泥颗粒化。厌氧污泥的含水率为98%。排泥管道上（管道较长或转弯处）应设清通井，清通井的做法参考标准图集，方便清通污泥管路。

排空由污泥泵从排泥管强排，比重力排泥效果好，不易堵塞。

5.6.5.7 沼气相关

沼气产率根据经验或试验确定，如果没有数据，可参考沼气表观产率每去除1kgCOD产沼气0.35～0.4m^3计算。沼气热值4500kcal/m^3，21～23MJ/m^3。沼气含量70%～80%。沼气收集后一般有提纯制备高品质天然气、发电和用于蒸汽锅炉等用途。一般在水封罐、安全罐后面接气水分离器和脱硫塔作为沼气利用的预处理工艺。气水分离器前应加净化装置，分离器中预装填料，出气管装流量计及压力表。经气水分离后，气体中大量的冷凝水和粉尘被分离出去。对于沼气发电，需要进一步降温，干燥并分离气体中的酸性气体和硅化合物，冷冻分离后进入细过滤器，除去气体中的固态粉尘，再经脱硫塔后调温进入发电机组。脱硫塔结构图如图5-26所示。多余沼气则进入火炬燃烧。火炬的位置和高度要符合规范要求，要和周围设施保持安全距离。

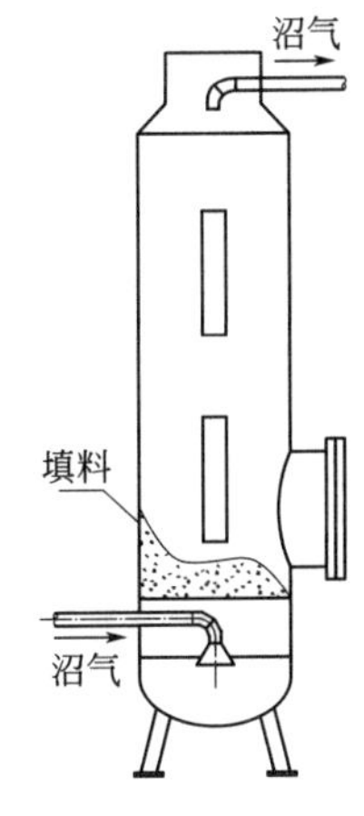

图5-26 脱硫塔结构图

由于沼气中含有硫化物等腐蚀气体，厌氧反应器应采用防腐材质，三相分离器可选择不锈钢或部分混凝土的结构，所有输气管道都应为不锈钢。

5.7 水解酸化池

水解酸化工艺是利用水解产酸菌和甲烷菌生长速度不同，将厌氧处理控制在最先发生的、反应时间较短的水解和酸化阶段，在产甲烷阶段之前结束反应。原水在缺氧条件下与池体内污泥层中的高浓度水解细菌和酸化菌等兼氧微生物接触反应，将不溶性有机物水解为溶解性有机物，将难生物降解的大分子物质转化为易生物降解的小分子物质，提高废水的可生物降解性。同时，原水中的悬浮物与胶体物质被污泥层截留并吸附，可替代初沉池。

水解酸化工艺条件的可调节性可为下游产甲烷完全厌氧反应器提供较佳预处理，确保完全厌氧反应的稳定运行。

对于废水中含高浓度硫酸盐的废水，厌氧过程中硫酸盐氧化和蛋白质分解都会释出S^{2-}，会对厌氧系统产生不利影响，甚至造成厌氧系统瘫痪和设备腐蚀严重，这种情况下不适合采用厌氧工艺处理，但是可以采用水解酸化工艺进行处理，便于提高废水的可生物降解性并降解一部分COD，利于降低后续好氧工艺的能耗和池容，提高后续好氧处理工艺的处

理效率。

水解酸化应用于COD浓度不高的难降解工业废水和工业水比例较高的市政污水处理，在屠宰、啤酒、造纸、炼油、印染、化工、皮革、纺织等工业废水处理方面有较成熟的应用。

水解酸化工艺的预处理工艺与厌氧反应器相似，但是水解酸化池本身的控制条件没有厌氧反应器那么苛刻，在允许范围内，温度越高效果越好。

按搅拌型式分类，水解酸化池分如下两种型式。

第一种为机械搅拌型式，可根据池型选用潜水搅拌机或推流器，有效水深和平面尺寸的取值主要考虑节约占地、搅拌机的最佳效率要求和降低能耗等因素。污泥回流比50%～100%。

第二种为水力搅拌型式，在池底设均匀布水，兼有水力搅拌作用，液面设置平行且均匀布置的出水堰均匀出水。有效水深宜取6.0m～7.0m，结构与厌氧反应器类似，污水从底部通过大阻力均匀布水管（或布水器）进入池体。水力搅拌要保证布水均匀、满足搅拌强度且避免死角和短流。二沉池回流污泥接入水解酸化池，除了起到增加水解酸化池污泥浓度（污泥混合区浓度可达20000mg/L）实现污泥消化稳定的作用，还起到搅拌水解酸化池底部污泥的作用，使污泥处于悬浮状态并且与进入的废水充分混合。污泥层起过滤作用，截留和吸附水中颗粒物质与胶体物质。污泥回流量为进水量10%～30%或池容的20%～30%。布水管设计思路可参见5.6节相关内容，布水系统要考虑排除堵塞的设计。

水解酸化池的污泥层高度一般取2.5～3.0m，清水区1.0～1.5m，超高0.5m，过渡区0.5～1.0m。

处理效率改进措施主要包括以下几点。

① 填料。对于可生物降解性差和有特殊难降解物质的工业废水，可考虑在水解酸化池中加填料。填料对被不断搅动的废水有水力切割作用，可使悬浮状态的污泥与水充分混合，使固体有机物质降解为溶解性物质，提高废水的可生物降解性，利于在填料载体上驯化和培养高浓度有针对性降解功能的微生物，强化水解酸化的功能，提高有机物和悬浮物的去除率，降低下游好氧生化处理的池容，减少污泥量。

② 出水回流。当来水中有生物抑制成分时可考虑设出水回流，以降低来水污染物浓度，降低毒性污染物对生物处理的不利影响。

水解酸化过程中COD的变化分三种情况：一般情况下，水解酸化对COD有一定的去除率，不同种类废水差别较大；对于一些工业废水，水解酸化不一定能明显降低COD，而只是改善了废水的可生化性，利于后续好氧工艺的处理效率的提高，降低残余不可生化污染物的浓度；个别情况下COD在经过水解酸化后有所上升，需要具体分析原因。如果污水中复杂有机物水解后结构发生变化引起COD上升，而水解产物导致污水的可生化提高，则水解酸化的设置是必要的，有利于提高下游生物处理的效率，不能仅根据COD在水解酸化工艺段没有处理效果就否定水解酸化设置的必要性；如果水解处理后COD上升是由于菌胶团流失到出水中造成的，则应调整运行参数，改善水解酸化的运行效果。

一般情况下污水进入水解酸化池后进行充分的氨化作用，出水氨氮比进水有所增加，在一定条件下，有可能实现厌氧氨氧化，对氨氮和总氮有一定去除率，但是反应条件需要严格控制。

水解酸化后pH有所降低。

水解酸化池的主要设计参数是停留时间、上升流速、负荷、污染物去除率和泥龄，泥龄控制很关键。去除率、负荷和停留时间与原水水质、环境条件（水温、pH、营养成分和毒性抑制成分等）、废水成分、废水特性和其他设计参数有关，一般根据经验和试验数据取值。

普通市政污水的停留时间为2.5～4.5h；印染废水的停留时间设计为24～36h甚至更长，与染料种类、印染工艺和浓度都有很大关系；造纸废水中段水的水解也可达24h以上，和原水使用的造纸浆种类有很大关系。

上升流速需要保证污泥不沉积，且不能使活性污泥流失，但是上升流速过低会造成甲烷菌的繁殖，不利于将反应控制在水解酸化阶段，因此上升流速宜控制在0.6～1.5m/h。

出水方式采用出水槽和三角堰的型式。三角堰的堰负荷取值参考沉淀池的堰负荷，堰负荷不宜过低造成堰上水头低，矩形水解酸化池的出水堰可采用多组平行布置的出水堰，均布在水解池液位位置，类似于UASB的出水堰的设计，如图5-27所示。圆形水解酸化池的出水堰可采用放射状。满足堰负荷要求的同时要保证三角堰均布在池平面内，必要时三角堰可间隔布置，如图5-28所示。

图5-27　水解酸化池出水槽示例1

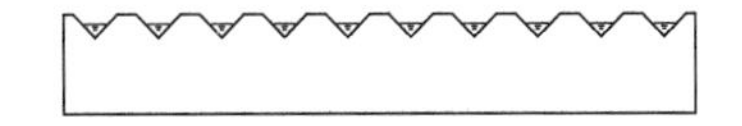

图5-28　水解酸化池出水堰示例2

水解酸化池的排泥宜在污泥层采用竖直方向不同高度设置排泥点和取样口，排泥管伸入池内水平位置不同点，或设穿孔管，实现均匀排泥，池底设排砂排泥设施。排泥为间歇排泥，可设污泥界面仪控制排泥。

除了上述传统技术，生物转盘式水解强化新技术在国内外的应用逐渐增多，尤其在现有水厂不扩地不停水改造中凸显优势。此类技术使用转盘型式增加污泥浓度，改善污泥沉降性，转盘全部浸没于水中，过流时间约10min。转盘上附着的微生物含高浓度水解酶（显著高于传统活性污泥法），可将大分子的有机物如碳水化合物、脂肪和蛋白质等分解为溶解态小分子化合物，更容易进入菌胶团内部，并易被微生物利用于脱氮，因此，缩短了下游缺氧—好氧工艺停留时间，强化了脱氮除磷效果，减少碳源投加，降低电耗，无需投加药剂和营养液，实现不扩容而扩规模的在线改造，对普通市政污水厂可实现提高处理规模约30%～

50%的目标。同时，水解产物更利于形成类似于颗粒活性污泥的、比传统活性污泥更大更重的污泥团，明显改善污泥沉降性，提升下游二沉池的负荷约30%～50%，达到无需改造二沉池即可实现扩规模改造的目的。

5.8 低温生物强化处理技术

在北方寒冷地区由于有取暖设施，通常市政污水温度高于10℃，但是如果出现管网渗入河水或地下水、中途泵站多或者采用明渠输水等情况时，会造成水温低于10℃，生化效率下降。对于已建成项目，可考虑低温生化处理强化措施，如蒸汽升温、投加低温菌、投加活性炭、提高活性污泥浓度和投加生物填料等；对于实际运行水温低于设计值需要进行改造的工程，除了扩容扩地，还可考虑生物倍增、EBIS微氧循环流、低温菌或菌藻类转盘BBR、MBR和MBBR等生化工艺，这些工艺占地小，有可能实现不扩地改造、在原位扩规模或提标改造。

（1）生物倍增工艺

生物倍增工艺是一种改良AO工艺，去除COD的理论基础和传统的好氧活性污泥反应的理论基础基本相同。工艺流程为污水经预处理后进入厌氧区，完成除磷功能后，在厌氧区末端进入低氧曝气区前端，与空气推流区产生的大比例倍数循环的泥水混合液迅速混合。由于前端溶解氧都被微生物降解有机物所消耗，溶解氧浓度0～0.05mg/L，低氧的环境下微生物对水中COD、氨氮、总氮等污染物进行去除。在曝气池后半段，负荷降低，溶解氧开始有富余，溶解氧升高到0.5～1.0mg/L。在这样的溶解氧浓度条件下，可能实现短程硝化反硝化和全程硝化反硝化两种过程。

工艺流程如图5-29所示，该工艺对于高总氮、水温极低等处理难度大的污水具有良好的处理效果。

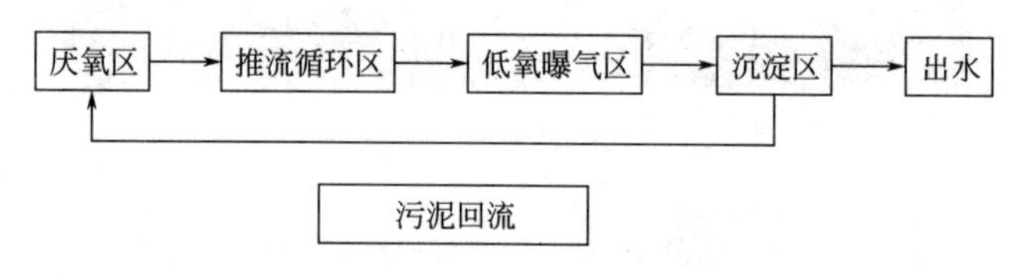

图5-29 生物倍增工艺流程

① 主要设计参数。污泥浓度6～8g/L，混合液回流比大于15，以7℃市政生活污水为例，停留时间约为传统AAO工艺的65%～75%，池容缩小以及低曝气量条件下对水面搅动幅度小，散热速度慢。

由于高污泥浓度对应生物量大，可以弥补低温情况下硝化反应速率低的不足。低氧条件下同步脱氮，可以提高反应效率，同时节省碳源。高污泥浓度及混合液大比例循环稀释，提高了系统稳定性，硝化系统不易遭受冲击。高污泥浓度带来的高容积负荷，生物反应放热量大，可一定程度上提高生化池水温。

② 工程案例。某市政污水厂提标改造工程，设计水量10000t/d，工艺流程为“预处理+CASS+高效澄清池+滤布滤池”，CASS池共4格，设计水质为COD 350mg/L、SS 150mg/L、TP 4mg/L、TN 55mg/L、氨氮40mg/L、水温10℃。原出水标准为COD 60mg/L、TN 20mg/L、氨氮8mg/L，提标后出水要求COD 50mg/L、TN 15mg/L、氨氮5mg/L。采用

生物倍增技术改造其两格 CASS 池，CASS 池内设置生物池和矩形二沉池，生化停留时间为 14.7h，剩余未改造的两格 CASS 池可用于未来扩容。

(2) 低温菌或菌藻类转盘 BBR

低温菌或菌藻类转盘 BBR 技术是在回转网状生物转盘接触反应器及生化池内进行生化处理，生物转盘富集芽孢杆菌、菌藻或其他微生物，可在低温下实现高效脱氮，在不扩容扩规模的提标改造工程中也显现优势。

以芽孢杆菌 BBR 生化处理系统为例，结构主要由混合池、BBR 转盘和曝气池组成，既结合了附着型生物处理和悬浮型生物处理技术，兼具缺氧、兼氧、好氧生化处理段，又引入了优选强势复合菌种芽孢杆菌，此时需持续添加营养液维持菌体浓度。

① 主要设计参数。混合池 DO 约 0.2～0.3mg/L，主要进行反硝化作用；转盘池 DO 约 0.2mg/L，有异化作用，池体内发生反硝化和释磷反应，有 10%～30%为短程硝化反硝化，可吸收氨氮或铵态氮转换成细胞物质。

曝气池整体处于低溶解氧状态，为 4 格等容池体。

1#曝气池 DO 约 0.2～0.3mg/L，处于低溶解氧状态，混合液回流至混合配水槽前端，1#曝气池有回流液的存在，有氨化作用，实现反硝化，以去除 COD 和 TN 为主。

2#曝气池 DO 约 0.6～0.8mg/L，处于微氧状态，适宜类亚硝化菌的菌属富集。有部分短程硝化反硝化，以去除 COD 和氨氮为主。

3#曝气池 DO 为 1～1.5mg/L 左右，实现 COD、BOD 的高效去除及氮的转化，有部分短程硝化反硝化及吸磷过程。

4#曝气池 DO 与 3#曝气池接近，主要因水温较低，需维持水体溶解氧，使系统氮的形态维持和 COD、BOD 的进一步去除。在温度较高的情况下，3#曝气池能大幅度降低 COD、BOD，可降低 4#曝气池溶解氧为 0.5～0.8mg/L 进行脱氮。

② 工程案例。工程案例表明，转盘 BBR 工艺最低设计温度为 7℃，极限温度 5～6℃。停留时间约为传统 AO 工艺的 50%～70%，节约了占地。碳氮比要求 C/N≥2.0，实际工程最低 BOD_5/TN 可达 1.6～2.2，无需投加碳源，较传统工艺低（C/N≥2.86），可降低碳源消耗，但是增加了营养液的成本消耗。由于采用 DO 为 0.1～1.0，曝气量小，运行成本较低。

5.9 EBIS 微氧循环流工艺

EBIS 微氧循环流工艺是以活性污泥法为基础的生化处理工艺，近十余年已在全国 16 个省市自治区得到成熟应用。工程案例涉及市政、石化、印染、养殖、工业园区、精细化工、垃圾渗滤液和煤化工废水处理等领域。对于高氨氮、高 COD、可生化性较差和低温污水，该工艺具有占地少、同步脱氮和耐冲击性强的特点。

5.9.1 工艺原理和特点

EBIS 微氧循环流工艺去除 COD 和 TP 的理论基础和传统的好氧活性污泥反应的理论基础相同。在脱氮环节，EBIS 控制溶解氧在 0.05～0.5mg/L，为同步硝化反硝化提供了条件，可在单一池体内实现短程硝化反硝化和全程硝化反硝化两种过程，简化了流程，降低投资和占地。

EBIS技术的工艺原理和特点主要包括：

① 污泥浓度高，占地少。活性污泥浓度为传统活性污泥的1.5～2倍，可提高污泥龄，降低池容和剩余污泥量。高浓度污泥有利于培养慢速生长菌种，有利于提高对难降解有机物的适应能力，提高对COD和难降解污染物的降解效率。对于市政污水，停留时间为传统工艺的60%～70%，降低池容、占地和投资。

② 低溶解氧有利于菌群优化和多样性，剩余污泥量低。通过溶解氧监测仪自控回路控制鼓风机风量实现溶解氧浓度稳定在0.5mg/L左右，改变了传统活性污泥的微生物菌群和特性，使生物池中的菌群逐步适应毒性或生物抑制物质，生物具有多样性，提高了对难降解污染物的处理能力。污泥产量约为传统工艺的65%～70%。对于某些无需除磷的工业废水，能实现剩余污泥零排放，系统自身达到较好的平衡。

③ 水力结构优化。在生化池内控制几十倍甚至上百倍的混合液内循环，用池内低氧曝气区末端的混合液推流到前端，大比例的循环稀释进水，不但降低了进水中有毒物质对生化系统的不利影响，而且在每个循环过程中降低有机物浓度，均匀系统内污染负荷，减小池内进水端与出水端的负荷梯度，降低处理难度，降低冲击负荷，给微生物创造稳定的生长环境，使溶解氧控制稳定，硝化系统不易遭受冲击。

④ 节能降耗。低溶解氧可节约风量和电耗，一体式结构节省了传统工艺的机泵设备，比传统工艺节省电耗约30%以上。

5.9.2 工艺流程

污水经预处理后进入厌氧区完成充分的释磷反应后，在低氧曝气区进水端与大比例倍数回流的混合液（低氧曝气区末端的泥水混合液）迅速混合均匀后进入低氧曝气区，之后进入澄清系统进行泥水分离，污泥回流至进水区与进水混合，清水由上部的集水槽收集后排入下一单元进行处理，工艺流程如图5-30所示。

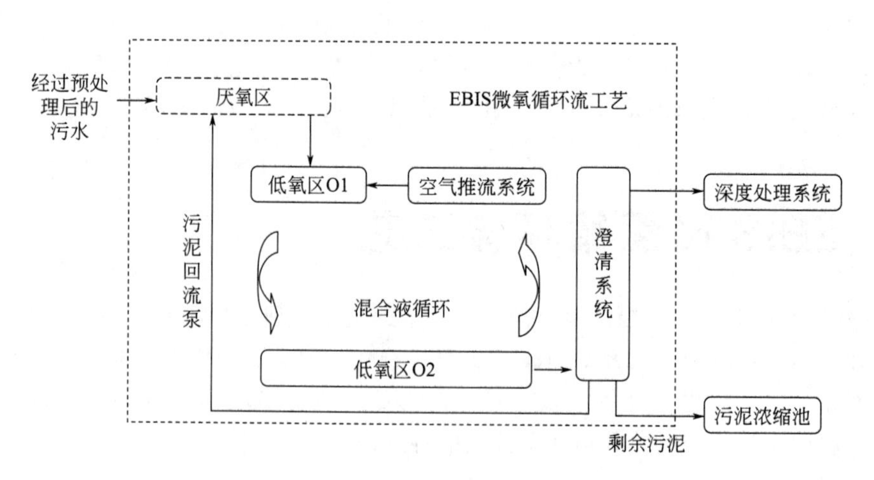

图5-30 EBIS微氧循环流工艺流程图

5.9.3 设计思路

(1) 池型设计

生化池和二沉池共壁设计属于一体化池型结构，将厌氧、好氧、泥水分离等不同处理功能的单元集中于同一反应池中，可分为厌氧区、空气推流区、曝气区、澄清区。共壁设计可节省占地和投资，同时也利于布置高比倍内循环，降低水头损失。

(2) 空气推流系统

利用空气作为推动力，结合水力结构形成节能的空气推流系统，以较低的能耗实现大比例的混合液循环，空气推流系统扬程小、能耗低，空气量为曝气风量的3%～5%，推流量大，可在生化池横向界面上实现大面积的推流效果。市政污水项目推流循环比为10～20倍。

(3) 曝气系统

采用可提升、可自清洗的微孔曝气软管曝气，地毯式铺设，曝气管间距10～15cm，曝气软管的通气量0.5～1m^3/m·h。根据住房和城乡建设部水中心试验表明，采用EBIS微氧循环流工艺的曝气方式，气泡上升的速度为0.4m/s，低于常规曝气器气泡上升速度（一般为1m/s），污水处理工程6米有效水深情况下曝气系统的氧利用率>35%。可提升曝气软管的更换，可在不停水条件下施工，便于维护。一般情况下寿命大于8年，曝气系统安装示意图如图5-31。

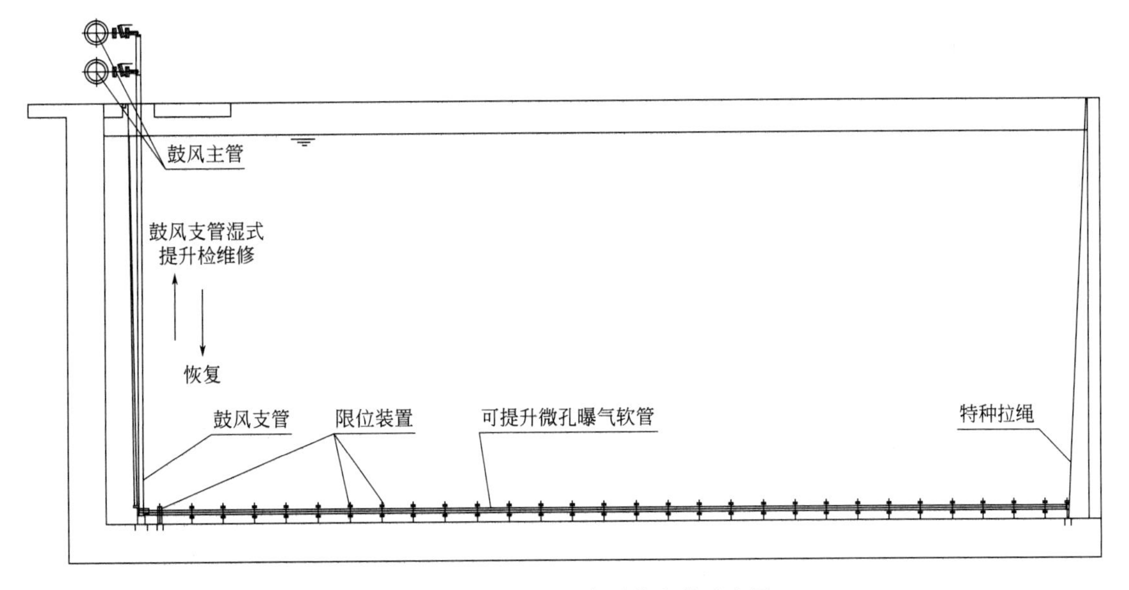

图5-31 EBIS工艺曝气系统安装示意图

(4) 溶解氧控制系统（DOCS）

溶解氧控制系统（DOCS）是EBIS微氧循环流工艺控制稳定低溶氧的关键。根据水质水量的变化以及同步脱氮过程中溶氧、氨氮、硝态氮以及总氮之间的关系，综合判断系统的实际需氧量，通过精确控制曝气风机智能调节需氧和供氧的关系，保证系统稳定的低溶氧环境。

5.9.4 工程案例

黑龙江某污水处理厂原处理规模为20000m^3/d，主体采用预处理接CAST，出水水质达到《城镇污水处理厂污染物排放标准》中的一级B标准，由于水质水量波动较大，实际处理水量只能达到10000m^3/d。2020年原有污水处理厂进行提标改造，EBIS生化系统（包含生化池、二沉池）的全部构筑物在没有新增用地的情况下，采用EBIS微氧循环流工艺扩容

为 25000m³/d 且提标为一级 A，改造后的工艺流程为：粗格栅及提升泵房→细格栅及沉砂池→EBIS 池→混凝沉淀池→滤布滤池→紫外消毒→出水。提标占用了原来 8 组生化池中的 4 组，剩余 4 组预留到远期可进一步扩容，在不增加池容的基础上，规模可从 20000m³/d 扩建为 50000m³/d。主要技术参数见表 5-4 和表 5-5。

表 5-4　改造前后技术参数表（单池，共 4 池）

项　　目	CAST 工艺	EBIS 工艺	备注
分组数量	8	4	
单池处理水量/(m^3/d)	2500	6250	
总处理水量/(m^3/d)	20000	25000	
有效水深/m	5.0	6.3	
单组有效池容/m^3	3532	4450	含沉淀池
实际总停留时间/h	33.9	17.1	含沉淀池
实际容积负荷/(kgCOD/m^3·d)	0.33	0.66	
沉淀池表面负荷/(m^3/m^2·h)	—	1.21	
污泥浓度/(g/L)	2～4	5～8	
溶氧控制/(mg/L)	2～4	0.5～0.8	
最低运行温度/℃	5～6	6～7.5	冬季相同条件下实测

表 5-5　生化池主要运行指标表

项目	生化进水水质	生化出水水质	备注
COD_{Cr}/(mg/L)	130～400	10～30	
SS/(mg/L)	120～200	<20	
NH_3-N/(mg/L)	30～70	0.5～1	
TN/(mg/L)	40～85	8～14	无碳源补充情况下
pH	6～9	6～9	
TP/(mg/L)	5～10	1～3	

上述低温处理案例表明，EBIS 工艺应用于寒冷地区的技术优势在于：

① 高污泥浓度对应生物量大，生物反应放热量大，可以保持甚至提高生化池水温，弥补低温情况下硝化反应速率低的不足。

② 低氧条件下同步脱氮，可以提高反应效率，同时节省碳源和电耗。

③ 高污泥浓度及混合液大比例循环稀释，提高了系统稳定性和抗冲击负荷能力。

④ 一体化的池型结构有助于生化池水温的保持，低曝气量条件下，对水面搅动幅度小，散热速度慢；低占地面积（散热面积）有助于生化池水温的保持。因此，同等条件下，项目现场实际检测 CAST 池水温约 5～6℃，EBIS 池水温 6～7.5℃。

第6章 消毒处理工艺

确定消毒工艺方式时需要先综合比较臭氧、液氯、紫外、次氯酸钠和二氧化氯五种常用的工艺，主要比较的方面包括消毒效果、当地环保要求和政策、受纳水体的敏感性和对水质的要求、适用条件（温度、pH和氨浓度等）、安全性、投资、运行费用、能耗、占地、消毒反应速度、对杀菌前污水处理程度的要求、水中污染物含量对杀菌效果的影响（如COD、SS、氨、色度、浊度等）、是否有再生水回用的要求、持续杀菌能力要求和余氯要求、原料的可得性、费用和运输距离、有无二次污染和三致物质生成以及对微污染物的去除作用等。紫外消毒工艺要求水中悬浮物浓度不高于10mg/L。否则需要在紫外消毒上游加设去除SS和浊度的工艺，或者选用其他消毒工艺。

6.1 二氧化氯加氯间

二氧化氯是一种氧化剂，而非氯化剂，不与有机物发生氯取代反应，不产生三致物质。其有效氯含量是氯气的2.63倍，1g二氧化氯含有效氯2.63g。能去除废水中的铁、锰、氰化物、酚类、硫化物和恶臭物质。灭菌效果为氯气的10倍，次氯酸钠的2倍。二氧化氯是一种极易爆炸的强氧化性气体，在生产和使用时必须尽量稀释或者制成稳定的溶液。二氧化氯比氯气具有更强的杀菌能力，并且更安全，没有二次污染，不产生三致物质和有毒物质，应用日趋广泛。

6.1.1 二氧化氯发生器概述

二氧化氯的常见制备方式有电解法和化学反应合成法。化学合成法工艺流程长并消耗大量辅助化学药剂，但由于其成熟、稳定，在水处理工程中得到较广应用。化学合成法二氧化氯发生器分为复合型和高纯型，本节就复合型为例进行介绍。

复合型化学反应合成法适用的原料药剂类别较多，较多采用的是以氯酸钠、盐酸为原料，氯酸钠水溶液与盐酸在负压条件下，经过滤后被泵定量输送到二氧化氯发生器中，在一定的温度下经过负压反应生成二氧化氯与氯气的混合气体，经吸收系统吸收后生成二氧化氯为主、氯气为辅的复合消毒液，二氧化氯的含量大于70%。其反应式如下：

$$NaClO_3 + 2HCl \longrightarrow NaCl + ClO_2 + \frac{1}{2}Cl_2 + H_2O$$

在选择二氧化氯发生器的时候给供货商提供的选型参数要提供有效氯发生量，有效氯的消耗量估算值如下：

$$有效氯的消耗量(g/h) = \frac{1.5QD}{24}$$

式中，Q 为水量，m^3/d；1.5 为波动系数，当规模小于 1000t/d 时，波动系数可取到 1.8；D 为有效氯投加量，g/m^3。

有效氯投加量应根据消毒工艺上游工艺单体的除菌效果、余氯要求、试验资料以及类似工程运行经验值确定。无试验资料时，二级处理出水可采用 6～15mg/L；对于市政污水，消毒投加量为 5～10g/m^3，按照 10～12mg/L 计算设备并选型，实际运行中根据水质情况可适当降低投加量；再生水的加氯量按卫生学指标和余氯量确定；超滤膜对细菌有截留作用，超滤膜下游消毒有效氯投加量应适当降低；对于医院、屠宰、饲养和食品等含高浓度菌群的特殊工业废水，投加量需要针对性提高。

设备选型时的有效氯发生量的值要大于该有效氯消耗量的估算值，并留适当余量，满足平均流量和峰值流量的剂量要求。

每生产 1g 有效氯消耗氯酸钠 0.7～0.9g（纯度 99％的干粉，转化率按 70％～85％计算），配成 30％～33％溶液使用。需要盐酸（浓度 31％）1.6～1.7g（转化率按 80％～85％计算），氯酸钠的纯度要求达到 99％以上。

6.1.2 设计接口条件

设计前要确认的接口条件和信息包括：可用地尺寸及在总图的位置；待消毒来水水质情况和菌群特点、数量；消毒要求；动力水泵位置和来水管接口条件（对于一级 A 出水标准的水厂，动力水泵水源通常为消毒后回用水）；自来水给水管接口条件；所产生污水、排空等排水管与总图的接口条件；原料药剂来源、规格、运距和运费；下游接触消毒池位置和管道接口条件；加氯间周围道路条件；上下游水位或范围；地坪标高；冻土层、管道覆土深度和保温等相关要求；地质、气候等其他设计条件；仪表、自控和电气条件等。

根据接口条件，设计师提出自己的设计思路、初步方案、计算和平面草图，图纸设计前与设计负责人确认加氯浓度（根据同类水经验或试验数据）、有效氯投加量、二氧化氯发生器数量和有无备用等。

6.1.3 设计思路

设计二氧化氯加氯间可按如下 5 个步骤进行。

（1）确定核心参数

根据加氯浓度选定二氧化氯设备规格和数量，根据储药量要求计算原料药剂储罐容积、数量和尺寸。宜选择与供货商定型尺寸接近并且满足要求的储罐尺寸。

一般接触消毒池设计 2 个平行的组，因此对应宜有 2 个加氯点，此种情况下二氧化氯发生器以 2 用 1 备为宜。如果加氯点有 1 个，也宜设置 2 台二氧化氯发生器，加氯管设置两路，以便灵活切换使用，互为备用。

原料储备量可按不大于最大用量的 10d 计算（见《室外给水设计标准》），根据原料药剂的供货难易、运费等条件进行调整。近期远期分期建设的项目要对加药间进行整合，宜土建一次建成，以节约整体投资，但需要核对药剂储存时间，兼顾近期和远期考虑。

（2）平面布置

平面布置涉及房间的布置，与其他工艺单体间隔开，最基本要设如下 4 个独立的房间，主要构成内容包括：

① 二氧化氯设备间。为防爆区，应与原料药剂间相邻，里面的电气设备均应采用防爆型。设二氧化氯发生器、盐酸泵、氯酸钠泵、增压泵、背压阀、温控系统、电接点压力表、水射器、阀门（单向阀、安全阀、电磁阀、球阀等）、漏氯监测报警、余氯测控、固定观察窗、快速水冲洗设施、高位进风低位出风换气风机和集水沟等。

② 盐酸药剂间。设盐酸储罐、盐酸卸料泵和酸雾吸收器（对于小规模的工程如不设酸雾吸收器，需要在盐酸储罐顶设排气管排到室外高处）。出药管上设阀门和过滤器，有漏液可能的区域设集水沟，集水沟设中和排水系统，以避免漏液直接排入管网，储罐设放空管和放空阀门，房间设换气轴流风机，快速冲洗设施（软管与自来水管龙头相连），盐酸储量不大于10天。

③ 氯酸钠药剂间。设氯酸钠储罐和氯酸钠化料器（含化料泵）。出药管上设阀门和过滤器，有漏液可能的区域设集水沟，设洗手盆，储罐设放空管和放空阀门，房间设换气轴流风机、快速冲洗设施（软管与自来水管龙头相连）和给排水系统。

④ 储药间。设计储药平台，储存氯酸钠量不宜大于10d，储存少量碱备用。有运货门，也同时设门通到氯酸钠药剂间。

其他工作间如值班室、控制室等根据需要增加。典型的平面布置如图6-1所示。

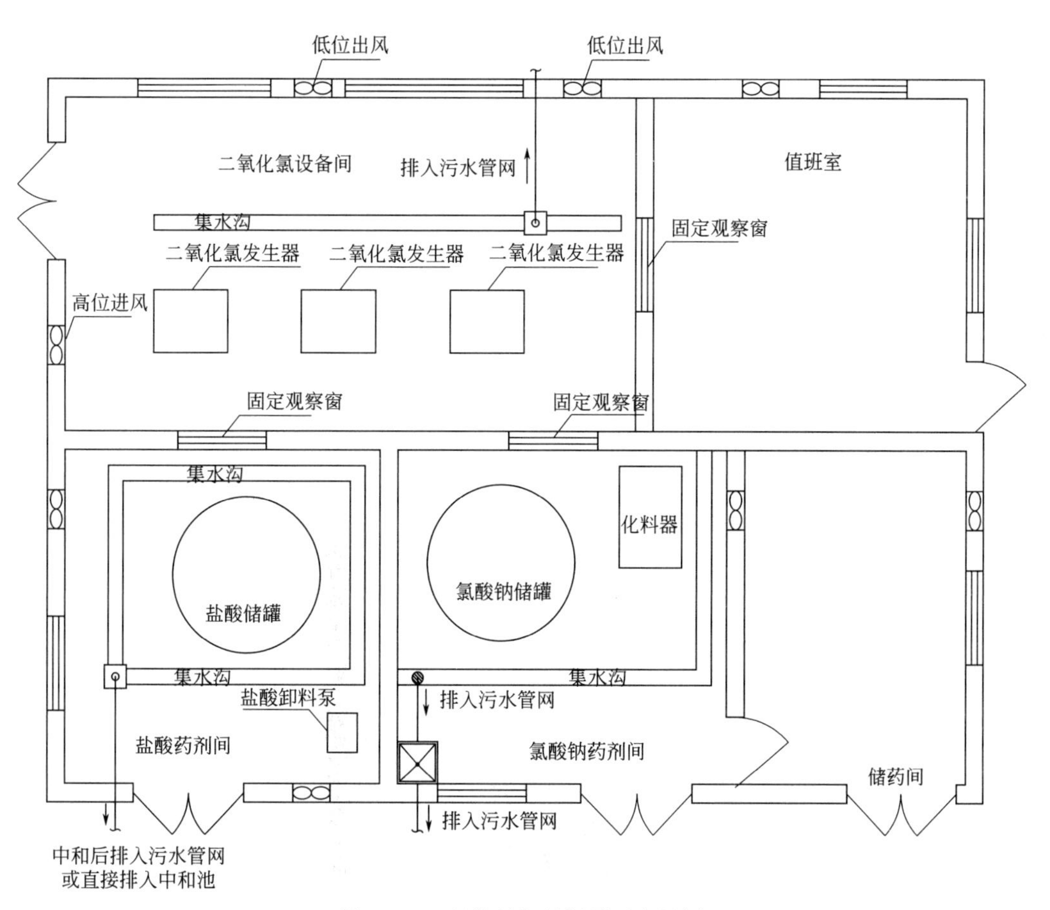

图6-1 二氧化氯加氯间平面布置图

(3) 工作间定位

根据总图给出的加氯点的位置和管道的走向、给排水管道方向和位置以及周围道路运输

条件等确定每个工作间的位置和管道方向。门正对起吊设备，注意设备布置紧凑，方便送货车的停靠和卸料，方便操作，充分考虑安全防爆，给排水和加氯管线布置顺工艺流程。

（4）土建相关

根据总图道路及设备大小确定大门宽度、高度、位置及朝向。应设置直接通向外部并向外开启的门；根据操作要求设计窗户、固定观察窗，提给土建专业药剂罐、二氧化氯发生器、化料器、卸酸泵和储药平台等部位的荷载要求，提供动荷载。

（5）平面图、剖面图和系统图的绘制

典型的系统图如图 6-2～图 6-4 所示。

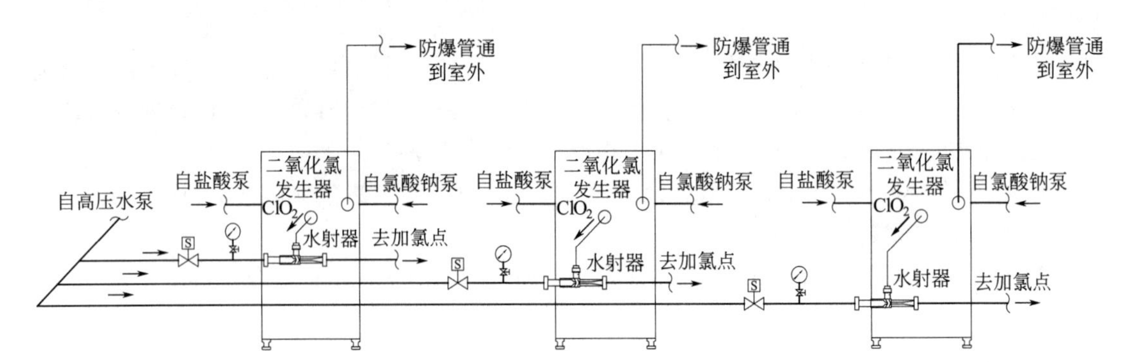

图 6-2　二氧化氯发生器系统图

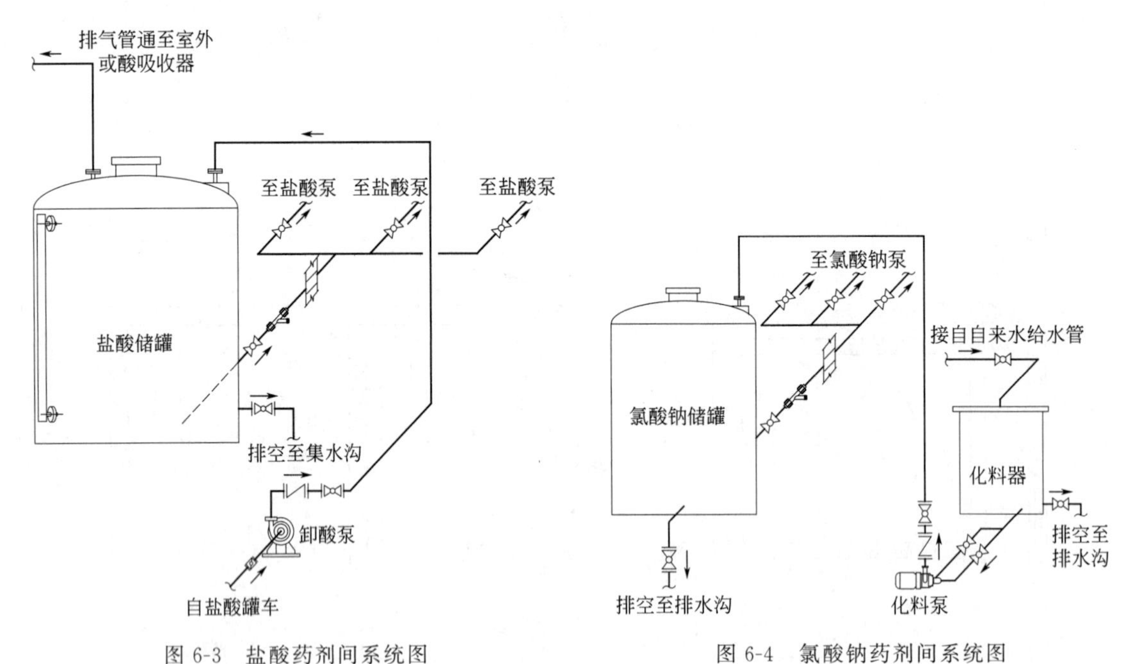

图 6-3　盐酸药剂间系统图

图 6-4　氯酸钠药剂间系统图

氯酸钠储药间地面应高出其他房间地面 0.05～0.1m 以避免跑水泡湿储药间，如做储药平台，可高出地面 0.1～0.15m。建议尽量避免储存氯酸钠，因为储存间的防爆和卸爆措施很难满足氯酸钠固体储存的要求。

盐酸储药罐可用 PE 罐，配液位开关。尽量按 6～8d 储量设计，不超过 10d。基础高度至少 200mm。氯酸钠储药罐储存化料后氯酸钠溶液，可用 PE 罐，配液位开关。基础高度至少 200mm。盐酸储罐和氯酸钠储罐均应设放空管，管道材质 PVC-U，放空管上设球阀，放空排入集水沟。化料用水应为自来水，不可用中水。自来水管最低管口标高应高于池体最高液位标高，空气间隙高度要≥150mm。

盐酸药剂间的集水沟应单独设置，坡度 0.01，对于中小规模系统，集水沟最低点设 700～900mm 深的中和坑，中和后的污水用临时泵外排入污水管网；对于较大规模系统，集水沟的水用管道接入室外中和池，中和后排入厂区排水管网。二氧化氯设备间为防爆区，不宜和非防爆区有任何连通，包括集水沟。

加氯间给水管管材采用 PE 或 PVC-U 塑料管，动力水泵管道管材为 Q235（进入二氧化氯设备间部分用 PVC-U），取样管等其他管道用 PVC-U。管道布置尽量用管廊，也可沿墙沿地面布置；分期建设的工程设计中要注意管道布置考虑远期管道的布置，整体考虑；穿池的远期管道预埋可先作，近期封堵；穿墙的远期管道可不用预埋，等远期实施时再作。

由于加氯间图纸尺寸多，尺寸小，标注可只定位设备基础，其他管道标管径和走向。由于小管径 PVC-U 管道支架比较密，图纸中管道支架不按照实际数量表示，仅示意，避免图纸过满和乱。建议画系统图和原理图。标注要分层标注，局部尺寸由于布置密、尺寸小，宜就近标注。

起吊设备主要考虑运行中药剂运输和设备维修的需要。

操作台、操作梯及地面（尤其是设备间及原料间地面）应进行耐腐蚀防腐表面处理。

采暖应采用散热器等无明火方式。散热器应远离氯投加设备。

设备间内应有每小时换气 8～12 次的通风设施，所有房间都应设轴流风机，二氧化氯设备间设置高位新鲜空气进口和低位室内空气排至室外高处的排放口（即高位进风和低位出风），并应配备二氧化氯泄漏的检测仪和报警设施及稀释泄漏溶液的快速水冲洗设施。二氧化氯设备间的轴流风机选用防爆型，并与漏氯报警仪联动。通风设备应设置室外开关。氯酸钠库房室内应备有快速冲洗设施。二氧化氯发生器的防爆管通到室外。门口设洗眼器和紧急喷淋装置。

考虑消防布置时，应配备手提式干粉灭火器，加氯间外部应备有防毒面具、抢救设施和工具箱。防毒面具应严密封藏，以免失效。照明设备应设置室外开关。根据 GB 50016—2014，加氯间的火灾危险性按甲类（氯酸钠储存量大于 50kg）考虑，室外消火栓设计流量 15L/s，火灾延续时间 2h。消火栓沿路均匀布置。

6.1.4 电气自控设计

加氯系统电气设计条件设计思路要点如下。

① 加氯间设置漏氯检测和报警仪，漏氯检测仪设低、高检测极限。水余氯检测仪根据工程要求设置，如设余氯监测，需要在电气设计条件中提出与加药量的联动调节。二氧化氯发生器和仪表建议由同一个供货商来提供，避免自控和仪表的脱节。工艺工程师应提出对仪表的工艺要求。

② 供货商提供的设备自带 PLC 控制系统，配电只需给电源。

③ 电控柜如果放在二氧化氯设备间则需要做防爆。

④ 二氧化氯发生器与进水流量计联动，根据水量信号变频调节计量泵，控制有效氯产量。

⑤ 在水射器前设电接点压力表监测动力水压力，监测范围一般 0～1.0MPa，小型的可选 0～0.6MPa，输出模拟信号 2～20mA 到 PLC 控制柜。当压力表监测到压力不足时报警，

同时停止二氧化氯发生器。二氧化氯发生器与动力水泵连锁（一一对应控制），二氧化氯发生器停后 35min 停动力水泵。

⑥ 运行所有状态和数据输出至中央控制室。

⑦ 漏氯报警，现场和中控显示。漏氯浓度达到 1×10^{-6}时，漏氯探测报警仪作出反应；漏氯浓度达到 3×10^{-6}时，漏氯探测报警仪报警，同时给出信号开启二氧化氯发生器间内的高位进风轴流风机和低位排风轴流风机。

⑧ 余氯在线测控。根据需要安装取样泵。根据出水口余氯值（流量值）大小自动调节设备加药量。也可设在水射器进水管，温度要求 0～35℃，压力 0.6MPa，材质 UPVC，现场和中控显示。

⑨ 如果加氯消毒工艺单体的上游有滤池单体并且滤池反冲洗用水是滤后未加氯的水，则在滤池反冲洗时，系统待加氯水量减少，氯投加量的调整往往跟不上，调整量的多少（根据个人的运行经验）各不相同，造成滤后水的余氯量变化较大。这种情况下需要通过对加氯系统 PLC 程序精确控制，结合考虑水质、温度等对滤后水余氯的影响，对滤池反冲洗时的加氯量进行准确控制和实时修正。

⑩ 准确标明电动阀和轴流风机 220V 和 380V 电源，标明泵的额定电流或电机规格型号。

⑪ 电气设计条件中要注明泵的变频数量要求并不得轻易改动，以免产生较大的电气设计修改量。

6.2 液氯加氯间

6.2.1 工作原理

液氯投加是比较成熟的消毒工艺，主要工艺原理是将液氯经蒸发、过滤、减压、真空调节后通过加氯机与高压水一起在水射器中进行混合，氯溶解在水中迅速水解生成次氯酸，加入待消毒水管道上进行消毒。次氯酸可进一步离解成离子。氯气用于一般 pH 范围的水消毒时，溶液中很少出现氯分子，主要为次氯酸、次氯酸离子和氯离子：

$$Cl_2+H_2O \longrightarrow H^+ + Cl^- + HOCl$$

$$HOCl \rightleftharpoons H^+ + OCl^-$$

氯气消毒对水质 pH 值改变特别敏感，pH 值由 7.5 变到 8.0 时氯的投加量要加大 2.5 倍。

工作原理图如图 6-5 和图 6-6 所示。带蒸发器的平面布置还可参考《给水排水设计手册》。

真空加氯系统为全真空运行，如遇真空破坏，有真空调节阀和压力止回调节阀两级保护，确保系统中不出现正压。

6.2.2 设计接口条件

图纸设计前要确认的主要接口条件和信息包括：可用地尺寸及在总图的位置；进水量；峰值流量；待消毒来水水质情况和菌群特点、数量；消毒要求；自来水接口条件；洗手盆等产生的污水排放方向；氯气来源、规格、价格、相关租赁费用和运距；溶解氯气用水水源水质、来水方向和管道接口条件；上下游水位或范围；下游接触消毒池位置和管道接口条件；加氯间周围道路条件（需要有运输氯瓶、中和药剂等的通道以及安全出口）；地坪标高；冻土层、管道覆土深度和保温等相关要求；地质、气候等其他设计条件；自控、电气和仪表设计条件。

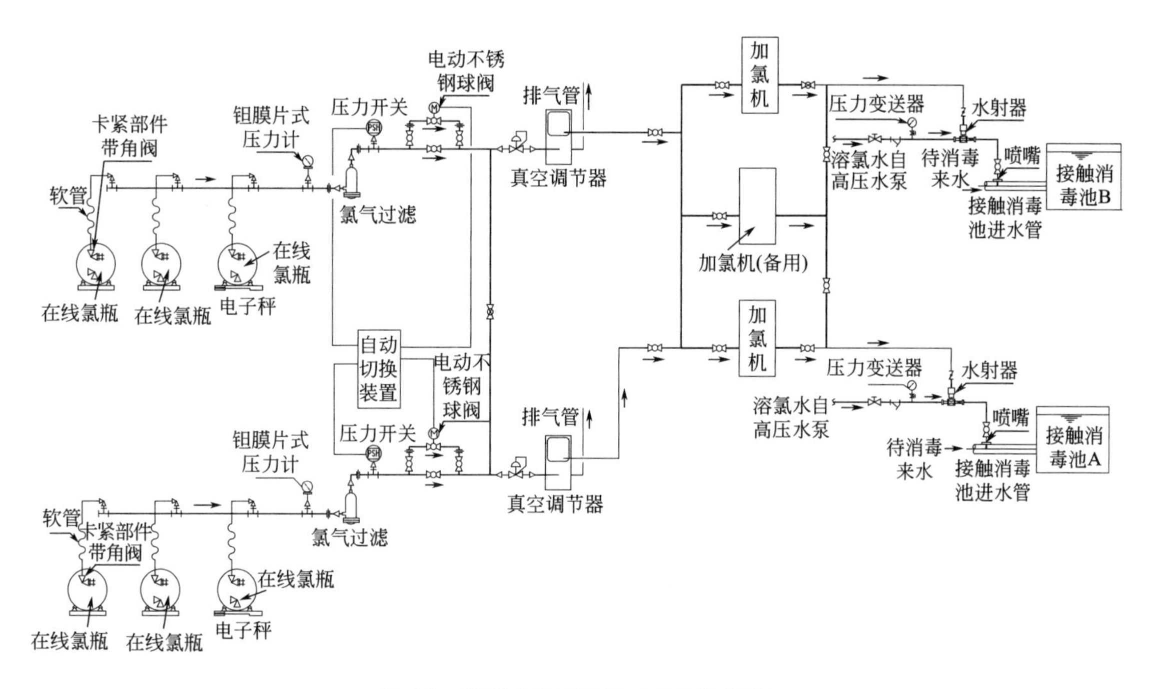

图 6-5 液氯投加系统图（不带蒸发器）

6.2.3 加氯量的计算

首先计算加氯量：二级处理出水的加氯量应根据试验资料或类似运行经验确定。无试验资料时，二级处理出水可采用 6～15mg/L。再生水的加氯量按卫生学指标和余氯量确定。一般市政污水消毒剂量可按照 10～12mg/L 计算设备并选型，实际运行中根据水质情况可适当降低投加量。当采用超滤膜工艺后消毒加氯，宜考虑超滤膜对细菌的截留作用，则加氯量应适当降低。

根据加氯浓度（mg/L）和水量计算出日加氯量（kg/d），单个氯瓶储气量一般为 1000kg（小的为 500kg），计算出每日在线氯瓶数量和加氯机加氯量（kg/h），在线氯瓶要有备用（在线备用），同时要另外配备足够的氯在氯库中备用（线下备用），以保证连续供气。储氯量按照最大用量的 7～15d 计算，按当地供应、运输等条件以及场地尺寸进行调整。一般取 15d 设计。

计算完成后要和设计负责人沟通和确认加氯浓度（根据同类水经验或试验数据）、加氯间储氯量、加氯机参数和数量、加氯机是否备用和选型余量等核心内容，再进入详细设计。

6.2.4 设计要点

加氯量确定后提供给供货商，索要相关设计文件和价格，根据供货商的反馈文件进行平面布置。平面布置大致分为如下 7 个部分。

（1）氯库

氯库用于放置在线氯瓶、备用氯瓶、电子秤、漏氯监测报警、氯气过滤器（防止氯气中

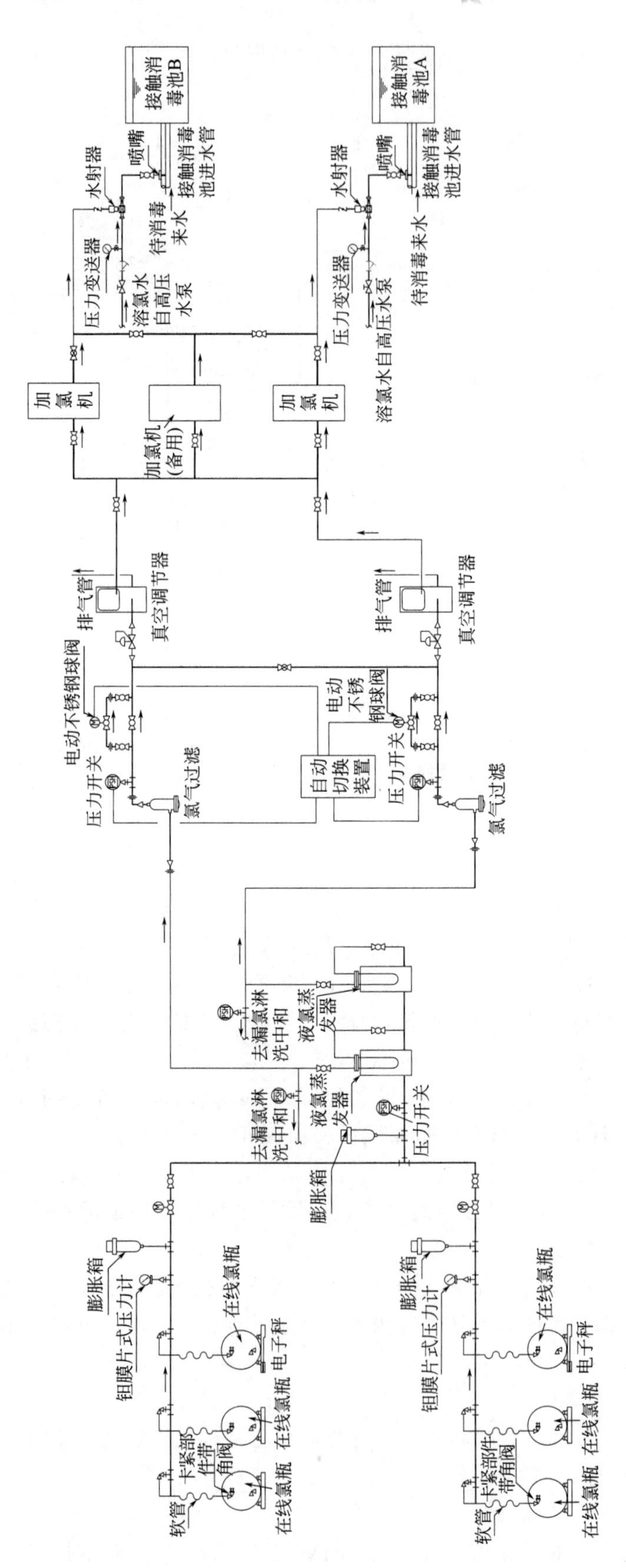

图 6-6 液氯投加系统图(带蒸发器)

的杂质进入真空调节器和加氯机内)、真空调节器和荷载监测等设备。

在线氯瓶分为两组，分两路加氯，相互备用。单组在线氯瓶数量不多于5个（含在线备用)。固定压力值时不可调压力的为压力开关，可调压力的为压力控制器。氯瓶距离墙内壁距离应大于1.2m，一般取1.2～1.4m。

通风设备含高位进风轴流风机和低位出风轴流风机。低位风机出风口要安装弯头将气体排至室外高处，出风口安装防雨冒，管道以托架和墙体固定。两组氯瓶之间设漏氯排气地沟(图6-7)，用于收集漏氯，将漏氯输送到氯气淋洗中和间进行处理后排放。

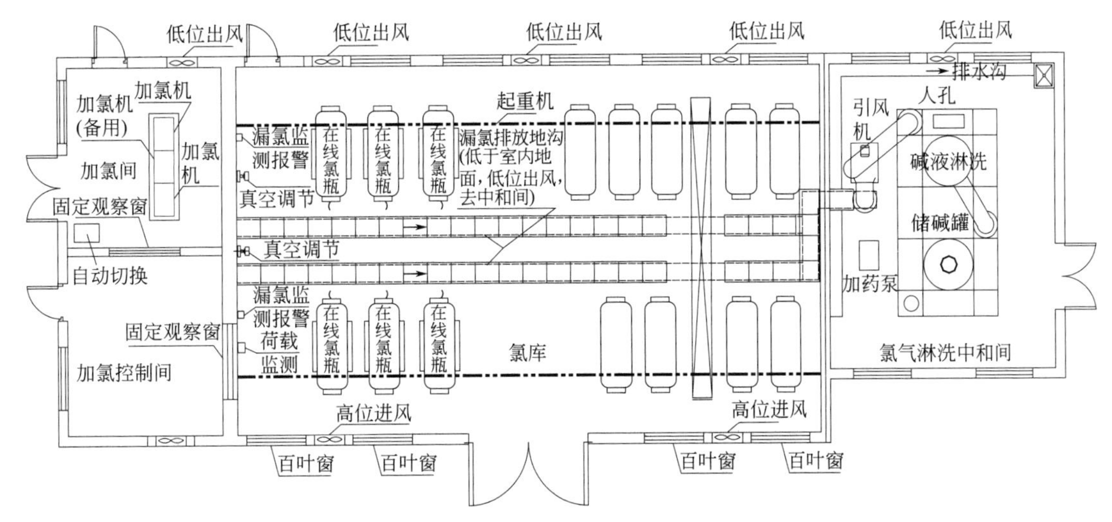

图6-7 液氯投药间平面布置图1（不带蒸发器）

氯库不应设置阳光直射氯瓶的窗户，可设百叶窗。设单独外开的门，不应设置与其他房间相通的门。氯库大门上应设置人行安全门，安全门向外开启，并能自行关闭。电子秤与地面相平，且能传送信号。

(2) 液氯蒸发间

液氯汽化的过程是吸热的过程，必须连续不断地向液氯补充足够的热量，液氯才可连续不断地汽化成氯气。一般4℃时，1t规格氯瓶蒸发量为8～10kg/h，以此确定是否需要设液氯蒸发器。

在寒冷地区要设液氯蒸发器。如没有蒸发器，则需要通过增加并联氯瓶数、加温（禁止对氯瓶直接加热，而是设暖气加热氯库，不能使用明火)、保证氯库干燥通风条件下采用风循环等措施改善液氯自然蒸发效果。

为了避免冷冻造成加氯设施受损，可采取的措施包括在压力管路上缠饶电加热头、真空过滤罐处安装红外辐射取暖灯、在氯瓶出口的管路上附设温度传感器等在线监测仪表以及在真空调节器前安装液氯捕捉器等。

液氯蒸发间与加氯间相同，要求设漏氯排气地沟通到漏氯淋洗中和间进行处理后排放，同时需要设低位排气轴流风机供日常通风。

(3) 加氯间

加氯间放置在线氯瓶自动切换装置和加氯机。加氯机的安装方式有挂墙式和柜式两种。容量小于10kg/h的加氯机为挂墙式，大于等于10kg/h的加氯机为柜式。柜式加氯机和墙壁应有合理距离，方便检测和维修。挂墙式加氯机节省占地。

加氯间的尺寸除了满足加氯机系统的安装维护要求，还应设置直接通向外部并向外开启的门和固定观察窗，满足控制室观察需要。

出氯管管径最小为DN20，随着输氯管道长度增加，管径相应变大。

加氯机控制方式有手动或全自动，全自动控制又可分为流量比例自动控制、余氯反馈自动控制和复合环（流量前馈加余氯反馈）自动控制三种模式。

加氯间外应备防毒面具、抢救设施和工具箱。照明和通风设备应设置室外开关。

（4）溶药水泵站

溶药水为溶解氯气用水，利用高压泵将水打入水射器，与氯气混合在水射器中混合反应。水泵扬程一般需要达到0.5MPa。

（5）控制室放置PLC柜

设固定观察窗监控加氯间和氯库的情况。有单独的门通向室外。不得设门通往加氯间、氯库和蒸发室等有氯泄漏可能的车间，如图6-7所示。

（6）漏氯淋洗中和间

贮氯量大于1t时，应设置单独的漏氯淋洗中和间，安装漏氯吸收装置（处理能力按一小时处理一个所用氯瓶漏氯量计）。

（7）附属设施

根据需要增加值班室、卫生间和仪表间。水射器应安装在加氯投加点处。

各部分的功能说明和原理详见手册。典型的不带蒸发器的加氯间平面布置图如图6-7和图6-8所示，带蒸发器的加氯间平面布置图参见《给水排水设计手册》。

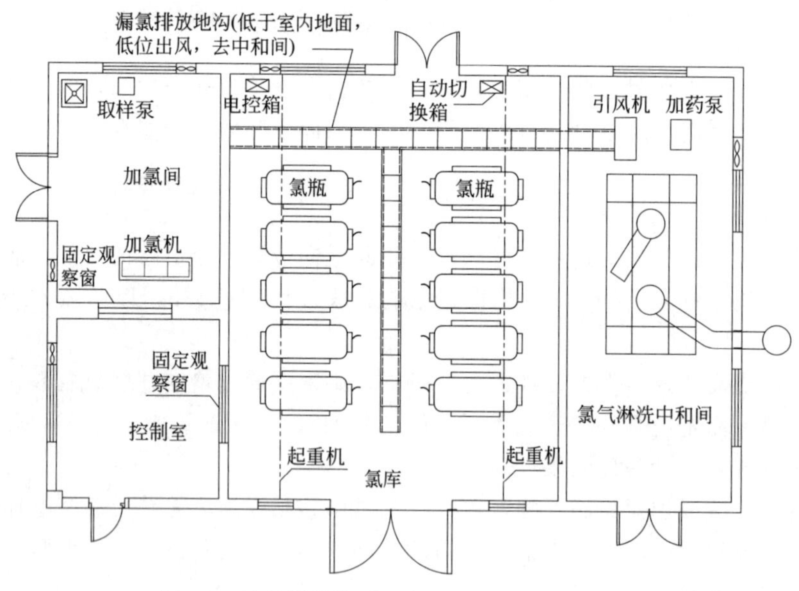

图6-8 液氯投药间平面布置图2（不带蒸发器）

氯库、液氯蒸发间和加氯间的换气轴流风机换气次数为每小时8～12次。

设漏氯监测报警。在氯库、液氯蒸发间和加氯间设漏氯监测探头，探头需要安装在离地300mm处。

从氯瓶至真空调节器之间的管道为压力管道，管材选用厚壁无缝钢管或不锈钢管及防腐耐压的管件和阀门，压力等级1.2MPa。也可用耐压氟塑料管，支管可用退火铜管或氟塑料管，垫片材料可采用石棉板或氟塑料填充垫片；从真空调节器至水射器之间的管道为真空管道，采用ABS或UPVC工程塑料管；风管采用玻璃钢材质。

漏氯淋洗中和处理系统由漏氯监测报警仪、低位轴流风机和氯气淋洗中和设备协同完成。当氯气出现泄漏时，主要有如下3个控制阶段：漏氯浓度达到1×10^{-6}时，漏氯探测报警仪作出反应；漏氯浓度达到3×10^{-6}时，漏氯探测报警仪报警，同时给出信号开启高位进风轴流风机和低位排风轴流风机；漏氯浓度达到5×10^{-6}时，氯库的轴流风机关闭，同时，与漏氯排放地沟相连的引风机启动，将含氯空气送到中和塔内，NaOH循环泵启动，将NaOH溶液提升至中和塔顶，向下喷淋中和氯气。脱氯后的空气通过屋顶排气管道排入室外。尾气排放量应符合现行国家标准《大气污染物综合排放标准》（GB 16297—1996）。氯气淋洗中和间应预留排气孔，安装排气管道。

起重机的起重量考虑单个氯瓶重量，且需要配氯瓶专用吊具，配套防腐防爆型电动葫芦。

加氯设备自带控制箱，自动压力切换器、氯瓶电子秤、电动阀和漏氯报警仪设中控室监视。引风机和加碱泵设中控室监控。电动葫芦、轴流风机为防腐防爆。电动阀和轴流风机要标明是220V和380V电源，标明风机、泵的额定电流或电机的规格型号。

6.3 接触消毒及回用水泵站

接触消毒池为深度处理中加氯消毒的单体，水和消毒药剂在池体中充分混合并停留足够的消毒时间，最终达到卫生指标排入下一个单体。如果水质达到回用要求并有回用需求，则合建回用水泵站。

6.3.1 设计接口条件和主要参数

绘制接触消毒池施工图前要确认的主要接口条件和信息包括：可用地尺寸及在总图的位置；处理规模；峰值水量；来水水质和特点；进水管、加氯管的材质、接口位置、尺寸和标高；加药量和自控要求；上游单体最高和最低液位；下游单体位置和液位范围；如果有回用要求，则回用水池可考虑和接触消毒池合建，需要提供回用水频次、用水量和回用泵参数要求和接口条件；地坪标高；出水管的材质、位置、尺寸和标高；地下水位，冻土层，覆土深度，是否考虑管道沉降等；地质、气候等其他设计条件。

图纸设计前与设计负责人确认加氯量（二氧化氯提供发生量，液氯提供加氯机能力，次氯酸钠消毒提供加药泵数量和参数）、加氯设备备用情况、接触消毒停留时间和有效水深等主要信息，如有紫外消毒则需要了解紫外剂量。

6.3.2 设计思路

接触消毒池的池型可采用矩形隔板式、竖流式和辐流式。竖流式和辐流式接触消毒池的设计同竖流式和辐流式沉淀池，沉降速度采用1.3mm/s，这里不作详细介绍。本节以常用的矩形接触消毒池为例介绍接触消毒池联建回用水泵站的设计思路。

① 回用点调查。应多和相关回用水供水单体设计人员沟通用水点要求和供水泵备用情况要求。污水厂的厂内回用用途最少要考虑污泥脱水机的冲洗用水、格栅冲洗用水、鼓风机冷却用水、加氯间动力水泵用水和适用于药剂的配药用水。回用水泵回用于污泥带式压滤机冲洗时，水泵和管道的计算需要考虑多台设备同时工作时的水量；用于鼓风机冷却水，要考

虑连续和水量均衡；其他用途如冲厕、道路浇洒、绿化用水、滤池反洗用水等根据需求考虑是否在接触消毒池取水回用。灌溉系统设计流量的计算参考《园林绿地灌溉工程技术规程》（CECS243—2008），绿化浇灌用水定额参考《建筑给水排水工程规范》（ZBBZH/GJ-15）以及《建筑给水排水与节水通用规范》。泵的扬程要结合总图计算沿程阻力。

② 计算回用水泵的流量和扬程。根据不同回用用途确定泵的类型、数量和材质，能合并的泵尽量合并。设备供货商根据回用泵的参数反馈回用泵的价格、能耗、材质、性能曲线和安装图纸等资料，所选泵要使常用流量和扬程在性能曲线的高效区，复杂的系统要进行水锤计算，对泵选型。

③ 计算接触消毒池体积和尺寸。根据接触消毒停留时间、流速和有效水深计算池容。计算回用水池池容参见 4.13 节。

停留时间：不低于 30min，按最大水量设计。

有效水深：有效水深取 3～4m，水深不宜超过 4.5m，过深会造成水中残余悬浮物的沉积。

流速：由于接触消毒池的进水水质不同，对接触消毒池的设计参数有较大影响。如果进水中悬浮物浓度高（达到 SS 10～20mg/L 以上），则应考虑增大接触消毒池的水流流速至大于 0.2～0.3m/s，避免悬浮物沉积，但这样会增加池容；如果进水中悬浮物浓度低（SS 小于 5～10mg/L），则每格流速可降至 0.01～0.05m/s 左右。

矩形接触消毒池尺寸最佳比例：水流长度∶宽度＝72∶1；池长∶单格宽度＝18∶1；水深∶每格宽度≤1。

有效水深、位置和长宽尺寸需要满足泵的布置尺寸、泵间距要求同时结合接触消毒池尺寸共壁布置。接触消毒池至少设相互独立、并列运行的两组，以备检修时能保证消毒单体的正常运转。上述参数无法满足时需要对池体尺寸和分组数进行调整。

④ 根据设备安装图和泵站设计要点进行图纸的详细设计。

⑤ 为了保证回用水池中保持一定泵水液位，出水口设堰出水。根据设备安装图和泵站设计要点进行图纸的详细设计。

6.3.3 设计要点

（1）流态

接触消毒池采用“下进水上出水”的流态，进水管口距离池底距离大于 300mm，进水管与加氯管的位置要考虑加氯管的出药口与进水充分混合后沿消毒池自流向出口，必要时设加氯管的穿孔管保证均匀投药。冬季寒冷地区，加氯管室外部分做保温。当出水管靠近池底时，为了保证回用水池中保持一定泵水液位，出水口设堰出水。

（2）漂白粉投加

采用漂白粉（次氯酸钙）消毒时应先制成浓度为 1%～2%的澄清溶液，再通过计量设备注入水中，每日配置次数不宜大于 3 次，并应注意药品的保质期，不宜一次配制过多造成药品消毒效率降低。

（3）干式泵标高和液位

干式泵最大安装高度要满足设备的吸程要求，吸水口的淹没深度应满足水泵在最低水位运行安全的要求，吸水管喇叭口在水池最低有效水位下的淹没深度应根据吸水管喇叭口的水流速度和水力条件确定，但不应小于 300mm。喇叭口支架和吸水喇叭管参见图集 04S403。干式泵设计的相关规定参见 11.2 节。

（4）吸水管设计

根据《建筑给水排水工程规范》《泵站设计规范》《建筑给水排水与节水通用规范》和《室外给水设计标准》，喇叭管垂直布置时，与池底距离宜大于（1.0～1.25）D，喇叭管中心与后墙距离宜取（0.8～1.0）D，同时应满足管道安装的要求；喇叭管中心与侧墙距离宜取1.5D，喇叭管中心至进水室进口距离应大于4D。

（5）泵吸水管流速

水泵吸水管设计流速宜为0.7～1.5m/s。直径小于250mm时，为1.0～1.2m/s；直径在250～1000mm时，为1.2～1.6m/s，直径大于1000mm时，为1.5～2.0m/s。泵吸水管路上变径需要选偏心异径管（管顶平接），避免形成气囊。

（6）泵出水口流速

出水管流速宜为0.8m/s～2.5m/s。直径小于250mm时，为1.5～2.0m/s；直径在250～1000mm时，为2.0～2.5m/s，直径大于1000mm时，为2.0～3.0m/s。管道流速直接影响管径和水头损失，包括管道材质的选择，都要和总图专业沟通。

（7）压力表

泵管路上设压力表，压力表的量程范围选用原则：在测量稳定压力时，最大工作压力不应超过满量程的2/3；测量脉动压力时，最大工作压力不应超过满量程的1/2；测量高压时，最大工作压力不应超过测量上限值的3/5。一般被测压力的最小值应不低于仪表测量上限值的1/3。

（8）泵基础

水泵基础高出地面的高度应便于水泵安装，不应小于0.10m；泵房内管道管外壁距地面或管沟沟底的距离，当管径小于等于150mm时，不应小于0.20m，当管径大于等于200mm时，不应小于0.25m（参见《建筑给水排水工程规范》和《建筑给水排水与节水通用规范》）。

（9）泵机组布置

① 水泵机组单排布置时，相邻两个机组及机组至墙壁间的净距：电动机容量≤22kW时，不小于0.8m，电动机容量22～55kW时，不小于1.0m；55kW≤电动机容量≤160kW时，不小于1.2m。当机组竖向布置时，尚需满足相邻进、出水管道间净距不小于0.6m。双排布置时，进、出水管道与相邻机组间的净距宜为0.6～1.2m。当考虑就地检修时，应保证泵轴和电动机转子在检修时能拆卸。大泵的间距至少有一个泵的距离，防止共振。

② 地下式泵房或活动式取水泵房以及电动机容量小于20kW时，水泵机组间距可适当减小。电动机容量≤22kW时，相邻水泵机组外轮廓面之间最小距离0.4m；22kW<电动机容量<55kW时，机组间距不小于0.8m；55kW≤电动机容量≤160kW时，机组间距不小于1.2m。

③ 叶轮直径较大的立式水泵机组净距不应小于1.5m，并应满足进水流道的布置要求。

（10）附属设施

非自灌式水泵应设引水设备，并设备用。小型水泵可设底阀或真空引水设备。水泵出水管阀门井内设集水坑，室内盖板可用玻璃钢盖板。通气管、溢流管和放空管等可能进入生物的点要设防护罩。

（11）管道材质

与回用水泵相连的管道都可以用Q235焊接钢管，改管道进入用水点的管道材质需要根据用水点特殊要求进行调整，如通入臭氧设备间、加氯间或有腐蚀可能的环境可选用PVC-U管。

6.4 紫外消毒

设计前要确认的主要接口条件和信息包括：可用地尺寸及在总图的位置；处理规模；峰值水量；来水水质；出水要求；管道接口条件包括进水管、出水管以及可能有的回用水管、溢流管和排空管；上游单体最高和最低液位；下游单体位置和液位范围；如有计量和回用要求可以合建巴氏计量槽和回用水泵站，需要提供回用水频次和用水量，确认联建的回用水池要求、回用泵参数要求和接口条件；地坪标高；地下水位、冻土层、管道覆土深度要求、是否考虑管道沉降和保温等相关要求；地质、气候等其他设计条件。

图纸设计前与设计负责人要确认紫外消毒工艺型式、紫外线剂量、分组数量、平面布置和有效水深等信息。

6.4.1 选型计算

① 紫外消毒型式　考虑到耐污和清洗，污水厂常用明渠形式淹没式紫外灯组进行紫外消毒，而管式紫外消毒应用较少。紫外线消毒系统主要包括灯管模块、紫外线强度检测系统和自动清洗系统。

② 紫外灯分类　紫外灯分为低压灯（工作压力 0.13～1.33Pa，输入、输出功率分别为 0.5W/cm^2、0.2W/cm^2）；低压高强灯（工作压力 0.13～1.33Pa，输入、输出功率分别为 1.5W/cm^2、0.6W/cm^2）；中压灯（工作压力 0.013～1.33MPa，消毒的有效波长为 254nm，输入、输出功率分别为 50～150W/cm^2、7.5～23W/cm^2）。

③ 有效剂量　为保证达到《城镇污水处理厂污染物排放标准》(GB 18918—2002) 中一级 B 和二级标准，紫外线有效剂量不应低于 15mJ/cm^2；为保证达到《城镇污水处理厂污染物排放标准》(GB 18918—2002) 中一级 A 标准，紫外线有效剂量为 15～22mJ/cm^2，工程设计中建议不低于 20mJ/cm^2；为再生水消毒时，紫外线有效剂量为 24～30mJ/cm^2；紫外消毒作为生活饮用水主要消毒手段时，紫外线有效剂量不应低于 40mJ/cm^2。

④ 灯管数计算　计算灯管数所采用的来水水量要结合总图，考虑峰值。对于不设缓冲池的 SBR、CASS 等间歇排水工艺，则按照滗水器滗水量设计。

⑤ 紫外灯灯管水力负荷　低压灯 100～200m^3/(d・灯数)，低压高强灯 250～500m^3/(d・灯数)，中压灯 1000～2000m^3/(d・灯数)。紫外穿透率≥60%。工业水多的时候透过率取低些，50%～55%，水力负荷也取低些。

⑥ 消毒渠尺寸计算　根据灯管的数量和排架数确定灯管组的尺寸，继而确定总的消毒渠的宽度，如 1.2m、1.6m 或 2.0m 等。对于分期建设的项目，消毒渠土建可以按照远期规模建设，设备按照近期规模安装，这样近期的灯管模块宽度小于渠宽，则应做砼挡墙，渐窄和渐宽部分角度宜小。

6.4.2 设计要点

以两组紫外消毒渠为例，明渠形式紫外消毒渠平面布置如图 6-9 所示。

① 进水区　来水管先引入进水配水渠道，配水到几组平行布置的消毒渠。

② 紫外消毒渠　紫外线照射渠不宜少于 2 组。对于紫外和下游补加氯的联合消毒系统，当采用 1 组紫外消毒渠时，宜设置超越渠，超越渠和消毒渠并列布置，超越渠接入加氯消毒

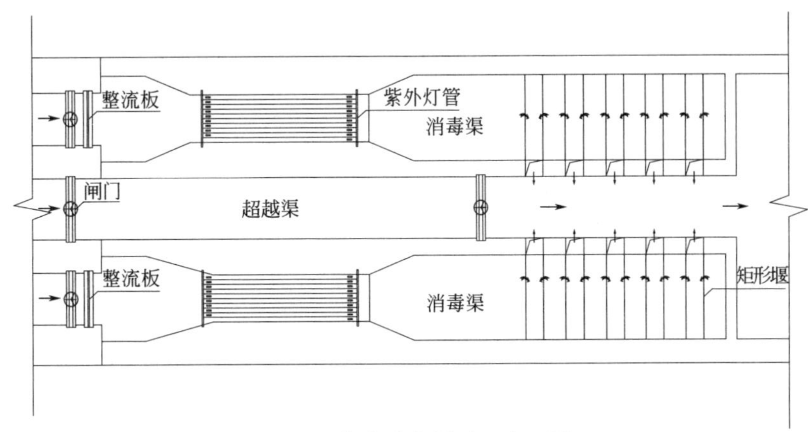

图 6-9 紫外消毒渠平面布置图

设施进入下游接触池。每组消毒渠前设闸门（根据具体情况选择附壁式或渠道式）。

③ 平面布置 从整流板到灯管模块起端的距离宜不小于 1.5m 距离，消毒渠下游设置矩形出水堰出水。灯管模块末端到出水堰的距离应大于 1m，以稳流为目的，可在 1.5～2.8m 范围取值，该参数可和供货商沟通确认。建议镇流器柜放在消毒渠的前端渠正上方，每个渠一个单独的镇流器柜。电控柜和空压机柜等设置于渠道之间，顶部设热浸锌盖板和栏杆。

图纸中除了表现池内的设备，应有平面图表示出盖板、人孔、葫芦的轨道、爬梯和栏杆等设施。灯管上方应设电动葫芦，标注电动葫芦的轨道标高。

如消毒渠联建回用水泵站，则计算出水泵井和出水管阀门井等设施。出水池液位标高应考虑下游排放的洪水位影响。宜和相关单体设计师沟通出水检测、计量和回用等相关问题，回用水泵站设计见 4.13 节和 6.3 节。

④ 液位 对于浸没式水平方向布置的紫外灯组，紫外消毒渠灯管组前后水位差≤0.5m，灯管净间距一般取 0.1m（该值需与供货商沟通确认），原因是灯管的照射范围为 100mm，最上面一排灯管距离高峰水位（堰上水头）低于 40mm，最下面一排灯管与池底距离低于 50mm。

⑤ 出水区 渠道式紫外消毒，出水首选为水位控制器，无需动力，但不适用于频繁断流情况（如 SBR 出水）。固定堰出水，需要保证足够的堰长，控制堰上水头不超过 40mm，堰顶高度（堰出水标高）应适当高于最上面一排灯管的中心线标高，以保证发热的灯管时刻泡在水里。出水堰于消毒渠下游沿宽度方向平行布置，出水堰堰宽 400mm，堰间距 400～500mm，如果用混凝土做出水槽，壁厚 150mm。矩形堰的设计是根据堰负荷计算堰的个数和单个堰的尺寸，灯管少的时候要考虑水头损失和是否会涌水问题，高峰水量和低谷水量都要考虑到。高程设计中主要考虑紫外作用范围均匀和不短流，与灯管数、辐照强度、布置型式等都有关系，各个产品供货商的建议值也不一样，设计中应多咨询供货商。

⑥ 设备表 除了紫外灯系统和出水堰的设备，设备表中附壁式闸门应标出型式、尺寸、中心距离池顶的高度、启闭力、水深、手动还是电动启闭机（电动要标功率）、材质和抬升高度等信息，附壁闸门应说明是双向承压还是单向承压，以及下开还是上开等信息。超越渠过水洞底宜高于池底标高 0.4 米以上以便安装闸门，并与闸门供货商确认预埋件和安装尺寸图。超越渠的闸门处过流速不高于 0.8m/s 并计算水头损失。起吊设备标出提升重量和滑触线（或滑动电缆）长度。

⑦ 电气自控 消毒模块、控制柜和空压机等一般建议设备自带控制柜，自带 PLC 自动控制，上位 PLC 监视。带水位传感和控制系统。

第7章 污泥处理工艺

7.1 污泥泵站

设计前要确认的主要接口条件和信息包括：可用地尺寸及在总图的位置；土建规模；设备规模；峰值系数；剩余污泥量和回流污泥量；污泥性质和特点；上下游水位或范围；地坪标高；进泥管、出泥管、污泥回流管以及剩余污泥管的尺寸、标高、方向、流速和材质；自来水管、放空管和排水管接口管径、标高和坐标（如有）；冻土层、管道覆土深度、除臭和保温等相关要求；地质、气候等其他设计条件。

设计中要比选泵的型式、台数、数量、流量、扬程、功率和价格等因素，提出初步建议方案后与设计负责人确认：①回流污泥泵的型式、参数和数量；②剩余污泥泵的型式、参数和数量；③是否和配水井合建；④平面布置。

① 泵站尺寸　主要考虑泵的布置型式、泵基础尺寸、泵间距、工作液位下的容积满足最大泵流量的最小停留时间，结合进出泥方向以及工艺要求，最后确定泵阀门井尺寸和位置。

② 池型　由于进泥管道方位不同，污泥泵站的泵池平面形状可根据各个污泥管道方位设计为圆形、方形或者拱形。圆形或拱形污泥泵池中进泥管和出泥管夹角应≥90°，方形污泥泵池中进泥管和出泥管尽量布置在对边或邻边，污泥泵延池边均匀布置，尽量保证污泥均匀流过池体，避免短流。

③ 管道流速　重力进泥管流速最低取0.7m/s，出泥管为泵压力出泥，出泥管流速取1.0～1.5m/s。

④ 液位　污泥泵池高液位与二沉池液位一致，中高液位比高液位降500mm，中低液位保证最大泵约7min流量，低液位为泵的保护液位。与二沉池出泥管相连通时考虑二沉池维修时设必要的阀门。

⑤ 泵出口管道、管件和阀门　供货商提供泵出口管径尺寸，连接变径管将管径放大一号到两号，放大后的管径流速应符合规范；变径后离心泵管道上依次设压力表、薄型止回阀（或根据需要设微阻缓闭止回阀）和蝶阀（或闸阀）。蝶阀下面做支墩，支墩（外轮廓）宜在平面图和剖面图上体现；总管上的支墩根据长度设置，参考标准图集；潜污泵的设计参考4.1节。污泥泵设变频，污泥管道用不锈钢或PE管。

⑥ 图纸标注　平面图的楼梯平台处应标标高。楼梯标宽度、上下方向箭头和上下文字说明。池顶标高以上0.3m标高的平面图体现人孔、除臭孔（或换气孔）、设备孔和葫芦轨道。剖面体现葫芦轨道标高，标出最低保护液位、启动液位、正常液位和最高液位。换气孔设置位置考虑维修时的空气对流。

⑦ 电气自控　污泥泵设现场手动和自动控制，PLC 通过污泥浓度计、超声波液位计和时间控制，变频。一般自带现场控制箱，室外为户外型，中控室监控、监视。根据自控程度要求可考虑设置在污泥泵出口设置污泥浓度仪和流量计，如果污泥浓度低于设定值时控制污泥泵自动停止运行。流量计的数据现场显示并传输到中控，设置控制泵的运行。

7.2 污泥消化

随着国内污泥处理要求的逐步提高，污泥厌氧消化和好氧消化将会越来越多地应用到污水处理厂的污泥处理工艺中进行污泥的减量化、资源化和稳定化。污泥以园林绿化、农业利用为处置方式时，泥中的有毒物质和重金属含量如果符合要求，则鼓励采用“厌氧消化或高温好氧发酵（堆肥）+无害化”等方式处理污泥。污泥厌氧消化产生的沼气应综合利用。

根据《室外排水设计标准》，污泥浓缩池、湿污泥池和消化池的容积，以及污泥脱水规模，应根据合流水量水质计算确定，可按旱流情况加大 10%～20%计算。

7.2.1 污泥好氧消化

污泥好氧消化是污泥稳定化和减量化处理的一种较易维护运行的方式，主要由消化池和曝气设备组成。

7.2.1.1 池容计算

总污泥量包括初沉污泥、气浮污泥、生化污泥和化学污泥等所有需要进入污泥消化处理单体的污泥量的总合，总污泥量可按照绝干污泥量计算，单位为 kg 绝干污泥/d；也可按照各产泥单体所产生的污泥体积加和值计，不同工艺单体污泥体积按其产生的污泥的含水率计算，单位为 m^3/d。

好氧消化池的有效池容计算有两种方法，需要相互校核后折中取值。

① 停留时间法

$$有效池容(m^3)=总污泥量(m^3/d)\times 消化时间(d)$$

式中，消化时间对于市政污泥，活性污泥一般为 16～18 天，混合污泥 16～22 天。

② 污泥负荷法

$$有效池容(m^3)=总挥发性污泥量(kgVSS/d)/污泥负荷[kgVSS/(m^3 池容\cdot d)]$$

式中，污泥负荷为 0.38kgVSS/(m^3 池容·d)～1.0kgVSS/(m^3 池容·d)。

$$总挥发性污泥量(kgVSS/d)=总污泥量(kg 绝干污泥/d)\times(VSS/SS)比$$

式中，VSS/SS 比：根据经验或试验获得。如果没有数据，对于一般市政污水处理厂，可取 65%。

确定消化池池容时，需要按照固体负荷 24～49kg/(m^2·d) 校核。当温度低于 15℃时，好氧消化池宜采取保温加热措施或适当延长消化时间。

7.2.1.2 需要量计算及供氧设备选型

好氧消化池中溶解氧浓度不应低于 2mg/L。鼓风曝气空气量计算主要考虑满足污泥消化供氧和搅拌的需要，应分别计算消化需气量和搅拌需气量，取两个计算结果的大值作为设计风量。根据经验，通常情况下由于消化时间长，搅拌需要的风量大于消化需风量，主要按照搅拌风量取值。

① 计算满足污泥消化（细胞氧化）所需要的风量：

消化需风量(m^3/h)＝污泥消化需气率[$m^3/(m^3 \cdot h)$]×消化池有效池容(m^3)

式中，需气率：对于活性污泥 0.9～1.2$m^3/(m^3 \cdot h)$，混合污泥取 1.5～1.8$m^3/(m^3 \cdot h)$。

② 计算满足消化池搅拌所需要的风量：

搅拌需风量(m^3/h)＝搅拌强度[$m^3/(m^3 \cdot h)$]×消化池有效池容(m^3)

式中，搅拌强度对于剩余活性污泥取 0.02～0.04m^3/(m^3 池容・min)；

初沉或混合污泥取 0.04m^3/(m^3 池容・min)～0.06m^3/(m^3 池容・min)，可取最大 0.06m^3/(m^3 池容・min)。

鼓风曝气时有效水深宜为 5.0～6.0m。

污泥好氧消化应用较多的充氧设备是表面曝气机，它与鼓风曝气相比不存在堵塞问题，运行维护方便，较适于应用在污泥好氧消化池设计。计算表面曝气机的参数首先要计算总需氧量，根据总需氧量和曝气机数量确定单台曝气机供氧量，结合供货商提供的曝气机充氧能力，确定单台功率，并且用搅拌功率强度进行校核。如果不符合搅拌强度，需要重新选型和确定功率。曝气机台数要和消化池数量匹配，并能满足搅拌服务面积的要求。计算顺序如下。

① 计算需氧量

需氧量(kgO_2/d)＝消化需氧量[$kgO_2/(kgVSS \cdot d)$]×总挥发性污泥量($kgVSS/d$)

其中消化需氧量：普通市政污水取 2.3$kgO_2/(kgVSS \cdot d)$。

将需氧量和曝气机数量提供给供货商，供货商会根据自己产品性能反馈产品的技术文件，这时需要在造价、供氧效率和能耗等方面进行比选，同时，需要进行搅拌功率校核。

② 消化池表面曝气机的搅拌功率应满足如下条件。

消化池中固体含量低于 2000mg/L 时：14～20W/m^3 池容。

消化池中固体含量高于 2000mg/L 时：25～40W/m^3 池容。

一般取 20～33W/m^3。

表面曝气机的型式多样，可参见 Lightnin、Aquajet、DHV 和 Landustrie 等品牌，举例如图 7-1 所示。

图 7-1　表面曝气机

7.2.1.3　设计要点

好氧消化池上游宜设污泥浓缩池。

① 有效水深 对于机械表面曝气机，有效水深宜为3.0～4.0m，但不同设备的供氧能力不同，需要和供货商沟通其经验值。工程实例中最高可取到4.5m。

② 超高 无论是鼓风曝气还是表面曝气，池体超高不宜小于1.0m。

③ 平面布置 池体高度确定后根据池容，计算池体平面尺寸。好氧消化池宜分格、共壁布置，每格平面尺寸宜为正方形，方便在每格平面中心布置表面曝气机，保证曝气均匀。好氧消化池可采用敞口式，寒冷地区应采取保温措施。与曝气池类似可不设除臭，如业主或当地环保部门有特殊要求，则采取加盖或除臭措施。表面曝气机的安装图根据供货商提供的文件设计，注意按设备荷载要求设计预埋和走道板。

④ 池体接管 池体不设放空管，避免堵塞。但要设溢流管。根据规范，间歇运行的好氧消化池，在停止曝气期间利用静置沉淀实现泥水分离，因此消化池本身应设有排出上清液的措施，如各种可调或浮动堰式的排水装置。连续运行的好氧消化池下游宜设沉淀池。正常运行时，消化池本身不具泥水分离功能，可不使用上清液排出装置。但考虑检修等其他因素，宜设排出上清液的措施，设分层放水装置。

7.2.1.4 剩余污泥量计算

污泥好氧消化后剩余污泥污泥量的计算分如下三步。

① 剩余未降解挥发性污泥量

剩余未降解挥发性污泥量(kg/d)＝总挥发性污泥量(kgVSS/d)×(1－VSS去除率)

其中：VSS去除率取45%～50%，当污泥龄为17～27天时，VSS去除率可达到80%。

② 非挥发性污泥量

非挥发性污泥量(kg/d)＝总污泥量(kg绝干污泥/d)×[1－(VSS/SS)比]

③ 消化后剩余污泥量

消化后剩余污泥量(kg/d)＝剩余未降解挥发性污泥量(kg/d)＋非挥发性污泥量(kg/d)

消化后污泥含水率可按96%～98%。消化后污泥进行脱水处理。

7.2.2 污泥厌氧消化

污泥厌氧消化要求操作条件苛刻，消化后不仅能够杀死病原微生物，还可消除恶臭、产生沼气，污泥的生物稳定性和脱水性能大为改善，有利于污泥进一步处置和利用。城镇二级污水处理厂可采取中温厌氧消化进行减量化、稳定化处理，同时进行沼气综合利用。通常情况下，污泥厌氧消化的电耗占城镇污水处理厂总用电量的15%～25%。如污泥消化产生的沼气全部用于发电，可解决整个城镇污水处理厂20%～30%的用电量。

污泥厌氧消化的系统设计专业性非常强，工艺设计师可参考《室外排水设计标准》计算池容，在详细设计中对供货商提供的主要参数进行校核。设计中可参考相关的设计规范、手册以及其他文献，基于工程实践经验进行设计。

7.2.2.1 原理及工艺流程

污泥厌氧消化过程分水解、产氢产乙酸和产甲烷三个阶段，完成污泥生物稳定过程。厌氧消化工艺流程如图7-2所示。

厌氧消化系统主要包括如下四个部分。

① 进泥和排泥系统 浓缩后的初沉污泥和剩余污泥在匀质池进行混合，混合后进入集泥井，再由单螺杆泵泵入消化池。每座消化池配置一台进泥螺杆泵，由螺杆泵配以电磁流量计来控制进泥量。运行时，通过预设流量点来自动控制进泥泵的流量。消化池的进泥采用顶

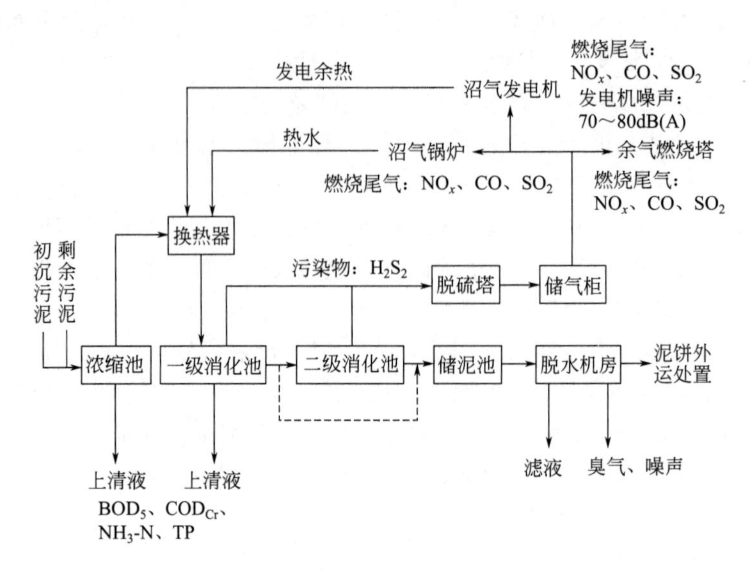

图 7-2 厌氧消化工艺流程及污染物产生环节

部进泥和中部进泥两种方式，启动阶段采用中部进泥，正常运行时采用顶部进泥，底部排泥。采用套筒阀溢流式重力排泥，排出的消化污泥重力流至储泥池。沼液富含磷，需要除磷后方能回到污水处理系统，以免磷在系统中的累积。

② 污泥加热和循环系统　根据消化池运行的工艺特点，消化池内污泥的温度应保持在一定的范围。厌氧消化池污泥加热，可采用池外热交换或蒸汽直接加热。常用的池外加热先将生污泥和消化池内排出的污泥按照约 1∶7 的比例通过接种器进行混合，混合后的污泥进入套管式换热器，通过套管式换热器对污泥进行加热，加热后的污泥通过循环污泥泵泵入消化池。每座消化池配一套热交换器和两台循环污泥泵（1 用 1 备）。消化池内温度控制在(35±1)℃，因此必须严格控制加热污泥的热水温度。为了避免水温太高造成换热器内污泥的板结，进而堵塞换热器，控制换热器进口水温为 90℃，出口水温为 70℃。每台热交换器配一台热水循环泵和一套三向阀。热水循环可由一台热水泵完成，流量和温度都通过安装在进水管上的三向调节阀控制。当进入热交换器的水温高于或低于设定工作温度时，该阀将提示减少或增加热量，即当水温处在工作调节区时，阀门将按照水温实现热水旁路的分流调节，使进入热交换器的水温保持基本稳定。

③ 消化池搅拌系统　从池型、能耗、搅拌效果等方面考虑，设计采用导流管式螺旋桨搅拌器，搅拌器可正反转运行，每座消化池设一台搅拌器，搅拌器可连续或间歇运行。

④ 沼气系统设计　沼气系统主要包括沼气粗过滤器、沼气脱硫处理设施（包括湿式脱硫塔、干式脱硫塔）、调压沼气柜、保压阀组、无压沼气柜、沼气增压风机、沼气燃烧塔、沼气锅炉房及配套设施等。沼气中硫化氢的初始浓度设计值为 3000～10000μL/L，采用生物脱硫/干式脱硫的两级串联脱硫工艺，脱硫后硫化氢浓度≤20mg/m^3。沼气热水锅炉产生的 95℃热水通过厂区热力管网输送到污泥消化处理系统的套管式换热器用于加热污泥。

7.2.2.2　影响因素

厌氧消化过程和消化效果的影响因素有以下几种。

① 污泥特性　含砂量、污泥含固率、污泥有机物含量、氧化还原电位、营养、碱度、C/N比、硫酸盐、重金属和有毒物质等。

② 消化池运行相关条件　温度、pH、污泥龄、污泥负荷、搅拌效率、污泥投配率、循环污泥率、保温措施、消化池池型和泡沫沉砂去除方式等。

③ 原料泥的特质　设计过程中要多考虑原料泥的特质并作针对性设计，尤其是前期要对原料污泥进行必要指标的监测，对进泥量、重金属含量、污泥投配率、污泥中挥发性固体含量等有较准确的计算，并控制好污泥投配率、循环污泥率等参数，否则会影响日后正常运行和经济效益。

④ 经济测算　由于复杂的影响因素以及严格的操作条件，厌氧消化池的设计核心在于如何使系统稳定运行，而经济测算也同样非常重要，如果设计不当，会造成因费用高而难以运行。

⑤ 预处理　由于厌氧消化对原料和反应条件较为苛刻，建议对污泥进行预处理，使污泥指标、pH、碱度、温度和含砂量等因素达到消化条件再引入消化池，确保消化系统和产气系统的稳定运行。

对于以生活污水为主的市政污水处理厂，初沉污泥和生化污泥可浓缩混合后一起进消化池，化学污泥需要单独消化处理。

污泥在进入消化前要进行浓缩，如果浓缩采用浓缩池的形式，则在实践中，浮渣和砂对重力浓缩池的影响比较大，浓缩池的浮渣槽易经常堵塞，浓缩池的底部积砂严重，磨损浓缩池排泥泵。总结经验，对浓缩池的运行要求监控液位、控制排泥、定期排砂和清理浮渣槽。在有条件的情况下，尽量减少浓缩池上清液对水区产生的回流负荷。进入消化池的污泥含固率低会造成加热量提高，有机质负荷降低，产气量减少，因此，污泥含固率高有利于减少消化池容积，降低耗热量。与之相反，低固体浓度有利于降低搅拌的电力消耗和减少换热器结垢。宜综合考虑浓缩系统的设备能力、输送条件等相关因素，消化池原料污泥含固率宜为3%～5%。如果含固率高，建议稀释到含固率10%以下进行厌氧消化处理。

⑥ 有机质　出于经济性的考虑，污泥中有机质含量低于60%时不适于厌氧消化。当污水厂因雨季等原因来水浓度低、造成污泥量减少或有机质含量降低时，可向污泥中添加餐厨、粪便和秸秆等有机垃圾，以利于提高污泥整体有机质含量及营养比值，从而得到较高的消化效率。

⑦ 温度　厌氧消化可分为中温消化（30～36℃，实际控制在35℃±1℃）和高温消化（50～53℃，消化效率是中温的1.5～1.9倍）。温度变化超过3℃的变化就会抑制污泥消化速度，一旦发生停止产沼气，消化系统会积累大量有机酸，从而破坏消化系统。中温厌氧消化还不能实现污泥的无害化。

⑧ 氮　氮的平衡是非常重要的影响因素，尽管消化系统中的硝酸盐都将被还原成氮气存在于消化气中，但仍然存在于系统中，由于细胞的增殖很少，故只有很少的氮转化为细胞，大部分可生物降解的氮都转化为消化液中的NH_3，因此消化液中氮的浓度都高于进入消化池的原污泥。

⑨ 有毒物质　有毒物质的毒阈浓度见表7-1。如果重金属浓度高于致毒浓度时，可以通过投加硫酸亚铁等药品沉淀重金属，也可采用离子交换等其他工艺。

表 7-1 某些物质的毒阈浓度

物质名称	毒阈浓度界限/(mol/L)	备　注
碱金属和碱土金属 Ca^{2+}, Mg^{2+}, Na^{+}, K^{+}	10^{-1}～10^{+6}	多种金属离子共存时毒性有相互拮抗作用，允许浓度可提高
重金属 Cu^{2+}, Ni^{2+}, Zn^{2+}, Hg^{2+}, Fe^{2+}	10^{-5}～10^{-3}	污泥中的重金属含量要控制在《农用污泥中污染物控制标准》(GB 4284—2018)，并符合《城镇污水处理厂污泥处置园林绿化用泥质》(GB/T 23486—2009)和《城镇污水处理厂污泥处置农用泥质标准》(CJ/T 309 —2009)(B 级)要求
H^{+}, OH^{-}	10^{-6}～10^{-4}	
胺类	10^{-5}～10^{0}	
有机物质	10^{-6}～10^{-4}	

⑩ 工业水　工业水比例高的城市污水厂（或者工业水比例低于 10%～20%但浓度异常高，生产废水排放没有达到环保要求的情况）容易出现重金属超标情况，Cr、Zn、Cd 等重金属的超标不仅对污泥消化菌群产生抑制作用，致使污泥厌氧消化系统运行欠佳甚至停运，而且给污泥的最终处置也带来困难。典型的市政污水厂污泥的重金属调查见周军等的调查表。

⑪ C/N 比　厌氧消化 C/N 比宜为 10～20，最佳的 C/N 比为 12～14。一般初沉污泥的 C/N 值较适合消化，二沉池的污泥 C/N 比偏低（5～10），不适合单独进行污泥消化处理。

⑫ 硫酸盐　硫酸盐浓度超过 5000mg/L、NH_4^+ 浓度超过 150mg/L 即对消化有抑制作用。

消化过程中硫酸盐氧化和蛋白质分解都会释出 S^{2-}，硫酸盐还原菌起到较大作用，低浓度 S^{2-} 有利于沉淀重金属并提供细菌生长所需元素，但是浓度高时，溶解态硫化物达到 100～200mg/L，会对消化系统产生毒性，消化液中过多 H_2S 进入消化气中，抑制甲烷产量，同时会腐蚀设备（管道和锅炉等），可能发生使气柜出现漏点、沼气发电机内热交换器发生腐蚀穿透以及堵塞等现象，从而影响余热利用效率和发电效率。单独的干式脱硫和湿式脱硫均不能解决脱硫问题，必须考虑硫从系统中去除和回收的问题。

⑬ 碱度　消化系统的碱度应保持在 2000mg/L 以上，消化液中的脂肪酸浓度也应保持在 2000mg/L 左右。挥发酸浓度 50～250mg/L。VFA/碱度比宜控制在 0.2 以下。

7.2.2.3 主要设计参数和计算

污泥厌氧消化池的设计参数取值需结合项目具体设计条件、不同供货商的产品特点及工业水比例高低等因素进行综合考虑，根据国内运行经验，对于以生活污水为主的市政污水处理厂的污泥厌氧消化的主要设计参数概括如下。

① 消化池进泥含固率：3%～5%。

② 污泥投配率：为每日投加新鲜污泥体积占消化池有效容积的百分数，4%～8%，以 4%～5%较佳。

③ 污泥消化时间：中温 15～22d（一级消化 20～22d，一般可回收 90%沼气，二级消化 7～10d，二级消化为静态，不设搅拌），高温 10～15d。

④ 温度：中温 33～35℃，高温 50～53℃。

⑤ 挥发性固体含量：市政污水为55%～70%，化学污泥较低。

⑥ VSS降解率：规范规定污泥经消化处理后，其挥发性固体去除率应大于40%。但实际工程中宜根据污水特点调整，不可取过高，一般取35%～50%，VSS降解率的次序为：化学污泥<生化污泥<初沉污泥。

⑦ 进泥挥发性有机物负荷

a. 中温，挥发性有机物负荷为0.6～1.5kgVSS/(m^3·d)，一般为0.74～0.85kg/(m^3·d)。污泥含水率更低时负荷可适当加大。

b. 高温，挥发性有机物负荷为2～2.8kg/(m^3·d)。

⑧ 沼气产率：设计值0.75～1.0m^3沼气/kg气化VSS，实际运行中由于国内污泥有机质低、含砂量大以及运行管理等等复杂因素，一般取0.4～0.8m^3沼气/kg气化VSS。

⑨ 沼气成分：沼气成分根据进料污泥成分有较大差异，一般常见成分为甲烷57%～62%，二氧化碳25%～38%，氮气0～6%，硫化氢0.5%～0.7%，CO约0.3%（体积百分数）。

⑩ 消化后的剩余污泥量有2种计算方法，算法1为消化后污泥体积减少20%～40%，但污泥脱水设施按照污泥消化前后体积不变来设计，消化后污泥VSS/SS比值降低到0.4～0.6；算法2估算为剩余污泥产率系数0.6kg/kg原料泥。

⑪ 沼气发电量：1.5～2.0kW·h/m^3沼气。

⑫ 热能计算：加热污泥的热源来自锅炉，锅炉应设计为双燃料系统，消化后沼气为主要燃料，还要设其他辅助燃料。

污泥加热耗热量(kJ/h)＝4200×(目标温度－污泥进料温度)(℃)×进料污泥量(m^3/h)

污泥加热耗电量(kW)＝污泥加热耗热量(kJ/h)÷(4200÷1.14)

式中，1.14为每吨水升高1℃需要1.14kW热量（电加热，按100%转换考虑）。

消化池加热总需求输入热量(kW)＝冬季消化池保温耗热量(kW)＋冬季管道保温热量(kW)＋污泥加热耗电量(kW)

消化池保温耗热量参见杭世珺等的计算。冬季和夏季的需求输入热量不同，剩余热量也不同。厌氧消化池总耗热量应按全年最冷月平均日气温通过热工计算确定，应包括原生污泥加热量、厌氧消化池散热量（包括地上和地下部分）、级配和循环管道散热量等。选择加热设备应考虑10%～20%的富余能力。厌氧消化池及污泥投配和循环管道应进行保温。厌氧消化池内壁应采取防腐措施。

⑬ 沼气热值约5500kcal/m^3沼气，即23012kJ/m^3，则

沼气总热量(kW)＝23012kJ/m^3×沼气量(m^3/h)÷(4200÷1.14)

⑭ 剩余热量(kW)＝沼气总热量(kW)－消化池加热总需求输入热量(kW)

⑮ 储气柜的容积宜根据产气量和用气量计算，按规范，缺乏相关资料时可按6～10h的平均产气量设计，实际工程上储存时间可取最大产气量的6～8h以上设计，储气柜要有真空解除阀、安全阀和阻火器，要符合防爆要求，内壁、外壁应采取防腐措施。污泥气管道、储气柜的设计应符合《城镇燃气设计规范》GB 50028的规定。

⑯ 储气柜余气燃烧按照>16h气量设计。沼气进入储气柜前宜先脱硫，脱硫塔按照日产气量的24h平均流量计算，脱硫后沼气中硫化氢含量应小于50×10^{-6}或根据沼气设备要求更低。脱硫塔的设计要注意脱硫剂的板结问题、沼气中水分的去除问题、元素硫的排除、脱硫剂再生系统的安全性（反应热的移除、空气量的控制和爆炸范围的控制等）、脱硫剂的更换以及设备的腐蚀问题。

⑰ 沼气燃烧塔：无论是沼气发电还是做它用都需要设置燃烧塔（火炬），日产沼气时间取值宜小于16～17h。

⑱ 设计能量平衡图（按最大产沼气量和最小产沼气量计算，每张图都要同时显示冬季和夏季能量平衡关系）、污泥物料平衡图、沼气物料平衡图和热量平衡图。

⑲ 用于污泥投配、循环、加热、切换控制的设备和阀门设施宜集中布置，室内应设置通风设施。厌氧消化系统的电气集中控制室不宜与存在污泥气泄漏可能的设施合建，场地条件许可时，宜建在防爆区外。

⑳ 污泥气贮罐、污泥气压缩机房、污泥气阀门控制间、污泥气管道层等可能泄漏污泥气的场所，应符合防爆要求，室内应设置通风设施和污泥气泄漏报警装置。

高碑店二期消化池主要设计参数为：中温两级消化，进泥含水率94%（设计值，为浓缩后初沉污泥和二沉污泥，实际运行中95%～96%，会导致产气率降低），挥发性固体含量63%，初沉固体去除率50%，污泥投配率3.6%（上海白龙港约4.1%），一级消化池停留时间21.3d，有效泥深25m，设计产气量7m^3沼气/m^3污泥；二级消化池停留时间6.7d，有效泥深23.5m，设计产气量27m^3沼气/m^3污泥。综合产气率0.42m^3/kgVSS，甲烷含量60%～70%，二氧化碳含量25%～35%，硫化氢含量0.5%～0.7%，沼气发电量为1.7～2.0kW·h/m^3沼气。有机物分解率20%～60%，平均有机物分解率36%。消化后剩余污泥产率系数0.6～0.68kg/kg污泥，发电效率39.3%，发电机余热量50.3%。

有机物分解率一般根据试验和经验，也可参考如下计算方法：

$$\eta = a_1 b_1 m_1 / a_2 b_2 m_2$$

式中，a_1为消化池进泥量，m^3/d；b_1为消化池进泥含固量，%；m_1为消化池进泥的有机成分，%；a_2为消化池排泥量，m^3/d；b_2为消化池排泥含固量，%；m_2为消化池排泥的有机成分，%。

目前国内规模最大的上海市白龙港污水处理厂污泥厌氧消化系统为集中布置的卵形消化池，设计规模为204tDS/d。该厂污泥厌氧消化系统于2011年5月完成启动调试，稳定运行后的产气量受进泥流量和性质的影响呈现较为规律的季节性变化，单位污泥实际年均产气量为7.24～13.82m^3/m^3污泥，沼气产率为0.64～1.04m^3/kgVSS。设计停留时间24d，有机负荷1.21kgVSS/(m^3·d)，消化温度33～35℃。化学污泥有机物含量55%，有机物分解率40%～45%，初沉污泥和剩余生化污泥的有机物含量60%，有机物分解率45%。

除了厌氧消化反应条件，沼气的产率还和消化池的设计参数以及原料泥中有机物含量相关，计算方法参见宋晓雅等的计算公式。甲烷产量计算方法参见杨莲红等提出的计算公式。

7.2.2.4 沼气利用

厌氧消化产生的沼气主要可用作如下用途：

① 作为沼气锅炉的气源，为污泥热交换器提供热源；

② 沼气搅拌系统用气；

③ 沼气直燃鼓风机，所产生的机械能可用于污水厂曝气池供氧，热能用于消化池加热或淋浴等功能；

④ 沼气发电，污水厂自用或与城市电网合并；

⑤ 提纯后的沼气并入城市煤气管网。

沼气输送管道设计应考虑以下内容：

① 冷凝。由于消化池内温度较高，沼气排出消化池后，沼气管内外温差较大，气体中的水分很快冷凝为水，聚集在沼气管的底部，影响沼气输送。沼气管出消化池后应设置冷凝水收集罐；在沼气管路的低点处设冷凝水罐，同时还在沼气各支管上设置冷凝水罐；埋地沼气管路的低点处必须设置冷凝水罐。

② 坡度。沼气管设置有一定的坡度，坡向与流向一致，便于排出沼气中的冷凝水。

③ 过滤。沼气中含带一些杂质，因此设置过滤器进行过滤；沼气送入使用设备前端，设置过滤器。

④ 安全。厌氧消化池的出气管上，必须设回火防止器，沼气管路上并联安装两套阻燃器，互为备用。沼气输送过程中途经的所有可能泄漏沼气的场所，应符合防爆要求，室内应设置通风设施和沼气泄漏报警装置。

⑤ 跨越管。在沼气管路上设跨越管，如跨越过滤器、各级脱硫装置等，为实现多种运行方式提供可行性。

7.3 污泥脱水系统

污泥作为污水处理厂产生的二次污染应进行妥善处理，方能最终解决污染问题。

污泥处理系统主要包括污泥输送储存、污泥浓缩、污泥消化、污泥加药调理、污泥脱水和污泥最终处置（堆肥、干化、石灰稳定化、焚烧和处置等）。

污泥脱水技术主要包括带式压滤、离心脱水、污泥调理结合板框脱水以及污泥热干化等。污泥的热干化是指通过污泥与热媒之间的传热作用，脱除污泥中的水分的工艺过程，以满足污泥后续处置要求，进一步降低常规机械脱水污泥的含水率，主要有真空热干化和低温（热风式）热干化两种。热干化技术处理后的污泥含水率一般在30%～60%，通常与焚烧、制砖等技术配套，减量化和稳定化程度较高，占地面积较小。当污泥中的有毒有害物质含量很高且短期不可能降低时，该方案可作为污泥处理处置的可行选择，其缺点是投资及运行成本较高。

本节重点介绍污泥脱水系统设计，设计中主要参考如下资料：

《城镇污水处理厂污泥处理技术规程》CJJ 131—2009

《城镇污水处理厂污泥处理处置及污染防治技术政策（试行）》（建城［2009］23号）

《农用污泥中污染物控制标准》GB 4284—2018

《城镇污水处理厂污泥处置　分类》GB/T 23484—2009

《城镇污水处理厂污泥处置　混合填埋用泥质》GB/T 23485—2009

《城镇污水处理厂污泥处置　园林绿化用泥质》GB/T 23486—2009

《城镇污水处理厂污泥处置　土地改良泥质》GB/T 24600—2009

《城镇污水处理厂污泥处置　单独焚烧用泥质》GB/T 24602—2009

《城镇污水处理厂污泥处置　制砖用泥质》GB/T 25031—2010

《城镇污水处理厂污泥处置　林地用泥质》CJ/T 362—2011

《城镇污水处理厂污泥处置　水泥熟料生产用泥质》CJ/T 314—2009

《城镇污水处理厂污泥处置　农用泥质》CJ/T 309—2009

《室外排水设计标准》GB 50014—2021

《生活垃圾焚烧污染控制标准》GB 18485—2014

《给水排水设计手册》

7.3.1 设计内容和接口条件

污泥脱水系统的设计内容主要包括污泥贮池、污泥输送（如破碎，泵，阀，流量计等）、污泥浓缩机、污泥浓缩池、污泥脱水机、泥饼输送、泥饼堆场、加药系统、储药系统、起重设备、反洗系统、给排水系统、自控仪表、辅助用房和辅助设施。

施工图设计前要确认的设计接口条件和信息包括：可用地尺寸和坐标，上游水位或范围，地坪标高，冻土层，管道覆土深度，保温要求，地质、气候等其他基本条件；污泥来源（初沉污泥、生化污泥和化学污泥等），每部分污泥量，总污泥量（绝干污泥量），上游污泥泵的参数以及每种污泥进泥管道接口条件；污泥物化性质和特点，污泥处理的指标；反冲洗水源接口情况：反洗水流量、压力和管道接口尺寸、材质和位置；自来水和排水管道接口；泥饼堆场要求；设备档次、给排水及辅助设施要求；除臭要求，除臭设备类型、参数和运行方式。

设计师根据接口条件计算，图纸设计前与设计负责人确认的主要技术参数包括：污泥量和各段污泥含水率；污泥浓缩方式，浓缩池的数量、运行方式（间歇还是连续等）和固体负荷和停留时间等；浓缩机的型式、处理规模和数量；贮泥池容积、停留时间和有效水深；污泥脱水机型式、数量和规模，备用情况，运行周期；加药药剂类型和加药量。加药设备的加药量应比设计值放大30%～50%，并根据脱水机类型和污泥特性进行调整，常用的污泥调质药剂包括阳离子型PAM、铁盐和石灰等。

7.3.2 污泥含水率

7.3.2.1 污泥含水率要求

污泥脱水系统要达到的含水率或含固率指标需要满足后续污泥处置工艺和相关规范的要求，应根据污泥处置要求和相应的泥质标准，选择适宜的污泥处理技术路线。

① 堆肥。根据CJJ131-2009，堆肥前混合污泥初始含水率宜为55%～65%。

② 热干化。多段圆盘式间接加热干化工艺的进泥含固率应为25%～30%。

③ 多膛焚烧炉。要求进泥含固率必须大于15%。

④ 填埋。根据《城镇污水处理厂污泥处理处置及污染防治技术政策（试行）》（建城[2009] 23号），不具备土地利用和建筑材料综合利用条件的污泥，可采用填埋处置。国家将逐步限制未经无机化处理的污泥在垃圾填埋场填埋。填埋前的污泥需进行稳定化处理，横向剪切强度应大于25kN/m^2，根据GB/T 23485-2009规定，污泥用于混合填埋时，其基本指标包括含水率小于60%，混合比例≤8%。

7.3.2.2 污水处理各产泥工艺段污泥含水率

经过不同的污泥脱水工艺处理后，污泥含水率大体可分四档：≤80%，≤60%，40%～60%和≤40%，设计前要了解业主及合同中对污泥处理的要求和可能的污泥最终处置出路，同时要了解当地环保要求，考虑不同的污泥处置方式对污泥脱水后泥饼含水率有不同的技术要求，要结合当地可行、经济的后续泥饼最终处置方式来校核污泥脱水指标，并与业主进行必要的沟通和确认，避免设计反复。

① 生物污泥　剩余生物污泥含水率为99.2%～99.6%时，采用机械浓缩机浓缩后污泥

含水率降到97%～98%（一般按照98%计算）。

② 初沉污泥　初沉污泥含水率约97%，可用重力浓缩池进行浓缩，浓缩后污泥含水率降低到94%～96%。

③ 混合污泥　对于没有生物除磷的普通市政污水厂，初沉污泥和二沉混合污泥一般含水率按97%～98%考虑，可考虑对混合污泥用污泥浓缩池进行浓缩，浓缩后含水率按94%～96%设计。

④ 厌氧污泥　厌氧反应器剩余污泥含水率按98%计算。

7.3.3 污泥浓缩方式

选择污泥浓缩方式是，主要根据污泥量、污泥浓度、整体脱氮除磷要求、场地和药剂限制条件、处理规模和脱水要求等因素进行选择。规模不同，采用浓缩池或浓缩机的造价、电耗和占地相差较大，需计算比选。

各种工艺段污泥的浓缩方式举例如下。

① 生物污泥　根据室外排水规范，采用生物除磷的污水厂，好氧生物反应池后的二沉池生物污泥不应采用重力浓缩而应采用机械浓缩机进行浓缩，避免重力浓缩停留时间过长造成活性污泥中的磷在浓缩过程中释放到上清液中回到污水系统影响污水中磷的达标排放。除磷生化工艺的生化污泥的浓缩停留时间不大于2h。

② 混合污泥　对于中小规模污水厂，初沉污泥和二沉池剩余污泥可混合后进入污泥浓缩机处理。对于大中型规模污水厂，初沉污泥浓缩和二沉污泥浓缩可分开考虑，初沉污泥采用重力浓缩，二沉污泥采用机械浓缩。对于无生物除磷工艺的混合污泥可采用浓缩池处理。

③ 化学污泥　可浓缩后再进脱水机，也可不经过浓缩直接进污泥脱水机进行脱水。

④ 初沉污泥　可采用浓缩池或浓缩机处理。

7.3.4 污泥浓缩池的主要设计参数

污泥浓缩池的主要设计参数包括，固体表面负荷30～60kg/(m^2·d)，一般取45～50kg/(m^2·d)；浓缩时间宜大于12h；有效水深宜为4m；污泥浓缩池宜设置去除浮渣的装置。采用栅条浓缩机时，其外缘线速度一般宜为1～2m/min，池底坡向泥斗的坡度不宜小于0.05。

目前国内规模最大的上海市白龙港污水处理厂污泥浓缩池设计参数如下：

① 化学污泥浓缩：化学污泥停留时间为53h，污泥固体负荷为54kg/(m^2·d)；

② 初沉污泥浓缩：初沉污泥停留时间为37h，污泥固体负荷为65kg/(m^2·d)；

③ 生化污泥浓缩：污泥停留时间为16.9h，污泥固体负荷为35kg/(m^2·d)，浓缩后污泥含水率98.5%。

7.3.5 污泥浓缩机和脱水机设计共性思路

污泥机械浓缩机的常用类型包括转鼓浓缩机、带式浓缩机和离心浓缩机，常用的污泥脱水机类型包括带式脱水机（或带式浓缩脱水一体机）、离心脱水机、电高干脱水机、叠螺式污泥脱水机和隔膜板框污泥脱水机等。

机械浓缩机和污泥脱水机存在一个参数、运行方式和布置的匹配问题，因此要作为一个

整体来设计。施工图设计步骤主要分为 5 步。

① 计算和确认相关技术参数，参考 7.3.1 节，其中设备选型和设备数量是比较核心的内容。每种脱水机所能达到的污泥含水率指标不同，且适用的污泥特性也不同。选型时需要考虑污泥的腐蚀性、pH 值、黏度、无机颗粒大小和硬度等因素，同时要从技术、经济、占地、电耗、冲洗水消耗、加药量、重量、对进料浓度变化的适应性、浓缩脱水匹配、设备备用和工作时间（有无备用和单台设备工作时间不同则所选设备的处理量则不同）等方面进行比选，还要结合用户的倾向性意见（如有）选择浓缩和脱水机类型。

设计前如果已指定品牌或者通过招标选定品牌，则按供货商提供资料设计；如果没有确定品牌，则要注意设备间尺寸要能满足几个不同品牌的同参数设备的安装为宜，增加后面项目实施阶段采购的选择性。为了降低投资，亦可设计前招标确定供货商后再进入施工图设计。

污泥脱水机宜考虑 1 台备用。按照规范，脱水机台数一般不少于 2 台，其中包括备用。在实际工程设计中，当污泥量很少时（每日脱水时间不大于 8h）可以只设 1 台，不备用。

② 设备供货商提供设计资料。确定浓缩机和脱水机的规模和数量后，供货商提供设备的安装图、报价、浓缩机和脱水机设备（含清洗水泵和清洗水箱等）尺寸和参数、起吊重量、荷载、电气自控条件及其他配合资料。

③ 在可用地尺寸范围内进行设备的平面布置。画出每台设备的基础外形框图→浓缩机并排布置→脱水机并排布置→池子、水箱、制药装置一般靠墙布置→布置污泥泵、加药泵和清洗泵等设备→布置变配电间等辅助用房。

脱水系统的布置顺序为：污泥贮池→浆液阀或刀闸阀→双法兰限位传力接头或可曲挠橡胶接头→(破碎机)→进料泵→压力表→刀闸阀和止回阀→流量计（电磁流量计)→压力开关→污泥脱水机→污泥输送→污泥堆场、污泥运输车、料仓或污泥深度脱水设备。根据设备的要求进行阀门仪表的选择。

平面布置要顺工艺流程且兼顾总图接口条件，布置多种方案，不断优化，对各种布置方案进行比较，必要时与设计负责人沟通确定设备大致定位，在后续设计中调整到准确位置。

设备的位置要利于起重设备少转弯。

④ 布置进泥管路、给排水管路、储配药系统、加药管路、贮泥池、泵、污泥堆棚、冲洗系统、除臭系统和起吊设备等，画系统图。

⑤ 根据需要体现的设备和结构确定剖面位置画剖面图，完善预埋件图、局部详图、图纸说明、材料表和设备表等内容。

除了按照规范和手册设计，还要注意以下几点。

(1) 与相关专业的配合

变配电间的位置和尺寸、大功率设备的布置和电控管线的布置要和电气设计人员沟通和协调。配电间应设单独的门通向室外（向外开），不足 7m 的可只设 1 扇门，并有通向设备间的门，方便操作。

如有条件钢混池子宜共壁合建。大的设备要考虑吊装孔或者先安装设备再封顶，需在施工图说明中注明。吊装孔内不能设管线。吊装孔尺寸应按需起吊最大部件外形尺寸每边放大 0.2m 以上。

管沟和集水沟要避开柱子、梁、设备孔和楼梯等土建结构。污泥脱水机房的开门位置要方便卸药和运输脱水后泥饼，门的尺寸满足脱水机的进出。注意核对土建图纸与工艺图的一致。

（2）管路设计

要求管路布置顺畅，利于节约空间，整齐好归类，水头损失少。管路交叉要尽量少，管沟设置尽量少并且不影响主要通道通行，管路尽可能短，减少弯头，管线外壁之间以及管线与管沟壁之间的距离不小于0.15m，管底与管沟底的净距不应小于0.2m。管沟设排水设施。管路设计过程中根据管道避让、顺畅、布置管沟、布置排水沟或避免弯头过多等需要调整设备位置，完善平面图。

压力输泥管道最小管径为150mm，重力输泥管道最小管径为200mm，相应最小设计坡度为0.01。生物污泥脱水滤液的管道，应有除垢措施。所有污泥管道都要求进行流速计算，最小设计流速要符合《室外排水设计标准》的规定。设计流速不满足最小设计流速时，应增设清淤措施。

（3）排水

脱水机房的排水管应按照滤液和反冲洗水的总量计算。污泥脱水滤液和冲洗水可选择排入厂区排水管网、初沉池、生物处理构筑物或进行化学除磷后再返回污水处理构筑物。

集水沟设计应可以服务可能漏水设备和所有排水点的要求。污泥进料泵和加药泵等附近设置集水沟，供检修排水用。

（4）污泥脱水机进料泵

单台进料泵的流量不但要按照污泥量、脱水时间和台数计算，还要考虑与脱水机处理量和处理周期的匹配，并与脱水机供货商沟通确认。进料泵的扬程计算不但要考虑污泥脱水机的要求，还需要考虑沿程阻力，管路沿程阻力的计算需要考虑过流污泥的密度。

污泥脱水机的进料泵应根据废水特点、进料泵参数和污泥脱水机的要求来选择，主要有以下5种类型。

① 离心泵，对污泥剪切力大，会破坏污泥絮凝体，耐磨性能差。

② 隔膜泵，多用于腐蚀性介质和加药系统，对介质有剪切作用。

③ 柱塞泵，价格昂贵，多用于对压力要求高的情况，可用于板框和厢式压滤机的进料泵。

④ 螺杆泵，可输送高黏度物质（不同于齿轮泵）或含有气体、颗粒或纤维杂质的介质（不同于隔膜泵），也可以输送酸碱盐介质。螺杆泵的流量要考虑脱水机的处理量，按照最大流量设计并留有一定余量，因为污泥颗粒会对转子和定子产生磨损，使流量降低，当流量降低到设计值的85%时需要更换定子。但是设计流量不宜过大，因为节流会引起损失较大，导致温度升高，造成泵的损坏，不能依靠调压阀大流量回流来适应小流量的要求。

⑤ 凸轮转子泵（即转子泵），与螺杆泵设计要点类似，但是对于含沙量高的污泥，转速不能高。转子泵无堵塞问题，能耗低，体积小，占地面积小，能允许短时间的干运转并在突然断料或操作失误时防止泵的损坏，可在不拆卸管道的情况下实现在线维修，备件成本低。转子泵的自吸能力低于螺杆泵，不宜考虑其自吸性能。

离心泵和隔膜泵通常不用在浓缩污泥的输送。单螺杆泵（即螺杆泵）和转子泵常用于带式压滤机和离心脱水机的进料泵，高性能螺杆泵也可用于隔膜式板框压滤机的进料泵。这两种泵都适宜输送污泥，流量均匀连续，没有湍流和剪切且脉动小，利于保持污泥性状并保护絮体不被破坏，从而获得较好的脱水效果。转子泵比螺杆泵价格高，更适合用于食品级介质

的输送。

进料泵主要根据流量和压力来选择。流量大于 70m³/h 时，由于能耗原因，宜选择转子泵，但是投资会比较高。流量小于 40m³/h 时，宜选择螺杆泵。中间流量时需要进行经济能耗比选后确定。与转子泵相比，螺杆泵能达到更高的压力。

（5）破碎机

初沉污泥和化学污泥进离心脱水机前的进料泵需要配破碎机（污泥切割机，切割后的污泥粒径不宜大于 8mm）。污泥泵和破碎机联动，设 MCC 柜和现场按钮箱，污泥泵设变频调速，中控监视。阀门管道材质需要结合污泥特性选择，腐蚀性介质的阀门需要选用不锈钢。

（6）泥饼出料

泥饼输送设备型式宜根据输送目的选择。

① 输送到污泥堆场或料仓。含水率 80%的泥饼可通过皮输送机、螺旋输送机或管道等输送到污泥堆场或料仓，车载外运，根据污泥脱水机出泥口的高度和卸料高度选择水平和倾斜污泥输送机来输送脱水后泥饼。如果污泥含水率低于 60%，不适合采用料仓贮存，建议直接外运。

② 压力输送到料仓或深度脱水设备。压力输送泥饼（含水率 80%）提升到料仓或深度脱水设备需要配泥饼输送泵。泥饼输送泵下游的料仓或深度脱水设备需要设备用。

常用的泥饼输送设备有柱塞泵、螺杆泥饼泵等。螺杆泵是回转式容积泵，应用在中低压环境和要求流量平稳压力脉动小的场合，出口压力小于 8MPa；柱塞泵是往复式容积泵，效率高，转速高，功率大，自吸性差，有流量脉动，应用于大流量、流量需要调节和中高压环境，出口压力 8～32MPa，噪声较高。

每台泵出泥管路连接到所有泥饼料仓或深度脱水设备，管路有切换阀门，每条出料管路上都要设置刀闸阀（建议电动或气动）和双法兰限位传力接头。转弯处和三通的角度宜大于 90°，转弯半径应根据具体管径确定，不能小于 1.5m。弯头的转弯半径不应小于 5 倍管径，如图 7-3 所示。

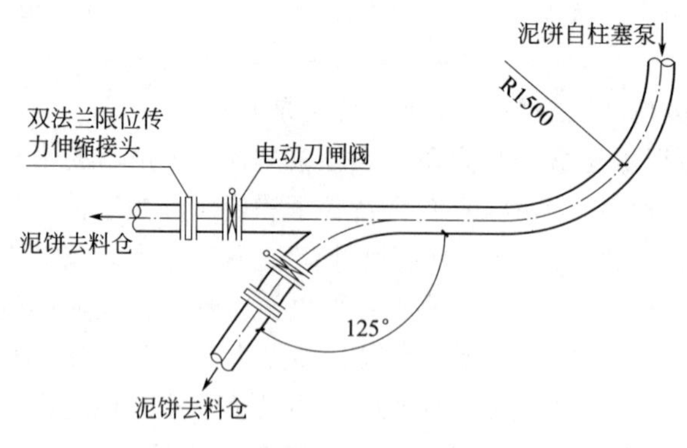

图 7-3　泥饼输送管道布置图

③ 泥饼料仓。污泥料仓设卸料螺旋和超声波料位计等配套设施。污泥堆场或料仓的容量应根据污泥出路和运输条件等确定，料仓容积应结合运输和操作情况考虑，最低按照 12h 以上容积设计。如果堆场或料仓在室内，要进行通风和除臭设计，操作间高度要能满足吊装设备和污泥运输车辆进出要求。

（7）管材

对于污泥中不含特殊腐蚀性工业污染物的污泥，常用的管道管材包括：

① 吸泥管、输泥管：焊接钢管（Q235-A），镀锌钢管，不锈钢管（304）；

② 贮泥池溢流管：焊接钢管，液下部分可用镀锌钢管；

③ 冲洗管：焊接钢管，不锈钢；

④ 配药管：给水 UPVC，PE；

⑤ 加药管：给水 UPVC，不锈钢；

⑥ 给水管：给水 UPVC，HDPE；

⑦ 排水管：排水 UPVC；

⑧ 放空管：焊接钢管；

⑨ 除臭管：玻璃钢。

（8）电气自控

污泥脱水设备一般为设备自带控制箱，自带 PLC 控制，上位 PLC 监视。污泥进料泵、加药泵、刀闸阀和反洗泵等设备自带控制箱并提供 PLC 控制，手动和自动控制，泵优先受液位控制，污泥进料泵和加药泵设变频。电气设计条件中要注明泵的变频数量。污泥螺杆泵需要标明额定电流。用电负荷高的设备需要单独提供一路电源。电动阀和轴流风机要标明是 220V 或 380V 电源。

7.3.6 污泥贮池

由于污水处理厂的污泥多为间歇排放，设计污泥贮池的目的一是暂存污泥和调节作用，二是起到污泥泵站的集水池的作用。

7.3.6.1 容积计算

污泥贮池容积一般按照污泥的停留时间为 0.5～2.0h 计算。容积太大不仅容易积泥，而且易造成磷释放到污泥脱水机的压滤水中回到处理系统。计算方法为：

$$贮泥池体积=\frac{绝干污泥量\times停留时间}{10(100-进泥含水率\times100)\times24}$$

式中，贮泥池体积，m^3；绝干污泥量，kg 干泥/d；停留时间，h；进泥含水率，%。

在计算值的基础上需要校核该容积是否符合如下条件：

① 满足峰值时一次排入的污泥量容积；

② 满足最大一台污泥泵抽送 5min 的体积；

③ 二沉污泥泵站污泥贮池的容积应按排入的回流污泥量、剩余污泥量和污泥泵抽送能力计算；

④ 污泥贮池的池容需考虑间歇排泥的构筑物如高密池、气浮池等的排泥周期和间歇流量。

7.3.6.2 贮泥池的设置方案

当进泥管来自不同工艺环节时，根据后续污泥脱水的需求，有两种污泥贮池的设置思路。

① 第一种方案是将剩余活性污泥与含水率相对低的初沉污泥、化学污泥分别设污泥贮池，分开浓缩。含水率高的剩余活性污泥单独浓缩后与含水率低的初沉污泥和化学污泥混合，经切割破碎后被泵入污泥脱水机。如图 7-4 所示。

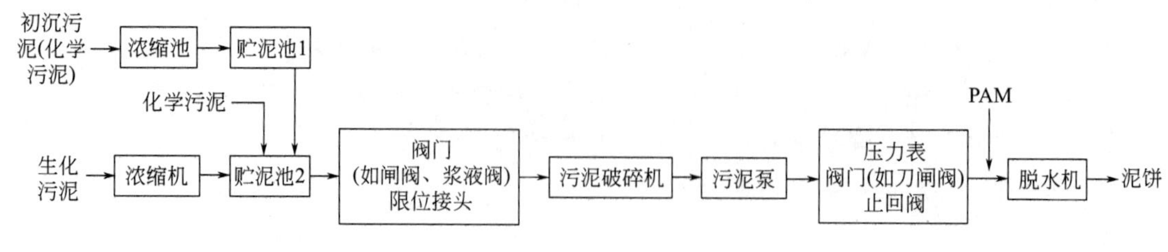

图 7-4 污泥脱水流程

② 第二种方案是将不同含水率的污泥混合后排入共用的贮泥池，继而浓缩和脱水，适用于小规模工程。该方案与第一方案相比节约了浓缩进料泵，且由于生物池剩余污泥不适于重力浓缩，混合污泥只能选择机械浓缩机，比方案一增加了浓缩机的规模。

方案选择时应对总体配置的占地、平面布置复杂性、设备复杂性、除臭、经济性和电耗等因素进行比选。

7.3.6.3 贮泥池设计

贮泥池的平面布置举例如图 7-5 所示。为了混合均匀，进泥管和出泥管布置在贮泥池的对边上，以保证充分搅拌混合，池底三个方向坡向出泥槽，如图 7-5(a) 所示。当出泥管为一根管连接不同的螺杆泵时，出泥槽可为正方形，尺寸要利于汇集污泥并能满足出泥管尺寸，不积泥，一般边长 600～800mm，深度 400～500mm，根据管道尺寸进行相应调整。每台泵吸泥喇叭管距离池底的距离以及每台泵的喇叭管间距应符合规范要求。当出泥管为 2 根以上时 [见图 7-5(b)]，对于小规模工程，可沿出泥方向池边内侧做出泥槽，长度为贮泥池边长，宽度 600～800mm，深度 400～500mm，并根据出泥管尺寸调整。该布置易发生出泥槽中积泥，宜设冲洗或搅拌设施，不建议用于中大型规模工程。若池体较大不利于布置搅拌机或者尺寸限制，建议贮泥池分组设计。

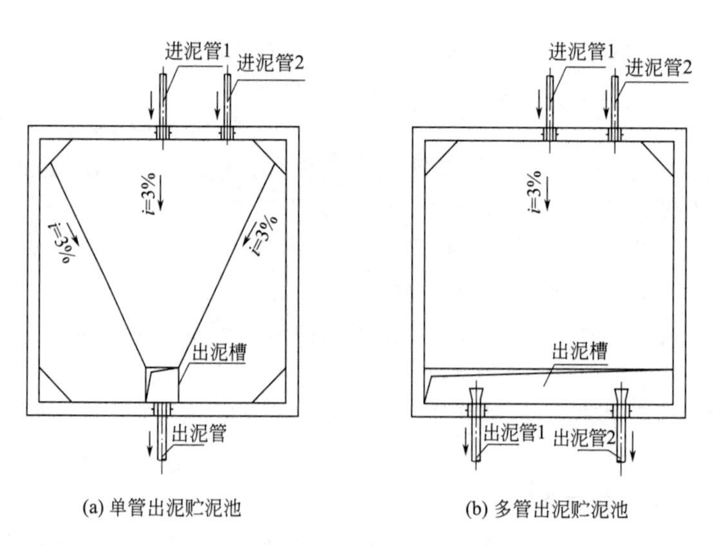

图 7-5 贮泥池平面布置图

贮泥池进泥管从池上部接入池体，埋地拐弯处可用小阻力弯头（如 120°），贮泥池的出泥管为污泥泵的吸泥管，从出泥槽下部通过喇叭管吸泥。浓缩机到贮泥池的输泥管要设坡度大于 0.01。

贮泥池要设溢流管，溢流管起端以喇叭管连接，管径 $DN150$～200，以 $DN200$ 为宜，溢流管液位以下部分的材质用镀锌钢管，其他部分可采用钢管。溢流管可接入放空管，接入厂区排水管网。溢流管的设置位置要考虑管道距离池顶的安装空间，并且要保证正常的超高。

放空管引自贮泥池集水坑，阀门井中安装柔性连接和刀闸阀（不锈钢）。

易积泥的贮泥池配搅拌机，防止污泥沉积和厌氧。搅拌机型式为推进式桨板搅拌机、框式搅拌机或潜水搅拌机，根据规模、电耗、污泥性质和造价等因素进行比选。设备自带现场控制柜，室外为户外型，中控室监视。池顶设搅拌机预埋件。桨板搅拌机的运行效果好于潜水搅拌机。

贮泥池宜加盖并设除臭设施和通气孔。盖板材质宜选用不锈钢格板或塑料盖板。

寒冷地区污泥贮池宜放在室内。室内贮泥池外池壁与墙净距应满足人行方便，建议大于1.0m，取1.2～1.5m。

贮泥池内设潜水搅拌机需设检修孔，检修孔若设爬梯应注意长期腐蚀问题。考虑到硫化氢等气体对爬梯的腐蚀，建议可不设置爬梯，一般规模小的工程，检修时可用临时爬梯，避免长期放置腐蚀，影响安全性。

污泥贮池的剖面图标注低液位、中液位和高液位。设液位计，现场显示和传输到中控，可控制污泥泵的启停。

7.3.7 带式压滤机

带式压滤机脱水后泥饼含水率小于80%，行业水平一般在80%～85%，质量好的带式压滤机脱水后泥饼的含水率可以达到75%～80%。主要参数示例如表7-2所示。

表7-2 带式压滤机的参数表

序号	带宽	加药螺杆泵参数	空压机参数	带式压滤机处理干泥量	规　范
1	1.0m	$Q=1.2m^3/h$(流量可调) $H=0.2MPa$ $P=0.75kW$	$Q=0.3m^3/min$ $H=0.7MPa$ $P=3$～$4kW$	150～180kg/h	脱水负荷应根据试验资料或类似运行经验确定，污泥脱水负荷可按如下规定取值： 初沉原污泥250kg/(m·h)； 初沉消化污泥300kg/(m·h)； 混合原污泥150kg/(m·h)； 混合消化污泥200kg/(m·h)； 空气压缩机至少应有1台备用
2	1.5m	$Q=1.5m^3/h$(流量可调) $H=0.2MPa$ $P=1.1kW$	$Q=0.3m^3/min$ $H=0.7MPa$ $P=3$～$4kW$	220～270kg/h	
3	2.0m	$Q=2.4m^3/h$(流量可调) $H=0.2MPa$ $P=1.5kW$	$Q=0.3m^3/min$ $H=0.7MPa$ $P=3$～$4kW$	300～360kg/h	

（1）机房平面设计

带式压滤机脱水机房平面图设计主要包括如下步骤。

① 结合污水厂总平面图中的污泥进料方向、给排水方向和道路布置，从靠近污泥进料管线的位置先布污泥进料泵、带式压滤机、污泥泥饼运输间和大门，多台压滤机并排布置，靠近墙附近布置，脱水后出泥口连接无轴螺旋输送机，输送机连接到污泥堆场或输泥泵。

② 根据泥饼输送间尺寸限制调整污泥输送机的角度，靠墙附近布加药设备和反洗水箱，

继而布置泵、管线、储药间、配电间和值班室等。

③ 最后根据整体各环节的衔接和顺畅合理性对布局进行调整。污泥进料管线布置在压滤机的进料端管沟内，加药管线建议尽量设在污泥进料泵前，如不好布置时也可放在污泥进料泵之后。反洗管和加药管应根据加药设备和反洗水箱的位置布置，如果分别从压滤机的前部和后部分开两个方向布管，管线布置会相对整齐，减少交错。

几种典型的平面布置型式如图 7-6～图 7-11 所示。具体布置可根据接口管道方向进行旋转和调整。

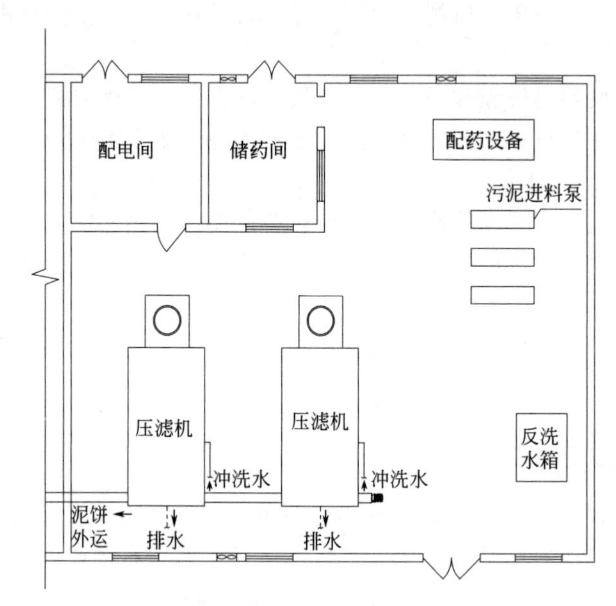

图 7-6　带式压滤机平面布置图 1

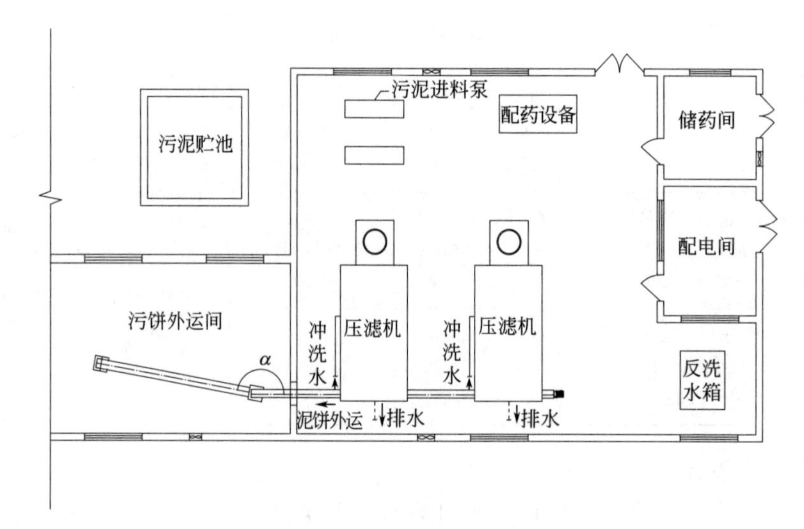

图 7-7　带式压滤机平面布置图 2

（2）带式压滤机

排水管的计算应考虑滤液和反冲洗总水量。在施工图说明中宜写明脱水机的安装顺序和土建配合内容。带式压滤机的楼梯应能满足人安全上下，楼梯布置不能影响人从楼梯旁的通道通行。楼梯旁过道宽度宜大于 1.0m。带式压滤机与墙之间的距离不宜小于 1.5m，电机

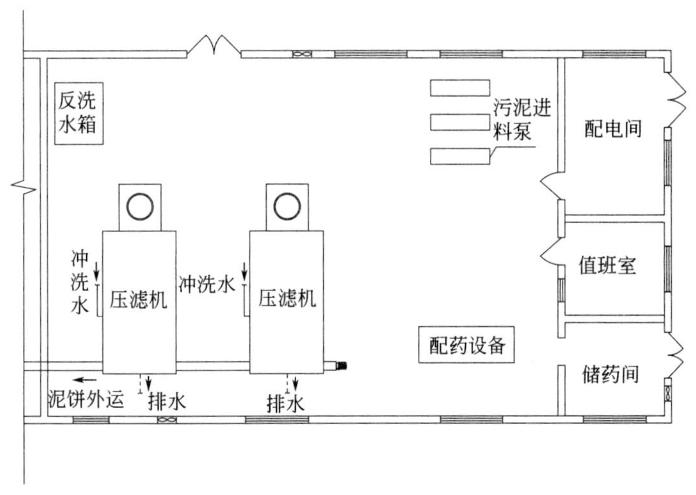

图 7-8 带式压滤机平面布置图 3

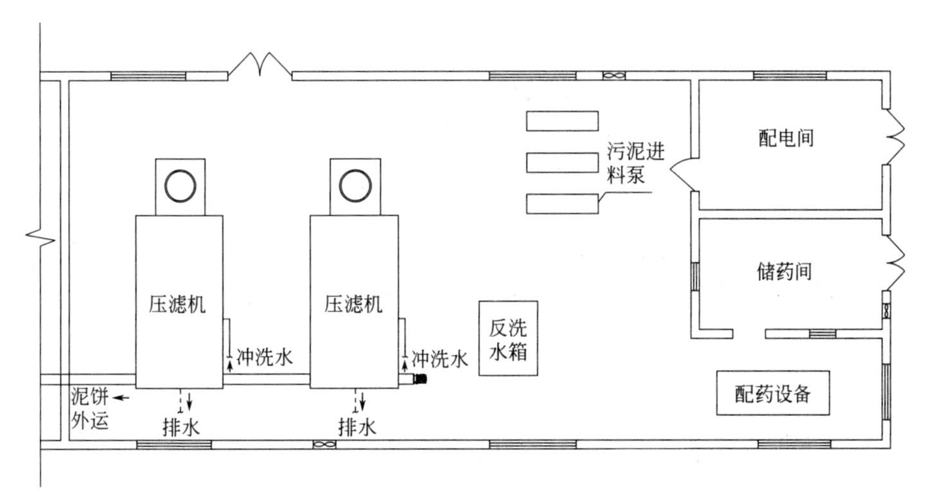

图 7-9 带式压滤机平面布置图 4

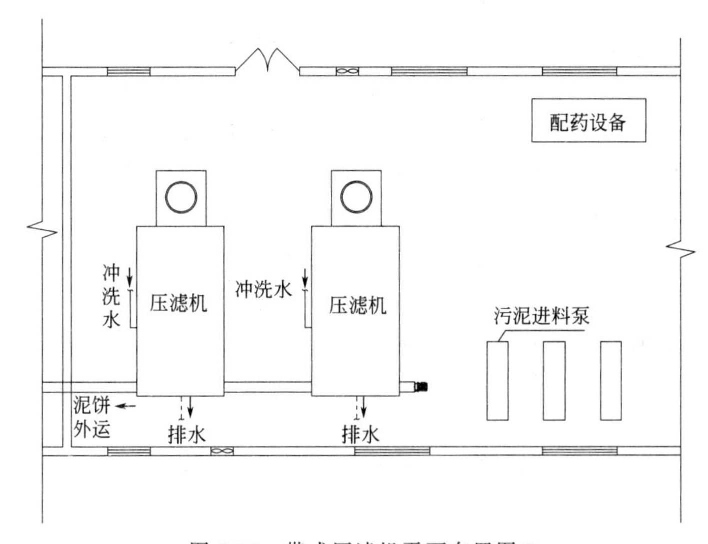

图 7-10 带式压滤机平面布置图 5

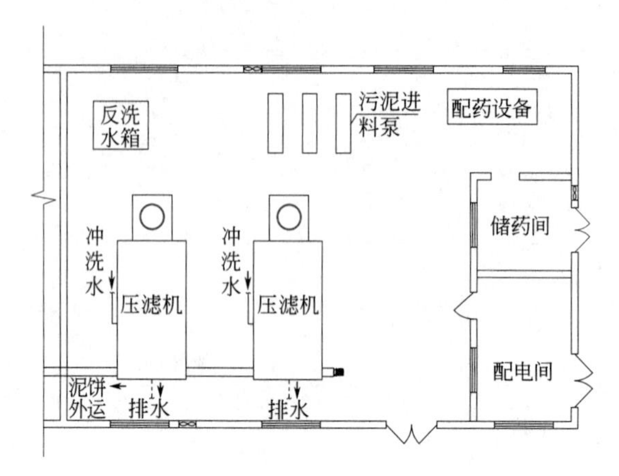

图 7-11　带式压滤机平面布置图 6

距墙距离应符合规范，最小 1.0～1.2m。

（3）进料泵

污泥进料螺杆泵应满足吸程和扬程要求，配变频和出泥流量计。其布置要结合定子长度考虑检修空间（检修时定子要抽出来，所以不能离墙太近，留够检修距离），且尽量避免增加不必要的弯头。电机距墙距离应符合规范，最小 1.0～1.2m。泵基础间距和距墙距离应符合规范要求。计量箱、螺杆泵和反冲洗水泵固定方式参考供货商建议，规模不大的采用膨胀螺栓固定。污泥进料螺杆泵连接方式如下：

污泥贮池→浆液阀或刀闸阀→双法兰限位传力接头或可曲挠橡胶接头→(破碎机)→污泥进料泵→压力表→刀闸阀和止回阀→流量计（电磁流量计)→压力开关→污泥脱水机

（4）加药

加药 PAM 加药量为 3～5kg/t 干泥。PAM 可采用阳离子型，配药浓度 0.1%～0.3%，温度高的季节可以适当提高配药浓度到 0.3%～0.5%。配置加药设备应在计算值的基础上放大 30%～50%。一体化加药应充分考虑投加干粉和溶液的能力，详见第 9 章。PAM 加药泵设变频调速。PAM 螺杆泵管路上设 Y 型过滤器，计量泵出口管路上设安全阀。

（5）清洗

带式压滤机需要配清洗水进行反洗。清洗水尽量用回用水，并设置自来水备用，自来水干管接近用水点附近宜加止回阀（逆流防止器）。冲洗水干管分出支管连接到各台脱水机，每台脱水机前冲洗水支管管路上设单独的逆止阀、球阀和电磁阀。清洗水可来自反洗水箱，如果有厂区回用水池，也可把水引过来用管道泵加压进行清洗，节省反洗水箱。清洗水箱按照转输水箱设计，中途转输水箱的容积宜取次级泵的 5min～10min 流量（《建筑给排水设计规范》)。清洗水箱有效容积应为低液位与高液位之间的容积（不包括死水容积）。清洗水箱供水管路上要设电动阀实现自动补水。空压机根据带宽由带式压缩机设备供货商配套提供。

带式压滤机反冲洗装置采用无堵塞喷头。清洗水泵流量根据带宽配置，扬程一般取 60m，泵的型式可选择潜污泵或离心泵，但潜污泵扬程要满足要求。建议采用干式泵，多级离心泵为宜。核算流量时按规范建议的 $5.5m^3/[m(带宽)\cdot h]\sim 11m^3/[m(带宽)\cdot h]$，至少应有 1 台备用。离心泵入口处水平的偏心异径管采用顶平接偏心异径管，如图 7-12 所示。

（6）泥饼输送

多台带式压滤机的污泥通过水平无轴螺旋输送机送到泥饼堆放和运输间。泥饼运输间高

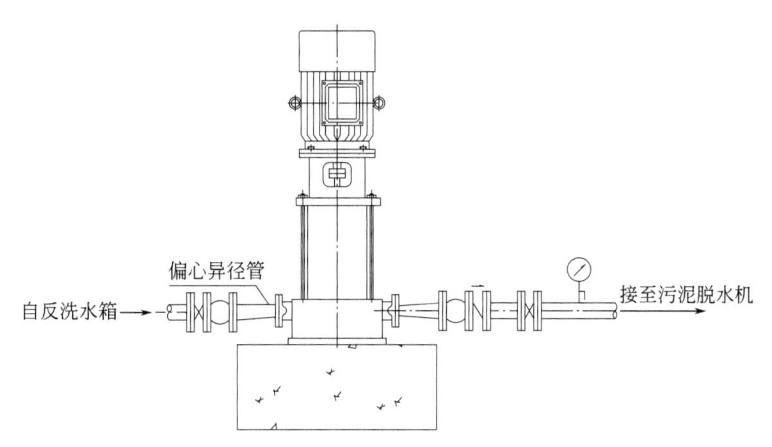

图 7-12 带机反洗水泵管路连接图

度需要满足污泥运输车辆出入的要求和操作空间。如果泥饼直接外运，由于水平输送机的高度一般低于带式压滤机的出料口，该高度达不到运输车辆的泥斗高度，需要增设倾斜无轴螺旋输送机，将污泥输送到需要的高度。根据出泥口的位置和高度要求，设倾斜无轴螺旋输送机，与水平输送机联接使用。平面上，倾斜输送机与水平输送机的角度 α（如图 7-7 所示）可在 170°～105°；垂直方向倾斜角度一般为 25°，根据规范不大于 30°，底部设排水管。皮带输送机倾角应小于 20°。具体可允许安装角度需要和设备供货商沟通确认。

（7）封闭和除臭

由于带式压滤机在运行中产生高压清洗水雾和臭味可能污染环境，需要有防护措施，进行必要的封闭、通风和除臭。污泥脱水间通风设施的换气次数≥6 次/h。污泥泥饼堆放输送间设置轴流风机、自来水管及回用水管。

（8）土建相关

脱水机房房顶内标高一般应高于设备 2m 以上，起吊设备的高度要方便安装和检修，另需考虑门的尺寸能满足脱水机的进出。

（9）电气自控

配电间单独配置，由电专业确认尺寸和位置。进泥泵、带式压滤机、螺旋输送机和加药系统联动，配现场控制箱，与带式压滤机配套的空压机和清洗水泵由 PLC 控制，中控室监控、监视污泥泵、加药泵、带式压滤机、清洗水泵和空压机。污泥输送和配药系统中控监视。反洗水箱设浮子液位计，控制反洗水泵。

7.3.8 隔膜式板框压滤机

传统的板框压滤机有板框式压滤机和厢式压滤机，是水处理行业较早使用且成熟的污泥脱水设备，应用于无机污泥、化学污泥和腐蚀性污泥的脱水具有较大的优势，是一种间歇式过滤设备，整个压滤室由多个独立的方型滤板组成，滤板上安装有滤布。当滤室充满泥浆后关闭污泥进料泵，液压压紧装置将滤板压紧，在高压下，滤板面和滤板面之间形成滤室，滤饼被滤布截留，滤液透过滤布排出滤室，实现泥和水在滤板上的滤布两侧分离。解压后，拉开每块滤板，敞开滤室进行卸料和冲洗滤布。该设备曾经因为操作环境差、劳动强度大和不能连续操作应用减少，只应用在部分工业废水处理厂的污泥脱水。近年来，随着污泥处理要求的提高，要求脱水后污泥含水率低于 60%，是带式压滤机和离心脱水机无法满足的，因

此板框式压滤机又开始被研发，经过改进后的隔膜式板框式压滤机越来越多的应用在污泥脱水要求高的市政污水处理厂。

隔膜式板框压滤机与传统板框式和厢式压滤机的主要不同之处在于滤板与滤布之间加装了弹性膜隔膜板，运行压力更高，当进料结束，将高压流体介质（如气、水）注入隔膜板中，整张隔膜鼓起产生隔膜张力压迫滤饼实现压榨过滤，促进滤饼的进一步脱水。借助PAC、PAM、石灰、铁盐等药剂，可控制泥饼含水率在60%以下。根据隔膜材质的不同，可分为两种：

① 橡胶隔膜式隔膜压滤机，适用于弱酸、弱碱及不含有机溶剂的污泥；

② 高分子弹性体隔膜式压滤机，适用于强酸、强碱及含有机溶剂污泥。

用水作为压榨介质的隔膜式板框压滤机的配套设备主要包括：污泥输送系统、加药系统、鼓风系统、浓缩机冲洗系统（含冲洗水箱和冲洗水泵）、隔膜式板框压滤机的高压水压榨系统和冲洗系统、起吊设备、给排水系统、通风除臭系统和电气自控仪表。

隔膜压滤机的压榨和冲洗用水箱共用，由于所需压力不同，压榨水泵和冲洗（洗布）水泵分开设置。压榨水箱和冲洗水箱可用碳钢材质，补水管线都宜设电动阀门，方便根据水位自动补水。

板框压滤机建议按照日最大污泥量设计，可不考虑备用。

一般情况下，污泥进压滤机前应保持不高于98%的含水率。隔膜式板框压滤机单次处理的固体污泥量是基本保持恒定的，因为板框压滤机的滤室容积是恒定值，在一次进料过程中，实际固体污泥量允许范围为设计固体污泥量的85%～100%，但不能低于最低值，原因是隔膜式板框压滤机在进料完成后主要利用在隔膜板中注入高压水，利用隔膜张力对隔膜板间的污泥进行挤压脱水。若隔膜间污泥量未达到设计值，隔膜板间空间变大，在高压水的挤压下，很容易将隔膜挤破造成事故。

工艺主要运行参数：

压榨压力不应低于1.0MPa，不大于2.0MPa，一般取1.5～1.8MPa。药剂在10～15min内投加完毕，搅拌时间约30min。经充分调理的污泥不宜放置过长时间。

主要处理工艺流程如下：

污泥贮池→浓缩机进料泵→PAM投加到污泥进料管→污泥浓缩机→污泥调理池（投加铁盐和石灰）→隔膜式板框压滤机进料泵→隔膜式板框压滤机→泥饼输送

污泥贮池和调理池要设进料口、人孔、搅拌机预埋件、加药口和溢流口。浓缩机出泥口到污泥调理池的管道距离应尽量短，避免弯头或用小阻力弯头代替90°弯头，降低阻力和避免堵塞，连接管道坡度宜大于0.01。压滤机进泥管的管径应使流速达到1.5m/s，以防堵塞，进泥管道中间可隔一定距离加法兰以方便清理，或者在系统中增加工艺水冲洗接口。设计中要重视污泥加石灰后流程沿途设施的结垢问题的预防和冲洗清掏措施。

石灰添加造成隔膜式板框压滤机的滤液为碱性，在管材选择上要注意，建议直接接入排水干管，如管道末端通入集水坑（连接排水管到排水管网），要有防溅出措施。滤液中的悬浮物和有机物含量高，卫生条件差，不建议直接排入室内集水沟。在设计中要核算压榨出水量（滤液水量），该水为碱性，一般会输送回厂区进水泵站或处理工艺的前端，要考虑其碱性是否会对系统造成冲击，是否会腐蚀泵。如果会对系统有影响，宜采取中和、缓冲或稀释等措施后再接入厂区排水系统。

石灰通过石灰料仓和无轴螺旋输送机送入调理池。污泥调理池的停留时间不能超过1h，设搅拌机。

鼓风系统用空压机，设两路，一路是设隔膜压滤机反吹用储气罐，连接到隔膜压滤机反吹接口；另一路用于阀门风用气，设阀门风储气罐、冷干机和除油过滤器等配套设施。PAC投加量为干污泥量的2%～5%（质量分数），PAM投加量为3～5kgPAM/t干泥，石灰投加量0.10～0.15kg/kg干污泥，$FeCl_3$投加量为干泥量的1%～6%（质量分数）。贮药间地面宜高出其他地面50mm。

生石灰需在石灰熟化池中熟化后方可被投入调理池，同时加铁盐。石灰乳用离心泥浆泵输送，泵前设过滤器，熟化搅拌转速30r/min，生石灰加水（可用浓缩后污泥）的量最低为1kg生石灰2.5L水，生石灰熟化时间要满足要求。石灰熟化池和污泥调理池顶设通气孔和温度传感器，设溢流口，通气孔通蒸汽净化措施（蒸汽中含有氨），当石灰投配比为20%时，污泥与石灰混合可升高的温度为76.6℃，短时间内大量水蒸气蒸发，沿途的阀门、管道等都应考虑高温、磨损和腐蚀问题。因此，不建议加生石灰到污泥调理池。

石灰料仓应配料位计、振荡器、称量设备、排风除尘器等，螺旋输送机螺杆转速应可调以改变进料量，调节范围为－50%～＋50%，料仓出料口宜设称重计量。

污泥调理池内加药后的污泥被污泥泵泵入板框压滤机，宜在设备选型前进行离心式泥浆泵、柱塞泵或螺杆泵的比选。每台压滤机对应1台污泥进料泵。污泥螺杆泵出料管上设压力表和阀门，两台螺杆泵出泥管如汇入一条出泥干管，若不设止回阀，宜在两平行出料管之间设闸阀。污泥泵出口设压力变送器提供压力保护，以防石灰浓度高时堵塞管理情况发生。

加药系统所占空间地坪地面和集水沟要做防腐处理。钢制加药罐基础宜标出膨胀螺栓或者预埋件。塑料加药罐基础要标出标高。溶药配药罐旁设爬梯、操作平台和起吊设备，方便操作。泵和水箱附近设集水沟排出地面积水。配药、储药罐基础与管沟或集水沟要根据土建要求保证合理距离。在设计说明中注明需要先于土建安装的设备。

除了平面图、剖面图和必要的系统图，还要绘制污泥浓缩机、板框压滤机、污泥泵、水泵、加药泵、空气罐、加药罐、水箱等的基础详图，加药和给排水系统的平面图和剖面图中没有完全表示出来的管线阀门宜在系统图中体现。其余参考7.3.5节。

7.3.9 离心脱水机

7.3.9.1 结构原理和性能特点

离心式污泥脱水机是污水处理中常用的污泥脱水设备，利用固液两相的密度差通过离心力的作用加快固相颗粒的沉降速度来实现固液分离。

各个离心脱水机设备供应商的离心脱水机的结构设计不尽相同，但是原理类似。例如，浙江天宇环保设备有限公司的离心机的进料和出料在同一侧，如图7-13所示，安德里茨卧式螺旋沉降离心机的进料和出料在不同侧，如图7-14所示。主要包括如下几个部分：

① 进料系统，进料口和进料轴承架。

② 核心部分，转鼓、推料螺旋、机罩、差速器。

③ 出料系统，出泥口、出泥轴承架、排泥挡板、溢流口、出水液位挡板等。

④ 驱动系统。

⑤ 控制系统。

离心脱水机的工作过程：污泥中添加絮凝剂进行混合絮凝后被送入脱水机的进料口，继

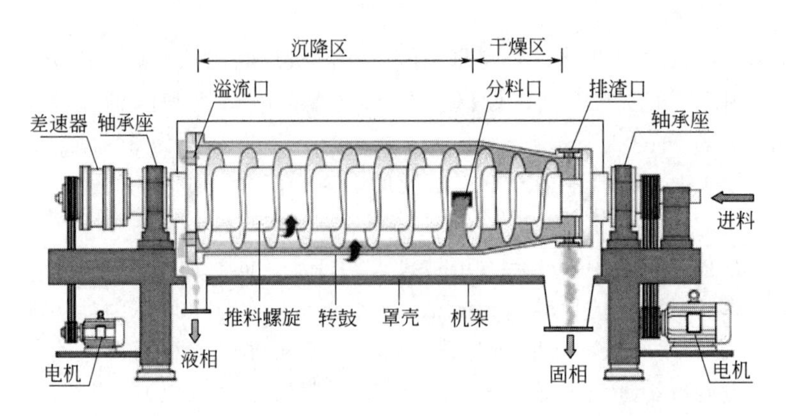

图 7-13 浙江天宇环保设备有限公司的离心脱水机原理图

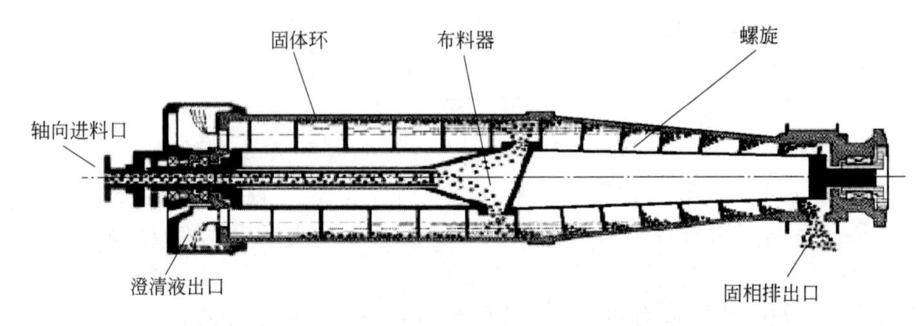

图 7-14 安德里茨卧式螺旋沉降离心机结构原理图

而进入转鼓混合腔，由于转子（螺旋和转鼓）的高速旋转和摩擦阻力，污泥在转子内部被加速并形成一个圆柱液环层（液环区），在离心力的作用下，密度较大固体颗粒沉降到转鼓内壁形成污泥层（固环层），再利用螺旋和转鼓的相对速度差把固相推向转鼓锥端，推出液面之后（或称干燥区）泥渣得以脱水干燥，推向排渣口排出，上清液从转鼓大尺寸一端排出，实现固液分离。与带式压滤机相比各方面性能如表 7-3 所示。

表 7-3 离心脱水机和带式压滤机对比表

项　　目	离心脱水机	带式压滤机
泥饼含水率	75%～80%	78%～85%
噪声和振动	高，80～85dB(A)	中，75～80dB(A)
堵塞	利用离心沉降，不设滤网，无堵塞问题	利用滤带进行固液分离，需要高压水不间断冲洗滤布防止堵塞
适用脱水污泥种类	各类污泥 不适用含粉煤灰、沙石等坚硬颗粒等无机成分较多的污泥	各类污泥 不适合油性、黏性污泥
进料污泥浓度变化	通过差速器调整螺旋速度与转鼓速度差，以适应进料浓度变化，自动调整。但进料浓度变化对离心脱水机影响大于带式压滤机	随着进料浓度变化，需要人工调整加药量、带速、张紧度和冲洗水压力
运行方式	可 24h 连续运行，运行中不需要冲洗水	每日工作时间不宜大于 16h
加药量	少	多

续表

项 目	离心脱水机	带式压滤机
电耗	约大于0.03kW·h/m^3	约大于0.02kW·h/m^3
耗水量	冲洗用水量少,运行中无需清洗	运行中持续高压水冲洗滤布以避免堵塞,消耗大量水
占地	小	大
配套设备及运行环境	配套设备仅有加药和进出料输送机,整机全密封操作,车间环境好	配套设备除加药和进出料输送机外,还需冲洗泵、空压机、污泥调理器,整机密封性差,高压清洗水雾和臭味引起污染环境,需加设密闭除臭
易损件	易损件少,主要有轴承、密封件和螺旋推料器	易损件中轴承数量比离心机多数倍,滤带更换价格高。冲洗泵、空压机和污泥调理器都有易损件

7.3.9.2 影响因素

离心机的分离能力除了受转鼓半锥角、螺距和螺旋类型等机械因素影响，还与如下因素相关。

(1) 转速、转鼓半径和长度

泥水分离能力的主要指标是分离因数，按规范规定，卧式螺旋离心脱水机脱水时分离因数宜小于3000g（g为重力加速度）。分离因数与转鼓半径成正比，与转速的平方成正比，因此调整转速比调整转鼓半径对分离因数的影响程度要大。但是，转速过大会破坏絮凝体且增加磨损、能耗、振动和噪声，转速应控制在合理范围。转鼓直径越大处理能力则越大，但是转鼓直径受材料限制无法做很大；转鼓长度越长，污泥在转鼓内停留的时间也越长，分离效果越好，但造价也越高。因此，高转速、大长径比的脱水机是研发趋势。螺旋的旋转方向与转鼓速度之差即为污泥被输出的速度，决定着污泥在机内停留时间的长短，可通过差速器调节。差数比越大，泥饼含水率越大，滤液质量相对差；差数比越小，泥饼含水率越低，但是处理能力降低（进料量需要减少）。在一定范围内，同样泥饼干度的前提下，低的差数比有利于降低絮凝剂的用量。

(2) 液环层厚度

调整液环层的厚度，可以改变污泥在干燥区的停留时间。当进泥量一定时，液环层越厚，污泥在液环层内进行分离的时间越长，会有更多的污泥被分离出来；另一方面，液环层变厚，会降低某些受扰动的小颗粒随分离液流失的可能性，因此，液环层增厚会提高脱水的固体回收率，提高滤液质量，但同时也会使泥饼含固量下降。在控制液环层厚度时应在高固体回收率与泥饼含固率之间做权衡。

(3) 颗粒的密度、粒径和黏度

污泥颗粒的沉降速度与颗粒的直径、颗粒与液体的密度差和液体黏度有关。颗粒越大，密度越大，需要的分离因数越小。离心脱水机的选型需结合考虑污泥的特性。

(4) 絮凝剂

投加絮凝剂要确定絮凝剂类型、投加量和投药浓度。药剂类型和投药量根据废水特点和经验确定，对于普通市政污水常用聚丙烯酰胺（PAM）作为污泥絮凝剂，加药量一般为3～5kg/吨干泥（TDS），理论上少于带式压滤机，配药浓度为1‰～5‰，药剂要确保充分溶

解。无经验值的污泥脱水需要做现场小试，但是试验数据还应结合设备工况来调整。絮凝剂的投加量超过一定范围时对泥饼干度没有影响，只能在有限范围内提高滤液质量，因此，应在絮凝剂投加量和滤液质量间作权衡。不建议采用无机盐类混凝剂用于离心脱水机的原因是添加后会使污泥体积膨胀，离心机为封闭式强制脱水，对进泥量有严格的要求，因此如果采用无机盐类混凝剂会使离心机脱水能力降低。

7.3.9.3　设计思路

图纸设计前要确认的主要接口条件和信息包括：脱水机房可用地尺寸；上游水位或范围；地坪标高；污泥量；污泥的理化性质（成分、黏度、密度、酸碱度、粒径、是否含砂、可沉降性、温度等）；对噪声、投资、脱水机房占地、环境和除臭等的要求；脱水前后污泥含水率；污泥贮池排泥方式、位置和接口情况；反洗用水水源、位置及接口情况；泥饼输送要求；污泥堆场或污泥料仓设计要求；是否有值班室、卫生间等辅助设施的设计要求；冻土层、管道覆土深度要求、除臭和保温等相关要求；地质、气候、给排水和电设计等其他设计条件。

根据接口条件，设计师独立计算和画平面草图，图纸设计前与设计负责人确认的主要信息包括：脱水机型式、参数和数量；脱水机进料泵型式和参数；选用的絮凝剂种类和加药量；平面布置型式。

平面布局示意图见图 7-15。

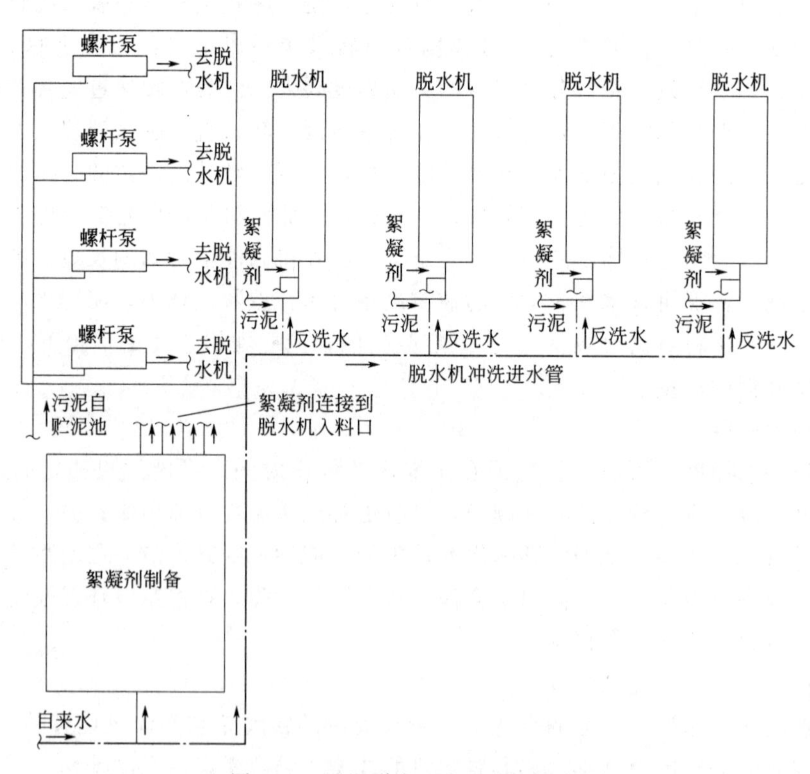

图 7-15　污泥脱水机房平面布置图

① 离心脱水机　离心脱水机选型按每日工作 16～24h 设计，设 1 台备用。为方便操作和检修，离心机设置在钢平台上。抬高的高度还要考虑有足够的空间以便安装泥饼输送装置和检修维护，通常需要抬高 1.5m 以上。同时要考虑泥饼输送后下游泥饼输送泵要求的进料

高度，根据该高度调整离心机的安装平台高度。

离心脱水机周围必须留有足够的净空地面，以便拆卸、清洗和维修转鼓螺旋或其他部件。两台设备之间要有维修通道，设备基础间距要在1.7m以上，进料端与墙的水平距离1.5m以上。

② 破碎机　离心脱水机前应设置污泥破碎机（切割机），切割后的污泥粒径不宜大于8mm。污泥破碎机和污泥进料泵的数量要与离心脱水机数量一致并一一对应，每台脱水机的配套管路和阀门管件各自独立。破碎机上游进料管路上建议用浆液阀，浆液阀的闸板采用刀形结构，可较好解决颗粒沉淀在密封槽内引起的阀门关闭不严和泄漏等问题。浆液阀是橡胶密封，耐受介质温度低于80℃。

③ 进料泵　一般情况下离心脱水机的污泥进料泵可用螺杆泵，螺杆泵的平面布置要考虑足够的维修空间。在污泥泵进料管路上设手动调节阀，方便调节流量。每台脱水机进料口设单独的流量计。压力仪表上游设旋塞阀，旋塞阀在全开时可防止与流动介质的接触，适用于带悬浮颗粒的介质。污泥进料泵下游设刀闸阀和止回阀。刀闸阀的启闭件是闸板，闸板带刀口，可以切割介质，不易堆积固体颗粒，闸板不卡阻，安装空间小，工作压力低。刀闸阀与浆液阀的主要区别是能切断介质，可用于固体介质管道，有电动、手动、气动和蜗轮蜗杆传动等型式。此外，刀闸阀可通过选用不同密封材料来耐受更高的介质温度。

④ 冲洗　脱水机的冲洗水源可以是自来水、再生水或符合水质要求的其他水源，设两种水源可相互备用。冲洗水接入清洗水箱，以冲洗水泵将箱内水打入脱水机进行冲洗。清洗水箱按照转输水箱设计，中途转输水箱的容积宜取次级泵的5～10min流量。确定冲洗水泵型式、流量、扬程和数量，冲洗水泵设备用。每台泵的上游和下游要有阀门（球阀或蝶阀），方便泵的维修。冲洗水管路上设手动调节阀。每台泵的下游都要设逆止阀。多台冲洗泵出水管汇入干管，如果水源是中水，还需要在干管上设“Y”型过滤器，保证冲洗水没有颗粒。

⑤ 加药　如果需要添加絮凝剂，则在离心脱水机的入口处增加一个取样口，便于观测絮凝剂的效果。絮凝剂加药泵的数量应和脱水机数量一致，并一一对应，每条加药管线、管件和阀门各自独立。

⑥ 管道设计　脱水机的加药管、进泥管和冲洗管布置在入口区，宜布置在共用的管廊内，管道位置和标高要错开。脱水机房内设集水沟，沟底坡度0.3%～1%，集水沟宽度、深度和坡度应根据排水性质、流量和流速计算确定。排水管管径按照滤液和反冲洗水的总水量计算。滤液挥发的气体腐蚀性较强，离心脱水机滤液宜用不锈钢管单独排入排水系统，不建议直接排入室内集水沟。离心脱水机的液相出口和固相出口均应采用柔性连接。

⑦ 起重设备　起重设备应方便起吊脱水机和泵等设备进行安装和检修。离心脱水机上方必须有足够的净空高度确保螺旋组件被起重设备从竖直的转鼓内垂直吊出。起重设备须可靠地控制吊钩的中心线与机器中心线相重合，便于组装和拆卸，避免损坏配合面。

7.3.10 污泥热干化

污泥热干化有带式干化、真空干化、转鼓干化、流化床干化、接触性干化和太阳能干化等。设计中根据污泥原始含水率、目标含水率、占地、投资、运行成本、除臭要求以及高程等进行技术选择。下面主要介绍两种污泥热干化工艺。

（1）带式干化采用两步法进行污泥脱水

污泥经板框脱水后应用带式干化技术，可将污泥含水率降低到30%以下。根据加热介

质温度的不同，带式干化又分为低温带式干化和中温带式干化。

① 低温带式干化　低温带式干化温度低，工作温度通常为 40～80℃，运行时需要鼓入大量的空气，占地面积大，且鼓风机的耗电量大。脱水污泥通过污泥自动挤出装置，依靠重力均匀地布置在输送带上，干化过程中随输送带运动到另一侧落到下层输送带，经与热干化循环空气换热变为干污泥后通过出料装置排出干化机。污泥最终的干化程度可以根据要求进行调节，实现半干化或全干化。热空气循环换热过程为干化空气吸入热泵后升温进入低温带式干化机内，与污泥接触实现对流换热，干化空气温度下降、含湿量增加，进入除湿热泵系统，温度降至露点以下形成冷凝水析出。除湿后空气经重新加热升温达到干化机进口要求，继续穿过干化机对污泥进行干化，全过程空气循环使用，无废热排放。

② 中温带式干化　中温带式污泥干化机通常温度约 80～130℃，一般高于 100℃，有的可以达到 145℃。干化时，干化空气穿流污泥层，温度下降，湿度上升，随后进入废气预冷器。当环流工艺空气经冷凝装置冷却后，空气温度降低至露点以下后便开始冷凝脱水，并以冷凝液形式排出装置。除湿后的一小部分干化空气被排风机抽出送入除臭系统，除臭后排出，同时等量的环境空气经预加热处理后通入带式干化机，剩下的干化空气通过预热器重新加热进入中温带式干化机内。过程中产生 NH_3、H_2S 等有害气体。

（2）真空干化采用一步法完成污泥脱水

污泥低温真空脱水干化系统由液压系统、机体系统、压滤系统、加热循环系统、真空系统、卸料系统、滤布清洗系统、除臭系统和电控系统组成。机体系统中等强厢式结构的主梁与固定压板组件和后支架相连接，构成矩形框架。

① 主要工艺技术参数：设计进泥含水率 90%～99%，设计出泥含水率 60%～10%，过滤压力 0.9～1.2MPa，液压系统工作压力 18～25MPa，压滤压力 0.2～1.6MPa，空气压缩系统压力 1.0～1.2MPa，循环热介质温度 70～95℃，工作时真空度－0.075～－0.096MPa，运行成本 100～150 元/t，占地 10～$20m^2/t$。

② 典型运行工况技术参数：絮凝剂（PAM）投加比例 1.5‰，进料时间 0.5h，压滤时间 1.5h，真空干化时间 2h，循环水温度 90℃。

第8章 鼓风机房

污水处理厂内鼓风机被广泛应用于生物处理供氧、曝气沉砂池分离砂和提砂、滤池气反冲洗和污泥好氧消化等工艺，罗茨鼓风机、回转式风机和离心鼓风机较为常用，本章内容主要介绍单级离心鼓风机（分为普通导叶调节的齿轮增速单级高速离心鼓风机、磁悬浮离心鼓风机和气悬浮离心鼓风机）、低速多级离心鼓风机和罗茨鼓风机。

8.1 设计内容和接口条件

设计前要确认的主要接口条件和信息包括：可用地尺寸及在总图的位置；风量，风压，当地大气压，温湿度，海拔高度；供气管路沿程及局部阻力；供气单体液位；鼓风机风量和溶解氧联控要求；循环水管和排水管接口标高、管径、管材和坐标等；地坪标高；冻土层、管道覆土深度和保温隔热等相关要求；地质、气候等其他设计条件。

图纸设计前与设计负责人确认风机数量、参数、型式以及风机冷却方式。

鼓风机风压和风量的计算应准确考虑海拔高度、曝气器的氧利用率和阻力、曝气池水深和水位、管道沿程阻力、配套设施阻力、最高最低温度和湿度等因素，其中风管的阻力损失可以参考《给水排水设计手册》计算。按照工程条件计算的生物需氧量需转换成标准状态下的需氧量和风量，该风量为风机入口处标态下的风量，是提供给供货商选型的重要参数，实际上夏季高温时的风量会低于该值而冬季风量会高于该值，宜按照高温条件计算风量校核选型是否正确，校核冬季低温下的额定功率和电机负荷。选型过程中向供货商提供环境条件并明确所给风量是高温、低温还是标态下的，避免计算正确而选型错误的设计事故发生。在同一供气系统中，应选用同一类型的鼓风机。

风机的数量除了考虑与供气池体的数量的匹配，还应在满足工艺要求的条件下对投资、运行电耗和占地等因素进行比较。工作风机≤3 台时，备用 1 台；工作风机≥4 台时，备用 2 台。奇数和偶数装机台数的效率和能耗是有区别的，要权衡总装机功率差别不大时是采用 2 用 1 备、3 用 1 备或 4 用 2 备，与电气设计人员沟通，选取投资和电耗都比较经济的方案，经验来说 3 用 1 备电耗低于其他配置，风机数量要结合工艺条件确定。

8.2 鼓风机的选型

计算完成风机的风量、风压和数量等参数后即可开始选型。

① 对于风量不大、压力不大但噪声控制要求高的场合，宜选用回转式风机。回转式风机是变容压缩风机，用于小规模污水处理工程，属于小风量中压风机，抗负荷变化，转速

低，噪声低，风量稳定，运转稳定，效率高，能耗低。优势不明显时可以与罗茨鼓风机做对比后进行选择。

② 对于风量不大（小于 100m³/min）、90kW 以下但压力要求高的场合，可选择罗茨鼓风机或悬浮风机。罗茨鼓风机是容积式鼓风机，属于定容风机，当管网阻力发生变化时，流量变化较小，属于恒流量高压风机，风量受风压影响较小，风压随管网阻力的变化而变化，适合用于水位变化环境，如 SBR 工艺。罗茨鼓风机风量与转速成比例，选型时需要选择同样风量风压下转速较低、噪声较低的型号，不要选择一个型号中风量风压可满足要求但是转速最高的一挡，该种情况下宜放大一个型号进行选型。

③ 对于风量大（风量小于 600m³/min）而风压要求不高的场合，可选择单级高速离心鼓风机或悬浮风机来降低能耗。功率大于 150kW 时，为了节约能耗，建议考虑单级高速离心风机、磁悬浮离心风机或气悬浮离心风机，尽量不要选多级离心鼓风机和罗茨鼓风机。

④ 对于风量大（60～800m³/min）风压要求高的场合，可选择多级离心鼓风机或悬浮风机。

离心鼓风机是恒压型鼓风机，风量随管网阻力的变化而变化，适合恒水位运行的工艺，例如氧化沟和 AAO 等工艺。

离心鼓风机分为单级高速离心鼓风机和多级离心鼓风机。单级高速离心鼓风机利用高转速达到所需风压和风量，流道短，风量大，风压相对较小。多级离心鼓风机是利用逐级加压方式来提高风压，与单级高速离心鼓风机相比流道长但风压大，因此风量相对较小，风压和风量受进气温度或密度变化影响较大，在选型时要注意考虑。当风机恒速运行时，对于给定的流量，进气温度越低，所需的功率越高。选用离心鼓风机时，应详细核算各种工况条件时鼓风机的工作点，不得接近鼓风机的揣振区，并宜设调节风量的装置。

罗茨鼓风机的风量调节范围为 30%～110%，齿轮增速单级高速离心鼓风机的风量调节范围为 55%～100%，磁悬浮和空气悬浮风机调节范围可到 45%～100%，多级离心风机的调节范围为 60%～100%。

从效率比较，单级高速离心鼓风机（75%～80%）＞多级离心鼓风机（70%～80%）＞罗茨鼓风机（＜70%）。

8.3 鼓风机的布置方式

图 8-1 表示出两种型式的鼓风机布置方式，一种是没有补风廊道，一种是设补风廊道。

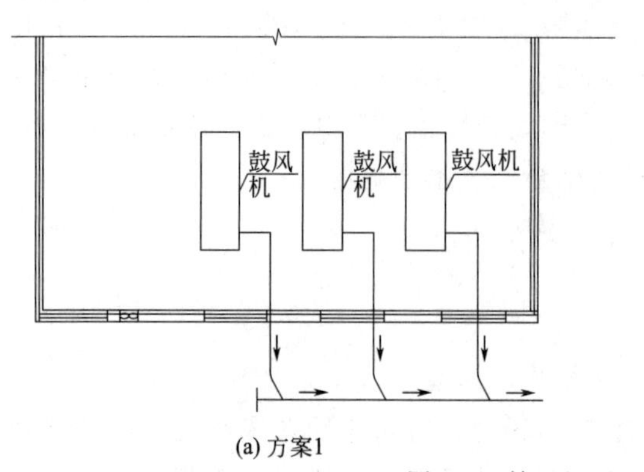

(a) 方案1

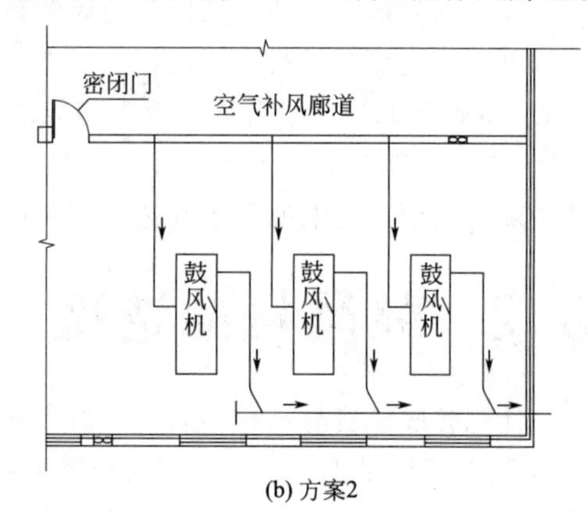

(b) 方案2

图 8-1 鼓风机平面布置方案 1 和方案 2

图 8-1 中两个方案的出风干管分别布置到室外和室内，具体需要结合工程条件和总图设计。多台风机，尤其是大型风机，要根据风量大小来设计补风廊道，宜避免补风廊道转弯，如有转弯，宜在转弯点设整流板。补风廊道与风机房共壁，布置型式参见图 8-2～图 8-4。

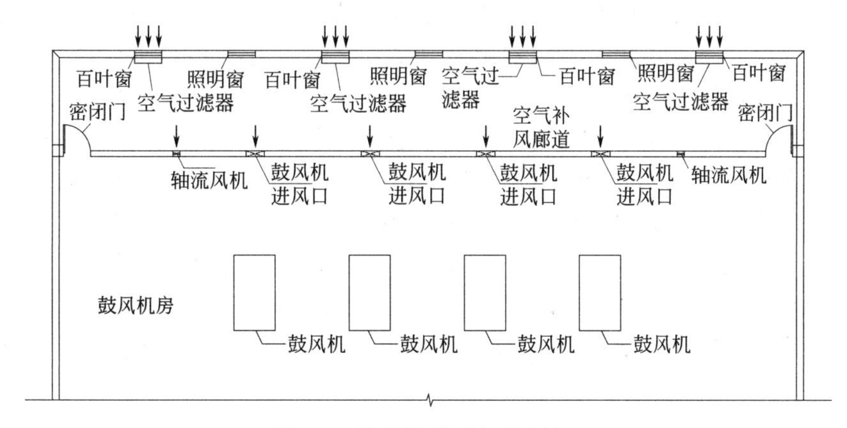

图 8-2 鼓风机平面布置方案 3

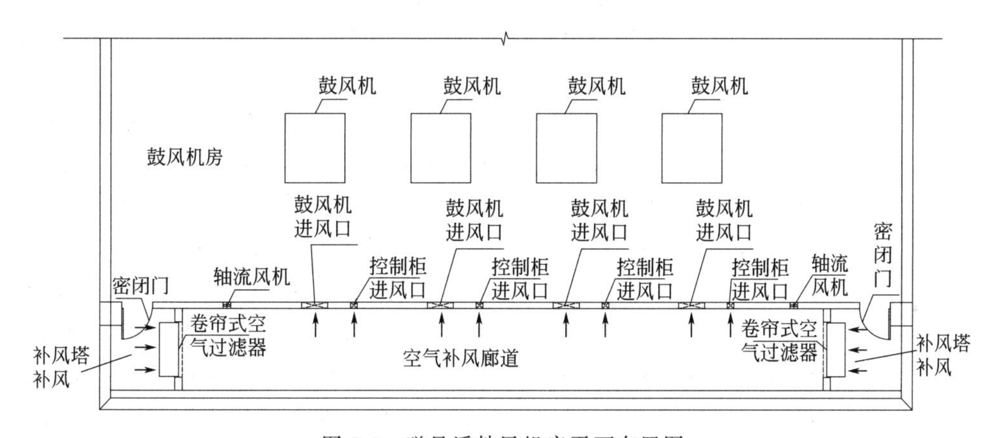

图 8-3 磁悬浮鼓风机房平面布置图

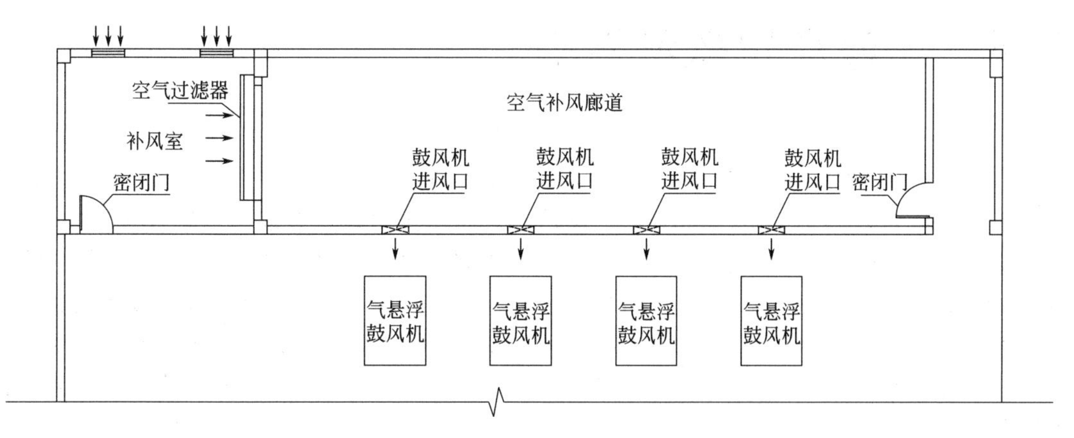

图 8-4 气悬浮鼓风机平面布置图

出风管输气立管的管顶宜高出用气点所在单体的液位 0.5m 以上，在其最高点宜设置真空破坏阀，以免水倒流入风管。在寒冷地区或者风管在操作活动区域位置狭小时，需要做隔

热处理，可采用聚氨酯泡沫塑料保温层。

鼓风机的进风口应高出地面 2m 左右。

图 8-2 的方案是空气源来自室外，补风廊道内设采光窗户、百叶窗和轴流风机，百叶窗进风口设空气过滤器，过滤后空气进入补风廊道（即进风廊道），百叶窗空气流速 0.5～1.0m/s，补风廊道上开孔连接每台鼓风机进风管，所有开孔和风机进风管道都一一对应。补风廊道空气流速 1.0～1.5m/s。对噪声要求高的场所百叶窗要装隔声棉。

图 8-3 和图 8-4 的方案是在补风廊道单侧或对称两侧设补风室（地下机房可设补风塔通到地面以上）满足补风要求，补风室/补风塔上设耐腐蚀的百叶窗，与补风廊道连接处设卷帘式空气过滤器（该过滤器不能代替每台风机配套的进风过滤器，设备表中应标明其尺寸和风量）。此种情况下补风廊道可密闭，标高可作低些，满足流速和维修即可。补风塔伸出地面并作好安全防护措施，根据气候条件加设防止雪、雾或水蒸气在过滤器上冻结冰霜的设施。如果占地限制和出风方向限制，总出风干管可架在补风廊道顶，此时补风廊道为密闭，廊道应设人孔或密闭门便于维护。

如果空间允许，各台风机的出风支管汇入干管时宜根据平面布置采用小阻力弯头（30°或 45°弯管）连接，减小阻力。应避免两条支管风向相对供风通过三通接入干管的设计。在寒冷地区或者风管在操作活动区域位置狭小时，需要做隔热处理，可采用聚氨酯泡沫塑料保温层。

根据布置型式、冷却方式和工程条件等因素选择设计管廊、电缆沟、集水沟和洗手盆等设施。风机进出口的管道均需加支架或支墩，避免风管重量落在风机上。风机出口设排气阀和流量计，管道和阀门一般宜安装在管廊内，管廊内管道设支墩。阀门等宜注明介质温度。埋地部分 90°向上弯管应做支墩。卸载阀宜为电动阀，空载启动，超压开启。

风机进出风管穿墙处要填实，避免噪声泄露。出风管最低处应设冷凝水放空管，配阀门控制放空管道内的冷凝水。选择输气管道的管材时，应考虑强度、耐腐蚀性以及膨胀系数。发采用钢管时，管道内外应有耐热、耐腐蚀处理，敷设管道时考虑温度补偿。当管道置于管廊或室内时，在管外敷设隔热材料或加隔热层。空气钢管内壁涂两道有机硅耐高温底漆和两道有机硅耐高温面漆。

8.4 几种常用风机简介

（1）罗茨风机

罗茨风机的配套设备主要包括隔声罩、带过滤器进出气口消声器、安全阀、压力表、可曲挠柔性接头、双盘短管、自动卸荷阀、泄压阀、止回阀（微阻缓闭消声蝶式止回阀）、闸阀（或蝶阀）和双法兰传力接头等，出风干管装卡箍式蝶阀（球墨铸铁），管道如为钢管则和管件焊接，阀门以法兰连接。建议每台风机的出风管设放空支管，每根支管连接到放空干管，放空干管通到室外，风速取 20～25m/s。放空干管上安装电动阀门（安全阀）和接电压力表，实现超压时自控放空，利于延长风机寿命。风机启动前需提前开启放空阀放空后再关闭放空阀，启动风机。

（2）磁悬浮单级高速离心风机

磁悬浮单级高速离心风机适用风量小于 180m^3/min 且不适于选用罗茨风机和多级离心风机的情况，选型前要与气悬浮和齿轮增压型单级高速离心风机进行比选。磁悬浮风机效率一般大于80%。配套设备主要包括鼓风机进风过滤器、控制柜进风过滤器、鼓风机进风消声器、控制柜进风消声器、控制柜冷却空气通风机、锥形扩压消声器、放空消声器和放空阀，出风管设止回阀、蝶阀和双法兰限位传力接头。电机冷却空气出风管和控制柜散热管出口处均应设过滤网。磁悬浮风机质量轻，没有振动，一般无需基础，无需润滑，无需配置外部冷却系统（油冷却器和水冷却系统），因此风机房布置比较简单，占地面积小。多台磁悬浮离心风机需要根据风量大小考虑是否设计补风廊道，补风廊道的布置参见图8-2和图8-3。

（3）气悬浮鼓风机

气悬浮鼓风机是一种空气轴承涡轮鼓风机，转子自动高速旋转形成空气膜轴承，叶轮直接连接在电机上，无需传送装置旋转叶轮，因此和磁悬浮鼓风机一样不存在齿轮耗损和轴传送耗损，降低了发动机耗损。叶轮耗损与磁悬浮鼓风机相当，小于罗茨风机和多级离心风机，但是大于齿轮增速涡轮鼓风机。能耗低于齿轮增速单级离心风机、多级离心风机和罗茨风机。平面布置如图8-4所示。

（4）普通单级高速离心机

普通单级高速离心鼓风机为旋转型齿轮增速涡轮鼓风机，由进气系统、转子系统、排气系统、增速系统、油路系统和调节控制系统组成，进气系统设空气过滤器、消声器，出口设消声器、仪表、出口放空管、放空管电动蝶阀、放空消声器、出风口（电动）蝶阀和出风口止回阀。导叶全开状态下设定齿轮箱齿轮转速，设定出口压力。当实际出口压力与设定压力值有偏差时或入口流量与流量设定值有偏差时，则通过调节入口导叶的开度，自动改变风机的运行工况。曝气池水深恒定，则风机出口压力恒定，当溶氧变化时，进口流量通过电动执行器调节导叶的旋转角度来调节，导叶开度调整后，风机特性曲线（出口压力-流量曲线）随之改变，运行工况点落在新的特性曲线上，管网性能不变，从而使能耗优化，并能使叶轮保持在高效区运转，因此，导叶调节可根据曝气池的负荷和在线溶解氧仪来调节，可适应温度的变化。压力一定时，流量可以在55%～100%流量范围内调整。注意启动时油温应大于15℃，不宜放在室外。油冷却系统采用水冷，采用板式换热器型式，油温可从55℃降低到(40±5)℃，冷却器的进水温度33℃，水压0.2～0.3MPa，吸收齿轮和轴瓦散发的热量。原理图如图8-5所示。

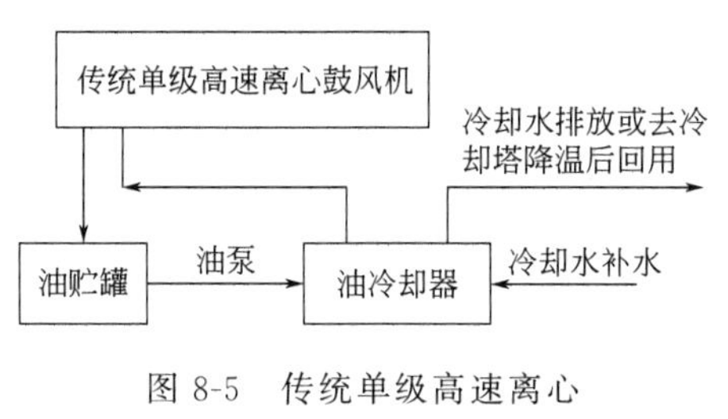

图8-5 传统单级高速离心鼓风机冷却系统原理图

8.5 鼓风机房基础及附属设施设计

风机机组布置参见泵房机组布置，可参考《室外排水设计规范》，还应同时结合设备要求：风机基础间净距≥1.5m；突出部分与墙净距≥1.2m；主要通道≥1.5m。

大中型鼓风机应设置单独基础，且不与风机房基础连接，机组基础间通道≥1.5m，注意罗茨风机隔声罩的尺寸会影响基础的大小。

不同型式的鼓风机冷却方式不同，鼓风机常用的冷却方式有空气冷却和水冷却两种（磁悬浮鼓风机例外）。水冷却的效果较好，不产生噪声污染，受室内外温度影响较小，缺点是

消耗水较多，增加运行成本。设计中要考虑水冷却用水的循环利用，节约用水。大功率风机一般采用水冷，小功率采用风冷。气悬浮风机一般110kW以下为风冷（内设冷媒循环冷却，冷媒循环冷却系统之外为风冷），110kW以上为水冷（冷媒循环冷却外加一层水冷）。风机设计中应注意对风冷和水冷进行对比，做比选表格，与供货商多进行沟通并取得设计负责人的确认。水冷时鼓风机房需要设集水沟。

水冷却、使用板式换热器情况下冷却水的水质要求pH值为6.5～9，有机物<25mg/L，悬浮物浓度<10mg/L，油<5mg/L，硬度<10。水冷情况下如果使用再生水源宜同时设自来水作为备用水源，再生水供水管和自来水供水管各自独立不可连通。冷却水出水可排入集水地沟。地沟尽量避免多拐弯，上盖篦子。如果设冷却水箱，则水箱应设溢流管、排空管和通气管，管口设防护罩防止生物进入。必要时设稳压罐。溢流管管径应大于进水管管径，且应核算流速不能大于规范要求的最高流速。

鼓风机房内、外的噪声应分别符合国家现行的《工业企业噪声控制设计规范》和《声环境质量标准》（GB 3096）的有关规定。

大功率电机直接启动困难、不允许直接启动时，大功率电机（一般11～30kW以上）需要配软启。启动以后电机在工频50Hz运行，没有节能作用。有节能作用的变频电机需要在0～50Hz之间运行，有时低速，有时高速。变频在启动时的效果与软启类似，可以解决大功率电机启动困难问题，但变频由于可以根据工况调节流量，比软启增加了节能作用。工艺设计中变频和软启只能根据工艺要求选一个条件提给电气专业。同功率变频比软启价格贵，功率越大，差价越大。设计中应充分考虑工艺需要，并做投资和运行费用等经济比较。单级高速离心风机如为磁悬浮，可做变频；如为齿轮增速涡轮离心风机，则无法做变频，调节时可通过电执行器调整导叶开度来调节风量和风压；多级离心风机和罗茨风机可做变频。鼓风机是水厂耗电较大的设备，将罗茨风机设计变频器可降低能耗，设变频可避免通过调节放空阀门的大小来控制出口的风压与风量带来的电能浪费和噪声大的问题。

鼓风机房附属设施设计时需注意：①鼓风机房换气按照不小于6次/h设计。补风窗口（百叶窗或中效过滤器）的补风量按照“风机进气量＋换气量”计算，风速小于1m/s。②鼓风机房设灭火器。③鼓风机房起重机的起重量要与设备匹配。当起重量≤3t时，可选用电动葫芦，注意场地大小是否满足转弯半径。当起重量>3t时，选用电动单梁或双梁起重机。需要留吊运设备通道，轨道至墙壁要保证合理空间。悬浮风机可不设起吊设备。

根据风机型式、参数、控制复杂程度和价格等因素确定设备自带电控箱或设MCC柜和现场按钮箱，上位PLC监控，指示设备工况或报警装置。起重机为现场控制箱控制。水冷却泵MCC柜和现场设按钮箱，现场PLC控制，上位PLC监视。复杂系统风管上的电动阀、补水电磁阀等建议现场PLC控制，上位PLC监视。标明风机额定电流或电机规格型号。风机功率大于300kW时采用10kV电源。曝气风机是污水厂的核心设备之一，鼓风机房应设双电源或其他动力源。供电设备的容量应按全部机组（包括备用和其他用电）同时开动的负荷设计。电气设计条件中要注明风机的变频数量要求。

第9章 加药间

9.1 设计接口条件

图纸设计前要确认的主要接口条件和信息包括：可用地尺寸；下游单体水位或范围；地坪标高；加药间的定位位置图；厂区给水管、排水管和加药管接口条件；设计规模（包括分期建设的各阶段规模和峰值流量）；来水特性；原料药的浓度和纯度；储药要求和运输条件规划；冻土层、管道覆土深度和保温等相关要求；地质、气候等其他设计条件；土建、消防、自控、电气和仪表等相关专业配合条件。

根据接口条件，设计师在图纸设计前与设计负责人确认的主要内容包括：加药种类和加药量；配药浓度和配药频次；化学污泥量；溶药罐和储药罐数量以及和加药泵的匹配性；平面布局。

9.2 设计思路

（1）加药点位置

设计入手时先结合接口条件搞清加药功能和确定加药点位置。除磷加药点的位置和药剂种类不同则产生的污泥量不同，要和相关单体设计师沟通加药点位置和污泥量参数。设单独化学除磷的流程中宜考虑在生物处理单体是否增加加药点，以备化学除磷单体检修时确保出水磷达标。并和设计负责人确认。

（2）加药设备

按照加药浓度和配药频次等参数计算配药设备和加药设备的尺寸，注意分期建设时要把各个阶段的加药设备都要计算出来，考虑近期建设时设备的配置和运行方式，还要考虑远期的设备增加、与近期设备的切换和调整，最后对配药频次、浓度、储药罐和配药罐容积和尺寸以及加药泵参数和数量等内容进行调整和确定。

（3）药剂种类和加药量

根据水质特点、不同工艺段加药目的和处理要求等因素选择确定药剂种类和加药量。举例来说，对于造纸、印染等工业废水进行混凝沉淀或混凝气浮的加药，PAC的作用是混凝，增强SS和COD去除率，同时还有脱色作用，一般造纸废水的PAC投加量会达到约300mg/L（配合使用PAM约5mg/L）甚至更高；印染废水还可选用聚铁和PAM进行混凝处理；钢铁冷轧废水PAC投加量约20mg/L（PAM约1mg/L）；混凝剂用于预处理和深度处理的不同位置，则加药量不同，设计中要参考经验值和实验值。

计算PAC化学除磷的理论加药量分以下三步。

① 计算 Al 的投加量。按照去除 1mol（31g）磷加 0.9mol（27g）铝计算

Al 的投加量＝投加系数×(27/31)×水量×需要去除的 TP/1000

式中，Al 的投加量，kg/d；投加系数，1.5～3.0，取决于污水中杂质对混凝剂造成的额外消耗；水量，m^3/d；

需要去除的 TP；mg/L。

② 计算 Al 的有效成分

Al 的有效成分＝商品 PAC 固体中 Al_2O_3 有效含量×54/(27×2＋16×3)

其中商品 PAC 固体中 Al_2O_3 有效含量一般为 30%，具体向供货商确认。

③ 计算 PAC 投加量

PAC 投加量(kg/d)＝Al 的投加量/Al 的有效成分

PAC 投加量(mg/L)＝Al 的投加量(kg/d)×1000/水量(m^3/d)

计算结果需要结合经验值和试验值进行校核和调整。

作为估算，采用铝盐或铁盐作混凝剂时，投加混凝剂与污水中总磷的摩尔比宜为 1.5～3。一般市政污水生物处理后的混凝沉淀深度处理 PAC 加药量按照 30～50mg/L 设计，加药设备的配置能力应比理论加药量放大 30%～50%。例如加药量约为 50mg/L，泵设计能力则约为 70mg/L。

PAC 在中性偏酸时加药效果较好。PAC 配药浓度为 5%～10%（质量分数）。PAC 投药可以直接购买浓度为 10%商品 PAC，根据所需浓度进行稀释后投加（稀释可在加药管道上通入稀释用水再过管道混合器来实现），也可配置干粉配药稀释装置。具体哪种方式需要结合项目条件确定。注意管道混合器的水头损失较大，应留够水头。

PAM 一般配药浓度 0.1%～0.3%，温度高的季节可以适当提高配药浓度到 0.3%～0.5%。每日配药次数不宜超过 3 次。

甲醇投加浓度一般为 5%～10%。

加药泵和配药设备的量要匹配。加药泵设备用。

为了减小加药设施的尺寸，在适当范围内可配置浓度相对高的药剂，在加药泵出料管路上增加自来水或回用水稀释管路，高浓度药剂与稀释水在管道静态混合器中混合均匀，再将稀释后药剂打入用药地点。为了准确控制稀释后药剂浓度，设阀门和流量计来控制稀释水流量，稀释水的稳压泵要配稳压罐，稀释用自来水或回用水管路上应设有调节阀（球阀）、玻璃转子流量计和倒流防止器。根据需要选用电磁阀控制进水和分组。

投加药剂不同所产生的化学除磷污泥量有所不同，产泥量计算方法亦有不同。作为 PAC 混凝沉淀工艺的化学污泥量计算可参考如下方法：

化学污泥量(kg/d)＝药剂投加量(mg/L)×水量(t/d)÷1000＋SS 去除量(kg/d)

（4）加药间的布置

计算完成后，根据运药道路位置、加药管走向和大体位置以及给排水管道方向和位置等因素初步布置加药间设备。加药间的布置内容包括储药间（或平台）、配药和储药设备、加药设备、管线布置、管沟（如有）、洗手盆、集水沟、起吊设备、走道和楼梯等。要求运药车卸药方便，房间内储药、配药和加药流程顺畅，走道、楼梯和加药平台的布置要方便操作，符合规范。溶药罐和加药泵的相对位置可布置为“一”字形、“L”形和“T”形。布置时画出设备草图，与土建专业沟通初步确定柱子和梁的位置以及门的大小和高度（应保证设备能够进出）再进行布管等详细设计。计算给水管、排水管的管径和标高应反馈给总图专业，必要时需要双方协调调整走向和具体参数。出于图面整洁，加药系统图中的集水沟可用外形图或用文字表示。

对于常用的PAC、PAM等污水厂常用药剂，管径大于*DN*100可选用蝶阀或闸阀，蝶阀可调节流量，启闭快，结构长度短，但是压力损失比球阀和闸阀都大，常用作管径大于DN100的储药罐的进药管路、放空及溢流管路上。球阀耐酸碱，常用于管径较小、没有太高流量调节要求和高压截止等情况。如果加药管径较小，球阀无法调节流量。阀门高度注意人能够到，方便操作，并且不得挡住过道和影响通行。

加药间内应设集水沟，宽度视排水规模确定，一般取200～300mm，沟底坡度1%，做简单防腐，集水沟末端设地漏（自带水封）接排水管接入厂区排水管网。有腐蚀性的药剂（如酸、碱等）以及甲醇药剂罐的放空和冲洗废水需单独中和或稀释后处理，不能直接引入集水沟排入排水管网内。接触腐蚀性物质的设备、管道和土建结构应采取防腐蚀措施。

加药间内有PAM药品时，因其水解会产生氨气，宜加强通风。

给水、加药和排水管线宜铺设入管沟，管沟上盖玻璃钢格板或钢盖板。埋地管道从柱子等土建结构附近通过时应考虑避让柱子埋深的柱基础等土建结构。不同介质的管道间的最小净距要符合规范要求。

应逐项计算给水管、排水管和加药管的流速和沿程水力损失。计量泵的加药管的管径宜按脉冲流量计算，按泵出口管径和正常加药量计算出来的流速可能低于常规流速，此时管径不宜往小调，直接按照泵的出口管径或者放大一号设计即可。

在北方冬季寒冷地区，加药管尽量走池内和室内，裸露在室外的加药管要设保温，加药管的埋深要考虑冻土层深度、覆土深度和过路情况。

投药点的位置要避免使投药混合用管道混合器放在地下。管道混合器属于水力混合的一种方式，对水量水温适应性不如机械混合，但是适用于小规模污水厂，操作方便，没有能耗，有一定的应用领域。管道混合器中流速不宜小于1m/s，管道混合器与下游的构筑物越近越好，混合时间2～3s，水头损失0.3～0.7m，有的可高达1.0m，高程设计上要留够水头，混合器直径200～1200mm，太大尺寸的不适合用管道混合器，可改用混合池来混合均匀。

PAC、铁盐、PAM和石灰等药剂的储药量宜按最大投加量的7～15d计算，堆高1.5～2m为宜。储药区高出其他地面0.1～0.15m以防泡湿药品，地面和地沟应做简单防腐处理。

加药系统设现场手动和自动控制，PLC根据液位控制，建议设备自带现场控制箱。加药箱设磁翻板液位计，控制加药泵的启动台数并设报警功能。液位为现场显示和中控显示。磁翻板液位计一般用于高温、高压、耐腐蚀的场合，如超过一定长度，需增加中间加固法兰以增加强度和克服自身重量，可侧面安装或顶部装。自控条件中要给出药剂介质的温度、压力、密度和黏度等参数。防护等级IP66。建议加药泵设现场MCC柜和现场按钮箱，上位PLC监视，重要的加药泵可上位PLC监控。

9.3 溶药池

当药剂原料为干粉情况下，需要配置溶药装置和储药装置。溶药池的作用是均匀混合水和干粉药剂配制成需要的药剂浓度，中小规模常采用一体化设备。对于加药量较大的工程，可采用料仓定量将固体药剂投加到溶药池。溶药池内配置完成的药剂接入储药池，加药泵将

储药池内药剂泵入投药地点。

溶药池容积计算公式可参考相关手册，与容积有关的参数为处理水量、溶液浓度、加药量及调制次数（一般不宜超过3次/d）。近期和远期分开建设的项目应按照远期规模和近期规模的差异考虑，预留远期溶药池或者按远期规模一次建成设计，同时考虑近期和远期加药泵之间的切换以及和相应溶药池的对应关系，从经济性和技术性上进行比较来确定设计规模。

计算出溶药池容积后，根据设计规模确定溶药池尺寸和数量，小规模加药间可选择供货商提供的标准罐尺寸计算溶药罐数量，标准罐尺寸不符合要求时与供货商沟通定制并确认尺寸。罐体材质按照药剂特点选用并在设备表中写明。溶药罐采用炭钢内衬玻璃钢防腐时，如罐体有3条支撑腿，图纸中应标注膨胀螺栓或者预埋钢板位置和尺寸。铁盐罐可用PE材质平底罐。大中型规模可采用正方形或圆形钢混结构溶药池，溶药池深度以不超过3.0m为宜。溶药池搅拌机宜选择推进式，具体参数由供货商确定及选型。溶药池内宜设放空及溢流管，溢流管不加阀门。放空管道压力1.0MPa，放空阀可选用球阀，有自控要求时设为电磁阀。如果溶药池的高度高于1.2～1.5m则需要考虑操作平台，可用铁踏步和铁平台。

配药用水可优先采用回用水或者其他生产水，再生水水质达不到配药要求时则采用自来水，但自来水管上要装止回阀或倒流防止器并且管出口标高（最低标高）应高出配药池的溢流水位不小于150mm（GB 50013—2006）。如果配药用水是通过稳压泵打入溶药罐则宜配稳压罐，再生水源在稳压罐后宜配Y形过滤器。

起重设备的位置应在加药口的上方，距离不能太远，方便操作。

9.4 储药池

9.4.1 常规药剂储药

污水处理厂的常规药剂包括PAC、PAM、铁盐、NaClO、石灰和醋酸钠等。当购买的原料药为溶液时，可直接卸料到储药池，池内设进药管道、出药管道、放空管和溢流管，如果还需要稀释则需要配自来水管（或回用水管）、搅拌机和液位计。

如果药罐车有卸料泵则污水厂无需另外设卸料泵，卸料管路上应装快速接头及手动阀（根据管径、压力和介质腐蚀性确定球阀或蝶阀以及阀门材质）。卸料到多个储药罐的情况下每个储药罐前要设电动阀实现自动切换，储药罐设液位计以控制电动阀的开闭，每个电动阀上游和下游应设手动阀门，方便维修。

9.4.2 甲醇储药

甲醇为毒性易燃药剂，消防要求高。甲醇储罐可采用钢制（Q345R），两端封堵。储罐容积为5～6天的加药量，甲醇储罐要和甲醇加药系统分开布置，为了防止甲醇泄漏发生爆炸事故，甲醇储罐要单独隔离放置在封闭的钢筋混凝土防渗池内，池外设围墙与外界隔离。储罐周围充填干砂，罐顶设检修孔，检修孔尺寸不能小于Φ800mm，上盖玻璃钢盖板，用于检修设备、液位计和卸药管道等设施。罐内设高低液位报警。储罐中设潜油泵，潜油泵出料管敷设在单独的管沟内连接到甲醇加药泵。潜油泵出料管道要注意保温，一般为岩棉保温30mm以上，并外包铝箔。

甲醇储罐与周边构建筑物的距离要符合防火规范的要求，至少保持15m。甲醇储罐的防渗池设集水坑，收集漏入防渗池的污水和泄漏的药剂。集水坑上设检修孔，排水为人工使用塑料桶排水，禁止使用金属桶或潜污泵，避免火灾事故发生。附近要放置泡沫灭火器。储罐区设可燃气体报警仪，甲醇发生泄漏时报警。甲醇储罐设排气管和排污管通到罐顶，排气管道高出地面高度达到规范要求，管道上要设防爆自动阻火器，可由设备供货商成套供应。

卸药区要设在方便卸药的区域，周围15m直径内没有遮挡。储罐旁卸药区域放置静电触摸消除器和防静电、防烟火警示牌，设静电接地报警仪。操作中要求工人穿防静电工服，人、车消除静电后方可进行操作。卸药管起端安装快速接头和阀门（通常为球阀）置于阀门井内，阀门井内充填干砂。卸药管道为1用1备，从储药罐顶部通入罐底部，管道末端与罐底保持合理距离。

考虑到甲醇中的酸类杂质的腐蚀，甲醇管道材质建议用304不锈钢无缝厚壁管，如为纯甲醇，可用无缝碳钢管即可，采用焊接或法兰连接。甲醇管道及法兰设静电接地保护。

9.5 常规药剂加药泵

污水处理中常用的加药泵为隔膜计量泵或螺杆泵，高压力的柱塞泵很少用到。螺杆泵和计量泵的简易比较见表9-1。

表9-1 螺杆泵与计量泵的比较

项目	优　点	缺　点
计量泵	计量准确 运行费用较低 运行管理较方便 占地面积较小	设备价格较高 有可能造成堵塞
螺杆泵	设备价格较低 不易堵塞	需配流量计，配流量计后需配置旁通、阀门和缩径、需满足直管段要求，占地较大，需要维修空间大（给定子维修留出空间） 运行费用相对较高

在确定加药设备型式前宜先从占地、能耗、价格和适用性等方面比较螺杆泵和隔膜泵，一般螺杆泵好些，流量小的可用隔膜计量泵，隔膜泵后面可根据需要配流量计（转子流量计或电磁流量计，需要考虑介质特性）。流量计的上下游设阀门并有旁通，方便检修流量计时正常加药。

隔膜泵加药系统流程如图9-1所示。系统组成包括手动隔膜阀（球阀＋Y形过滤器）、脉动阻尼器、压力表、背压阀和安全阀等，在图纸上都应画出和标出。用于投加PAC和PAM的隔膜泵的主要过流部件要求采用316不锈钢。材料表中球阀应标出型号。泄压管路上连接压力表和安全阀，安全阀的安装位置尽量离泵近些，以起到保护阻塞段的效果。泄压管出口从储药罐顶部连接到储药罐，用于超压时释放压力排放药剂入储药罐。隔膜泵的上游可用流量校正柱进行流量校正。校正柱上游要设阀门。

储药池出口加药干管可分支管接入多台加药泵。如果加药泵的进药管连接到多个储药池，则在每个储药池的出药管道上安装电动阀以实现液位计联动控制电动阀的开闭，灵活实现加药泵从不同储药池泵取药。

对于同一种药剂，一台加药泵宜单独对应一个加药点，一台加药泵不宜给多处加药点同

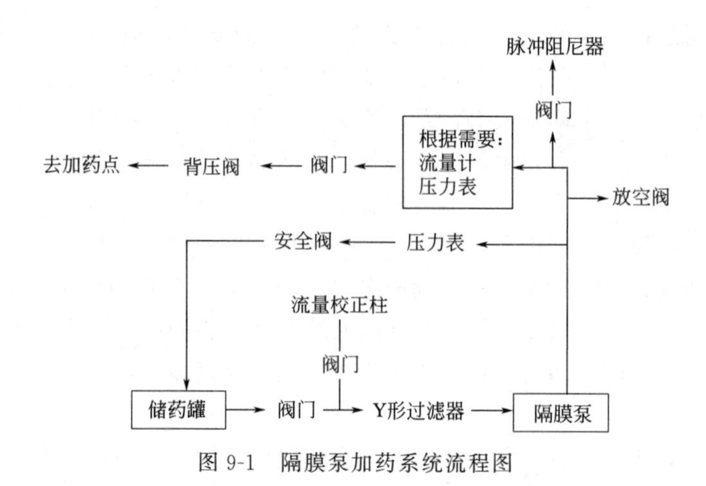

图 9-1　隔膜泵加药系统流程图

时供药。如果是多台泵加药到不同加药点，为了增加操作灵活性，每条加药管线间按切换要求加设手动或电动阀门以及逆止阀等，方便调整每台泵可以按需要连接到不同加药点，但仍应保证每台泵工作时只给一个点投加药剂。如果加药管线上需要引入稀释水，则稀释水管道上应设流量计和逆止阀（或倒流防止器），避免药剂污染稀释水源。稀释水和药剂在管道混合器或混合池中混合。

背压阀通过内置弹簧的弹力来实现动作。当系统压力比设定压力小时，膜片在弹簧弹力的作用下堵塞管路；当系统压力比设定压力大时，膜片压缩弹簧，管路接通，液体通过背压阀正常通过。背压阀结构同单向阀相似，但开启压力大于单向阀，在 0.2～1.6MPa。在管路或是设备容器压力不稳的状态下，背压阀能保持管路所需压力，使泵能正常输出流量。另在泵的出端由于重力或其他作用常会出现虹吸现象，此时背压阀能消减由于虹吸产生的流量及压力的波动。而对于计量泵等容积泵在低系统压力下工作时，都会出现过量输送。为防止类似问题，必须使计量泵的出口至少有 0.07MPa 的背压，一般通过在计量泵出口安装背压阀来达到目的。

由于螺杆泵自身具有止回功能，可不设止回阀。但是如果两台泵共用一条加药管线且输送压力超过 0.3MPa，或者转子和定子有较严重磨损有回流现象时，应考虑安装止回阀。

储药池和加药泵之间设 Y 形过滤器，避免没有溶解的药渣滓进入系统，Y 形过滤器上游和下游宜设阀门（管径小时为球阀）便于清理和检修。普通药剂 Y 形过滤器为 PVC 材质，硫酸管路上 Y 形过滤器用 316 不锈钢材质。

9.6　甲醇加药系统

甲醇加药系统工艺流程如下：

运药车→卸料泵→快速接头及阀门→甲醇储罐→潜油泵→稀释装置→加药泵→稀释装置→投加点

甲醇加药系统与污水处理厂常用的加药系统不同，有其自身特点，不可套用普通药剂的设计方法。甲醇加药泵可为隔膜泵，但需要配防爆电机，变频调速，隔膜泵的泵头材质选 316 不锈钢，隔膜材质选 PTFE，隔膜泵的设计要点可参见 9.5 节常规药剂加药泵中相关内容。隔膜泵下游流量计宜选用转子流量计。输送甲醇管线宜用不锈钢，给水管道用 PE 或 UPVC 给水管，排水管道用 UPVC。加药间室内地漏设为水封地漏，水封深度不小于 50mm，加药管设在水封管井内。

甲醇加药泵出口设稀释装置，以降低甲醇浓度，避免爆炸的可能性，提高运行的安全性。甲醇投加泵的出口设流量计，再与通过流量计和阀门控制流量的稀释水在管道混合器中混合均匀接入加药点。如果有泵的分组以及多条并行稀释水管路需要切换的，需要在各组间加装手动或电动切换阀门。稀释水要求稳压供水，因此要设变频。简要示意单组加药系统如图 9-2 所示。

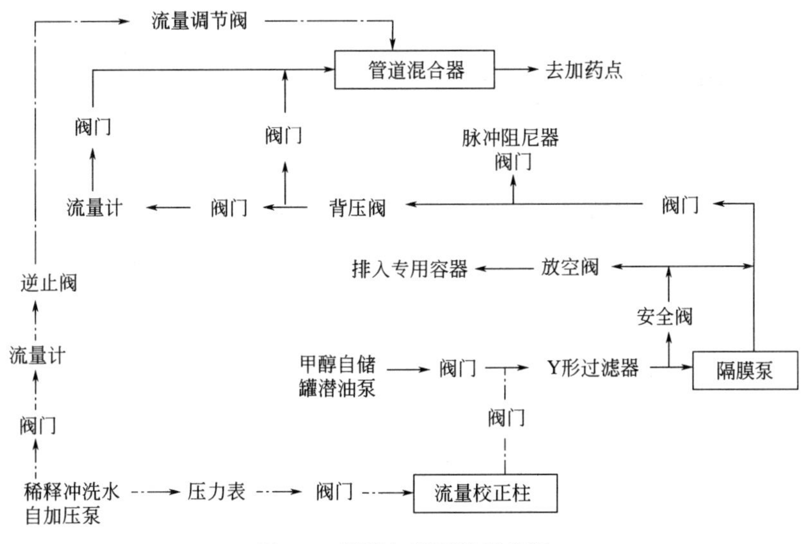

图 9-2 甲醇加药系统示意图

甲醇加药间设可燃气体泄露报警系统，室内设安全排风系统。出现甲醇泄漏时，报警的同时启动事故排风机。加药间入口处设冲洗设施，连接冲洗水管路。甲醇具有毒性，加药间要设紧急淋浴和洗眼器等设施，门口外设防毒面具。

甲醇火灾危险性分类为甲类，应根据《建筑设计防火规范》(GB 50016—2014) 进行消防设计。

第10章 除臭系统

10.1 臭气主要成分

城市污水处理厂产生的臭气主要包含以下成分：

① 含硫有机化合物，甲硫醇、硫酚、甲硫醚、甲基硫等；

② 含氮有机化合物，三甲胺、酰胺以及吲哚类等；

③ 含氧有机化合物（醇、醛、酚、酮等）；

④ 卤素及其衍生物（氯化烃等）；

⑤ 其他有机物，苯，甲苯及烃类；

⑥ 无机物，H_2S、NH_3 等。

工业废水中产生的臭气或有毒气体的成分根据废水的特点差异较大，需要根据废水的来源和成分进行监测、判断和设计。本章主要介绍普通市政污水处理厂的除臭设计。

10.2 臭气来源

污水厂的臭气主要有以下来源。

① 污水输送系统：管道、井和沟渠等，如进水管、进水井和污泥脱水渗滤液通道等。

② 预处理系统：格栅、栅渣输送机、配水堰（井）、沉砂池、调节池、初沉池和气浮池等。

③ 生物处理系统：臭气浓度相对高的有厌氧池、水解酸化池、缺氧池和污泥回流池（渠）等，好氧池臭气浓度较低，延时曝气池和二沉池的臭气浓度比普通活性污泥法和生物膜工艺的臭气浓度低，如果要处理好氧池的臭气，则建议与浓度高的其他臭气分开处理，降低投资。

④ 污泥系统：臭气浓度由高到低依次为污泥脱水滤液＞污泥浓缩、储存和机械脱水设备＞污泥厌氧消化＞生污泥堆放＞消化污泥堆放。

污水厂臭气污染物浓度可采用硫化氢、氨气等常规污染因子和臭气浓度表示。污水厂臭气污染物浓度应根据实测资料确定，无实测资料时，可采用经验数据或按 CJJ/T 243 的参考数据取值。

除臭处理后臭气浓度要达到《恶臭污染物排放标准》（GB 14554—1993）和《城镇污水处理厂污染物排放标准》（GB 18918—2002）。新的相关国家法规正在修订中。

随着恶臭气体处理需求的日渐增加，近年来一些城市陆续出台了比国家标准更严苛的地方标准，例如：

《城镇再生水厂恶臭污染治理工程技术导则》DB11/T 1755—2020（北京）

《生活垃圾填埋场恶臭污染控制技术规范》DB11/T 835—2011（北京）

《恶臭污染物排放标准》DB12/ 059—2018（天津）

《恶臭污染物排放标准》DB31/ 1025—2016（上海）

《生活垃圾填埋场恶臭污染物排放标准》DB13/ 2697—2018（河北）

《生物和化学制药行业挥发性有机物与恶臭气体污染控制技术指南》DB13/T 5363—2021（河北）

《污水处理中恶臭气体生物净化工艺设计规范》DB32/T 4025—2021（江苏）

《有机化工企业污水处理厂（站）挥发性有机物及恶臭污染物排放标准》DB37/ 3161—2018（山东）

10.3 除臭系统组成和设计接口条件

除臭系统由臭气源加罩、臭气收集管路、臭气处理设备（含喷淋系统）、处理后排放系统以及电控设备组成。在设计除臭单元前要了解如下主要设计接口条件：

① 整个污水厂的工艺流程和平面布置图；

② 需要除臭的工艺单元位置、图纸、臭气源设备的尺寸、运行操作要求和除臭要求；

③ 臭气源的浓度、排放规律和要求达到的排放标准；

④ 可供放置除臭设备的尺寸和位置，地坪标高；

⑤ 补充水源接管、放空管或排水管接口管径、标高、管材和坐标；

⑥ 冻土层、管道覆土深度和保温等相关要求；

⑦ 地质、气候等其他设计条件。

10.4 设计思路

设计整个污水厂的除臭系统的思路概括为：

① 从接口数据入手，与总图和相关单体设计师确定需要除臭的工艺单元和设备；

② 确定单体加盖/罩的方式和平面布置；

③ 计算各臭气源的除臭风量和浓度，统计排放规律；

④ 了解需要除臭单体的构筑物和工艺设备的加盖、加罩封闭配置情况以及工艺管路布置和操作运行要求等情况，并与相应单体设计师进行除臭设计沟通，避免除臭管路布置影响工艺运行和其他管路设施的正常运行，加盖设计要考虑单体的设备的出入、维护和运行以及操作人员的通行；

⑤ 根据各单体图纸和总图，统筹设计管路走向和接入顺序，结合总平面图和分散臭气源的距离以及工程条件确定除臭设备的布置位置和是否分散除臭。这部分工作非常关键，要和设计负责人、总图专业和单体设计师多沟通；

⑥ 根据臭气收集管的沿途接入除臭风管的顺序，从距离除臭设备最远端开始计算出每段除臭风管的风量，每段主干管的风量为上游风量加上本段新汇入的风量的加和值，再根据风速要求计算出每段干管和支管的管径。离除臭设备最远端的主干管的风速建议适当降低，以降低阻力损失，但要使主干管风速变化尽量小，尽量保证除臭系统阻力损失的均衡，对各

并联支管应进行阻力平衡计算；

⑦ 根据总除臭风量设计除臭设备，进行技术经济比选，尤其注意比选运行费用、占地、二次污染、消耗品更换、消耗品可得性和投资等因素。

10.5 臭气收集系统设计

除臭设计施工图主要参考 CJJ/T 243—2016，这里主要补充如下注意事项。

（1）臭气收集

臭气收集宜采用负压吸气式，需要人经常进入操作的除臭设备（如污泥脱水间）宜设计负压运行，必要时加设离子送风系统。

（2）集气罩

集气罩有设备加罩或半封闭加罩，池体加罩材质为混凝土盖板、氟碳纤膜（反吊膜）结合碳钢骨架、模块式玻璃钢盖板等型式，设备加罩可采用不锈钢罩、玻璃钢板结合铝合金框架、钢化玻璃结合铝合金框架和塑料帘封闭等型式，具体选择原则可参考《通风管道技术规程》，实际设计中要结合具体的使用条件和经济对比来选择。盖板的材质要考虑防腐蚀、光照和荷载等因素。当加罩与起吊设备结合时，顶部需要做滑动顶板，且不得影响起吊设备的通行。帘式罩需要有与顶板、地面的固定措施。

（3）臭气风量

臭气风量宜根据构筑物种类、散发臭气的水面面积、臭气空间体积等因素综合确定，可参考下列要求确定。

① 进水泵吸水井、沉砂池臭气风量按单位水面积 $10m^3/(m^2 \cdot h)$ 计算，增加 1～2 次/h 的空间换气量。

② 格栅、栅渣输送机、除砂机、沉砂输送机以及卸渣斗应设置机罩，除臭风量按（0.5×机罩容积 R 的 7 次/h 的换风量）或者在机罩的开口处抽气流速为 0.6m/s 计算。

③ 初沉池臭气风量按单位水面积 $2m^3/(m^2 \cdot h)$ 计算，增加 1～2 次/h 的空间换气量。

④ 污泥浓缩池臭气风量按单位水面积 $3m^3/(m^2 \cdot h)$ 计算，增加 1～2 次/h 的空间换气量。

⑤ 好氧池一般不除臭，如需除臭时，臭气风量按曝气量的 110%计算。

⑥ 封闭设备按封闭空间体积换气次数 6～8 次/h 计算。

⑦ 半封口机罩按机罩开口处抽气流速为 0.6m/s 计算。

⑧ 带式压滤机（包括带检修走道的隔离室）按 7 次/h 换气风量计算。

除臭风量 $Q(m^3/h)=0.5\times$隔离室容积 $R(m^3)\times 7$ 次/h(每一机室最好设 4 个吸气口)

⑨ 离心脱水机、带式压滤机（仅在机械本体加机罩的场合）：

除臭风量 $Q(m^3/h)=0.5\times$机罩容积 $R(m^3)\times 2$ 次/h(每一机罩最好设 4 个吸气口)

⑩ 加压过滤机、真空过滤机：

设置机罩时除臭风量 $Q(m^3/h)=0.5\times$机罩容积 $R(m^3)\times$ 7 次/h

每一机罩最好设 4 个以上吸气口，设置集气罩时，除臭风量按 7 次/h ，且 3 倍于集气罩投影面积的空间容积进行换气。

⑪ 臭气风量按下列公式计算：

$$Q=Q_1+Q_2+Q_3$$

$$Q_3=K(Q_1+Q_2)$$

式中，Q 为除臭设施收集的臭气风量，m^3/h；Q_1 为需除臭的构筑物收集的臭气风量，m^3/h；Q_2 为需除臭的设备收集的臭气风量，m^3/h；Q_3 为收集系统漏失风量，m^3/h；K 为漏失风量系数，可按10%计。

风压计算参考《通风管道技术规程》。

（4）集气管设计

每个除臭单体的臭气集气管要分布均匀，若池体尺寸长，可多设几个集气口保证整个池体的除臭均匀性。如果几组池子共壁，可在最外侧的一组池子布置臭气收集管，与之共壁的其他组池子的共壁隔墙顶靠近池顶底部的位置设计连通孔，连通孔要均匀分布，连通孔尺寸应通过气速计算，连通孔的直径或矩形孔的一个边长要大于400mm，连通孔和除臭风管标高要高于污水液位和泡沫液位，连通孔间距小于4～5m。池间连通设计平面布置举例如图10-1所示，但除臭管需单独设置如图10-2所示，不要按图10-1布置除臭管。

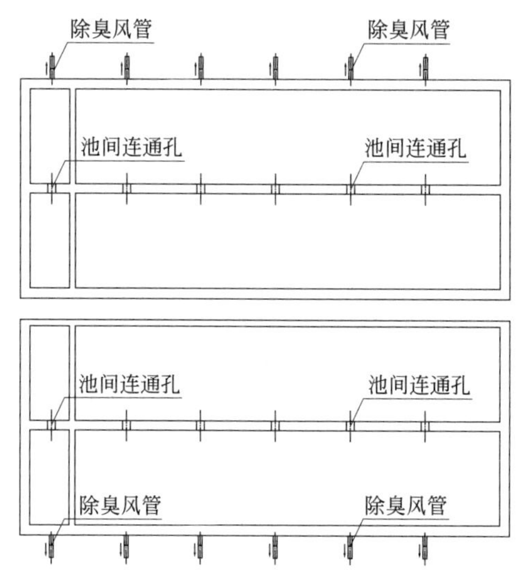

图10-1 平行布置的构筑物除臭集气管示意图

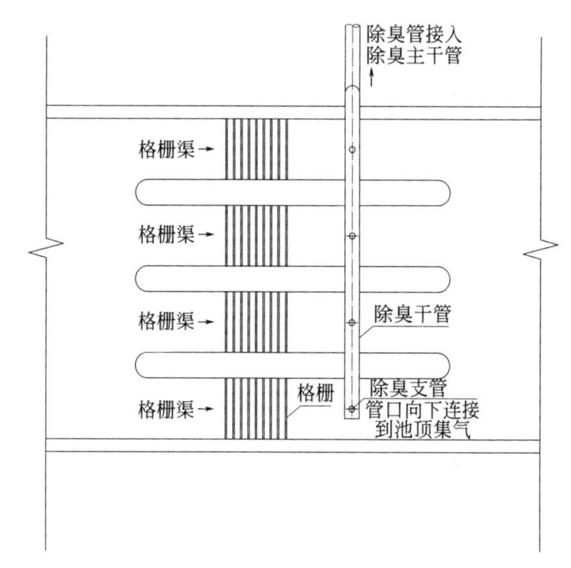

图10-2 格栅渠臭气收集管道示例

普通的池体加盖后收集臭气，加盖要考虑预留设备孔、取样孔、人孔、检修和观察窗等并加移动盖板，池体臭气通过池顶或池侧壁臭气集气支管连接到臭气干管进行收集。以格栅渠的除臭集气管示例如图10-2所示，图中只表示了格栅渠的除臭，格栅设备的除臭需要结合设备型式和加罩型式进行设计。格栅渠和格栅设备的臭气不合并，应分开收集后汇入干管。

（5）风管管径

风管管径根据风量和风速计算，一般干支管风速宜为5～10m/s，小支管宜为3～5m/s。主干管风速变化宜尽量小。因此，在风量变化处的变径位置尽量距离两个方向气流交汇处越近越好。风管宜保持适当的坡度，一般取0.002～0.005。

（6）管道连接

除臭风管的干管连接到主干管或者支管连接到干管都需要考虑尽量减小弯头阻力损失，尽量将支管同一方向连接入干管，条件不允许时要采用阻力最小的连接方式。常用的连接方式如图10-3所示，根据场地空间和具体情况选择设计。

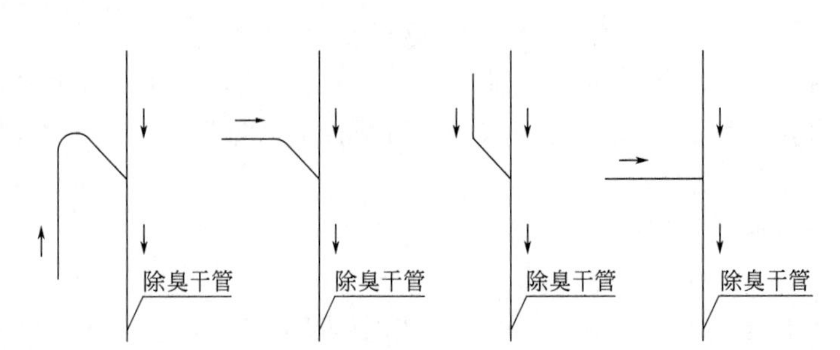

图 10-3 风管连接示例

(7) 管材

除臭风管宜采用玻璃钢、UPVC、不锈钢等耐腐蚀材质。风管穿过室内隔墙（非爆炸性和非危险气体产生区域）或池体间的隔墙（标高高于液位）时，可用普通钢套管替代防水套管。除臭风量大的污泥堆场，除臭干管可用矩形玻璃钢管，均匀间隔设玻璃钢百叶窗作为吸风口。

(8) 管件

每个除臭风管支管上宜设柔性接头、蝶阀和维修取样口。吸风口和风机进口处风管宜根据需要设置取样口、风压表和风量测定孔，风量测定管段直段长度不宜小于 15*D*。风管直段长度较长时宜在一定间隔内设置波纹补偿器（波纹膨胀节）、双法兰松套限位接头或橡胶柔性接头。

(9) 冷凝水

在风管最低点设置冷凝水排水口，图纸上注明该标高，可设凝结水排出设施（阀门），就近接入污水管道。阀门的设置位置要考虑操作方便。如果冷凝水排放管道材质为玻璃钢，则阀门可用球阀。冷凝水排放口的位置要考虑能收集干管的冷凝水并避免冷凝水进入风机，因此个别局部可考虑逆风方向坡度 0.002～0.004，冷凝水排放管材质和风管材质统一。风管上的所有异径管要求为管底平接，由于干管为负压运行，冷凝水排放管可不设阀门，如图 10-4 所示。

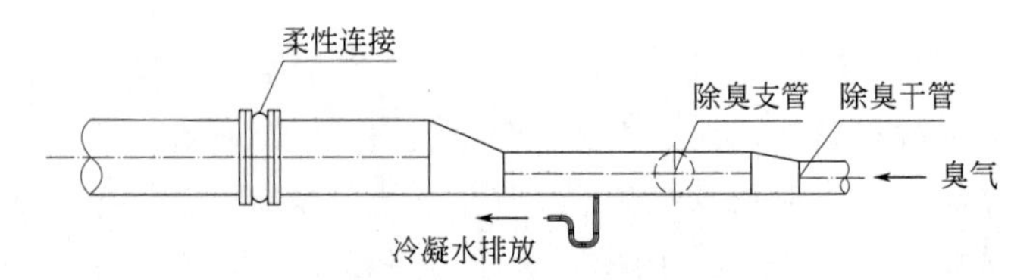

图 10-4 除臭风管冷凝水排放

(10) 风量平衡

对各并联支管应进行阻力平衡计算，必要时可设置孔板等设施调节各风管风量。为便于风量平衡和操作管理，各吸风口宜设置带开闭指示的阀门。风机和进出风管宜采用法兰连接并设置柔性连接管，进出口设置压力表，设必要的流量计。

(11) 管道敷设

管道宜沿墙或柱子敷设，不能穿过活动盖板、人孔、设备孔和楼梯。管道与梁、柱、墙、设备及管道之间应保持一定距离。管道外壁距墙的距离不小于 150～200mm；管道距梁、柱、设备的距离可比距墙的距离减少 50mm，但该处不应设焊接接头；两根管道平行布置时，管道外表面的间距不小于 150～200mm。不应通过电动机、配电盘、仪表盘的上空，不应妨碍设备、管件、阀门和人孔的操作检修；不应妨碍吊车工作。

（12）管道支架

风管支架和间距应符合《通风管道技术规程》（JGJ141）的有关规定，风管支、吊架均应避开风口处或阀门、检查门和其他操作部位。管道与阀门的重量不宜支撑在设备上，应设支、吊架。

管道架空经过人行通道时，净空不宜低于 2.0m（指管底距地面的距离）；架空经过道路时，不应影响设备进出，并符合国家现行防火规范的规定，参考消防车的高度，不宜小于 4.5m；管道支架和道路边间距不宜小于 2.0m。

10.6 除臭生物滤池

除臭工艺主要包括化学洗涤处理、等离子处理、植物液处理、生物处理、活性炭吸附和双离子空气净化等。Bioclimatic 双离子空气净化系统的电离除臭工艺是将收集的臭气先由初效过滤器对粉尘杂质等进行初步过滤，经中效过滤器吸附，再经离子管段进行电晕氧化分解，最后经排放管排放。各除臭工艺的原理和特点不再赘述。对于普通市政污水处理厂和泵站，最常用的除臭工艺是生物处理和活性炭吸附，后者以占地小、灵活和易于维护等特点更多用于污水泵站除臭。本节主要介绍生物除臭工艺的设计。

常用的生物脱臭反应器有生物过滤池、生物滴滤池和生物洗涤池三种，以 Gelor-XD 和 Bio-Air 产品为例，图 10-5 展示了生物洗涤除臭设备的结构。

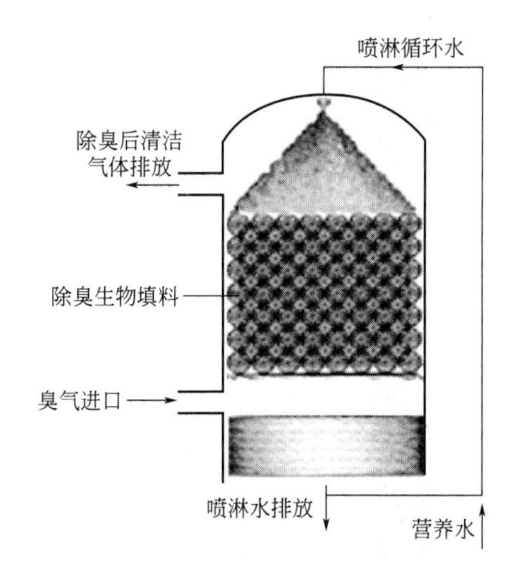

图 10-5 生物擦洗除臭原理和工程实例

顺气流方向顺序设置洗涤塔→引流池→生物滤塔。臭气从洗涤塔底部均匀布气（池底均布穿孔管）分布到塔底，上升进入填料后从塔顶排出，继而被引流从生物滤塔底进入生物处理环节。

洗涤塔和生物塔同样要设填料，填料可为鲍尔环、波纹填料等，选择填料时要考虑比表面积大、过滤阻力小、持水能力强、堆积密度小、机械强度高、化学性质稳定和价廉易得等特性。生物过滤池填料寿命不宜低于 3～5 年，生物滴滤池填料的使用寿命不宜低于 8～10 年。生物滴滤池填料支撑层应具有足够的强度。

滤料高度计算公式为：

滤料高度=空塔气速(处理负荷)×停留时间

单层填料层高度不宜超过 3m。喷淋区高度宜高于 0.5m。超高大于 0.5m。塔底部设配气空间或导流设施，配气采用穿孔管，单孔气速 2～3m^3/(h·m)（管长），底部布气区高度（支撑层标高）宜高于池底 1.2m 以上。生物过滤池填料在设计空塔气速下的初始压力损失不宜超过 1000Pa。

生物过滤和生物滴滤填料层的有效体积和高度可按下列公式计算：

$$V = QT/3600$$
$$H = \nu T/3600$$

式中，V 为填料层有效体积，m^3；Q 为臭气流量，m^3/h；T 为空塔停留时间，s；H 为填料层高度，m；ν 为空塔气速，m/h。

生物滤塔可为圆形，如为矩形长宽比宜为（1∶1)～(2∶1)。如为矩形池，可将洗涤塔、引流池和生物滤塔共壁合建，为了方便收集各塔喷淋用水，在合建的池体底部共壁处均匀间隔距离设连通孔，供收集喷淋用水，各池底喷淋收集液的液位应高于连通孔孔顶标高，要有保障液位的措施（喷淋液收集出水管口标高高于各池连通孔孔顶)，防止臭气不通过塔底布气管而直接从池底间连通孔短流通入洗涤塔和生物塔池底，影响处理效果。池底宜设集水坑，池底放坡到集水坑，方便收集喷淋液。由于喷淋液是循环使用，需要考虑喷淋液收集管道的防堵塞问题。不收集喷淋液时可取消喷淋液收集池。柱子和梁的设计中要考虑避让布气管。排气筒的最低高度不得低于 15m。

洗涤塔的空塔气速和直径需要根据填料因子、填料比表面积、填料直径、形状系数、填料层空隙率、气液相密度、液相黏度、喷淋密度、润湿速率等参数计算，可参考化工设计有关手册。生物过滤和生物滴滤工艺的空塔停留时间不宜小于 15s，范围在 15～50s，一般取 30s 左右。寒冷地区宜适当增加生物处理装置的空塔停留时间。生物滴滤池空塔气速（负荷）不宜大于 200～500m^3/(m^2·h)，通常取 300m^3/(m^2·h)，生物滤池空塔气速（负荷）不宜大于 50～200m^3/(m^2·h)。

生物过滤池和生物滴滤池设置检修口、排料口和观察口，池外设必要的爬梯和栏杆。填料区侧壁设检修孔（带检修门），直径最小宜在 800～1000mm，材质为不锈钢或碳钢防腐，带翼环。池顶设检修孔，数量大于 2，方便检修时置换空气。配气区的检修孔数量应大于 2，且相对距离最远，方便检修时置换整个配气区的空气。

洗涤塔和生物滤塔都需要设放空管。放空管连接到厂内排水管网，尽量使用小阻力 135°弯头代替 90°弯头避免堵塞。

当臭气中含有灰尘等颗粒物质时，生物过滤池和生物滴滤池上游宜设置水洗涤预处理，洗涤水源可为污水厂处理后不含氯的回用水。余氯含量高会对微生物产生不利影响。当生物塔需要补充营养物质时，喷淋水可用污水厂经过格栅和沉砂预处理后的污水。喷淋水可循环利用，喷淋水中会有臭气中的悬浮颗粒的累积，应间歇排放并对喷淋水池进行补水，补水管道管径应根据喷淋泵的流量计算。排水和补水通过电动阀控制。不循环利用时，喷淋泵则设在补水水源附近，取消喷淋用水集水池。

喷淋水量包括预洗涤水量和生物滤池喷淋用水量两部分。其中，生物滤池单位面积定额取 0.8～1.0m^3/(m^2·h)。

喷淋水量=预洗涤塔喷淋用水量+生物滤池面积×单位面积定额

洗涤塔前设集水池用于储备喷淋用水，喷淋用水可同时供洗涤塔和生物处理塔的喷淋用水，集水池的有效容积要满足喷淋泵最小 5min 的容积，可取 10～15min，泵前吸水管路上要设 Y 形过滤器，防止泵的堵塞，Y 形过滤器安装在阀门和异径管之间。集水池要设溢流和放空。预洗喷淋泵和生物滤池喷淋泵宜各自单独配置，不共用。

所有设备（风机、水泵等）、管路、支架、喷淋液集水池、洗涤塔和生物滤塔都需要做防腐处理。

喷淋液集水池设超声波液位计和 pH 计，重要区域设在线硫化氢和氨测定仪，设显示和警报功能。自控设计还要考虑电动阀的控制。

10.7 其他除臭工艺选择

近年来，各地陆续出台了恶臭排放地方标准，比国家标准更严苛，对污水厂周界的排放浓度提出了更高要求，排气筒的臭气浓度限值降低约 1 倍，氨气、三甲胺、硫化氢、苯乙烯、二硫化碳、二甲二硫、甲硫醚和甲硫醇等的排放浓度也相应降低。普通的生物滤池一般可以满足 GB14554—1993 的要求，但已不能满足地方标准和正在修订的国家标准对于多种臭气组分的要求，需要选择以下多种除臭工艺组合，方能达到排放标准。

在常用的除臭技术中，氧化剂氧化法处理效率高，但是氧化剂消耗费用较高，适于处理中低浓度恶臭气体，不适于处理高浓度臭气；溶剂吸收法处理流量大，技术成熟，适用于处理高、中浓度的恶臭气体，但污染物转移到液体中，废液需要进一步处理，存在二次污染问题；吸附法效率高、占地省，适用于低浓度臭气处理，但污染物转移到吸附剂中，吸附剂需要再生或者更换，固体废物需要进一步处理，存在二次污染问题，常用的吸附剂为活性炭；树脂纤维吸附技术在国内处于起步阶段，其在线再生技术降低了吸附剂更换费用，为该技术的应用提供了条件，可净化的恶臭气体浓度上限为 $500mg/m^3$；低温等离子技术处理流量大，适用于处理低浓度恶臭气体，但是投资和耗电量高，热力分解能耗较高。

对于市政污水厂，排气筒臭气浓度如果要求低于 $1000mg/m^3$，周界臭气排放标准为氨气 $0.2mg/m^3$，三甲胺 $0.05mg/m^3$，硫化氢 $0.02mg/m^3$，苯乙烯 $1mg/m^3$，二硫化碳 $0.5mg/m^3$，二甲二硫 $0.05mg/m^3$，甲硫醚 $0.02mg/m^3$ 和甲硫醇 $0.002mg/m^3$。在工艺选择中，建议生物滤池上游采用化学洗涤、下游离子除臭和（或）活性炭吸附共 3～4 种工艺可达到上述标准。如果不用生物滤池，可能需要组合的工艺段缩短到 2～3 种。工艺选择中需要综合考虑比较压力损失、处理效率、浓度波动、占地、运行费用、消耗品寿命、是否连续运行以及气候等因素。

第11章 附属建筑给水排水和消防

城市污水处理厂的附属设施用房建筑主要包括三类。

① 辅助生产用房。主要包括维修、仓库、车库、化验、控制室、管配件堆棚等。

② 管理用房。主要包括生产管理、行政管理办公室以及传达室等。

③ 生活设施用房。主要包括食堂、浴室、锅炉房、自行车棚、活动室和值班宿舍等。

11.1 参考规范

设计附属建筑的给水排水和消防的配合专业主要包括：建筑、结构、给水、排水、消防、暖通、电气、自控、仪表和照明等，每一部分都需要工艺工程师提出具体要求，相关专业反馈后进入详细设计，设计中的各专业沟通配合非常重要。本章设计中主要参考规范如下：

《卫生设备安装》09S304

《建筑给水排水工程规范》(ZBBZH/GJ 15)

《建筑设计防火规范（2018年版）》(GB 50016—2014)

《消防给水及消火栓系统技术规范》(GB 50974—2014)

《建筑灭火器配置设计规范》(GB 50140—2005)

《民用建筑节水设计标准》(GB 50555—2010)

《办公建筑设计标准》(JGJ/T 67—2019)

《住宅建筑规范》(GB 50368—2005)

《给水排水构筑物设计选用图》(07S906)

《矩形钢筋混凝土蓄水池》(05S804)

《室外给水设计标准》(GB 50013—2018)

《泵站设计规范》(GB 50265—2010)

《建筑中水设计标准》(GB 50336—2018)

《建筑给水塑料管道工程技术规程》(CJJ/T 98—2014)

《节水型生活用水器具》CJ/T 164—2014

《建筑给水排水及采暖工程施工质量验收规范》(GB 50242—2002)

《建筑给水排水与节水通用规范》(GB 55020—2021)

《建筑排水塑料管道工程技术规程》(CJJ/T 29—2010)

《无障碍设计规范》(GB 50763—2012)

《卫生工程建筑设备施工安装通用图集》91SB2-1（2005年）

《给水排水构筑物设计选用图（水池、水塔、化粪池、小型排水构筑物）》(07S906)

11.2 设计思路

在设计附属建筑给排水和消防前要了解确认的主要接口条件和信息包括：可供附属建筑的尺寸和位置；地坪标高；给水、排水和道路接口条件；用水点人员、设施（含消防）和具体用水需求；建筑功能和规模需求；冻土层、管道覆土深度和保温等相关要求；地质、气候等其他设计条件。

11.2.1 与污水处理工艺相关的建筑设计

(1) 综合楼建筑面积

大多数污水厂把中控、化验和管理用房放在一起，统称综合楼。综合楼的给水排水和消防设计首先要考虑功能，根据水厂的规模、工艺复杂程度和附属用房的功能需求等因素确定建筑面积。建筑面积要符合《城市污水处理工程项目建设标准(修订)(附条文说明)》(ZBBZH/CW) 的规定，结合厂区平面布置、功能需要和用地限制确定楼层数，最后确定每层建筑面积。建筑面积的计算举例如图 11-1 所示，当走廊两边房间尺寸相同时，实际每层建筑面积计算公式为

实际每层建筑面积=(走廊两边 2 个房间长度+走廊宽度+2 个外墙厚度)×(单层单排房间数×房间宽度+2 个外墙厚度)

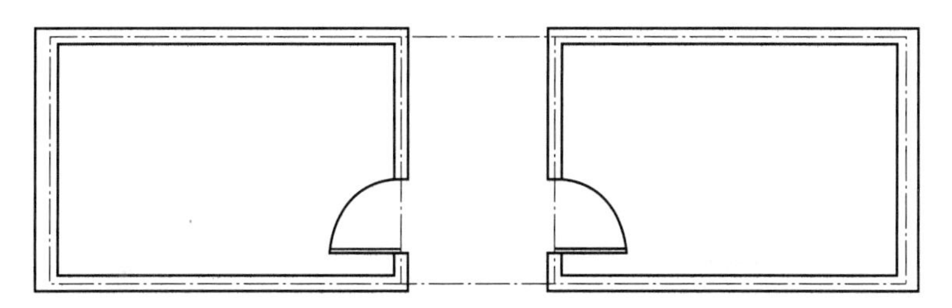

图 11-1 走廊两边房间布置平面图

每个房间的尺寸不能随意取，应按照规范的建筑尺寸模数倍数去取。

(2) 走廊楼梯

根据规范，综合楼的走廊通道的净宽不应小于 1.20m，走道长度小于 40m 时，走道最小净宽不小于 1.5m，走道长度大于 40m 时，走道最小净宽不小于 1.8m。疏散走道和疏散楼梯的净宽度不应小于 1.10m。污水处理厂综合楼常用走廊宽度为 2.1m。根据《建筑设计防火规范》(GB 50016—2014)，公共建筑内每个防火分区或一个防火分区的每个楼层，其安全出口的数量应经计算确定，不应少于 2 个。因此，综合楼的楼梯数量设计不少于 2 个。

(3) 房间布置

当计算出的建筑面积与前面设定的面积相差较大时，需要调整房间的尺寸和门厅尺寸，使建筑面积满足要求，同时还要考虑给水排水布置的集中和顺畅以及房间的布局和功能。功能上要考虑周全，包括人员和设备进出和操作方便、工作流程顺畅、消防、安全、隔声和保护私密等功能，中控室的尺寸由电气专业确认，设计师与土建专业充分沟通后确定最终平面

布局和尺寸。

（4）层高

综合楼层高要满足功能需要，如果没有进出车辆、车库等非办公功能需要，无特殊要求的污水厂综合楼一层的层高取 3.6m，二层以上的层高取 3.3m。

（5）综合楼布局

一般一层设值班室、实验室、中控室、食堂餐厅和临时库房，二层以上设办公室、会议室、资料室、档案室、文体室、茶水室和宿舍等其他用房。如果当地气候潮湿，可将中控室设在二层，厨房餐厅和宿舍宜按照当地有关规定设置并确定是否放入综合楼，宜结合当地生活习惯进行调整。每层设卫生间，宿舍层加设淋浴房。应有供残障人士使用的卫生间和相应设施。

（6）制图注意事项

① 平面图标出灭火器和灭火栓的位置。

② 设备表列出空调、排油烟机、换气扇、热水器或锅炉、轴流风机的型号、规格、数量和设备说明。

③ 材料表写明灭火器的型号、规格和数量。材料表列出所有管道，管件，阀门，卫生器具，污水池，淋浴器，洗脸盆，洗菜池，地漏，检查口，清扫口，通气帽，化验室化验龙头、盆和盥洗槽等材料。

11.2.2 给水设计

附属建筑的室内给水设计涉及给水量计算，室内消防还涉及灭火器计算，室外涉及消防用水量计算，特殊工业废水处理构筑物需要考虑灭火器。给水量主要分三部分分别计算，注意考虑不同用水点用水频次和同时用水量。

① 非生产用水量。用水量主要计算污水厂内涉及的宿舍、淋浴、办公、食堂、洗衣房、会议室、实验室、洗眼器喷淋、仓库和机修间等的用水量，如果没有再生水的情况下还应计算绿化、道路和水景等的用水量。

② 生产用水量。加药间溶药用水、加氯间用水、污泥脱水间和鼓风机冷却等用途的用水量。

③ 消火栓设计流量。根据建筑物类别、耐火等级以及建筑体积取设计流量，水量按照火灾持续时间计算，火灾延续时间不应小于 GB 50974—2014 的规定。

给水设计中有以下几点设计提示。

① 给水管管径的计算。计算顺序为从最远端开始逆水流方向计算。平面图上先画出主干管和各分区干管走向和位置，再从每个分区干管带的用水器具进行支管计算并进行平面布置。用水器具按照 CJ/T 164—2014 选用。参照 GB 55020 和 ZBBZH/GJ 15，生活给水管道设计秒流量计算按用水特点分两种类型，一种为分散型，使用给水当量数计算；另一种是密集型，采用给水额定流量、卫生器具数和同时给水百分数来计算。污水厂综合楼设计没有具体说明归为哪类，可以按照分散型计算，同时用密集型计算结果校核，对前面的计算结果进行适当调整（总体生活用水量要根据全厂人数换算一下每人日用水量，与当地经验值对比修正）。流量计算后，按照该规范规定的给水管道流速范围限制，取合理的流速，最后确定支管管径。给水配件的管径需要满足该规范。各支管汇入干管要计算汇集流量，取合理的流速，计算干管的管径。

② 避免给水污染。用水点的起端、溶药用自来水给水管道、太阳能热水器的进水管和其他向可能带入污染物的用水点供水的管道上要设置倒流防止器，倒流防止器处设置阀门。密闭的水加热器或用水设备的进水管上要设止回阀。

③ 阀门。阀门根据管径大小和所承受压力的等级及使用温度选型，可采用全铜、全不锈钢、铁壳铜芯和全塑阀门等。考虑到阻力小和安装空间小，如果没有调节流量的要求常采用全塑球阀；需要调节流量则用调节阀、截止阀；阀前水压小的部位，宜选用旋启式、球式和梭式止回阀；关闭后密闭性能要求严密的部位，宜选用有关闭弹簧的止回阀；要求削弱关闭水锤的部位，宜选用速闭消声止回阀（$DN<300$）或有阻尼装置的缓闭止回阀（$DN\geqslant 300$）。

④ 管材。给水管与热水器连接采用不锈钢波纹管，管长不小于0.4m。室内给水管管材可选用PVC-U给水管，热水管道可选PPR管，球阀后安装活接头。

⑤ 水锤。对于水柱分离式水锤，应着重考虑改造管网布置，设法使管道布局不出现几何高度高于水力坡度线的“驼峰”或“膝部”，或在这些点增设补气阀。尽可能防止水柱分离。对于室内末端用水器具产生的水锤，应采取预防措施，放大支管管径，降低流速；尽量减短给水支管长度；如供水压力大于0.35MPa，要用支管减压阀减压；用小型自动排气阀充分排除管路空气。

⑥ 水量计量。根据《民用建筑节水设计标准》（GB 50555—2010），住宅小区及单体建筑引入管上应设计量水表，进行单独计量。由于污水厂的用水规模较小，可不设稳压水箱。

⑦ 给水管敷设。给水管道顺墙敷设，需要在建筑专业反馈的图纸上进行设计，注意给水管与排水管、墙、梁、柱和其他设备的净距要符合规范GB 55020和ZBBZH/GJ 15以及其他相关规定。室内给水管明装，注意避让门、窗和楼梯等设施。给水管不能穿越变配电间、中控室、电梯间和音像库房，不能布置在工艺设备和配电柜上方。进入附属用房的给水管的位置应根据用水分区情况布置。

⑧ 制图主要分以下3个步骤。

a. 给水区域划分。附属建筑的给水设计宜与总图给水管网设计、建筑给排水用途和建筑内排水分区相结合，给排水分区应便于分区供水和排水尽量集中，就近供水和排水，避免管道交叉过多和管道迂回，必要时调整房间功能布局。给水管路应布置顺畅，首先应结合厂区总图的给水来水管方向、用水点的位置和排水方向选择附属建筑给水总管的位置，同时根据用水点的用途、位置、所在楼层、设备性能等因素进行区域划分，并进行干管和支管布置。

b. 平面图。在平面图上单线画出给水管的干管支管，标高变化处用圆圈表示，标出主干管、干管和支管定位尺寸和管径。立管穿楼层处节点编号，便于识图，在系统图中同时画几层楼的给水图时，该节点编号可区分楼层。管道支吊架的间距符合GB 50242—2002。

c. 系统图。平面图完成后开始画给水管线系统图，系统图要求标出所有干管和支管的标高（管中心标高）和管径，标识出所有管件、阀门和用水器具，穿墙处要标出墙的轴线编号及穿墙管道标高，注明立管穿楼层处节点编号要和平面图一致。每个卫生器具的排水管管径和画法可参考图集09S304、04S301和91SB 2—1（2005年）。一层楼的埋地管顶敷设覆土深度不应低于300mm，参见《建筑给水塑料管道工程技术规程》（CJJ/T 98—2014）。三通的连接要按照顺水流方向。给水立管离大、小便槽端部不得小于0.5m。

11.2.3 排水设计

排水设计主要考虑如下 4 个方面。

(1) 确定排水分区

先在给水平面上进行排水管道分区，分区不合理时需要调整给水设计或房间布置。给水分区和排水分区同时进行。继而设计排水主干管走向，与总图沟通排水管网大致方位、高程限制和排水井的位置等信息。

(2) 排水管道管径计算

按照每个分区干管进行分区计算，计算顺序为顺水流方向从标高最高层开始计算，当有支管污水汇入后按照加和后的水量计算管径。卫生器具的排水流量参见 GB 55020，输入排水当量总数等参数进行流量计算。依据规范要求选定流速，计算管径。计算出的管径和最小管径比对后取大值。管径要满足规范，主要概括如下：

① 大便器和浴室毛发聚集器的横支管排水管最小管径不得小于 *DN*100（塑料管 *de*110mm）。

② 小便槽、淋浴室地漏管径可参考规范要求见表 11-1，根据《建筑给水排水工程规范》严禁采用钟罩（扣碗）式地漏。地漏带水封，如没有水封则地漏排水管应设置存水弯（高度不小于 50mm）。

表 11-1 淋浴室地漏管径

淋浴器数量/个	地漏管径/mm
1～2	50
3	75
4～5	100

③ 当公共食堂厨房内的污水采用管道排除时，其管径应比计算管径大一级，但干管管径不得小于 100mm，支管管径不得小于 75mm。

④ 建筑物内排出管最小管径不得小于 50mm。

⑤ 医院污物洗涤盆（池）和污水盆（池）的排水管管径，不得小于 75mm。

⑥ 根据流量计算出的排水立管管径不得小于所连接的横支管管径，且应对照 GB 55020 校核排水立管的管径的排水能力是否满足设计。

⑦ 参考 GB 55020 的要求校核无通气的底层单独排出的排水横支管管径是否满足最大设计排水能力的要求。

(3) 平面图

计算完成后在平面图上单线画出所有排水干管和支管，标高变化处圆圈表示，标出标高，标出主干管、干管和支管定位尺寸和管径，立管穿楼层处节点编号，以便于识图。楼层转弯处立管底部设可靠支座。厨房和浴室设集水沟，沟底坡度不小于 0.01。排水管的支承间距及伸缩节应符合《建筑排水塑料管道工程技术规程》。厨房餐厅污水管单独接入隔油池，隔油池出水管接入厂区排水管网。化粪池及隔油池出水管的管径宜不小于 *DN*200。

(4) 系统图

平面确定后画排水管线系统图，要求标出所有干管和支管的标高（管内底标高）、管径和坡度（排水支管管径不宜小于 *de*63，横管坡度按照 0.026 设计），标识出所有管件、排水器具（地漏、下水管和存水弯等等）和清扫口，穿墙处要标出墙的轴线编号及穿墙管道标高，注明穿楼层处节点编号。卫生器具安装高度根据09S304和04S301中相关器具的要求进行设计。地漏顶标高低于室内地面标高10mm，地面作1%坡度坡向地漏。无障碍坐便器按照GB 50763—2012设计，坐便器自带存水弯，不宜重复设置水封装置。

室内排水管管材可选用PVC-U排水管。埋地敷设时与给水管的最小净距：平行埋设时不宜小于0.50m，交叉埋设时不应小于0.15m，且给水管应在排水管的上面。与柱、梁、其他管道和设备的敷设净距要满足要求。

生活排水管道的立管顶端应设置伸顶通气管。通气管高出屋面不得小于0.3m，且应大于最大积雪厚度，通气管顶端应装设风帽或网罩；伸顶通气管的管径应与排水立管管径相同。但在最冷月平均气温低于－13℃的地区，应在室内平顶或吊顶以下0.3m处将管径放大一级连接伸顶通气管。通气管与排水管的连接应参考GB 55020设计，通气管管径应满足该规范最小管径的要求，可采用塑料管、柔性接口排水铸铁管等。

化验室安装通风室，排气管排到室外高处。淋浴、厨房和卫生间设通风设施，厨房排气量增大到40～60次/h。

11.2.4 室内消防设计

① 消火栓　首先根据建筑面积和层高计算楼的体积，根据《建筑设计防火规范》（GB 50016），当建筑高度大于15m或体积大于10000m^{3}的办公建筑、教学建筑和其他单、多层民用建筑应设置室内消火栓系统。建筑内用于防火分隔的防火分隔水幕和防护冷却水幕的火灾延续时间，应采用与保护的防火墙和分隔墙的耐火极限一致的等效替代原则。污水厂的综合楼一般达不到这个范围，因此可不建室内消火栓，只用放置灭火器。

② 灭火器类型　根据《建筑灭火器配置设计规范》（GB 50140—2005）对每个区域的房间功能进行分类，按房间的火灾种类和危险等级选择灭火器类型，注意划分时了解每个房间的具体功能，严格按照规范套用，变配电间要区分变压器是干式还是油浸式，则等级有区别。

灭火器的最低配置根据不同危险级有不同要求，应根据最大保护面积计算灭火器的台数，且每个计算单元内配置的灭火器数量不少于2台。（即：如果按照最大保护面积计算出来只需要1台最小规格的灭火器，也需要配2台）。

③ 管材　根据GB 50974，消防给水埋地管道宜采用球墨铸铁管、钢丝网骨架塑料复合管和加强防腐的钢管，室内外架空管道应采用热浸锌镀锌钢管等金属管材。根据GB 50336，中水供水管道宜采用塑料给水管、塑料和金属复合管或其他给水管材，不得采用非镀锌钢管。

④ 出水监测间　工艺专业对出水监测间的设计内容包括需要监测的指标、房间尺寸（根据监测仪器的数量和尺寸设计并符合规范要求不小于7m^2）、取样管、自动监测仪器的取样泵（当吸程不够时需要加设取样泵）、洗手盆进水管、排水管、集水沟、门、窗和空调等。每台取样泵对应一台在线仪表，不建议共用，以免监测仪表取样压力不同造成压力流量不等导致测量不准。测量项目多时可设取样槽，泵打入水样到取样槽，取样管伸入槽内取样。取样槽应避免污染，设排空管和溢流管。

⑤ 仓库、维修间和实验室　设计内容主要包括根据功能要求设计操作台、储物柜、起吊设备、洗手盆给水排水、实验室通风橱、实验室污水池以及灭火器等。厨房设集水沟、洗

菜池、灶台和机械排油烟等设施。

11.2.5 室外消防设计

（1）消防水量的计算

① 计算建筑的体积。

② 根据《消防给水及消火栓系统技术规范》（GB 50974—2014）选定室外消火栓设计流量。

③ 按照规范对需要消防设计的区域进行火灾危险性归类，针对类别选定火灾延续时间将上述步骤②和步骤③的结果相乘，得到消防水量。

当消防给水与生活、生产给水合用时，合用给水的设计流量应为消防给水设计流量与生活、生产最大时流量之和，其中生活最大小时流量计算时，淋浴用水量按15%计算，浇洒及洗刷等火灾时能停用的用水量可不计。

消防水源可为市政给水、消防水池和天然水源等，宜采用市政给水管网供水。雨水清水池、中水清水池、水景和游泳池宜作为备用消防水源。消防用水与其他用水共用的水池，应采取确保消防用水量不为他用的技术措施。

如下情况宜设消防水池：①如果消防水源为深井泵站，当采用一路消防供水或只有一条引入管，且室外消火栓设计流量大于20L/s或建筑高度大于50m时，应设消防水池。②如果消防水源为市政供水，当市政消防给水设计流量小于建筑的消防给水设计流量时，或当生产、生活用水量达到最大时，市政给水管网或引入管不能满足室内、外消防用水量时，应设消防水池。③如果非消防用水量和消防用水量相差大，应分别设计单独的蓄水池。

（2）消防蓄水池的容积设计

① 消毒要求。

② 消防要求主要考虑火灾延续时间。消防水池的给水管应根据其有效容积和补水时间确定，补水时间不宜大于48h，但当消防水池有效总容积大于2000m^3时不应大于96h。消防水池给水管管径应经计算确定，且不应小于$DN50$。

③ 当消防水池采用两路供水且在火灾情况下连续补水能满足消防要求时，消防水池的有效容积应计算确定，但不应小于100m^3，当仅设有消火栓系统时不应小于50m^3。

储存室外消防用水的消防水池或供消防车取水的消防水池，应符合下列规定：

① 消防水池应设置取水口（井），且吸水高度不应大于6.0m；

② 取水口（井）与建筑物（水泵房除外）的距离不宜小于15m；

③ 取水口（井）与甲、乙、丙类液体储罐等构筑物的距离不宜小于40m；

④ 取水口（井）与液化石油气储罐的距离不宜小于60m，当采取防止辐射热保护措施时，可为40m。

消防水池的出水、排水和水位应符合下列要求：

① 消防水池的出水管应保证消防水池的有效容积能被全部利用。

② 消防水池应设置就地水位显示装置，并应在消防控制中心或值班室等地点设置显示消防水池水位的装置，同时应有最高和最低报警水位。

③ 消防水池应设置溢流水管和排水设施，并应采用间接排水。

④ 严寒、寒冷等冬季结冰地区的消防水池、水塔和高位消防水池等应采取防冻措施。

⑤ 考虑防蚊虫、鼠等的防护措施。

⑥ 水池顶设排气孔和人孔，同样考虑防护罩，防止生物进入。

(3) 消防水泵设计

① 流量及台数确定　根据规范 GB 50974—2014，单台消防水泵的最小额定流量不应小于 10L/s，最大额定流量不宜大于 320L/s。并联运行的水泵，其设计扬程应接近，并联运行台数不宜超过 4 台。串联运行台数不宜超过 2 台，并应对第二级泵的泵壳进行强度校核。消防给水同一泵组的消防水泵型号宜一致，且工作泵不宜超过 3 台；多台消防水泵并联时，应校核流量叠加对消防水泵出口压力的影响。消防水泵机组应由水泵、驱动器和专用控制柜等组成；一组消防水泵可由同一消防给水系统的工作泵和备用泵组成。室内消防给水设计流量小于等于 10L/s 时可不设置备用。

② 参数及配件　消防水泵生产厂商应提供完整的水泵流量扬程性能曲线，并应标示流量、扬程、气蚀余量和功率。泵叶轮宜为青铜或不锈钢。消防水泵从市政管网直接抽水时，应在消防水泵出水管上设置减压型倒流防止器。当吸水口处无吸水井时，吸水口处应设置旋流防止器。

③ 泵吸水口　消防水池内设吸水坑，消防泵和其他用途泵通过自吸输送水到用水点。围绕泵吸水口各部分的设计可参考《建筑给水排水工程》(第六版)《给水排水构筑物设计选用图》(07S906—I—7)，吸水喇叭口直径参考 02S403—110，支架画法参考图集 02S403—112、19S204—1、《泵站设计规范》(GB 50265—2010)《消防给水及消火栓系统技术规范》(GB 50974—2014) 和《建筑给水排水工程技术与设计手册》。

④ 通气管　消防水池顶设 2 个通气管，分别布置在矩形消防水池的对角线上，最大程度保证换气均匀。分别高出池顶（或地下池顶覆土高度）1400mm 和 900mm。

⑤ 设计水位　消防水泵应采取自灌式吸水。消防水泵吸水口的淹没深度应满足消防水泵在最低水位运行安全的要求，吸水管喇叭口在消防水池最低有效水位下的淹没深度应根据吸水管喇叭口的水流速度和水力条件确定，但不应小于 600mm，当采用旋流防止器时，淹没深度不应小于 200mm。黄晓家等提出只要自灌水泵满足水泵初次使用及检修后再运行时能的自灌启动，那么日常的每次启动水位无需在自灌水位以上。如果一味地要求水泵在任何状态启动时水位都要不低于自灌水位，势必造成泵房地面标高的被动压低，造成投资浪费和管理不变，尤其是寒冷地区冰冻线较深水池已被压得很低的情况下。实际设计中，可以按照这一思路来设计。但是如果考虑进口阀门的可能漏气等情况发生，则设计水泵的启动水位宜总是不低于自灌水位。两种设计方法的考虑角度不同，设计中宜注意结合地勘与土建专业沟通泵房的埋深。

消防水池最低液位的设计应参考 19S204—1。在进水池最低运行水位时，应满足不同工况下水泵的允许吸上真空高度或必须汽蚀余量的要求。当电动机与水泵额定转速不同时，或在含泥砂水源中取水时，应对水泵的允许吸上真空高度或必须汽蚀余量进行修正。立式轴流泵或混流泵的基准面最小淹没深度应大于 0.5m。计算泵的最大允许安装高度时，必须以使用过程中可能达到的最大流量进行计算，参考 GB 50265。

⑥ 输水管路　一组消防水泵的吸水管应有 2 条，防止一条出现问题时不影响正常消防用水。泵的上下游应尽量减少管道的拐弯，降低水头损失。消防水泵吸水管布置应避免形成气囊。一组消防水泵应设不少于两条的输水干管与消防给水环状管网连接，当其中一条输水管检修时，其余输水管应仍能供应全部消防给水设计流量。消防水泵吸水管的直径小于 DN250 时，其流速宜为 1.0～1.2m/s；直径大于 *DN*250 时，宜为 1.2～1.6m/s。消防水泵

出水管的直径小于 $DN250$ 时，其流速宜为 1.5～2.0m/s；直径大于 $DN250$ 时，宜为 2.0～2.5m/s。

⑦ 水泵布置　除了图集上的布置型式，消防水泵还可如图 11-2 布置。

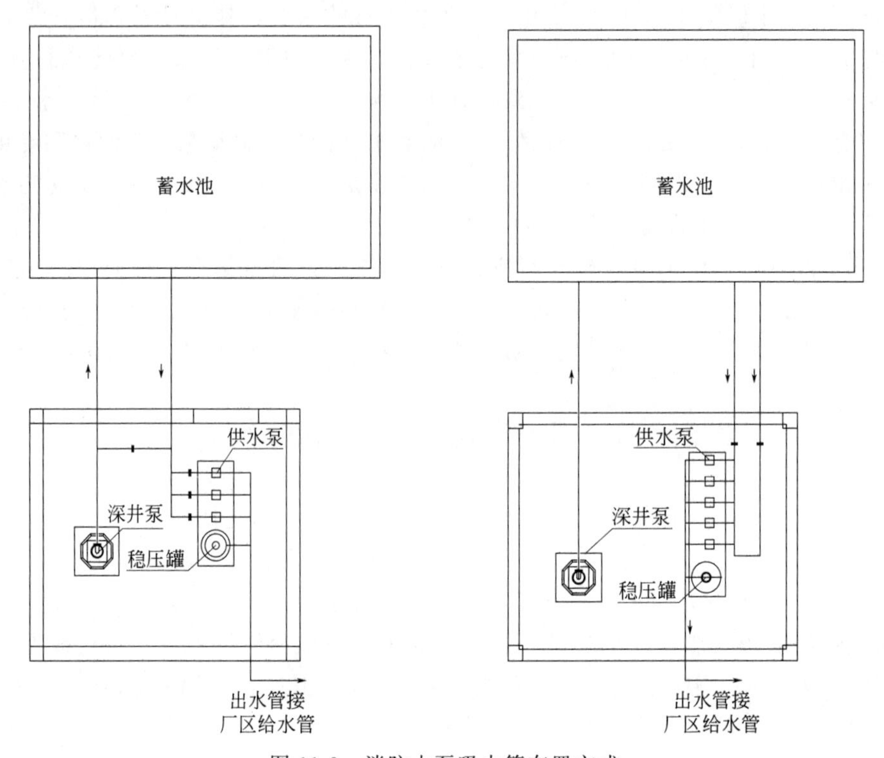

图 11-2　消防水泵吸水管布置方式

⑧ 阀门　消防水泵的吸水管上应设置明杆闸阀或带自锁装置的蝶阀，但当设置暗杆阀门时应设有开启刻度和标志；当管径超过 $DN300$ 时，宜设置电动阀门。消防水泵吸水管设管道过滤器，管道过滤器的过水面积应大于管道过水面积的 4 倍，且孔径不宜小于 3mm。消防水泵的出水管上设止回阀、明杆闸阀；当采用蝶阀时，应带有自锁装置；当管径大于 $DN300$ 时，宜设置电动阀门。

⑨ 压力量程　消防水泵吸水管和出水管上应设压力表，消防水泵出水管压力表的最大量程不低于水泵额定工作压力的 2 倍，且不低于 1.60MPa；消防水泵吸水管宜设真空表、压力表或真空压力表，压力表的最大量程应根据工程具体情况确定，但不应低于 0.70MPa，真空表的最大量程宜为－0.10MPa；压力表的直径不应小于 100mm，应采用直径不小于 6mm 的管道与消防水泵进出口管相接，并应设置关断阀门。

第12章 相关专业施工图设计条件

12.1 电气、自控和仪表

自控仪表的基本设计条件主要包括仪表名称、安装位置、数量、材质、通过介质（理化特性、温度、工作压力）、测量范围（流量、液位、水质、温度、压力和池深等测量范围和实际运行范围）和控制要求（指显示、报警或控制相应设备，如只显示，则要标明显示终端的位置；如控制设备则提供所控制设备的编码和控制条件，控制条件包括阀门、仪表等与相关设备的联控逻辑关系），上述信息列表提供。此外，电磁流量计和空气流量计要提供管径和流速，DO仪、ORP仪和pH计等要提供池深，水质仪表要提供配置要求和输出信号强度，电导检测仪和压力变送器要提供管径；压力表要提供连接方式，螺纹连接写明螺纹尺寸。

污水厂常用仪表包括流量计、液位计、超声波液位差计、超声波泥位计、液位开关、在线水质监控仪、隔膜压力表、压力表、压力变送器、电接点压力表、电导检测仪（μS/cm）、压力保护开关（低压或高压保护）、温度计、温度控制仪、pH计、ORP计（mV）、DO仪、水质在线监控仪、水损控制仪、漏氯报警仪、臭氧泄露报警仪、甲烷仪、硫化氢仪和气候探测仪（温度、湿度、风速和辐射度）等，统计提交时不要遗漏。

污水厂的供电系统应按二级负荷设计，重要的污水厂宜按一级负荷设计。当不能满足上述要求时，应设置备用动力设施。对于二级负荷不允许断电设备要单独标明。超大功率设备需要配整流电源，设备自带控制箱，需要标明运行方式（例如是否间歇）、额定电压、运行和安装数量和单台功率。

计算机监控系统的水平和管理体制等宜结合当地实际情况和业主要求考虑，本着节约和便于监控等原则确定，并应符合现行的有关规定。

高架结构的处理构筑物还应设置避雷设施。监控等设施必须采取接地和防雷措施。

所有电气设备要提供电气设备表，表中涵盖设备编码、设备名称、安装位置、单机功率、运行台数、安装台数、额定电流、电机型号规格、运行方式（连续、间歇或周期）、额定电压、工作电流、控制设备（自带现场控制箱、现场按钮箱、MCC柜）、电气设备向中控上位PLC的方式（手动、监控或仅传输显示）、控制方式（包括手动、自控以及设备与仪表、电动阀、设备参数或其他设备等的联控和报警逻辑关系、PLC编程控制、远程启动等功能的描述）、是否变频、是否自带控制箱、设备型号和主要技术参数等信息。设计中不要轻易修改设备位号。

设现场控制箱的常用设备主要有格栅、闸门、泵、栅渣输送机、旋流除砂机、桥式吸砂机、风机、砂水分离器、内回流门、潜水搅拌机和推流器、混凝混合搅拌机、刮泥

机、鼓风机、臭氧发生器、紫外、污泥脱水机房主要设备、加药设备、污泥干化翻堆机、起重机和电动卷帘门等。无仪表控制或设备联动控制要求的闸门、电动阀、小型电动葫芦、轴流风机等设备则设现场按钮箱，手/电动控制。涉及工艺运行的重要的设备如提升泵、污泥回流泵、高密度澄清池设备、过滤、电动阀门、闸门及加氯等建议做中控远程控制和现场按钮箱。滤池反洗、曝气生物滤池反洗和回用供水泵等建议设中控监控，方便运行操作。

气动蝶阀由气动执行器和蝶阀组成，工艺专业设计师应搞清楚所设计的气动阀门如何控制和配哪些安全措施，比如配置弹簧复位，在电路和气路切断时或故障时阀门会自动关闭，配置带反馈功能的限位开关回信器则可以传送阀门开和关的位置信号，判断开到位和关到位的位置，还可根据需要配有记忆功能的电磁阀，电气定位器（根据电流信号）大小对阀门调节流量，气动定位器（根据气压信号）大小可调节流量，考虑是否需要电流信号转成气压信号等附件功能。

防爆设计时需考虑以下几点：

① 对于市政污水处理厂，需要防爆（照明、电机和电气设备）的工艺单体主要有污水泵站、臭氧设备间、臭氧接触池、加氯间、甲醇等易爆药品投加间、厌氧消化、沼气收集和处理回用系统以及污泥干化处理间等；

② 对于工业废水，需要针对废水中可能的易爆成分进行具体分析设计，对于产生挥发性、易燃易爆和有毒有害气体的废水泵站、工艺单体和管路，要做防爆设计。甲醇管道及法兰设静电接地保护；

③ 对于污泥气贮罐、污泥气压缩机房、污泥气阀门控制间、污泥气管道层等可能泄漏污泥气的场所，电机、仪表和照明等电气设备均应符合防爆要求，室内应设置通风设施和污泥气泄漏报警装置。

设计负责人要兼顾其他配合专业的进展。向自控、电气和仪表专业提设计条件的内容主要包括：自控电气仪表设计条件表（涵盖以上内容），平面图，与相关专业沟通确定变配电间位置和尺寸，深入设计阶段提供校审完成的工艺总图、工艺单体图（主要体现设备平面布置图）、工艺流程图和 PID 图，如为了压缩设计工期，可以穿插进行，但是注意尽量不要修改设备位号，可以增加位号，修改后及时与配合专业沟通。电专业反馈给工艺专业电缆沟平面布置图及尺寸、配电间和分配电间的尺寸和位置。根据项目需要提供电负荷表、方案和相关报价等支持文件。

汇总自控电气仪表的设计条件时要显示各单体的设计负责人以备归档和日后图纸变更时查询和沟通。

12.2 建筑与结构

给建筑和结构专业的设计条件主要体现在图纸，在图纸上体现结构、隔墙、房间净高度、设备预埋件（材质和荷载等）、预埋套管、孔洞、堰、各部分尺寸和标高、池内最低液位和最高液位、盖板、走道板、栏杆、爬梯、楼梯（钢或混凝土）、起吊设备工字钢、门（宽、高、定位）、窗（如有特殊要求需要提出，如百叶窗、不能阳光直射等）、补风廊道（补风塔）、设备安装与土建的施工顺序要求、防腐要求（房间、地面、水池和沟渠等）、固定荷载、移动荷载和工艺要求等，同时注意远期预留的设备也要提供同样的承重条件给土建。注明受力的水池内壁（例如合建水池之间的隔墙有可能有液位差；有的池壁上有闸门等情况），并在设计中及时沟通，每种单体的要求不同。

12.3 暖通

暖通专业的设计配合主要需要提供冬季采暖室外设计温度、冬季采暖室内设计温度（16～18℃）、长期停留的室内采暖设计温度、夏季通风室外设计温度、一般工房值班室内设计采暖温度（大于等于5℃）、采暖型式、需要加热的废水量和特性、废水加热前后设计温度、管道接口和相关工艺图纸等。工艺设计师宜和暖通专业沟通水源热泵、锅炉和空调等取暖方式的经济技术比较和工程条件。

根据《城镇污水处理厂臭气处理技术规程》（CJJ/T 243—2016），除臭系统宜与通风换气系统分开，难以分开时，对于人员需要经常进入的处理构（建）筑物，抽气量按换气次数不少于6次/h计算，详见第10章。当人员短时进入且换气次数难以满足时，需要考虑人员进入时的自然通风或临时强制通风措施。尤其对于地下池体，需要检修时宜先用风机换气，再让人员进入操作，以免引起人身伤害。该池体设计中要考虑人孔、设备孔和通气孔，满足日后维修时换气需要。

第13章 总图施工图设计

污水厂工艺专业总图主要包括总平面布置图、水力高程图、总设计说明书、全厂设备材料表（含单体）、总图设备材料表（不含单体）、厂区定位图（区域位置图）、外围管线图、厂外泵站定位图、工艺流程图、总管线图、道路布置图、绿化布置图、PID图和物料平衡图等。总图设计与单体图设计同时进行，相辅相成，个别总图的任何改动都可能影响到其他总图和单体的设计，全局观和沟通协调在此阶段非常关键。总图是一个工程技术经济的核心，牵扯的内容涵盖整个工程所有关键因素，又因每个工程特点不同，较难总结出设计规律性，本章仅按上述总图分类简介共性设计思路。

13.1 总平面布置图

13.1.1 总平面布置图设计步骤

总平面布置图和水力高程图是一个工程施工图的核心，决定着工程的技术经济指标，同时也是施工图设计团队的配合工作核心。各设计单位的设计管理方式和具体设计流程可能要求不同，但是整体思路相近，总平面布置图的设计大致分如下四个步骤。

第一，设计负责人（或总图质量控制团队）根据详细、准确的勘察资料进行单体计算、工艺比选和流程设计，比照设计合同条款、政府批文、勘察资料和设计条件等，提出比选和建议方案，并在红线范围内设计平面布置草图，确定各单体的大致尺寸以及各单体连接的输配水井、泵站、计量、超越和堰等承接设施，同时设计水力高程图。

草图布置中的注意事项：构筑物和建筑物的位置要与高压线保持安全距离。如果碰到占地限制、能耗过高、厂区地形条件限制、自然条件限制、周围环境影响等因素，需要对布局、单体分组甚至工艺选择进行调整。调整各单体的位置时尽量使两组并列单体排水排向同一条排水干管（方便总图布排水管），考虑工艺管线流畅、道路布置以及预留远期单体管线走向等多种因素。

第二，平面布置要符合规范的设计原则要求，也要征求其他配合专业设计师、业主、主管部门和施工人员的意见。初步方案递交审核时要包括总平面布置图、水力高程图、技术参数表、需要突破或提升的技术点、类似成功工程的技术经济参数、投资运行费用估算、预期利润和风险分析报告等，里面应附有方案比选的数据表，根据设计单位管理流程，初步方案经过相关人员和部门评审通过后方可下发给设计团队成员进行单体设计。设计前思考的因素越周到，搭建的设计框架越清晰准确，外部协调工作做得越扎实，则设计团队配合就越高效，有利于少走弯路，减少图纸修改量。

第三，在项目设计过程中，除了外部沟通协调事宜，设计负责人（或总图质量控制团队）应与各单体设计师保持经常性的沟通，建议定期汇总各单体的半成品的图纸，定期召集各单体设计师开会沟通，及时把握设计进度并及时发现问题、解决问题。随着各个单体设计的深入，新的问题会越来越多地浮出水面，这些问题可能来自供货商、投资或技术可行性与预期不一致、业主意见变化、政策变化以及工程条件变化等等难以预料的因素，有时会使整体设计方案产生重大改变。为了避免单体设计师对总图设计理念发生理解偏差，及时的沟通更为重要。设计负责人应避免设计进度无法保证和不沟通造成的设计配合偏差问题。由于外界条件变化引起的设计修改要及时与有关方面沟通对工程的影响及相关解决措施，形成书面记录。总图修改后要及时与单体设计师和相关其他专业沟通做相应修改。设计负责人要提醒单体设计师有修改时及时沟通，此外，单体设计师修改平面图和高程时要知会相关的上下游单体负责人进行相应高程和相关设备的修改。

第四，总图设计师根据单体设计师提交的单体图修改总平面布置图，并对相应管线进行调整，校核是否符合项目条件，搜集内部配合部门、施工单位和业主相关部门的意见进行完善，平面布置图与其他总图同时设计同时调整，所有总图完成后方能最终确定单体图纸。平面布置定位主要考虑如下五个步骤。

① 将删除标注后的各单体的平面外形图（简化图）作成图块，根据进出管道方向、位置和周围环境等因素按工艺流程顺序初步布置各单体的位置和工艺管线（污水、回用水、回流、污泥、加药、空气、臭氧和蒸汽等管线），需要多做几个方案进行比较。

② 如果场地有较大坡降则应尽量利用场地自然坡度，厂区道路作坡，地坪标高可不一致。将平面布置草图放在厂址地形图上，根据埋深、工艺流程、洪水位、地形图和厂区地坪等因素调整各单体位置以降低土方量，在工艺流程顺畅的前提下可考虑在高处布置工房或埋深浅的单体，低洼处布置埋深深的单体，降低造价和扬程。尤其对于地形起伏大的场地，按重力流顺序布置单体，但更要进行土方量计算，并计算弃土费用，比选后优化平面布置。对于低洼地形，需要计算买土和运土回填费用，经济技术比选后确定水力高程。

③ 按平面布置原则调整变配电间、分配电间、污泥脱水间、除臭装置、鼓风机房、加药间和综合管理楼等的位置，使其符合工艺、环保、维护、消防和降低投资的需要，也要考虑满足整齐、对称和平衡等美学要求。各处理单体间的连接管线应尽量避免管线迂回，保证尽量减少水力损失，不易堵塞和便于清通。在交叉和平行敷设管线布置之间平衡管道的平面占地和埋深的关系，在平面尺寸允许的情况下宜尽量减少管道交叉多造成的管道埋深加深的情况。综合考虑近期、远期分期建设情况的总体布置、节约占地、计量以及与外部接口（水、电和水体等）的连接顺畅，结合远期建设对可能的共用设施一次设计到位，避免投资浪费。

④ 管道复杂时宜设置管廊。管廊内应设通风、照明、可燃气体报警系统、独立的排水系统、吊物孔、人行通道出入口和维护需要的设施等。各污水处理构筑物间的管渠连通，在条件适宜时，应采用明渠。

⑤ 工艺管线初步确定后要考虑给水管、排水管、雨水管、绿化、道路和消防等布置，对道路以及各单体位置进行最后调整，通向构筑物的人行道的位置也要标出来，方便调整附近构筑物的定位，避免位置冲突。构筑物间的间距应紧凑，满足管道的安装距离要求和绿化的要求，通常不应小于 3m，可取 5～10m。厂区消防的设计以及消化池、污泥气储气罐、污泥气压缩机房、污泥气发电机房、污泥气燃烧装置、污泥气管道、污泥气阀门控制间、污

泥干化装置、污泥焚烧装置及其他危险品仓库等的位置和设计应符合国家现行有关防火规范的要求和防爆要求。最终确定各单体定位和总平面布置图。

13.1.2 总平面布置图设计注意事项

总平面布置图设计主要注意如下事项。

① 生产、辅助和运行管理宜分区，泥渣加工和清水储运分区并保持合理距离，泥渣清运、药品运输和人流出入通道分区，预处理区靠近进水点，清水区靠近排放点，办公管理区靠近清水区并位于水厂最大频率风向上风向，污泥区、格栅区、厌氧池和初沉池等臭气浓度高、臭气散发量较大的污水和污泥处理构筑物应与周边敏感区域保持一定的卫生防护距离且宜集中布置在污水厂最大频率风向的下风向，靠近夏季主风向的下风向，布置在管理区的下风向，方便集中布置除臭设施，如果无法集中布置且距离较远，则需要分区布置除臭装置。

② 加氯间、氯库和甲醇加药间等应设置在最小频率风向的上风向，宜与其他建筑的通风口保持一定的距离，并远离居住区和公共建筑。液氧站、沼气系统、火炬和隔油池（指石化等行业去除高浓度油的沉淀隔油工艺，不是指厨房餐厅出水的隔油池）等易燃易爆单体需要与周边构筑物和建筑物保持安全距离。

③ 变配电间要考虑靠近电源、靠近耗电量大的构建筑物，高低压配电间的尺寸、位置应和电专业充分沟通，尤其是兼顾远期工程预留的情况，应计算不同方案电缆热损耗，方便远期电扩容的设计。

④ 鼓风机房、加药间、污泥脱水间、污泥泵站、配电间和分配电间等都要考虑靠近其服务的构筑物并保证流程顺畅、运输方便且不影响生产和管理办公。

⑤ 建筑物和构筑物池体尽量分开保持合理距离布置，避免土建造价上升。

⑥ 锅炉房和水源热泵机房宜靠近管理和生活区。

⑦ 各处理构筑物单体的并联运行分组（格）数不应少于 2 组（格）。同一单体的并行分组要考虑单组检修时，不检修的单体的水力设计可以满足上游来水的处理并可满足将水、泥等介质输送到下游单体，各组间宜设连通管、渠，以阀门或闸门间隔，以便互相切换，互为备用。

⑧ 不能遗漏阀门井、流量计井、配水井、配水堰、回流井、溢流井和排水渠等必要附属设施，合理布置超越管渠。来水泵站出水管或沉砂池出水管道可安装流量计，总出水用巴氏计量槽，也可用流量计；处理构筑物中污水的出入口处宜采取整流措施；并联运行的处理构筑物间应设均匀配水装置，有两种配水方式，一种是在来水管道上分支管加阀门的方式，另一种是配水井堰配水。阀门配水的问题是配水容易不均，不易准确配水，阀门调节范围不好掌握。但对于分期建设的项目，设阀门调节水量可避免出现配水井预留远期配水单元闲置的情况。对于交替运行的氧化沟排水或大型配水井配水应采用旋转堰门来保证配水均匀，旋转式可调节堰门的调节水位一般小于 800mm，配套专用启闭装置，有手动或电动两种型式。

⑨ 图纸说明。总平面图上要有指北针（或风玫瑰图）、绝对坐标说明、绝对坐标转换为相对坐标的计算公式说明、国家高程转换为相对高程的说明、图例、标注说明、建筑物和构筑物表以及经济指标（包括设计规模、绿化面积、占地面积、建筑物面积、构筑物面积和道路面积等信息）等内容。说明栏注明红线采用的坐标系为西安坐标、北京坐标或其他坐标，国外项目也要查找该国相应采用的坐标系。每个工程不同。为了方便作图和施工一般选取水厂红线平面图的左下角作为相对坐标系的原点来设计，此时总图上要标明采用的是什么绝对

坐标系，相对坐标系的原点相对应的绝对坐标要准确无误写明并与各单体的施工图设计说明一致，小数点位数也要与单体图一致，绝对坐标 XY 和相对坐标 AB 的坐标要能对应上，注意核对绝对坐标和相对坐标的转换公式，标注中相对坐标 A 和 B 的说明和实际标的数值要一致，横轴和竖轴数据不能标反。

⑩ 坐标标注。厂区红线拐点处标注绝对坐标和相对坐标，为了简化图纸内容，红线内标注构筑物和建筑物标相对坐标。坐标标注矩形构筑物外围池壁的两个斜对角内壁坐标，圆形构筑物标注圆心坐标，建筑物标注外墙轴线两个斜对角处坐标。

⑪ 总平面布置图中所有建筑物、构筑物的尺寸和参数表的参数以及各单体所有管道接口管径、位置和标高要和单体施工图严格一致，标注准确。

⑫ 总平面占地面积不能超过《城市污水处理工程项目建设标准（修订）（附条文说明）》（ZBBZH/CW）的规定。

⑬ 绿化率需要满足规范和业主要求，至少保证绿化率大于30%。绿化率的计算中对于道路边和构筑物周边一定距离内的绿化面积不计算，需根据工程当地的规定计算。厂区构筑物到道路之间除了人行道都需要覆盖绿植。绿化设计中要充分考虑不同植物适宜栽植的位置，以免对水厂正常运行管理带来不必要的麻烦，如植物根系不得破坏管道，落叶乔木不宜栽植于敞开式污水处理构筑物附近，避免落叶对水处理工艺产生不良影响。敞开式构筑物附近宜栽种较矮灌木或针叶树，污泥脱水间周边宜栽种较高乔木或灌木，绿化树种应因地制宜，选用当地成活率高且有环境保护作用的树种，管理办公区的小景、水池、雕塑、参观通道、展示厅、休闲区以及绿化等需要请景观专业设计师配合设计单独出图，建筑物由建筑专业单独出图。《给水排水设计手册》中规定了行道树的位置与建筑物及地下管道的水平距离，要满足相关要求。树木与架空电力线垂直间距分别为1.5m（1～10kV）、3.0m（35～110kV）、3.5m（154～200kV）和4.5m（330kV）。此外还可参考DJB 08-15—1989《绿地设计规程》和DB 23/T 1254—2008《城市行道树栽培技术规程》。上海地区按照上海地方标准DBJ 08-53/54—96《行道树栽植技术规程》。出于图纸整洁角度考虑，如果总平面图中无法体现道路和绿化的细节信息，则单独设计绿化道路总平面图。

⑭ 全地下污水厂的设计应符合《城镇地下式污水处理厂技术规程》《地下式城镇污水处理厂工程技术指南》和《地下再生水厂运行及安全管理规范》的要求，还可参考《雄安新区地下空间消防安全技术标准》，平面布置、高程和柱网设计综合考虑消防、安全、交通、运行维护、参观、地面景观、投资、占地和运行成本等因素，尽量减少地面建构筑物。

13.2 水力高程图

水力高程设计主要目的是体现各工艺单体的水力高程逐级变化，优化构筑物埋深和水力高程设计，降低投资和运行费用，方便运行维护，是水厂设计水平的重要体现。

13.2.1 高程设计基准

水力高程设计采用的绝对高程通常为黄海高程，也有采用其他高程如国家高程或吴淞高程，在设计说明中应注明。

如果厂区内地坪标高不一致，则可采用绝对高程设计。如果一套施工图标高标的是1985年国家高程基准高程，宜用文字“高程”标识在标高值前，如果只标标高值，应在设

计说明中说明“所标高程为1985年国家高程基准高程”。

如果厂区内地坪采用同一个标高，为了直观或修改图纸方便，常以污水厂地坪作为相对高程±0.00m，以相对高程进行水力高程设计，则在说明中应说明“所标地坪标高±0.00相当于1985年国家高程基准××m。”由于在设计中各单体标高会有调整，为了减少修改工作量和犯错率，建议采用相对高程设计。如采用CAD软件统一修改高程，则要注意核对其可靠性。

13.2.2 设计步骤

（1）高程计算

水力高程设计从高程计算开始着手。除了参考规范和手册，还可以参考张自杰主编的《排水工程》。根据总平面布置图和管线总图，计算所有构筑物单体和单体间连接管道、阀门、管件、堰、渠、井、流量计和其他结构等沿程阻力损失，形成完善的Excel计算书，校核正常流量、峰值流量、事故、溢流、单组检修和超越等情况下水力高程设计是否能满足水流通畅。

（2）确定进出水标高

水力高程设计要注意先确定进水标高和总出水管道标高，考虑总排接口、洪水位和排放管水头损失等因素确定排放标高范围，充分考虑接纳水体的防洪标准，杜绝河水倒灌的设计事故。当接纳水体的常水位和洪水位相差较大时，可考虑常水位时采用重力流排水，接纳水体水位上升到警戒水位时自动启动压力排水泵。当排水管道翻越高地或长距离输水等情况时，可采用压力流出水。

（3）各单体液位和池体埋深

总排放管的标高范围确定后，按工艺流程倒序排布各单体液位标高，标出所有工艺单体工作液位标高、最高液位和最低液位，所有标高都要考虑单体本身水头损失和单体间沿程阻力，宜尽量减少提升次数，顺工艺流程以重力自流为主。各单体的池底标高要结合厂坪、上下游液位和水力损失、投资、管道埋深、提升次数、提升扬程和地质等因素综合考虑，优化高程设计，使技术可行，运行维护方便，投资和能耗较节约，必要时与结构专业沟通池体埋深，节约造价。为了避免全地上或全地下构（建）筑物，降低投资和泵的能耗，方便维护运行，可考虑增加一级提升的方案，但要做投资和运行费用的比选。主体污水管线标高、各单体液位确定后再设计污泥、空气、加药等辅助设施高程。确定各构筑物标高后最终确定排放管标高。

（4）厂坪标高的确定

主要考虑以下因素：①红线外道路、建筑、排水沟渠或设施的情况；②厂址地质、现状厂坪情况、洪水位、来水标高、防洪沟、雨水和排水口位置和标高、道路、地形、土方量、回填量和造价等因素；③施工难度。有的厂址可能有河滩、泥塘，需要抛石挤淤或换土回填，地坪标高的确定直接影响地基处理的投资；④宜结合总平面布置图的设计，充分论证高程能否利用厂区地形，对于高差较大的厂区，可以利用地形设计不同地坪标高，厂区道路利用地形高差设计纵坡4‰～60‰，构筑物和建筑物周围地面标高高于道路标高0.15～0.30m，厂区道路比红线外高0.3m，个别不过车和设备的地方设台阶。必要时做土方量计算和比较确定厂坪标高；⑤当红线内地坪标高低于洪水位时，应综合进行垫高厂坪、加外围挡水墙、设防洪沟以及建雨水和排水泵站等多种方案的经济技术比较。

（5）制图

绘制水力高程图前先画一组间距为0.5～1.0m的平行横线（淡显）作为底图，在最左侧对齐标出每条横线标高，横线长度与图纸边界保持合理页边距，再在这个多组平行横线构成的淡显底图上顺工艺流程画各单体剖面图块，图块中体现各介质管道接口的结构，根据复杂程度调整图幅尺寸再进行深入设计。各单体剖面图宜按比例画，标明各单体水位标高。根据底图横线的标尺，可准确测出各单体或结构的上下游的水位差，判断是否符合计算值。

（6）其他

建议做全厂的水力平衡图，校核进出水泵的匹配和相关自控联动设计。设计负责人注意污水高程、污泥高程、冲洗废水、厂区排水和加药高程等设计的协调。

13.3 总管线图

污水厂工艺专业总图中的总管线图主要包括工艺（空气、药剂、污泥、放空、超越、浮渣、反洗排水和臭氧等管线）、排水、供水（自来水和回用水）和雨水管线。

（1）设计方法

总图绘制和单体图绘制往往同步交叉进行，设计中进出单体管道方向和位置都需及时沟通确认，绘制总管线图阶段，将带接口管道的单体图逐个按坐标定位放入总平面布置图，按不同管道功能串接一遍，同时设计厂区排水、雨水和道路等总图，如有管道相撞、绕路和连接不顺等情况应及时和单体设计师沟通修改，管线位置和标高确定后还需检查厂区的配水、计量、阀门和消防等附属设施以及相关专业可能对单体设计造成的影响。必要时对各单体的平面定位、道路设计甚至高程设计等进行调整。

（2）管道布置建议

各单体间连接管道在不增加占地影响平面布置的情况下尽量并列布置，减小挖深。电气专业根据工艺总图设计电缆沟平面图，标明尺寸并反馈给工艺专业，两专业沟通后确定电缆沟位置并排布其他管线。

埋地管道上下交错布置时，根据埋地标高，标高从高到低分3个层次（工业废水根据介质特点和管径情况不同而另外考虑），每层按从高到低顺序按下述中的前后次序布置（个别管道宜根据输送介质的特点及泄漏可能对周围管道及介质发生的影响进行调整）：

第1层：气体管，自来水管，回用水管，药剂管，加氯管，压力管（其中压力管包括污水、污泥和反洗废水等压力管，不宜敷设在雨水管上方，但可以敷设在排水管、重力污水管上方）；

第2～3层：雨水管/放空管，排水管，重力污水管/超越管。

工艺管线、排水管线和供水管线通常布置在构筑物和操作间附近或道路一边，雨水管布置在道路另外一侧、同侧或道路中间，主要考虑雨水或排水管布置在道路两侧能否降低埋深、减少管道交叉和减少占地，必要时调整单体构（建）筑物的坐标，使满足管道敷设所需空间。如构筑物与道路之间距离短，占地限制，可把个别工艺管、排水管或雨水管布置在道路中间。压力管道避让重力管道，小管径避让大管径，压力管和小管径根据重力管道和大管径管道布置情况调整。

管道布置尽量减少交叉、绕路、过道路和埋设深度，平面和垂直方向转变方向或避让其

他管线时弯头尽量少或在不增加弯头数量的情况下用小阻力弯头替代90°弯头。管道与行道树的最小间距要符合标准和规范。

(3) 设计顺序

总管线图要涵盖所有管道的平面布置，设计顺序建议：工艺管线平面布置→排水和雨水管线平面布置→自来水和回用水平面布置→选取各单体接口管道调整可能性小的管道（比如进水管、受距离和洪水位限制的总出水管等）先暂定基准标高→按管径大小顺序和上述3层顺序排布各管道标高→根据标高、管道冲突、电缆位置和工艺调整限制条件对各功能管线位置、平面图和高程图调整并与单体设计师沟通确认→绘制各功能总管线图并根据图纸整洁和表达详略选择分类绘制→完善图纸标注和说明→检查总图和单体图接口，检查所有总图→递交校审。

(4) 标注和图纸表达

为了使图纸简洁和便于识图，总管线图不体现所有功能管线涵盖的所有详细设计内容，总管线图只简略标注各管线功能、管径、坡度（如有）、流向及管道交叉处的上下管道标高等基本信息，便于识图和校核管道冲突和避让是否合理，地面地坪标高变化的情况下宜标出地面地坪标高。平面图上无法清楚标示的管道非90°弯头、纵向变径、竖直方向管间距等信息，可在总管线图上将节点编详图号，按详图号顺序画出该部位详图。此外，根据项目复杂程度细化设计每种功能管道的管线图，在各功能管线图中体现详细的管线设计内容，常用的划分方法是工艺管线总图、排水管线总图、雨水管线总图（可结合道路）、给水（含回用水和消防）管线总图以及道路和绿化总图等，如果项目不复杂也可适当合并几种功能管线图。

13.3.1 工艺管线总图

工艺管线图是总管线图的核心，主要包括污水、空气、药剂、污泥、放空、超越、溢流、排水、浮渣、反洗排水、臭氧和蒸汽管等不同功能工艺管道的管线图，通常用一张图纸绘制。但如果项目复杂，无法在一张图上体现所有信息，则将平面布置交叉密度大的几种工艺管道按管道功能合并或细分到不同图纸设计。

工艺管线总图设置必要的总进水井、总出水井、跌水井、阀门井、配水井和流量计井等。根据总管线图布置情况和工艺控制要求考虑污水厂的流量计量位置，考虑远期的计量与近期设计的结合，包括进水、排水、环保部门要求的计量要求、加药计量、污泥计量、回流计量、空气和臭氧等介质计量，出水检测间的设计要满足环保部门的要求。

工艺管线总图需要结合给排水、雨水、道路和绿化等其他总图同时设计，有管道冲突时要及时调整位置和标高。设计中与各单体核对所有工艺管线的接口，工艺管线总图上每段工艺管段标管道功能、管径、长度、坡度、流向和材质等信息，在管道接口、拐点和与其他管线交叉点标出坐标及管中标高（如厂区地坪标高不一，还需要标出地面标高），标出阀门坐标和管中标高，阀门井、流量计井和管道节点编号并按编号画详图或大样图。混凝土管管径用 d 表示，塑料管管径用小写 de 表示，钢管 DN，无特殊说明管径尺寸单位为 mm。总排放管如果离排放点太远无法在工艺管线总图中体现时单独画一张出水管位置图。

管道流速按规范设计，含有金属、矿物固体或重油杂质等的污水管道，其最小设计流速宜按规范适当加大。总图上能合并的管道尽量合并，例如对于不允许溢流到厂外的单体的溢流管和放空管出池后可合并接入厂区排水管网，出水管与雨水管等在工程条件适合时合并。管道架空经过人行通道时，净空不宜低于2m（指管底距地面的距离）；架空经过道路时，不应影响设备进出，并符合国家现行防火规范的规定。管道支架和道路边间距不宜小于2m。

排海管道设计的专业性强，需要找专业设计院设计。总排放管如果接入河流，则出水口位置、形式和出口流速应根据受纳水体的水质要求、水体的流量、水位变化幅度、洪水位、水流方向、波浪状况、稀释自净能力、地形变迁和气候特征等因素确定。常用的有两种做法：

① 正常排水。出水口位置可根据河道位置调整，出水口的设计及下游护砌做法参见95S517，排水管道出水口有八字式、一字式和门字式。污水常用的是混凝土八字式管道出水口，出水口配轻质拍门的阻力宜小于0.2mH_2O；

② 出水口标高比最高河水位高2m以上时，宜设跌水井。一般仅设翼墙的出口，在较大流量和无断流的河道上，易受水流冲刷，致底部掏空，甚至底板折断损坏，并危及岸坡，为此应采取防冲、加固措施。一般在出水口底部打桩，或加深齿墙。当出水口跌水水头较大时，尚应考虑消能。在冻胀地区的出水口可采用浆砌块石，设计时应采取块石等耐冻胀材料砌筑。

如果总出水管接入出水井，则出水井要考虑其他管道接入口，例如，若需要预留远期接口时，则在出水井预留远期混凝土管承插口。

13.3.2 排水管线总图

（1）主要设计内容

排水管线总图主要包括厂区排水管（厂内生活、化验等排水）、放空管、反冲洗排水管、溢流管、污泥脱水机滤液排水管、浮渣分离排水管和总排水管等，设计内容包括排水区域划分、管径、坡度、管道埋深、水流转角、管道衔接、检查井尺寸和井距等的设计。

（2）平面布置

排水管线的布置应避免一条管线贯穿整个厂区致使整体管道埋深太深，增加造价。宜结合厂内排水分区平衡布置，将排水区域分区计算汇水面积，每段的水量要考虑高峰水量和转输水量，结合路面高度、路面坡度和检查井间距等因素确定每段管道的起端、长度、末端和检查井距离。采用分区域排水收集到干管再汇入主干管的布置方式，排水管干管沿道路侧绿化带或两排构筑物/建筑物之间绿化带设计以收集两个方向排水，减少管线长度。不建议排水管设在道路中央，如工程条件限制，也可布置在硬化道路下。排水管可与雨水管分列道路两侧或同侧（根据占地情况），雨水管道也可布置在道路中央。排水管路设计要结合其他管道布置情况和用地限制情况。管道方向变化处、管道交汇处、管径变化处、坡度改变处、直线段每隔一定距离处、标高变化处或跌水处设检查井。

（3）标高计算

平面草图完成后进行标高计算。计算书包括各排水口的水量和支管管径，排水干管的起端和末端标高和管径。全厂排水管起端在满足工艺要求和不与其他管道冲突的前提下满足最小埋深和最小坡度即可，避免埋深太深增加造价，如需避让其他管道再调整。先根据每个区域排水终端位置和最远端排水管的最低覆土深度，设定每个排水区域的干管起端检查井的井底标高，按照管径适合的最小坡度和检查井间距逐一计算每个检查井的井底标高，如果发现排水管道和其他管线冲突，或支管标高无法接入干管上的检查井，则在满足工艺条件的条件下尽量与单体设计师沟通调整冲突管道的标高和位置，必要时调整水力高程图、单体定位或

雨水管位置，无法调整时只能考虑调整排水管线布局、降低个别检查井井底标高或调整整体埋深（在计算书中修改起端标高，顺次生成其他井的井底标高，再根据其他改动因素做相应修改），需要进行不同方案的经济技术比选。整个计算书完成后再次确认各管线没有管道冲突、交错合理、水头损失小以及整体埋深合理方可确定最终的排水管网设计，进行详细标注。

（4）管道设计

根据规范，污水管最小管径为 300mm，相应最小设计坡度塑料管为 0.002，其他管为 0.003。塑料管的坡度较钢管小。在地形坡度较陡处，城市街道下生活污水管最小管径可采用 200mm。设计流速不满足最小设计流速时，应增设清淤措施。常用管径的最小设计坡度，可按设计充满度下不淤流速控制，当管道坡度不能满足不淤流速要求时，应有防淤、清淤措施。对受水质水温影响，易在管壁上结垢或易附着纤维、黏性物质的管道，其断面的确定必须考虑维护检修的方便，在避免悬浮物沉淀的前提下适当放大管径一至二级。污水厂内排水管道管径小于 $DN300$ 时取 $i=4‰$，管径小于 $DN400$ 时取 $i=3‰$，$DN400 \leqslant$ 管径 $< DN700$ 时取 $i=2‰$，管径 $\geqslant DN700$ 时取 $i=1.2‰$。在保证最小坡度的前提下，塑料管的坡度可比其他管道坡度取小些。

（5）管材

市政污水厂工艺相关的放空管、反冲洗排水管、溢流管、污泥脱水机滤液排水管、浮渣分离排水管等可采用钢管。排水管道管径 300mm 以下的采用硬聚氯乙烯（UPVC）排水管或钢管，管径≥300mm 的采用 HDPE 管或钢筋混凝土管（Ⅱ级Ⅲ级，承插口）。工业废水的管道材质根据水质情况如温度、酸碱度、腐蚀性和硬度等具体指标确定。

（6）厂外排水管

厂外排水管应与其他地下设施综合考虑，污水管渠通常布置在道路人行道、绿化带或慢车道下，选择的线路尽量避开跨越公路、铁路、涵道、桥等，如不能避开，宜进行多种方案经济技术比较，如为压力排水，应综合考虑管材强度、压力管道长度、水流条件等因素，确定经济流速。还要考虑绕路对提升泵扬程造成的影响。应充分考虑施工对交通和路面的影响。敷设的管道应是可巡视的，要有巡视养护通道。排水管渠在城镇道路下的埋设位置应符合《城市工程管线综合规划规范》(GB 50289) 的规定。管渠基础、管渠接口、断面形状和不同直径的管道在检查井内的连接方式等设计要符合《室外排水设计标准》，并参考《排水工程》《给水排水设计手册》和 06MS201 等资料的相关内容。对于回用水远距离输送，在压力管道上应设置压力检查井。

（7）钢筋混凝土箱涵

钢筋混凝土箱涵一般采用平接口，抗地基不均匀能力较差。当矩形钢筋混凝土箱涵敷设在软土地基或不均匀地层上时，宜采用钢带橡胶止水圈结合上下企口式接口形式。钢带橡胶止水圈采用复合型止水带，突破了原橡胶止水带的单一材料结构形式，具有较好的抗渗漏性能。箱涵接口采用上下企口抗错位的新结构形式，能限制接口上下错位和翘曲变形。

（8）制图

规范的图纸标注包括管道用途、管径、坡度、长度、管道材质、编号、流向以及下游井号等。如果图纸上标注太满无法清晰标注所有内容，则建议用表格形式的节点图补充信息。节点图的型式和内容可根据排水管线平面图上无法标注的内容确定。举例，对于接入管多的复杂的排水井，所有信息全标识到排水管线平面布置图中较容易乱，识图不便，建议在排水管线图中简化设计，将所有检查井按水流顺序编号，图纸上标注方便识图的主要信息，如图 13-1 所示，同时在排水检查井节点示意图（图 13-2）中补充必要的信息。

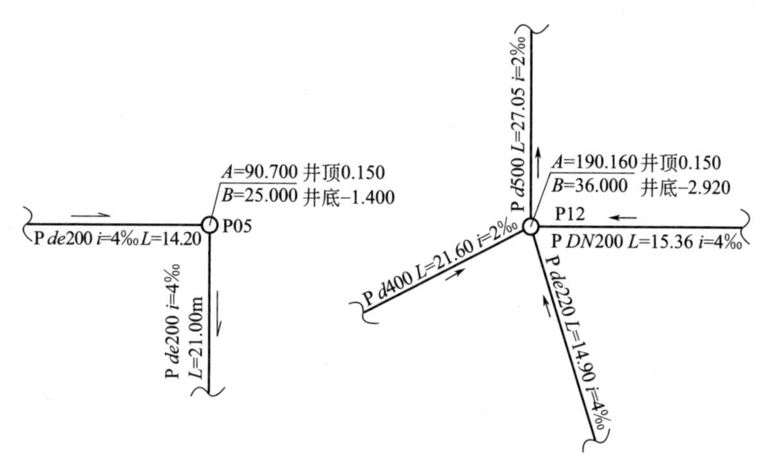

图 13-1 排水管网设计示例 1

井号	井径及图集	节点图
P05	φ700 02S515-19	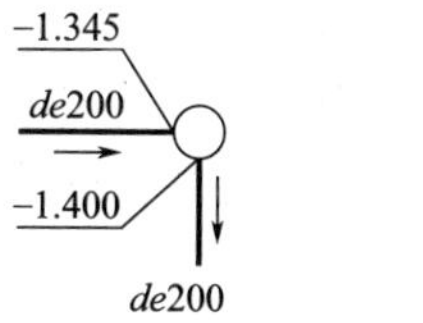 -1.345 de200 -1.400 de200
P12	φ1000 02S515-21	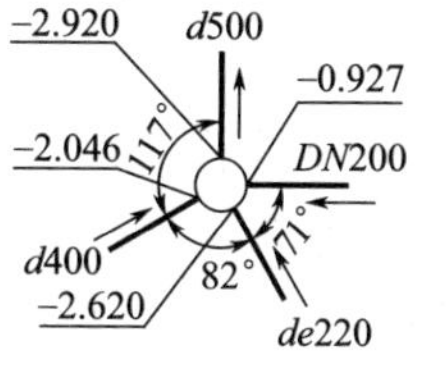 -2.920 d500 -0.927 -2.046 117° DN200 d400 82° 71° -2.620 de220

图 13-2 排水检查井节点示意图

排水管道标高可按照管内底标高标示，排水管平面转角 90°不做特殊说明且不做标注，其他角度要在图中标注。路面标高不一致的污水厂宜设计每段管道和检查井剖面图。厂外管道画纵剖面图。

如果图纸上标注太满无法清晰标注所有内容，则建议用节点图补充信息，如图 13-3(a) 所示。如果项目规模小，没有复杂的排水管网，检查井少，容易在排水管线图上简洁标明信息，可以将所有信息标识在排水管线图中，如图 13-3(b) 所示，但检查井的直径和参考图集号应另外列表标明。

(9) 检查井

① 结构型式。排水检查井采用砖砌结构，井内底标高与出水管内底标高相同。如果地下水位高，可考虑用钢筋混凝土检查井。检查井的选择以及管道接入型式详见标准图集 02S515。特殊的井单独出图。为创造良好的水流条件，宜在检查井内设置流槽。流槽顶部宽度应便于在井内养护操作，一般为 0.15～0.20m，随管径、井深增加，宽度还需加大。

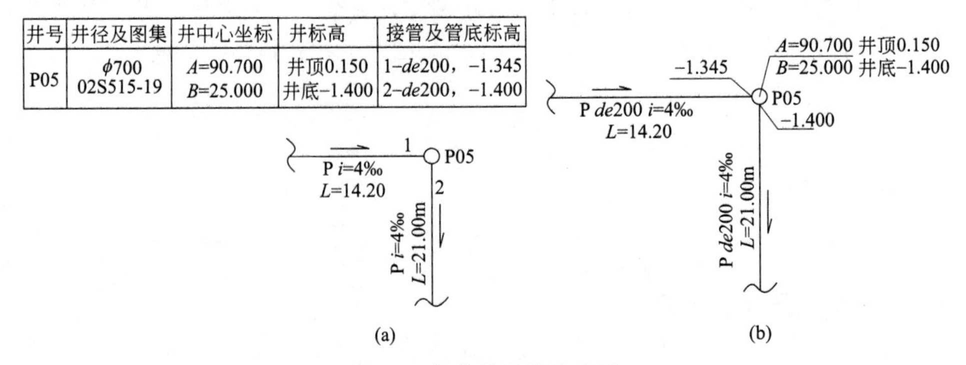

井号	井径及图集	井中心坐标	井标高	接管及管底标高
P05	ϕ700 02S515-19	A=90.700 B=25.000	井顶0.150 井底-1.400	1-de200，-1.345 2-de200，-1.400

图 13-3　排水管网设计示例 2

在管道转弯处，检查井内流槽中心线的弯曲半径应按转角大小和管径大小确定，但不宜小于大管管径。高流速排水管道坡度突然变化的第一座检查井宜采用高流槽排水检查井，并采取增强井筒抗冲击和冲刷能力的措施，井盖宜采用排气井盖。

② 检查井采用中心定位并标坐标。

③ 井盖。布置在绿化区域内的检查井、阀门井和流量计井，井盖顶标高应高于周边地坪约 200mm，选用轻型铸铁井盖及轻型铸铁盖座；如布置在硬化路面上，则井盖顶与路面齐平，选用重型铸铁井盖及重型铸铁盖座；厂外尾水排放沿河岸非公路敷设，井盖可高出地面 300mm；如果检查井在路面、广场等其他区域，井顶标高应与周边地坪等高；位于车行道的排水和雨水检查井，应采用具有足够承载力和稳定性良好的井盖与井座。检查井间距应符合规范要求。

④ 排水系统检查井应安装防坠落装置。砖砌检查井内不宜设钢筋爬梯。

⑤ 接管。不同直径的管道在检查井内的连接，宜采用管顶平接或水面平接。管道转弯和交接处，其水流转角不应小于 90°。当管径小于或等于 300mm，跌水水头大于 0.3m 时，可不受此限制。接入检查井的支管管径大于 300mm 时，支管数不宜超过 3 条；检查井和塑料管道应采用柔性连接；在排水管道每隔适当距离的检查井内和泵站前一检查井内，宜设置沉泥槽，间隔距离根据当地情况确定，深度宜为 0.3～0.5m。对管径小于 600mm 的管道，距离可适当缩短。

⑥ 跌水。管道在坡度变陡处，其管径可根据水力计算确定由大改小，但不得超过 2 级，并不得小于相应条件下的最小管径。如果液位落差大，需要做跌水井，跌水井可参考图集 02S515。跌水水头 1.0～2.0m 时宜设跌水井，跌水水头大于 2.0m 时应设跌水井。跌水井的进水管管径不大于 200mm 时，一次跌水水头高度不得大于 6m；管径为 300～600mm 时，一次跌水水头高度不宜大于 4m。跌水方式可采用竖管或矩形竖槽。管径大于 600mm 时，其一次跌水水头高度及跌水方式应按水力计算确定。

13.3.3　道路和雨水管线总图

13.3.3.1　道路设计

① 设计原则　道路的设计不但要考虑运输、维护，还要综合考虑工艺、雨水、排水、给水和回用水管线的平面布置。道路的设计应便于药剂、污泥、栅渣等的运输，便于运送设备维修。道路满足与围墙距离要求，满足消防安全要求。厂区交通组织的竖向设计，应保证交通功能正常发挥，标高控制与场地周边区域相互衔接，保证区域设计标高可使雨水顺利排

出而不产生雨水冲刷，利用自然地形标高减少土方量。

② 车行道　对于分期建设的工程，近期设计的同时要和远期设计结合。根据《室外排水设计标准》，污水厂应设置通向各构筑物和附属建筑物的必要通道，车行道的单车道为3.5～4.0m，双车道为6.0～7.0m，并应有回车道。车行道的转弯半径宜为6.0～10.0m。次要道路宽度2.5～3.0m（转弯半径3.0m）。如果次要道路通到污泥脱水间、加药间等需要运输、装卸或有大型设备进出，则需要根据运输车辆和设备尺寸要求拓宽到6.0～7.0m或更宽，设计中要和相关单体设计师沟通设计条件和接口。

③ 人行道　每个构筑物、建筑物都应设人行道或次要道路，与车行道相连。人行道的宽度为1.5～2.0m。生物反应池、二沉池等大尺寸的构筑物宜在四个方向设人行道，办公楼前广场连接车行道路，每个建筑物的出入门或爬梯前根据需要设人行道或车行道，每个单体的人行道要可通到附近单体或附近单体旁的道路，方便维护，避免绕行。

④ 扶梯和其他通道　通向高架构筑物的扶梯倾角宜采用30°，不宜大于45°，天桥宽度不宜小于1.0m。车道、通道的布置应符合国家现行有关防火规范的要求，并应符合当地有关部门的规定。

⑤ 道路坡度　道路坡度应结合雨水管道设计来考虑。道路横坡坡度不应小于1.5%，坡向雨水口方向。可利用地形进行道路竖向设计，纵坡控制在4‰～60‰。正常情况下纵坡取1%左右。

⑥ 围墙　污水厂周围根据现场条件应设置围墙，其高度不宜小于2.0m。

⑦ 大门　污水厂的大门尺寸应能容许运输最大设备或部件的车辆出入，并应另设运输废渣的侧门。工艺专业要提供道路荷载要求。一般道路要考虑主要的运输需要，便于客车、货车和人行分流，与厂外道路衔接通畅。

⑧ 标注　道路平面图上要标出道路的宽度、横坡和纵坡坡度、主要拐点和道路交错点的坐标和标高以及转弯半径，同时说明道路的施工方法。

13.3.3.2 雨水管线施工图

雨水管线设计需要结合道路、排水和工艺等管线同时进行，管道布置冲突时进行调整，逐步优化。雨水管线总图设计中要给出各单体接口管道位置、管道埋深要求甚至标高限制范围，并与单体设计师充分沟通确认接口。

（1）雨水排放去向

污水厂的雨水可排入受纳水体、接入市政雨水管网、排入下凹绿地或调蓄水池，尽量综合利用，应和相关部门充分沟通并了解接口情况，根据工程条件采用管道或渠道排出。雨水排放管渠如接纳工业区内雨水，要考虑到被工厂有害物质污染的露天场地的地面径流水夹带有害物质，应要求其进行预处理方可接入，按需要进行必要的协调工作。多雨地区尽量考虑明渠排水并考虑周围地形建防洪沟，允许散排和有散排条件的可考虑散排或渠道收集后散排，有部分散排条件的可以就近散排与管网收集雨水结合起来设计。应了解雨水散排是否被允许，如果厂周围有雨水井或雨水明渠，则就近排入。如需雨水排放结合海绵城市的设计，要考虑雨水的存蓄、渗透、处理和综合利用。考虑城镇的公园湖泊、景观河道等有作为雨水调蓄水体和设施的可能性，雨水管渠的设计，可综合考虑利用这些条件，以节省工程投资。

雨水收集和排放的方式需要和设计负责人沟通好工程条件并进行确认后方可进入详细设计。污水厂的雨水收集排放方式主要包括如下4种。

① 厂内构筑物边人行道和绿化带坡向道路散排雨水，雨水通过雨水口进入雨水管收集，

排入市政雨水管网或附近水体。

② 在地形平坦地区、埋设深度或出水口深度受限制的地区以及改造项目已有管线限制的工程，可采用路边渠道（明渠或盖板渠）排除雨水，盖板渠宜就地取材，构造宜考虑方便维护，渠壁可与道路侧石联合砌筑，路肩石预留雨水排水口。渠顶盖铁篦子。雨水渠宽度和深度根据雨水量和流速要求计算，明渠和盖板渠的底宽不宜小于 0.3m。雨水沟和雨水明渠的长度、坡度、宽度和起止点的标高宜在平面图上标识清楚。无铺砌的明渠边坡，应根据不同的地质按《室外排水设计规范》的规定取值；用砖石或混凝土块铺砌的明渠可采用（1∶0.75）～(1∶1）的边坡。明渠转弯处，其中心线的弯曲半径不宜小于设计水面宽度的 5 倍；盖板渠和铺砌明渠的宽度可采用不小于设计水面宽度的 2.5 倍。暴雨多的地区可考虑在人行道下设渠，渠顶设格网走道，方便人通行。明渠末端设沉砂井。

③ 对于小规模水厂，如工程条件允许，可将道路纵坡设计到 5‰以上，雨水自流到排放点。有散排到厂外条件的污水厂区域可设计雨水散排，无法散排或者道路条件不允许的区域将雨水收集到雨水管排出，以节约投资。

④ 沟渠或管道收集雨水后排入污水厂预处理段，进入污水处理工艺流程。在排入污水处理工艺段前宜设雨水计量装置。

（2）雨水管网设计能力计算

雨水管网设计能力计算时应仔细核对暴雨强度公式和重现期，按照《室外排水设计标准》GB 50014 规定确定重现期，并与工程相关主管部门充分沟通。此外，还应注意 2021 版规范取消了原规范降雨历时计算公式中的折减系数 m。将厂区按区域和道路布置情况分片计算雨水量，每片计算面积不要相差悬殊，使分片雨水量平衡，在总平面图上布雨水干管草图。雨水口易被路面垃圾和杂物堵塞，平箅雨水口在设计中应考虑 50% 被堵塞，立箅式雨水口应考虑 10% 被堵塞。因此，雨水口和雨水连接管流量应为雨水管渠设计重现期计算流量的 1.5～3.0 倍，按雨水量选择出的雨水口可按图集管径设计连接到附近雨水井。

（3）平面布置

雨水管线的平面布置应尽量在厂区内能均匀收集雨水，减小埋深和坡度。东西和（或）南北方向至少分别设两条平行的沿路敷设雨水干管或雨水沟，这样避免全厂雨水向一个方向的干管汇集致使雨水管道或雨水总渠埋深太深。小规模的污水厂如工程条件允许可考虑向一个方向排水。对于分期建设的污水厂，可以不画具体的远期雨水管网图，只画到近远期接口，但远期的设计影响到近期的管道布置和走向，因此近期设计中应考虑好远期的雨水收集管道、井和管径预留。初步平面管线布置后需结合雨水口的布置情况进行调整。

（4）雨水口

雨水口紧靠道路边沿道路一侧（雨水量大的按两侧）布置，雨水口的位置根据所收集区域的雨水量、道路形式、坡度、雨水管的走向和雨水口的泄水能力确定，选择平箅式或偏沟式单箅、双箅或多箅雨水口的种类和尺寸以及连接管尺寸和标高则需要根据雨水量按图集 05S518 选择。道路转弯和分支处应设雨水口，可选择在道路转角的 90°方向分别放一个雨水口，或在弯道设一个雨水口，位置结合管道走向确定。直段道路的雨水口按照间距要求设置。雨水口间距宜为 25～50m，不应大于 50m。为保证路面雨水宣泄通畅，又便于维护，雨水口只宜横向串联，不应横、纵向一起串联。连接管串联雨水口个数不宜超过 3 个。雨水口连接管最小管径 200mm，相应的最小坡度为 0.01。雨水口连接管长度不宜超过 25m。污水厂较少选用联合式或立箅式雨水口，对于湿陷性黄土、膨胀土和地震设计烈度9度以上的，宜根据当地经验另行设计。

（5）雨水口箅面标高

平箅式雨水口的箅面标高应比周围路面标高低3～5cm，并与附近路面接顺，立箅式雨水口进水处路面标高应比周围路面标高低5 cm。当设置于下凹式绿地中时，雨水口的箅面标高应根据雨水调蓄设计要求确定，且应高于周围绿地平面标高。

（6）雨水口间距

厂内道路纵坡较小时雨水口宜加密布置。当道路纵坡大于0.02时，雨水口的间距可大于50m。坡段较短时可在最低点处收集，其雨水口的数量或面积应适当增加。当管径或暗渠净高为200～400mm时，检查井间距应小于50m。

（7）雨水口深度

雨水口深度不宜大于1m（一般取0.8m），当与其他管道有不可避免的交叉时可适度加深。雨水口深度指雨水口井盖至连接管管底的距离，不包括沉泥槽深度。根据需要设置沉泥槽。遇特殊情况需要浅埋时，应采取加固措施。有冻胀影响地区的雨水口深度，可根据当地经验确定。

（8）雨水井

雨水通过雨水口进入雨水管道，管道方向变化处、管道交汇处、管径变化处、坡度改变处、直线段每隔一定距离处、标高变化处或跌水处设雨水井。雨水井可设在道路中间或道路边绿化带下（距离道路1～3m，根据管径和其他管道布置情况调整），需要结合工艺管线和排水管线的布置情况确定。雨水井间距宜为25～50m，不大于50m。如雨水管设在道路中间，宜选用重型铸铁井盖及重型铸铁盖座，使具有足够承载力且稳定性良好，管顶覆土不小于0.7m。如雨水管道敷设在路边绿化带下，则厂区排水管可布置在道路另外一侧或与雨水管道布置在道路一侧，视占地和埋深情况确定，井盖顶标高高于周边地坪200～300mm（井顶标高高于周边地坪≥150mm）。井底标高根据各段管线的管径和坡度计算。

（9）管材

雨水管道可采用混凝土管（管径小于d400的可采用混凝土管，大于等于d400的可采用钢筋混凝土管）或HDPE管。混凝土排水管道做法详见《混凝土排水管道基础及接口》（04S516）。管径小于300mm宜采用UPVC排水管。管道埋深宜考虑地质情况并在冰冻线之下。管道埋深结合地质和气候条件，参见13.3.5节。UPVC管埋深应大于1.0m，钢管埋深应大于0.7m，混凝土管埋深可在0.8m以上。HDPE设计参见CECS164—2004。雨污水管交叉垂直净距最小0.15m。

（10）管道设计

如厂内区域雨污合流，则应考虑截留倍数，计算雨季设计能力和旱季设计能力，雨水管道和合流管道在满流时最小设计流速为0.75m/s。合流制系统中的雨水口应采取防止臭气外溢的措施。雨水管道坡度取值见表13-1。

表13-1 雨水管道最小坡度取值

管径/mm	最小坡度(特殊地形高差和大坡度道路除外)	建议坡度
d300	3‰	3‰
d400	2‰	2‰～3‰
d500～700	2‰	2‰～3‰

续表

管径/mm	最小坡度(特殊地形高差和大坡度道路除外)	建议坡度
d1000	0.9‰	0.9‰
d1100	0.9‰	0.9‰
雨水沟和明渠	1.12‰	2‰～3‰

（11）雨水泵站

应采用自灌式泵站，两个出入口。雨水泵站集水池的容积不应小于最大一台水泵 30s 的出水量。雨水进水管沉砂量较多地区宜在雨水泵站集水池前设置沉砂设施和清砂设备。雨水泵站出水口位置应避让桥梁等水中构筑物，出水口和护坡结构不得影响航道，水流不得冲刷河道和影响航运安全，出口流速宜小于 0.5m/s，并取得航运、水利等部门的同意。泵站出水口处应设警示装置。雨水泵站扬程设计中涉及的几个概念。

① 设计扬程。受纳水体水位的常水位或平均潮位与设计流量下集水池设计水位之差加上管路系统的水头损失为设计扬程。

② 最低工作扬程。受纳水体水位的低水位或平均低潮位与集水池设计最高水位之差加上管路系统的水头损失为最低工作扬程。

③ 最高工作扬程。受纳水体水位的高水位或防汛潮位与集水池设计最低水位之差加上管路系统的水头损失为最高工作扬程。

雨水泵出水管的防倒流装置上方应按防倒流装置的重量考虑是否设置起吊装置。

大型雨水泵站和合流污水泵站（流量不小于 $15m^3/s$），宜设置自记雨量计，其设置条件应符合国家相关的规定，并根据需要确定是否纳入该泵站自控系统。

（12）图纸标注

雨水管线平面图上标出雨水井的坐标和编号，如不影响图面整洁可以标井底标高、井顶标高和进出管道的管底标高等信息。每段管道标出长度、坡度和管径。如果平面图上标不了全部内容，建议以表格形式按井的编号顺序画出每个雨水检查井的节点示意图，并标出井编号和参考图集号、所在路面标高、井底和井顶标高、井直径和深度、进出管道的管底标高、管径和角度等信息。雨水井选用参见 20S515。雨水管的起点埋深在保证不与其他管线冲突的前提下尽量不要太深，以免整体埋深太深，增加造价，同时还要考虑总排口（如市政雨水管网接口或受纳水体洪水位等）对雨水管标高的限制要求。

13.3.4 给水管线图

给水管线图主要包括给水、消防水和回用水管线图，设计顺序为：①计算给水总用水量、总干管管径、分片供水水量和干管、支管管径，分期建设的工程，远期的用水量也需要计算。②根据各用水点的位置、道路布置、工艺管线、雨水管线和排水管线的位置等因素，布置给水管线的主干管位置和走向，由于给水管埋深相对浅，尽量在平面坐标相同的雨/污水和加药管上层布置给水干管（建议垂直方向管道层数不超过 2 层）。③布置必要的消火栓井、取（洒）水栓井、流量计井和阀门井等设施，完成标注，检查与其他功能管线是否冲突，与各用水单体核对接口和管道尺寸、位置和标高一致。

给水管与其他地下管线（构筑物）的水平最小净距为 1.0m（管径≤200mm 时）和 1.5m（管径＞200mm 时），根据规范给水管与其他地下管线（构筑物）的最小垂直净距为0.3m，考虑到安装操作方便，该值最小建议取0.4m。给水管线与雨污水排水管线的垂直净距最小保持0.4m，给水管线之间交叉时垂直净距最小0.15m。为避免污染生活给水管道，再生水管道应敷设在生活给水管道的下面，当不能满足时，必须有防止污染生活给水管道的措施。为避免污染再生水管道，再生水管道宜敷设在合流管道和污水管道的上面。

供水管遇到如下情况需加钢套管保护，钢套管两端采用防水材料封堵。

① 如果因避让其他管道或穿越道路不能满足覆土要求时，宜预埋钢筋混凝土套管或大一号的钢套管，钢筋混凝土套管管径大于给水管道100mm，套管伸出道路边的长度要求0.5～1.0m。

② 进出建筑物的给水管道和回用水管道要敷设在管沟内。或者，给水和回用水入户管加钢套管保护，在建筑物轴线外的钢套管伸出长度不小于2m，在建筑轴线内的钢套管伸出长度根据入户立管的定位确定，总长不小于2m。

③ 给水管与电缆沟交叉时从电缆沟底部敷设，外套钢套管，套管伸出电缆沟0.5～1.0m，为了降低水力阻力，弯头可为45°，设计细节需要和电气专业设计师沟通。

④ 钢套管伸出其他交叉管道外壁的长度要求为：

a. 每边不小于2.0m，适用于给水管和雨污水管、加药管垂直净距离小于0.4m的情况；

b. 每边不小于3.0m，适用于无法避免给水管道敷设在其他管道下方的情况；

c. 每边不小于1.0m，适用于给水管道和其他管道垂直方向净距离不足0.4m的情况。

给水和回用水管道沿道路边绿化带敷设，室外给水管道的覆土深度，应根据土壤冰冻深度、气候条件、车辆荷载、管道材质及管道交叉等因素确定。管顶最小覆土深度不得小于土壤冰冻线以下0.15m，行车道下的管线覆土深度不宜小于0.7m，塑料管覆土深度不宜小于1.0m。人行道下敷设给水管时管顶覆土不小于0.75m。

给水干管从市政给水管接口处接入，总管接入后应先接水表井，如有流量计则可代替水表，水表应考虑用水量和消防水量负载和计量。

给水管网宜尽量布置成环状管网（分片或整体），示意如图13-4所示，污水厂的供水量小，一般无需进行管网平差计算。根据《消防给水及消火栓系统技术规范》（GB 50974—2014），室外消火栓设计流量不大于20L/s且室内消火栓不超过10个时，表明建筑物的体量不大、火灾危险性相对较低，此时消防给水管网可以布置成枝状。室外消火栓保护半径不大于150m，间距不大于120m。在需要用水点附近设取（洒）水栓井和消火栓井。建议设计出远期的给水管线图，平面布置需要考虑远期时给水管网的供水均衡。回用水管网也同样宜尽量布置成环状管网（分片或整体），尽量保证配水的均衡。干管分支管处设阀门井（支管段设阀门）。在需要用水点附近设取（洒）水栓井，取（洒）水栓井的设计参考20S515《排水检查井》。井顶标高高于周边地坪0.15～0.20m。

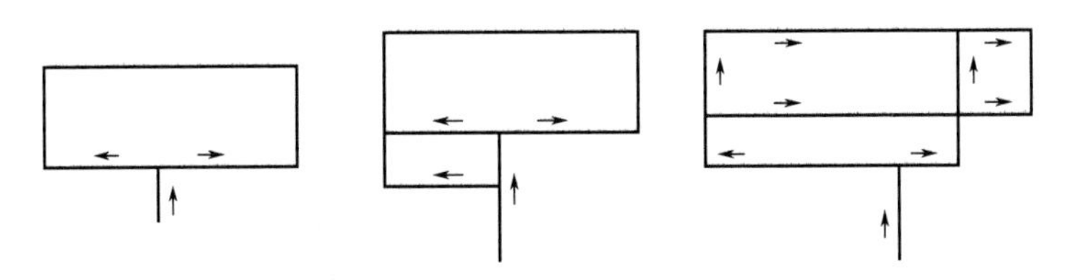

图13-4　给水环状管网示意图

按每段支管服务面积的用水量计算管径，每一处分支处都需要在支管段设阀门，设阀门

井，阀门井和水表井等的做法参考 05S502《室外给水管道附属构筑物》。消火栓设计参考 13S201《室外消火栓及消防水鹤安装》。

给水管线平面图上标出每段管段的长度、管径以及拐点处的坐标和标高，标注消火栓井、取（洒）水栓井、流量计井和阀门井等节点的坐标和井编号，另外再按井的编号顺序绘制井的节点详图。标高变化处在平面图上画圈编号，再按编号顺序画出节点详图（标管径和标高，为局部纵断面图或单线图）。列材料表统计所有井、管件、阀门和流量计等的名称、规格、所在地面标高和管中心标高等信息，如不影响图面整洁，以上信息也可在图纸上标注。

室外消火栓宜沿建筑周围均匀布置，且不宜集中布置在建筑一侧；建筑消防扑救面一侧的室外消火栓数量不宜少于 2 个。消防泵设置备用泵，设置两条吸水管。具体参见 11.3.5 节详细介绍。

给水管道材质可取 PE、UPVC 或 PPR 材质。埋地部分设计参见 04S520《埋地塑料管排水管施工》。

污水厂水源供水压力一般按 0.3MPa 设计。管道压力需要结合工作压力确定，给水管网的管件阀门的工作压力均应满足系统所需工作压力且不小于 0.6MPa。工作压力为 0.6MPa 的室内给水管道，管径＜*DN*50 时宜选用管材压力等级为 1.6MPa，管径≥*DN*50 时宜选用管材压力等级为 1.0 MPa。钢管的水头损失比塑料管的大，应注意核算扬程。

13.3.5 管道的材质和敷设

13.3.5.1 管道材质选样

① 污水管道　市政污水以及腐蚀性小的废水，可采用焊接钢管用于污水管、污泥管、空气管水面以上部分、回用水管、溢流管、放空管、排渣（砂）管等管道，要求较高的工程，空气管水上部分采用焊接钢管或 PP 管，水下部分应充分考虑废水的腐蚀性，选择使用 ABS、PVC-U、HDPE 或不锈钢管。

② 药剂管　药剂管的材质可选硬聚氯乙烯（PVC-U）给水管或 PE 管。

③ 给水管　给水管可采用塑料给水管、塑料和金属复合管、铜管、不锈钢管及经可靠防腐处理的钢管。如没有特殊要求，常用的是硬聚氯乙烯（PVC-U）给水管，胶接方式连接。也可采用 PE 管，热熔或法兰连接，符合 GB/T 13663 的规定。热水管采用 PPR 管（S2 级），热熔方式连接，按 CJJ/T 98—2014 安装，PPR 管安装更方便些。高层建筑给水立管不宜采用塑料管。可采用镀锌钢管（小口径为丝接，*DN*50mm 以上的采用焊接），埋地部分刷两道环氧煤沥青漆，室内部分刷银粉。加氯间管道宜采用硬聚氯乙烯（PVC-U）给水管。回用水管可用 PE 管和钢管。

④ 室外排水管　室外排水管可选择采用混凝土管或钢筋混凝土管，材料表要标出是Ⅱ级还是Ⅲ级，水泥砂浆抹带接口。也可选用塑料排水管。埋地塑料排水管可采用硬聚氯乙烯（PVC-U）排水管（管径 300mm 以下可用）、HDPE 管（管径大于 160mm 可用）、玻璃纤维增强塑料夹砂管或钢管（管径≥300mm）。一般情况下污水厂室内排水管管径小于 300mm，建议采用 PVC-U 排水管，胶接。排水管道安装参照 CJJ/T29—2010。

⑤ 腐蚀性废水排水管　输送腐蚀性废水的管渠必须采用耐腐蚀材料，其接口及附属构筑物必须采取相应的防腐蚀措施。根据腐蚀性大小选择采用 PVC-U 给水管或排水管，垃圾渗滤液选 HDPE 管。腐蚀性大的有机废水和碱性大的废水管可采用不锈钢材质，浓硫酸可

采用碳钢防腐，10% H_2SO_4 及 30%NaOH 采用不锈钢 316L 或 PVC-U，20%NaOH 也可采用给水 PP-R 管。酸性废水选用聚四氟乙烯 PTFE 管。化学除磷时，对接触腐蚀性物质的设备和管道应采取防腐蚀措施。

⑥ 高温废水管　高温废水管采用 CPVC 管，臭氧及尾气管、纯氧管线和阀门材质应采用不锈钢 316L。

⑦ 雨水管道　雨水管道采用混凝土管（管径 300mm）、钢筋混凝土管（管径≥700mm，承插柔性接口管，Ⅱ级管，砂石基础）、高密度聚乙烯（HDPE）管（300mm≤管径≤600mm）或 PVC-U 排水管（管径<300mm）。双壁波纹管由承插式橡胶圈连接。

⑧ 通风除臭　排风管、除臭管道采用玻璃钢 FRP。

13.3.5.2 管道敷设

① 管道工作压力　一般情况下有压污水管、污泥管、给水管和加药管工作压力不小于 0.6MPa，厂区重力排水管 0.1MPa，给水管不小于 0.6MPa，高压泵后污水管道 1.0～1.6MPa，除阀门与管件处用法兰连接外，钢管采用焊接或螺纹连接。阀门和法兰工作压力不小于 1.0MPa。钢制管件设计参见 02S403。

② 管道接口　不同管材的管道用法兰连接。但应注意不同压力的法兰接口可能不同，不一定能对上，应仔细根据图集和产品资料进行确认。管道接口应根据管道材质和地质条件确定，污水和合流污水管的接口应采用柔性接口，防止污水外渗污染地下水。当管道穿过粉砂、细砂层并在最高地下水位以下，或在地震设防烈度为 7 度及以上设防区时，必须采用柔性接口。为了防止构筑物和管道的不均匀沉降造成对管道的破坏，各单体接口处的进水管、出水管、放空管和排水管等处均宜设可曲挠橡胶接头。塑料管应直线敷设，当遇到特殊情况需要折线敷设时应采用柔性连接，其允许偏转角应满足要求。

③ 管道流速　按照《室外排水设计标准》规定金属管道最大设计流速为 10.0m/s。非金属管道最大设计流速为 5.0m/s，经试验验证可适当提高（如 10%坡度时）。污水管道在设计充满度下最小流速为 0.6m/s，雨水管道和合流管道在满流时最小流速为 0.75m/s。

④ 管道基础　无特殊地质条件下各类管道均应敷设在原状土地基或经处理后回填密实的地基或管道基础上，管道基础采用细砂基础，基础厚 15cm。管道基础设在原状土上，对地基松软、回填土或不均匀沉降地段，管道基础应采取加固措施，密实度达到最佳密实度的 95%以上。埋地塑料排水管根据工程条件、材料力学性能和回填材料压实度，按环刚度复核覆土深度。设置在机动车道下的埋地塑料排水管道不应影响道路质量，不应采用刚性基础。管道基础参见《给水排水标准图集》S1～S5。塑料管埋地基础参见 CECS17—2000、04S520 和 CJJ101—2016。对流速较大的压力管道，应保证管道在交叉或转弯处的稳定。室内管道支架参见 03S402。由于液体流动方向突变所产生的冲力或离心力，可能造成管道本身在垂直或水平方向发生位移，为避免影响输水，需确定是否设置支墩及其位置和大小，图集中没有的需要请机械工程师计算后进行专业设计。

⑤ 管道埋深　管顶最小覆土深度应考虑管材强度、外部荷载、土壤冰冻深度和土壤性质等条件，结合工程当地埋管工程经验确定。管顶最小覆土深度宜为人行道下 0.6m（给水管要求 0.75m），车行道下一般不小于 0.7m（塑料给水管要求 1.0m）。但在土壤冰冻线很浅（或冰冻线虽深但有保温及加固措施）时，在采取结构加固措施保证管道不受外部荷载损坏情况下，也可小于 0.7m。一般情况下，排水管道宜埋设在冰冻线以下。室外明装及覆土厚度在冰冻线以上的均须保温或者参考当地浅埋经验采取相应措施保证管道安全

运行。横穿道路的塑料管道管顶覆土不足1.0～1.2m、钢管不足0.7m的管道，需外套大一号钢套管或预埋直径大100mm的钢筋混凝土套管，钢套管或钢筋混凝土套管两端长度各超出路基0.5～1.0m。道路下管顶覆土的密实度要达到道路要求。

⑥ 管道交叉　管道交叉时遵循压力管道避让重力自流管道、支管避让干管和小管径避让大管径的原则。寒冷地区露天管道必需保温，蒸汽管道保温材料可为岩棉，保温层厚度50mm，外用镀锌铁皮保护。

⑦ 塑料管道适用管径　硬聚氯乙烯管（UPVC）主要使用的管径范围为225～400mm，承插式橡胶圈柔性接口；聚乙烯管（PE管，包括高密度聚乙烯HDPE管），主要使用的管径范围为500～1000mm，承插式橡胶圈柔性接口；玻璃纤维增强塑料夹砂管（RAM管），主要使用的管径范围为600～2000mm，承插式橡胶圈接口。

13.3.6 电磁流量计井

污水厂电磁流量计的设置应考虑三个位置：

① 设在泵的出水管，不能放在抽吸泵的吸水管上。

② 流量计设在管道满管流位置，避免空气气泡影响测量结果，上游安装排气阀。

③ 设在管道直管段上，在上游存在锥角不大于15°的渐缩管，可视为直管。

电磁流量计上下游应设阀门，同时设旁通便于维修，如果管径较大，则应考虑设柔性接头（橡胶柔性接头或双法兰松套传力接头）。阀门、柔性接头下面应考虑设支墩，流量计下不设支墩。平面示意图如图13-5所示，为了减小水头损失，图中三通可用45°斜三通。标高设计应注意满管流。

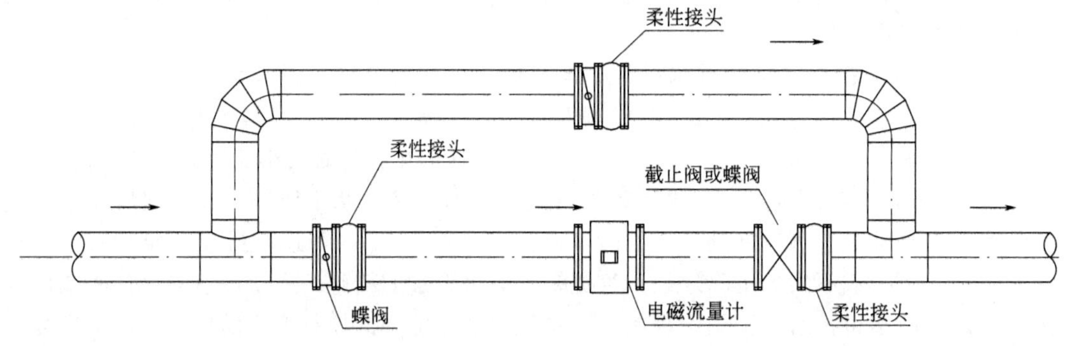

图13-5　流量计井平面图

电磁流量计上下游阀门与流量计的距离应符合规范、手册和供货商的要求。根据JB/T 9248—2015，公称通径1000mm以下的仪表，其上游直管段长度应不小于5*DN*，当流量计上游有截止阀时，流量计与截止阀的间距宜大于10*DN*。下游直管段长度应不小于2*DN*（均从电极中心开始计算）。公称通径大于1000mm时，按制造厂规定。

法兰边距离井壁以及管道距离井底的距离应符合规范的要求。

① 法兰面与平行法兰的井壁间垂直距离：

*DN*50～*DN*300≥400mm

*DN*350～*DN*1000≥600mm

*DN*1100～*DN*1800≥800mm

② 法兰边距垂直法兰面的井壁间距离≥400mm

③ 管底距井底距离：

$DN15 \sim DN40 \geqslant 150mm$

$DN50 \sim DN300 \geqslant 300mm$

$DN350 \sim DN1000 \geqslant 400mm$

$DN1100 \sim DN1800 \geqslant 500mm$

阀门和流量计以及柔性接头应根据距离远近单独或者合并设阀门井和流量计井，考虑到阀门和流量计的距离较远，可根据距离分成1～3个井，井的尺寸参考05S502，上盖预制盖板，井内设集水坑，接排水管将井内积水排入厂区排水管网。为维修方便，井内需要设爬梯。管道和井壁间应留有足够的安装和检修的空间（一般不应小于700mm，对需要经常检修的井、井口、井筒不小于800mm）。

流量计尺寸一般比管道小一号，流量计前后采用变径安装，但是考虑到降低水头损失，可以采用同样的管径。

13.4 工艺管道和仪表流程图

工艺管道和仪表流程图又称PID（piping and instrument diagram），PID图的作用是完善管道布置、管道走向设计、仪表设计和供自控专业完善自控设计。工艺专业设计师应掌握PID的设计技能，一般工艺流程图确定后开始设计PID。

13.4.1 设计内容

设计PID图前要准备的资料主要包括工程相关标准规范和图例、总平面布置图、水力高程图、总管线图、工艺流程图、工艺设备和仪表设备资料（例如图块、尺寸、规格、参数和性能要求等）、总图、自控条件、自控水平的要求、管路设计（材质、尺寸和等级等）和需要考虑的因素等。

PID图的设计与工艺流程图的相似点是要显示所有构筑物（包括并列运行的每一组或每一格构筑物）、配水渠、汇水渠、所有设备、闸门、阀门、管道和有关的公用工程系统等，除此之外还要表示出如下主要内容。

① 所有管道流程。包括污水、污泥、药剂、空气等所有介质管道，含放空、溢流和超越管，管道要求标明管道名称、管径 DN、管道编号、管道等级、材质和介质流向等信息。内容复杂的PID无法在一张图纸上完成时，在图纸边界处打断的管道要标识出所要接入的设备编号、单体编号和图纸编号。

② 所有工艺设备和阀门。化工专业要求PID图中应标识出设备的规格参数、管口尺寸、法兰面和法兰压力等级，污水处理厂的PID以工艺控制为主，可以不标识这些内容，而以仪表、阀门和设备控制为主要表现内容，取样器和管件中的软管、过滤器、异径管、盲板和补偿器等要标出来，标注驱动机类型和功率，不用标标高（除非特殊要求）。在线流量计和调节阀如果与接口管径不同则注明尺寸。安全阀和呼吸阀要注明尺寸和设定压力。

③ 所有仪表。仪表包括检测仪表以及控制和联锁仪表，要表示出仪表的被测变量、读出内容、输出功能、分析内容、状态、功能要求和控制联动等逻辑关系及冲洗和吹扫等。仪表编号和电动、启动信号的连接不可漏，应按图例符号编制。

④ 现场控制箱和现场按钮箱。面板显示所有功能要求。

⑤ PLC与仪表、设备和中控的关系。

⑥ 中控设备的显示、控制、计算等功能。

工程设计中最常涉及的工艺流程图涵盖了以上①～③的内容，PID是在工艺流程图的基础上增加了④～⑥的内容。

从PID图可以清楚看到整个污水厂的各个工艺环节的电气自控仪表的逻辑控制关系，体现各个设备和仪表的可操作性、安全性和所有工艺控制相关功能。由于客户的要求、环境、操作人的操作水平和自控水平不同导致设计结果不同，因此设计师针对每个部分的设计都要仔细考虑工艺控制和操作者的真正需要，在设计必要功能确保水厂安全和稳定运行的前提下充分与用户沟通，遵循实用、方便、经济又满足技术要求的设计理念。

制图时需要注意：严格按照图例制图，必要的功能设计齐全，无遗漏；PID图中所有单体名称与单体图、总图的名称书写一致；除了画工艺流程中的污水、污泥和空气管线，不要漏掉放空、砂水分离器排水管、浮渣排水管、所有设备、阀门、闸门、流量计、压力表和起吊设备等；图例不要有漏项。

13.4.2 PID图结构

PID图的结构按顺序分为就地现场控制、MCC、PLC和中控室4个层次，以搅拌器为例如图13-6所示。

四个层次中设备用自定义方式表示，写出名称，标明位号和设备编号；所有设备和阀门要有图例；仪表图形符号见13.4.3节，仪表图形符号内字母代表仪表功能标志见13.4.4节，要标明位号编号，编号中要体现与联控设备的相关性号码，方便看图；仪表功能标志以外的字母含义见13.4.5节。

PID制图可参考HG/T 20505—2014《过程测量与控制仪表的功能标志及图形符号》，该标准涵盖了以下三部分内容：

① 仪表功能标志，包括仪表功能标志字母和其在应用中的组合形式、仪表回路号和仪表位号的组成；

② 仪表图形符号，包括仪表设备与功能图形符号，监测仪表图形符号，仪表线型符号，最终控制元件图形符号，信号处理功能图形符号，二进制逻辑图形符号、电气元件图形符号和图形符号尺寸比例；

③ 图形符号应用示例，包括监测系统图形符号示例，控制、连锁系统图形符号

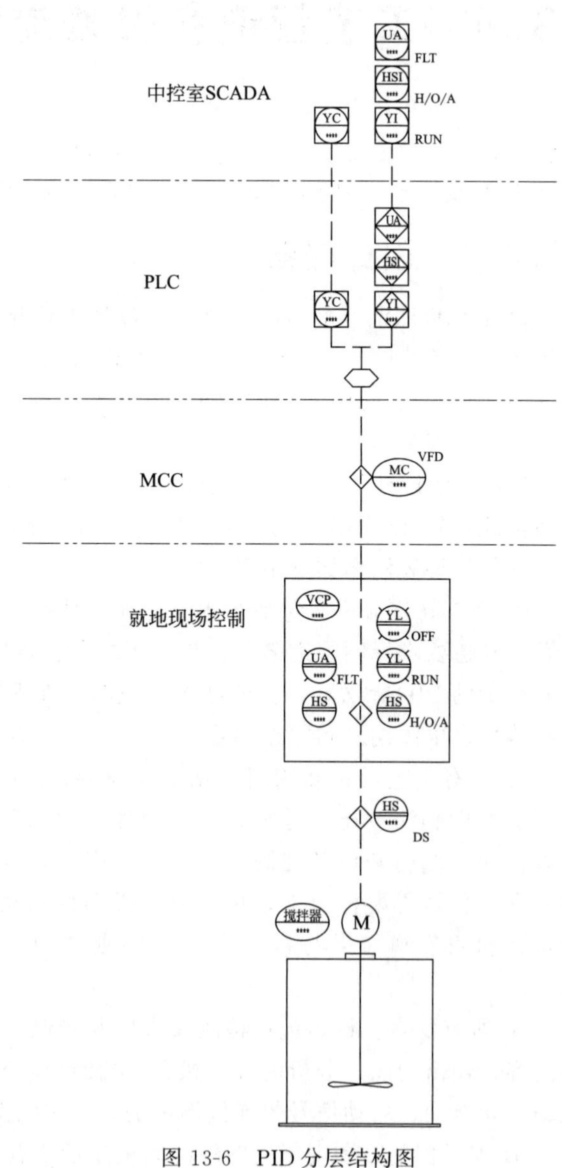

图13-6 PID分层结构图

示例。

HG/T 20505—2014 为针对化工行业的设计，水处理行业有自身特点，因此根据实际设计经验，以下针对仪表功能标志、仪表功能标志以外字母含义和 PID 示例等的介绍有小部分的差异和补充。

13.4.3 仪表图形符号

仪表设备与功能图形符号如图 13-7 所示。

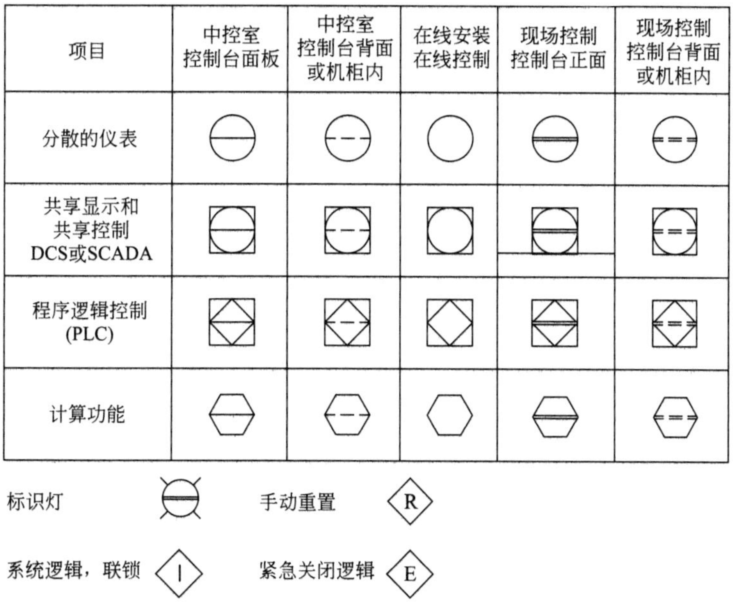

项目	中控室控制台面板	中控室控制台背面或机柜内	在线安装在线控制	现场控制控制台正面	现场控制控制台背面或机柜内
分散的仪表					
共享显示和共享控制DCS或SCADA					
程序逻辑控制(PLC)					
计算功能					

标识灯　手动重置

系统逻辑，联锁　紧急关闭逻辑

图 13-7　仪表设备与功能图形符号

污水处理厂的 PID 图常用的是中控室控制台面板、在线安装在线控制和现场控制台正面这三列的内容。

13.4.4 仪表功能标志

仪表功能标志由首位字母（回路标志字母）和后继字母（功能字母、功能修饰字母）构成，如表 13-2 所示。

表 13-2　常用仪表功能标志

项目	首写字母 表示被测变量		后继字母 表示读出功能/输出功能			
	第 1 列	第 2 列	第 3 列	第 4 列	第 5 列	
	被测变量或引发变量	修饰词 （对被测变量/引发变量会引发的动作进行说明）	读出或被动功能	输出功能	修饰词 （对读出功能/输出功能的含义进行说明）	备注
A	分析 analyzer		报警 alarm			
B	燃烧器（烧嘴、火焰）burner,combustion		用户选择 user's choice	用户选择 user's choice	用户选择 user's choice	

续表

项目	首写字母 表示被测变量		后继字母 表示读出功能/输出功能			
	第1列	第2列	第3列	第4列	第5列	
	被测变量或引发变量	修饰词 （对被测变量/引发变量会引发的动作进行说明）	读出或被动功能	输出功能	修饰词 （对读出功能/输出功能的含义进行说明）	备注
C	电导率 conductivity (electrical)			控制 control(ler)	关位 closed	CT：current transformer
D	密度或比重 density or specific gravity	差异 differential			偏差	
E	电压或电动势 voltage (emf)		监测元件，一次元件 primary element			
F	流量 flow rate	比率 ratio				FA:fire alarm FF:流量比率 FQ:累积流量 FS:流量安全
G	可燃气体和有毒气体		视镜、观察			此处为可能的其他含义
G	计量或尺寸容量 ground or gaging(dimensional)		玻璃 gauge(glass)			
H	手动（人工控制）hand (manually initiated)or humidity		hydraulic		高 high	高高 HH:high high
I	电流 current(electrical)		指示 indicator			
J	功率，power or watt		扫描，scanning			
K	时间或时间程序 time(oclock) or time-schedule	变化速率		操作器，control station		KQ:时间累计
L	物位，level		灯，light(pilot)		低 low	低低 LL:low low
M	水分或湿度，moisture or humidity	momentary			中，中间，middle	
N	用户选择或转矩，user's choice or torque		用户选择，user's choice	用户选择，user's choice	用户选择，user's choice	
O	用户选择或溶解氧或过载，oxygen or overload		孔板或限制，orifice(restriction)		开位，open	

续表

项目	首写字母 表示被测变量		后继字母 表示读出功能/输出功能			
	第1列	第2列	第3列	第4列	第5列	
	被测变量或引发变量	修饰词（对被测变量/引发变量会引发的动作进行说明）	读出或被动功能	输出功能	修饰词（对读出功能/输出功能的含义进行说明）	备注
P	压力或真空 pressure or vacuum		连接或测试点 point(test connection)			PD:压差 PF:压力比率 PK:压力变化率 PS:压力安全
Q	数量或事件 quantity for event	积算、累积	累计或积算 integrate or totalizer			
R	放射性,radiation	调节或总和 regulation or relief	记录或打印 recorder or print		运行	RO: restriction or relief
S	速率或频率 event or frequency	安全,safety		开关,switch	停止	
T	温度,temperature			传送(变送),transmitter		
U	多变量,multi-variable		多功能 multi-function	多功能,multi-function	多功能,multi-function	
V	机械监视或黏度或振动,viscosity or vibration			阀/风门/百叶窗 valve, damper or louver		
W	重量或力 weight or force		套管,取样器			
X	未分类,status	X轴,X axis	附属设备,未分类 unclassified	未分类 unclassified	未分类 unclassified	
Y	用户定义:事件/功能/状态或呈现等 event, function, state or presence	Y轴,Y axis		辅助设备 relay, computer convert		
Z	位置或尺寸 position or dimention	Z轴, Z axis		驱动器、执行元件、未分类的最终控制元件 driver, actuator, unclassfied final control element		

仪表图形符号内的字母为表13-2中不同字母的组合，为仪表功能标志，仪表图形符号外的字母含义参见13.4.5节。以鼓风机的现场控制箱的3个功能标志和超声波液位计举例，如图13-8所示。

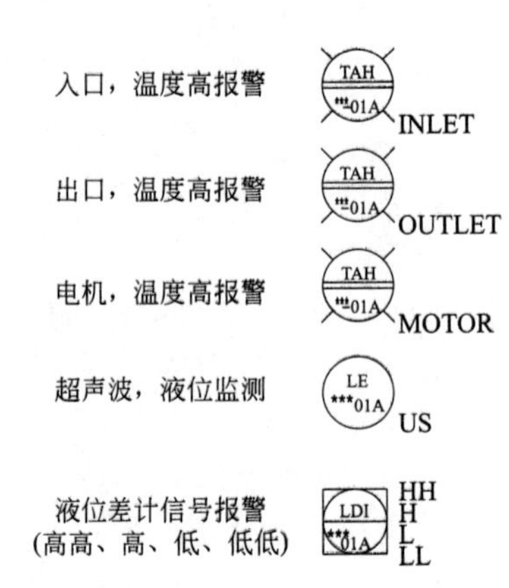

图 13-8　鼓风机现场控制箱和液位计仪表功能标志示例

13.4.5　仪表功能标志以外字母含义

仪表图形符号外的角标字母为仪表功能标志以外的缩写字母（或全拼），如图 13-8 中的 INLET、OUTLET、MOTOR、US、HH、H、L 和 LL，污水处理中常用的功能标志以外的仪表字母见表 13-3。

表 13-3　仪表功能标志以外字母含义示例

字母缩写	字母英文含义	字母中文释义
A AUTO	automatic	自动
A/S	air supply	供空气
A/M	automatic/manual	自动/手动
CL	chlorine	氯(分析)
COD	cod	化学耗氧量(分析)
DC	direct current	直流电
DCS	distributed control system	分散型控制系统
DIFF	differential	差异
DEN	density	密度
DO	dissolved oxygen	溶解氧(分析)
DS	disconnect switch	断路开关
E	voltage signal	电压信号
E	electric signal	电信号
EMR	emergency	紧急
ES	emergency stop	紧急停止
FLT	fault	故障
F/O/R	forward/off/reversing	正向/关闭/反向
FVNR	full voltage non reversing	全电压不可逆(电动机启动)
FVR	full voltage reversing	全电压可逆(电动机启动)

续表

字母缩写	字母英文含义	字母中文释义
FWD	forward	正向
H	high	高
HH	high high	高高
HOA	hand/off/auto selection	手动/停止/自动
HOR	hand/off/remote	手动/关闭/遥控
H_2S	hydrogen sulfide	硫化氢
I	electric current signal	电流信号
I	interlock	联锁
I	integrate	积分
IA	instrument air	仪表空气
IN	input	输入
IN	inlet	入口,也可写"INLET"
IP	instrument panel	仪表盘
I/P	current to pneumatic	气动
L	low	低
LL	low low	低低
LO	location	位置
LOE	loss of echo	回波损失(如:超声波液位计)
LOP	loss of power	电源损耗
L/R	local/remote	现场/遥控
L/O/R	local/off/remote	现场/关闭/遥控
L/S/R	local/stop/remote	现场/停止/遥控
M	motor operated actuator	电动执行机构
M	middle	中
M/A	manual/auto	手动/自动
MAG	magnetic	磁性的
MAX	maximum	最大
MIN	minimum	最小
MLSS	mlss	MLSS(分析)
MOIST	moisture	湿度(分析)
NH_3	ammonia	氨氮(分析)
NO	normal open	正常为开
NC	normal close	正常为关
O/C	open/close	开/关
O/C/S OCS	open/close/stop	开/关/停止

续表

字母缩写	字母英文含义	字母中文释义
O/L	overload	过载
O/O	on/off	通-断
OPN	open	开
OUT	output	输出
OUTLET	outlet	出口
PAC	pac	PAC 药剂
PAM	pam	PAM 药剂
pH	ph	pH(分析)
PID	piping and instrument diagram	管道仪表流程图
PLC	programmable logic controller	可编程序控制器
PWR	power	电源
R	remote	遥控
REV	reverse	反向
READY	ready	等待状态
RUN	run	启动
RST	reset	复位
S	solenoid actuator	电磁执行机构
SP	stop	停止
S/S	stop/start	停止/启动
ST	start	启动
SW	selector switch	选择开关
TN	total nitrogen	总氮(分析)
TEST	test	测试
TMP	temperature	温度
TOC	total organic carbon	总有机碳(分析)
TP	total phosphorus	总磷(分析)
TQ	torque	扭矩
TRB	turbidity meter	浊度(分析)
TSS	total suspended solid	总悬浮固体(分析)
UPS	uninterruptible power supply	不间断电源
US	ultrasonic	超声波
UV	uv	紫外
VAC	vaccum	真空
VFD	variable prequency drive	变频
VSD	variable speed drive	变速驱动

13.4.6 格栅 PID

格栅单体中最常用的设备是闸门、格栅和栅渣输送机，以图 13-9 为例说明。图中表示了 1＃格栅、栅渣输送机、反洗电磁阀和液位差计的现场控制箱的按钮功能、仪表的读数、计算、联控和信号输出等功能、中控室的监控功能以及设备和仪表间的控制逻辑关系。2＃

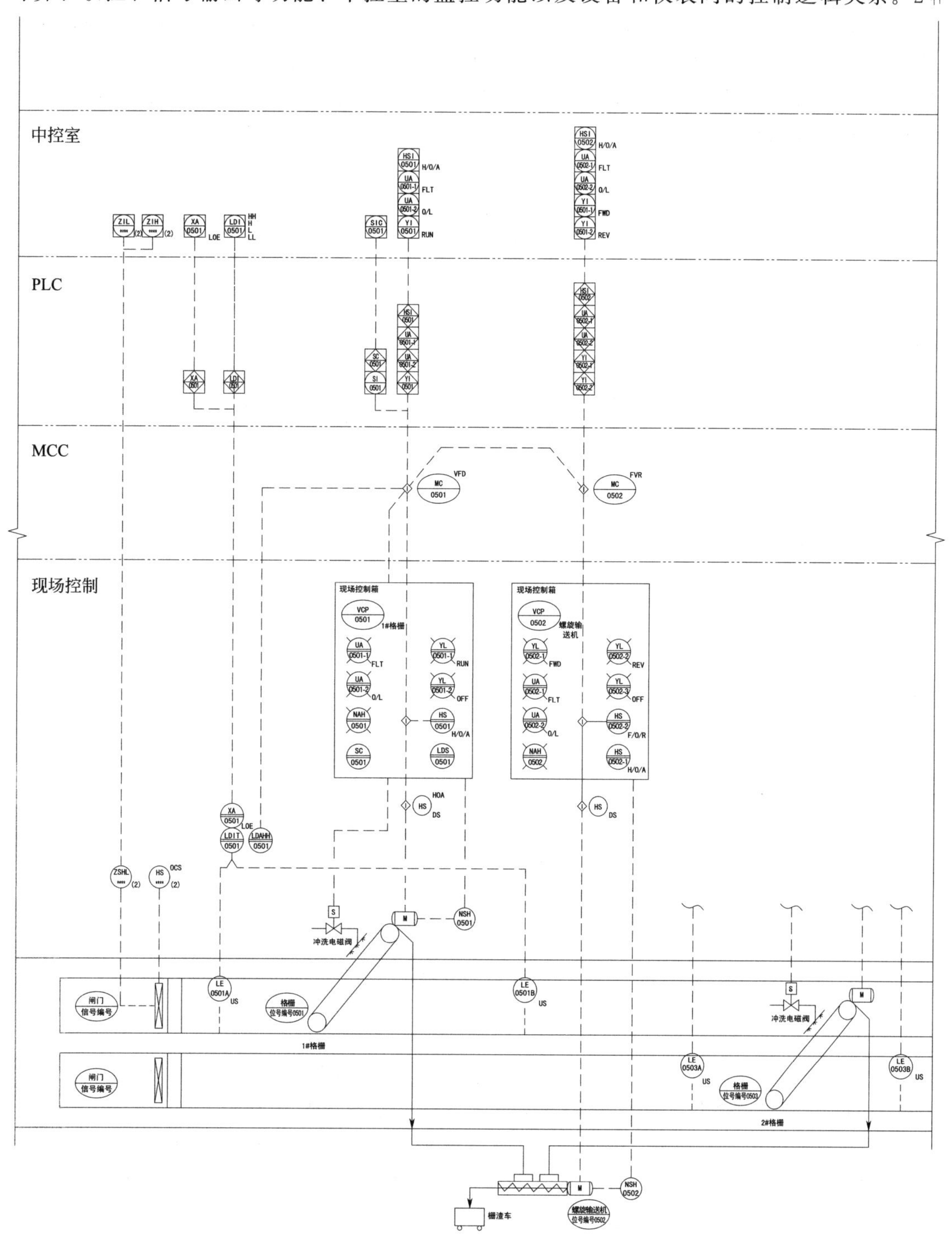

图 13-9 格栅 PID 示例

格栅、反洗电磁阀和液位差计的现场控制、PLC和中控室的设计也同样绘制，图中省略，如果考虑到图纸空间限制，也可以在1#格栅的控制柜各功能标志中增加数量，表示2#格栅的相关部分，图中的闸门就用了该种表现方式来简化图纸。

13.4.7 泵站PID

泵站是污水厂常用的构筑物，以常用的超声波液位计、液位控制泵、起重机、流量计和pH在线测定仪等为例如图13-10所示。该图中设计了超声波液位计的监测、液位变送、液位开关、泵的相关保护和控制逻辑、pH在线仪表监测、流量计监测和显示、起重机的操作控制要求以及所有设备仪表的控制箱、MCC、PLC和中控面板等内容。

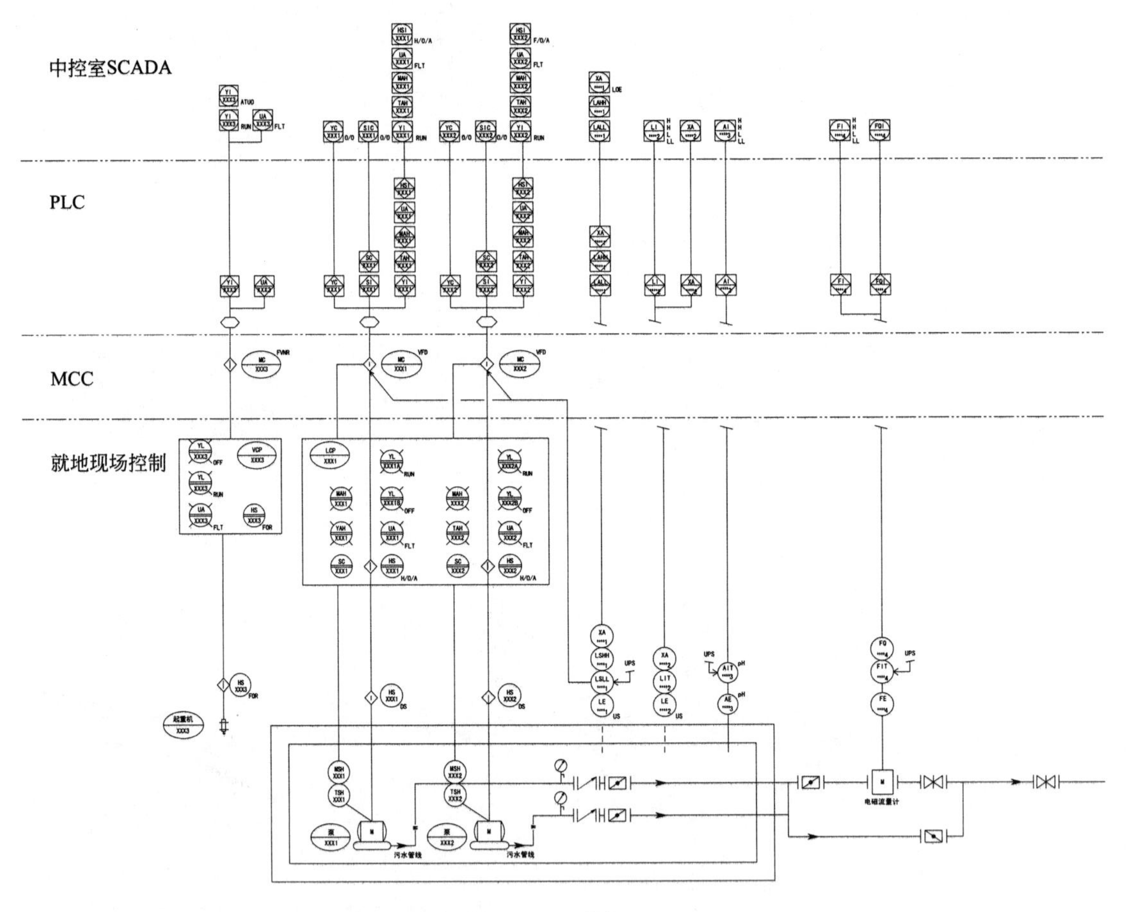

图13-10 泵站PID

其中：

① 超声波液位计包括物位计探头和物位变送器，测量范围为最低和最高水深，以m为单位，一体式安装，输出信号4～20mA（DC）输出，电源24V（AC）。

② pH，一般为pH/温度分析仪，含pH数字电极、pH变送器、数字电极电缆和支架，模拟差分单通道PHD，4～20mA（DC）输出，电源220V（AC）。

③ 电磁流量计，分体式，仪表控制设计条件中要标明介质、温度、管径、测量范围等信息，带累计功能为FQI，输出信号4～20mA（DC），电源220V（AC）。

13.4.8 A/O池 PID

典型的“缺氧-好氧”(AO) 工艺 PID 示例如图 13-11 所示，图中 ORP 可与污泥和混合液回流系统联锁控制，在线溶氧仪与鼓风机联锁控制，这里省略，只标识出超声波液位计与搅拌机的联控、在线溶氧仪和流量计联控空气管的电动阀，在线 MLSS 只显示数值，不联控设备。

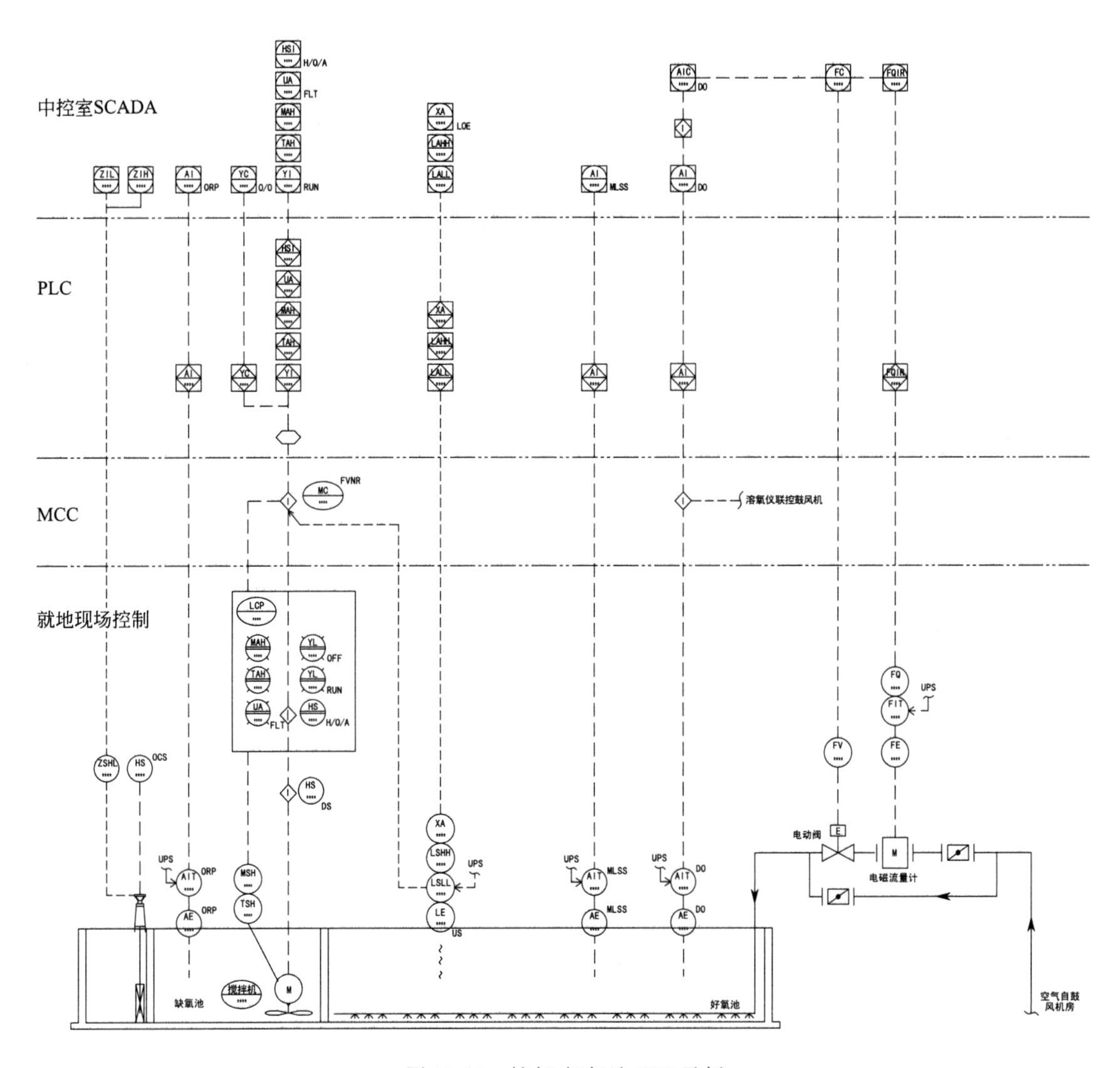

图 13-11 缺氧-好氧池 PID 示例

对于一般的市政污水，在线 ORP 测量范围为±500mV，工业废水需要根据情况调整，含 ORP 数字电极、ORP 变送器、数字电极电缆和支架，输出信号 4～20mA (DC)，电源 220V (AC)。

在线溶氧仪 (DO)：溶解氧分析仪测量范围 0～8mg/L，输出信号 4～20mA (DC)，电源 220V (AC)。含溶氧探头、溶氧变送器和浮球安装支架。

13.4.9 鼓风机房 PID

鼓风机房 PID 示例如图 13-12 所示，根据需要可增加风机与在线溶解氧仪联控设计。

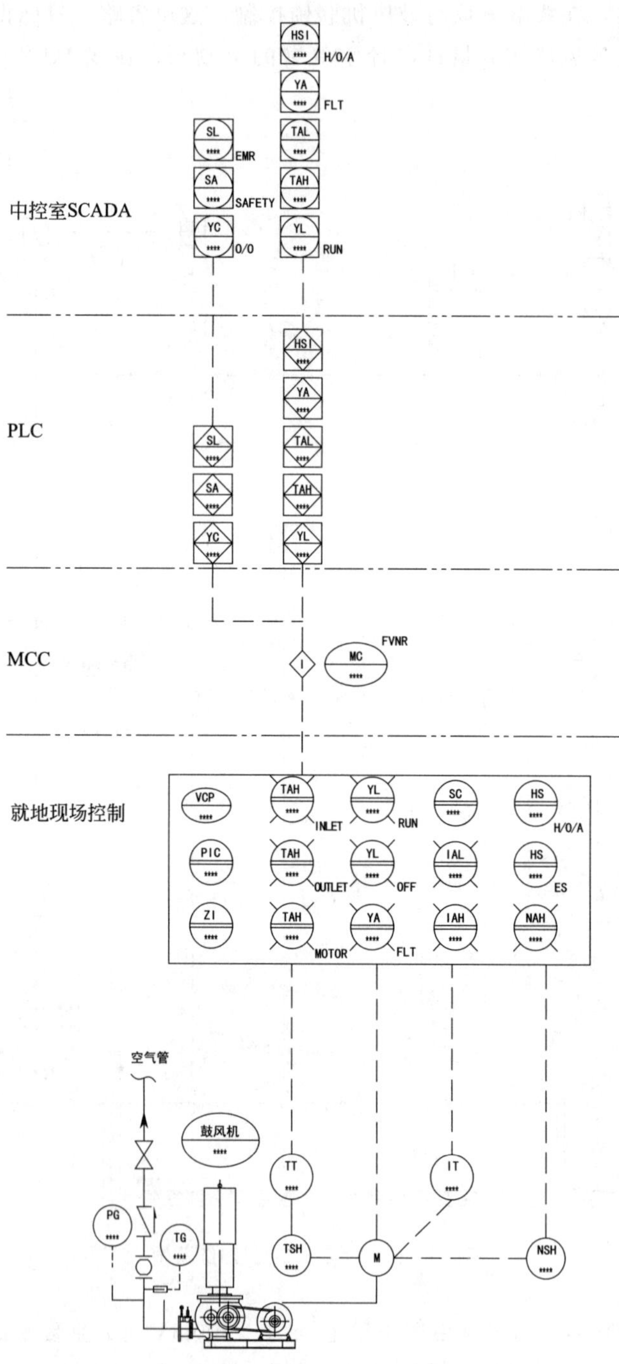

图 13-12 鼓风机 PID 示例

第14章 校审要点

本章介绍的校审是基于设计中已经确认了总体设计方案、工艺流程、各单体分组、主要设计参数和平面布局后进行的施工图细节校审，校审前要检查一遍设计合同和设计过程中的重要内部和外部沟通记录和边界条件。主要校审内容如下。

① 总图和单体图没有遗漏，总图校审参考第13章。项目红线、坐标系、指北针和高程系无误；设计说明、项目考核指标、进水管接口、洪水位、供排水、厂坪标高、限高和厂外道路等符合设计合同要求和工程条件。

② 绿化率满足要求，道路满足运行和消防等要求。

③ 项目投资概算、运行费用和技术突破点满足预期。

④ 单体施工图校核。单体图校审参考本书各单体章节。所有单体的构建筑物尺寸和设备参数符合图纸质量控制部门和施工图设计前方案确认内容的要求，且满足设计负责人对主要参数的变更要求。单体设计内容的校核参见本书相关单体施工图设计指南的内容，注意校核工艺图的土建结构、尺寸和预埋等信息要和土建、电气和暖通等相关专业的图纸内容一致。

⑤ 图纸名称。每张图采用设计单位的标准图框，项目名称、单体名称、图名、图号、目录和材料表等的字体和字高符合统一规定，注意设计日期、项目名称要更新，项目名称是合同约定、政府或业主经过前期可研、环评或其他批复文件统一后的项目名称，要严格一致。图例完整，没有遗漏。

⑥ 图纸说明。图纸总设计说明主要包括工程概况、背景、设计依据、所参考的标准和规范、进出水水质、工艺流程、平面布置、水力高程设计、施工注意事项以及管道选材、防腐、安装和支吊架等施工注意事项等内容。除此之外，施工图设计说明书要涵盖可研深度涉及的内容。单体的图纸说明不得出现与总图说明不一致或矛盾的内容，规模描述准确，有针对性，不得出现无关项目的信息，引用标准规范必须是现行的。

⑦ 一致性校核。图纸目录内容与图纸图框内容一致，每张图的名称与所设计的内容一致，所画的尺寸与所标注的尺寸一致，各单体图中涉及上下游单体的名称一致，单体名称、尺寸和管道接口要和总图一致，字体字号一致，没有错别字。平面标的尺寸应和该图部分对应位置的尺寸以及文字说明严格一致，并和设备表的描述一一对应。平面图、剖面图和详图反映的同一设备或结构的相同数据（尺寸和标高等）要一致。剖面图的图名要和剖切符号的编号以及剖切到的内容一致。注意校核工艺、结构和电气的一致性。

⑧ 合建单体。一个单体如果有合建的其他构（建）筑物，在该单体施工图中要同时表示出来合建的构（建）筑物，方便土建专业和电气专业设计。

⑨ 绘制内容要求详细。平面图剖切线剖的位置能看到的结构要全部在剖面图中表示清

楚，剖切符号的位置设置合理且按顺序连续编号，剖切符号的位置在同一单体的各标高平面图上都应有体现且平面位置严格一致。构筑物和设备要轮廓清楚，工艺图的标注要突出工艺图的重心，不要漏，不要出现没有必要的重复。所有设备、管道、孔洞、结构中线和轴线都应画出来。如果两个剖面图画在一张图上，如果地坪标高一致，则地坪应相平画在同一高度，便于识图。

⑩ 标注。标注反映了设计师的思路是否清晰，每个方向标注不超过三个层次，便于施工人员查找最重要的尺寸并定位准确。工艺图要标出池体的内壁间净尺寸，细部尺寸应尽量就近标注，总尺寸在三层标注的最外层标注。标注线不能覆盖构筑物或设备线，也不可与之重合造成混淆。设备定位用中心轴线定位，图纸上所有设备都要标编号或位号。构筑物土建尺寸定位，设备定位线和构筑物尺寸线分开表示，设备安装定位尺寸和管道阀门定位尺寸应标注清楚。标注要连贯，不能断开，标注尺寸尽量拉齐。文字标注应避免遮盖构筑物、设备、标注线和管线的轮廓线。画图尺寸和标注尺寸要取整。

⑪ 阀门。阀门画法应规范，注意区分阀门开启方向，且设置的高度和位置方便操作。挠性接头与阀门接在一起。所有阀门、接头、管件、Y 形过滤器、压力表、流量计、阻尼器、消声器等安装在管道上要有足够安装空间，在图纸上按实际尺寸画。在设备表中注明阀门型式、材质、压力和介质温度。深井阀门如阀杆加长，应标明阀杆长度及手轮盘的高度。

⑫ 预埋件和预留洞。除了图纸定位和标注尺寸，还需文字说明预埋件和预留洞是服务哪台设备的预埋件和预留洞，注明编号、位置（如池顶、池底或侧壁）和用途，便于安装和校核。文字说明里的尺寸应和所标注的尺寸一致。该图主要是土建设计条件，其信息宜同时体现在工艺图中，以便于识图。比如：预留件和预埋套管在工艺图中标小标号，列入材料表；平面图对预留洞定位并标注尺寸，文字说明；剖面图的预留洞文字说明，标注预留洞中心和顶（或底）的标高；被其他结构遮挡的预留洞可用虚线表现；预埋件的定位在平面上表示，文字说明，并标注尺寸。

⑬ 盖板。池体顶板设必要的空气帽、除臭吸风装置、网格盖板或素混凝土活动盖板。网格盖板在图纸中填充线颜色调成淡显，以免局部太深使图面不整洁，也影响识别附近的其他尺寸。室外阀门井盖板可采用混凝土盖板，预留的人孔盖可采用轻质球墨铸铁盖板或玻璃钢盖板。对于深度大于 1.8m 的室外管沟，宜采用镀锌钢盖板。紫外消毒灯管上方的盖板不宜采用玻璃钢盖板，可选用镀锌钢盖板。

⑭ 单体图中的管线。若双线画的小管径管道（通常指管径小于 100mm）在平面图上黏在一起看不清楚，可以改用单线来画。复杂的管线在平面图上简单标注管道功能、管径和走向，其他信息在系统图中表示。管道交叉处以打断符号表示，但是打断符号尺寸要统一，不可随意画。水箱和池体的溢流管道管径除了满足最小管径要求外还应满足管径大于进水管的重力流管径要求。

⑮ 闸门。闸门设计参考 CJ/T 3006—1992，标出闸门中心定位尺寸、闸门孔的尺寸及与墙内壁的距离。设备表中注明闸门型式、闸板尺寸、材质、电动启闭机功率、提升高度和启闭力等信息，附壁式闸门标注闸门中心距离池顶距离，写明承压方向（正向，反向还是双向）和开启方式门（上开式或下开式），上开式明杆铸铁镶铜闸门为“向上为关，向下为开”。渠道式闸门标注渠深。叠梁闸标明渠宽、渠深、水深、闸板总高度、闸框数量、闸板数量及材质。过闸门流速不超过 0.3～0.5m/s，闸门处水头损失宜小于 0.005m。

⑯ 起重设备。起重量不大于 3t，宜选用手动或电动葫芦；起重量大于 3t，宜选用电动

单梁或双梁起重机。设备表中要列出起重量、功率、提升高度、滑触线（或滑动电缆长度）、跨度和工字钢长度等信息。有转弯的用滑触线，有淋雨可能的为滑动电缆。

⑰ 设备基础。设备基础标高及设备相关管线标高应取整数。标注设备基础间距、基础高度和预留螺栓孔等信息，基础图要与2～3家供货商提供的安装图进行核对。基础间距符合规范和手册要求。

⑱ 设计变更。应写明变更原因并将变更部分所有牵连部分都做相应修改，变更设备导致的参数、基础、预埋、管材管件、法兰和阀门等都统计清楚，写明材料表的变化部分并附图。

⑲ 门窗、楼梯和设备孔。车间每层面积如果超过200m²，应设两个门，满足消防要求。配电间的门应向外开启，长度超过7m时应在两端设门。门窗和楼梯的尺寸和标高要标注，设置位置不能影响正常通行、设备出入和设备起吊，并保有维护空间。吊物孔尺寸应按需起吊最大部件外形尺寸每边放大0.2m以上设计。

⑳ 设备表和材料表格式要统一按照设计负责人要求的标准做，不能调整表格列宽、尺寸和列数，便于总图汇总设备材料表。序号、设备编号（位号）、单位、数量和备注等每行文字对齐，设备编号考虑远期预留设备的编号。设备表中写明设备型式、参数和规格，自吸泵要注意吸程。设备参数和尺寸要注明单位，备注中要标明所有设备和材料的使用位置或用途，以便校审。改造单体要说明如何改造，分别列出新增设备表和利旧设备表。材料表中钢制弯头区分焊接弯头和冲压弯头，也可统称钢制弯头，等径三通不能简写为三通。

㉑ 专业分界。参考第12章的内容逐条核对自控电气设计条件，不能有漏项。校核施工图与设备供货商提供的资料是否一致。要明确设备的采购范围，还要说明工艺与土建、电气和暖通等专业的工程范围界限，比如预埋防水套管、楼梯、爬梯、栏杆、盖板、工字钢等的专业归属，成套设备的控制柜的专业归属，必要的操作说明，大型设备的安装及土建顺序等。

由于提标、扩容和改造工程是在已有设施基础上进行改造，因此要考虑的因素比新建工程更多，主要注意以下事项。

① 勘察。施工图设计前需要重新勘测，对于已建建筑物、构筑物进行平面尺寸和高程复测，并和原施工图对比，避免施工误差大造成的改造施工图设计错误。开挖后的管道布置情况需要反馈设计院，如果和改造前竣工图不一致，需要修改设计。

② 可研报告。分析近两年的水质、水量、水温和污泥浓度等实际运行数据，比较最近一年和一年前的数据变化趋势，比较两个冬季的数据变化，计算每日污泥负荷、BOD/COD、BOD/TN等数据，搜集上游来水水质成分与原设计的变化，搜集地区发展规划，复核原工程工艺流程、参数和高程，搜集原工程的问题和缺陷，纳入改造内容。核算新旧系统共用设施的处理能力是否满足改造后的要求，确定设计边界条件，编制施工顺序文件，并与建设单位沟通，修改一致。应制定不停水施工技术方案，重新做可研。

③ 高程。高程计算是改造工程的关键点和难点，需要详细计算有交叉的新旧设施的全程高程，尤其注意扩容后会导致原设施的水位上升、堰配水失效、淹没空气管廊和管道流速提升等问题，需要全程校核。

④ 雨水管网。需要考虑与原有管线的衔接，注意校核原有雨水管网的能力，如果不足需要提出改造建议。

⑤ 对于给水工程，如为扩容，需要注意与原设施共用反洗、排泥等设施时，避免原设

施反洗水和污泥进入新系统或者情况相反倒流，必要时设置泄压汇流井。复核相关的共用设施和自控逻辑，需同时满足新旧设施的要求。扩容后需要设计新旧流程共用清水池的情况，增加运行灵活性。

⑥ 结构。管道穿越原建筑物时，注意避让基础，且注意校核室内挖井等对结构的影响。工艺专业与结构专业协调设计，尤其是在原构筑物上加设施要保证不影响原结构的安全。在隔墙上下游改造池体流态时，要考虑池体排空状态下进水调试时原池体两边是否会产生液位差，如果液位差过大会有水压推倒墙体的风险，需要在设计阶段考虑避免措施。

⑦ 汇流。新管线与原管线汇合时，要考虑原有管道和新增管道分别连接的池体的液位，如果相差较大，需要加汇流井泄压。

⑧ 设计说明。由于是改造工程，施工中注意埋地管道复测并与原施工图核对，有不一致的地方需要通知设计院进行相应变更，确认后方可施工，不可随意增加弯头、改变管道标高等。如涉及需要拆除而图纸没有体现的部分，需要及时通知设计院补充变更。

⑨ 图纸绘制。采用与原图一致的绝对或者相对坐标和高程体系。总管线图纸上，淡显原管线，凸显新增管线，新旧管线交叉处以及新建管线标高变化处标出坐标和标高。图纸中体现拆除、改造和新建工程量，列利旧、废弃和新增清单。原构筑物基础上增加设施要标明相关管线、电缆桥架等的拆移。

附　录

1. 工艺设计常用图集资料

01(03)R413	室外热力管道安装(架空敷设、含 2003 年局部修改版)
01(03)R414	室外热力管道安装(架空支架)
16S122	水加热器选用及安装
01SS105	常用小型仪表及特种阀门选用安装
20S515	钢筋混凝土及砖砌排水检查井
02S106	中小型冷却塔选用及安装
02S403	钢制管件
02S404	防水套管
02S701	砖砌化粪池
03R411—1	室外热力管道安装(地沟敷设)
03R411—2	室外热力管道地沟
16S401	管道和设备保温、防结露及电伴热
03S402	室内管道支架及吊架
03S407—1	建筑给水金属管道安装-铜管
03S702	钢筋混凝土化粪池
03SS703—1	建筑中水处理工程(一)
03SS703—2	建筑中水处理工程(二)
19S204—1	消防专用水泵选用及安装(一)
20S206	自动喷水灭火设施安装
04S301	建筑排水设备附件选用安装
04S516	混凝土排水管道基础及接口
04S519	小型排水构筑物
04S520	埋地塑料排水管道施工
04S801—1	钢筋混凝土倒锥壳保温水塔($50m^3$、$100m^3$)
04S801—2	钢筋混凝土倒锥壳保温水塔($150m^3$、$200m^3$、$300m^3$)
04S802—1	钢筋混凝土倒锥壳不保温水塔($50m^3$、$100m^3$)
04S802—2	钢筋混凝土倒锥壳不保温水塔($150m^3$、$200m^3$、$300m^3$)
04S803	圆形钢筋混凝土蓄水池
05S502	室外给水管道附属构筑物
05S506—1	自承式平直形架空钢管
16S518	雨水口
05S804	矩形钢筋混凝土蓄水池
05SFS10	《人民防空地下室设计规范》图示——给水排水专业

续表

20SS121	生活热水加热机组
05SS903	民用建筑工程互提资料深度及图样(给水排水专业)
05SS905	给水排水实践教学及见习工程师图册
06MS201	市政排水管道工程及附属设施
06S506—2	自承式圆弧形架空钢管
06SS127	热泵热水系统选用与安装
07MS101	市政给水管道工程及附属设施
07FJ05	防空地下室移动柴油电站
07FS02	防空地下室给排水设施安装
07S207	气体消防系统选用、安装与建筑灭火器配置
07S906	给水排水构筑物设计选用图(水池、水塔、化粪池、小型排水构筑物)
07SS604	建筑管道直饮水工程
08S126	热水器选用及安装
08S305	小型潜水排污泵选用及安装
08SS523	建筑小区塑料排水检查井
08SS704	混凝土模块式化粪池
09S302	雨水斗选用及安装
09S304	卫生设备安装
09S407—1	建筑给水铜管道安装
19S406	建筑排水管道安装—塑料管道
10S505	柔性接口给水管道支墩
10S507	建筑小区埋地塑料给水管道施工
10S605	游泳池设计及附件安装
10SS907	村镇住宅常用给水排水设备选用及安装
11S405—1～4	建筑给水塑料管道安装
12K101—1	轴流通风机安装
12K101—1～4	通风机安装
12K101—2	屋顶风机安装
12K101—3	离心通风机安装
12K101—4	混流通风机安装
12S101	矩形给水箱
12S108—1	倒流防止器选用及安装
12S108—2	真空破坏器选用与安装
12S109	叠压(无负压)供水设备选用与安装
12S522	混凝土模块式排水检查井
13S201	室外消火栓及消防水鹤安装
13S409	建筑生活排水柔性接口铸铁管道与钢塑复合管道安装
14S104	二次供水消毒设备选用与安装

续表

14S307	住宅厨、卫给排水管道安装
14S501—1	球墨铸铁单层井盖及踏步施工
14S501—2	双层井盖
15J001	围墙大门
15S128	太阳能集中热水系统选用与安装
15S501—3	球墨铸铁复合树脂井盖、水箅及踏步
15s202	室内消火栓安装
09S303	医院卫生设备安装
09S304	卫生设备安装
20S517	排水管道出水口
97R412	《动力专业标准图集》室外热力管道支座
17S205	消防给水稳压设备选用与安装
99S203	消防水泵接合器安装
R4(一)	动力专业标准图集,水箱制作及管道附件安装 2007 年合订本
R4(二)	动力专业标准图集,室内热力管道安装 2006 年合订本
R4(三)	动力专业标准图集,室外热力管道安装 2007 年合订本
R4(四)	动力专业标准图集,蒸汽系统附件 2009 年合订本
S1(一)	给水排水标准图集,给水设备安装(一)2014 年合订本
S1(二)	给水排水标准图集,给水设备安装(热水及开水部分)2004 年合订本
S2	给水排水标准图集—消防设备安装(2010 年)
S3	给水排水标准图集—排水设备及卫生器具安装(2010 年)
S4(一)	给水排水标准图集,室内给水排水管道及附件安装(一),2004 年合订本
S4(二)	给水排水标准图集,室内给水排水管道及附件安装(二),2012 年合订本
S4(三)	给水排水标准图集,室内给水排水管道及附件安装(三),2011 年合订本
S5(一)	给水排水标准图集,室外给水排水管道工程及附属设施(一)2011 年合订本
S5(二)	给水排水标准图集,室外给水排水管道工程及附属设施(二)2012 年合订本
S501—1～2	单层、双层井盖及踏步(2015 年合订本)
S531—1～5	湿陷性黄土地区室外给水排水管道工程构筑物(2004 年合订本)
TG41	管道管件
TG42	管道附件井
TG43	管道支墩

2. 工艺设计常用标准、规范及其他资料

04DX002	工程建设标准强制性条文及应用示例(房屋建筑部分-电气专业)
19K112	金属、非金属风管支吊架(含抗震支吊架)
12J814	汽车库、修车库、停车场设计防火规范

续表

CB/T 304—1992	法兰铸铁直角安全阀
CB/T 3478—1992	法兰吸入止回阀
CB/T 3766—2014	排气管钢法兰
CB/T 3942—2002	法兰不锈钢截止阀
CB/T 3943—2002	法兰不锈钢截止止回阀
CB/T 3944—2002	法兰不锈钢止回阀
CB/T 3945—2013	法兰铸钢带波纹管截止阀
CB/T 3946—2013	法兰铸钢带波纹管截止止回阀
CB/T 3955—2004	法兰不锈钢闸阀
CB/T 465—1995	法兰铸铁闸阀
CB/T 466—1995	法兰铸钢闸阀
CB/T 8533—2017	船厂中水回用工程设计规程
CBM 1038—1981	法兰铸铁直角安全阀
CECS 07—2004	医院污水处理设计规范
CECS 104—1999	高强混凝土结构技术规程
CECS 105—2000	建筑给水铝塑复合管管道工程技术规程
CECS 106—2000	铝合金电缆桥架技术规程
CECS 109—2013	建筑给水减压阀应用设计规程
CECS 110—2000	低温低浊水给水处理设计规程
CECS 111—2000	寒冷地区污水活性污泥法处理设计规程
CECS 114—2000	氧气曝气设计规程
T/CECS 122—2020	埋地硬聚氯乙烯排水管道工程技术规程
T/CECS 125—2020	建筑给水钢塑复合管管道工程技术规程
CECS 129—2001	埋地给水排水玻璃纤维增强加固性树脂夹砂管管道工程施工及验收规程
CECS 132—2002	给水排水多功能水泵控制阀应用技术规程
CECS 135—2002	建筑给水超薄壁不锈钢塑料复合管管道工程技术规程
CECS 136—2002	建筑给水氯化聚氯乙烯(PVC-C)管管道工程技术规程
CECS 141—2002	给水排水工程埋地钢管管道结构设计规程
CECS 142—2002	给水排水工程埋地铸铁管管道结构设计规程
CECS 143—2002	给水排水工程埋地预制混凝土圆形管管道结构设计规程
CECS 144—2002	水力控制阀应用设计规程
CECS 145—2002	给水排水工程埋地矩形管管道结构设计规程
T/CECS 151—2019	沟槽式连接管道工程技术规程
T/CECS 153—2018	建筑给水薄壁不锈钢管管道工程技术规程
CECS 159—2004	矩形钢管混凝土结构技术规程
CECS 164—2004	埋地聚乙烯排水管管道工程技术规程
CECS 168—2004	建筑排水柔性接口铸铁管管道工程技术规程

续表

CECS 17—2000	埋地硬聚氯乙烯给水管道工程技术规程
CECS 172—2004	排水系统水封保护设计规程
CECS 178—2009	气水冲洗滤池整体浇筑滤板及可调式
CECS 181—2005	给水钢丝网骨架塑料(聚乙烯)复合管管道工程技术规程
CECS 183—2015	虹吸式屋面雨水排水系统技术规程
CECS 184—2005	给水系统防回流污染技术规程
CECS 185—2005	建筑排水中空壁消音硬聚氯乙烯管管道工程技术规程
CECS 190—2005	给水排水工程埋地玻璃纤维增强塑料夹砂管管道结构设计规程
CECS 193—2005	城镇供水长距离输水管(渠)道工程技术规程
CECS 205—2015	内衬(覆)不锈钢复合钢管管道工程技术规程
CECS 206—2006	钢外护管真空复合保温预制直埋管道技术规程
CECS 210—2006	埋地聚乙烯钢肋复合缠绕排水管管道工程技术规程
CECS 219—2007	简易自动喷水灭火系统应用技术规程
CECS 223—2007	埋地排水用钢带增强聚乙烯螺旋波纹管管道工程技术规程
CECS 227—2007	建筑小区塑料排水检查井应用技术规程
CECS 237—2008	给水钢塑复合压力管管道工程技术规程
CECS 243—2008	园林绿地灌溉工程技术规程
CECS 246—2008	给水排水工程顶管技术规程
CECS 248—2008	聚乙烯塑钢缠绕排水管管道工程技术规程
CECS 259—2009	低阻力倒流防止器应用技术规程
CECS 265—2009	曝气生物滤池工程技术规程
CECS 270—2010	给水排水丙烯腈-丁二烯-苯乙烯(ABS)管管道工程技术规程
CECS 274—2010	真空破坏器应用技术规程
CECS 275—2010	苏维托单立管排水系统技术规程
T/CECS 277—2021	建筑给水排水薄壁不锈钢管连接技术规程
CECS 282—2010	建筑排水高密度聚乙烯(HDPE)管道工程技术规程
CECS 321—2012	翻板滤池设计规程
CECS 367—2014	合建式氧化沟技术规程
CECS 42—1992	深井曝气设计规范
CECS 407—2015	一体化预制泵站应用技术规程
CECS 419—2015	中小型给水泵站设计规程
CECS 442—2016	防气蚀大压差可调减压阀应用技术规程
CECS 446—2016	双止回阀倒流防止器应用技术规程
CECS 451—2016	上向流滤池设计规程
CECS 59—1994	水泵隔振技术规程
CECS 91—1997	合流制系统污水截流井设计规程
CECS 92—2016	重金属污水处理设计标准
T/CECS 94—2019	建筑排水用硬聚氯乙烯内螺旋管管道工程技术规程
CECS 97—1997	鼓风曝气系统设计规程

续表

CECS 98—1998	浆体长距离管道输送工程设计规程
CJ 3020—1993	生活饮用水水源水质标准
CJ/T 164—2014	节水型生活用水器具
CJ/T 176—2007	旋转式滗水器
CJ/T 208—2005	可曲挠橡胶接头
CJ/T 219—2017	水力控制阀
CJ/T 322—2010	水处理用臭氧发生器
CJ/T 3006—1992	供水排水用铸铁闸门
CJ/T 3061—1996	水处理用溶药搅拌设备
CJ/T 3071—1998	转刷曝气机
CJ/T 345—2010	生活饮用水净水厂用煤质活性炭
CJJ 101—2016	埋地塑料给水管道工程技术规程
CJJ 122—2017	游泳池给水排水工程技术规程
CJJ 123—2008	镇(乡)村给水工程技术规程
CJJ 124—2008	镇(乡)村排水工程技术规程
CJJ 127—2009	建筑排水金属管道工程技术规程
CJJ 131—2009	城镇污水处理厂污泥处理技术规程
CJJ 140—2010	二次供水工程技术规程
CJJ 142—2014	建筑屋面雨水排水系统技术规程
CJJ 143—2010	埋地塑料排水管道工程技术规程
CJJ 150—2010	生活垃圾渗滤液处理技术规范
CJJ 161—2011	污水处理卵形消化池工程技术规程
CJJ 181—2012	城镇排水管道检测与评估技术规程
CJJ 232—2016	建筑同层排水工程技术规程
CJJ 32—2011	含藻水给水处理设计规范
CJJ 34—2010	城市供热管网设计规范
CJJ 40—2011	高浊度水给水设计规范
CJJ 56—2012	市政工程勘察规范
CJJ 58—2009	城镇供水厂运行、维护及安全技术规程
CJJ 60—2011	城市污水处理站运行、维护及安全技术规程
CJJ 61—2017	城市地下管线探测技术规程
CJJ 68—2016	城镇排水管渠与泵站运行、维护及安全技术规程
CJJ/T 29—2010	建筑排水塑料管道工程技术规程
CJJ/T 81—2013	城镇供热直埋热水管道技术规程
CJJ/T 15—2011	城市道路公共交通站、场、厂工程设计规范
CJJ/T 154—2020	建筑给水金属管道工程技术标准
CJJ/T 155—2011	建筑给水复合管道工程技术规程
GB/T 51347—2019	农村生活污水处理设施技术

续表

CJJ/T 165—2011	建筑排水复合管道工程技术规程
CJJ/T 29—2010	建筑排水塑料管道工程技术规程
CJJ/T 67—2015	风景园林制图标准
CJJ/T 98—2014	建筑给水聚乙烯类管道工程技术规程
CJJ/T 243—2016	城镇污水处理厂臭气处理技术规程
DB11 501—2007	大气污染物综合排放标准
DB11/T 547—2008	村镇供水工程技术导则
DB11/T 548—2008	生态清洁小流域技术规范
DB11/T 890—2012	北京地标,城镇污水处理厂水污染物排放标准
DB21/T 1914—2011	建筑中水回用技术规程
DB23/T 1254—2008	城市行道树栽培技术规程
DBJ 08-15—1989	绿地设计规程
DBJ 08-18—1991	园林植物栽植技术规程
DBJ 08-53/54—96	行道树栽植技术规程
DBJT 08-53—1992	围墙、大门
DB11/T 835—2011	生活垃圾填埋场恶臭污染控制技术规范
DB11/T 1755—2020	城镇再生水厂恶臭污染治理工程技术导则
DB11/T 1818—2021	地下再生水厂运行及安全管理规范
DB12/059—2018	恶臭污染物排放标准
DB13/2697—2018	生活垃圾填埋场恶臭污染物排放标准
DB13(J)8330—2019	雄安新区地下空间消防安全技术标准
DB13/T 5363—2021	生物和化学制药行业挥发性有机物与恶臭气体污染控制技术指南
DB31/1025—2016	恶臭污染物排放标准
DB32/T 4025—2021	污水处理中恶臭气体生物净化工艺设计规范
DB37/3161—2018	有机化工企业污水处理厂(站)挥发性有机物及恶臭污染物排放标准
DL 5068—2014	发电厂化学设计规范
DL/T 333.1—2010	火电厂冷凝液精处理系统技术要求
DL/T 5035—2016	发电厂供暖通风与空气调节设计规程
DL/T 5427—2009	火力发电厂初步设计文件内容深度规定
DL/T 5046—2018	发电厂废水治理设计规范
DL/T 5054—2016	火力发电厂汽水管道设计规范
DL/T 5190.6—2019	电力建设施工及技术规范　第6部分:水处理及制氢设备和系统
DL/T 783—2018	火力发电厂节水导则
FZ/T 01107—2011	纺织染整工业回用水水质
GB 12348—2008	工业企业厂界环境噪声排放标准
GB 12523—2011	建筑施工场界环境噪声排放标准
GB 14554—1993	恶臭污染物排放标准
GB 150.1～150.4—2011	压力容器

续表

GB 15581—2016	烧碱、聚氯乙烯工业污染物排放标准
GB 16297—1996	大气污染物综合排放标准
GB 16889—2008	生活垃圾填埋污染控制标准
GB 18918—2002	城镇污水处理厂污染物排放标准
GB 27898—2011	固定消防给水设备
GB 28232—2020	臭氧消毒器卫生要求
GB 3095—2012	环境空气质量标准
GB 3096—2008	声环境质量标准
GB 3838—2002	地表水环境质量标准
GB 4284—2018	农用污泥污染物控制标准
GB 50009—2012	建筑结构荷载规范
GB 50013—2018	室外给水设计标准
GB 50014—2021	室外排水设计标准，2021 年版
GB 50016—2014	建筑设计防火规范(2018 版)
GB 50019—2015	工业建筑供暖通风与空气调节设计规范
GB 50029—2014	压缩空气站设计规范
GB 50030—2013	氧气站设计规范
GB 50050—2017	工业循环冷却水处理设计规范
GB 50052—2009	供配电系统设计规范
GB 50069—2002	给水排水工程构筑物设计规范
GB 50137—2011	城市用地分类与规划建设用地标准
GB 50141—2008	给水排水构筑物工程施工及验收规范
GB 50180—2018	城市居住区规划设计标准
GB 50187—2012	工业企业总平面设计规范
GB 50201—2014	防洪标准
GB 50223—2008	建筑工程抗震设防分类标准
GB 50235—2010	工业金属管道工程施工及验收规范
GB 50236—2011	现场设备、工业管道焊接工程施工规范
GB 50242—2002	建筑给水排水及采暖工程施工质量验收规范
GB 50265—2010	泵站设计规范
GB 50268—2008	给水排水管道工程施工及验收规范
GB 50275—2010	风机、压缩机、泵安装工程施工及验收规范
GB 50282—2016	城市给水工程规划规范
GB 50288—2018	灌溉与排水工程设计规范
GB 50289—2016	城市工程管线综合规划规范
GB 50298—2018	风景名胜区规划规范
GB 50332—2002	给排水工程管道结构设计规范
GB 50334—2017	城市污水处理厂工程质量验收规范

续表

GB 50335—2016	城镇污水再生利用工程设计规范
GB 50336—2018	建筑中水设计规范
GB 50341—2014	立式圆筒形钢制焊接油罐设计规范
GB 50400—2016	建筑与小区雨水控制及利用工程技术规范
GB 50463—2019	工程隔振设计标准
GB 50555—2010	民用建筑节水设计标准
GB 50660—2011	大中型火力发电厂设计规范
GB 50684—2011	化学工业污水处理与回用设计规范
GB 50747—2012	石油化工污水处理设计规范
GB 50764—2012	电厂动力管道设计规范
GB 50788—2012	城镇给水排水技术规范
GB 50860—2013	构筑物工程工程量计算规范
GB 5749—2006	生活饮用水卫生标准
GB 8978—1996	污水综合排放标准
GB 50019—2015	工业建筑供暖通风与空气调节设计规范
GB 50028—2006	城镇燃气设计规范(2020 版)
GB 50032—2003	室外给水排水和燃气热力工程抗震设计规范
GB 50033—2013	建筑采光设计标准
GB 50067—2014	汽车库、修车库、停车场设计防火规范
GB 50051—2021	烟囱工程技术标准
GB 50084—2017	自动喷水灭火系统设计规范
GB 50098—2009	人民防空工程设计防火规范
GB 50116—2013	火灾自动报警系统设计规范(2014-05 实施新规范)
GB 50118—2010	民用建筑隔声设计规范
GB 50140—2005	建筑灭火器配置设计规范
GB 50151—2010	泡沫灭火系统设计规范
GB 50160—2008	石油化工企业设计防火标准(2018 版)
GB 50176—2016	民用建筑热工设计规范
GB 50189—2015	公共建筑节能设计标准
GB 50243—2016	通风与空调工程施工质量验收规范
GB 50261—2017	自动喷水灭火系统施工及验收规范
GB 50318—2017	城市排水工程规划规范
GB 50352—2019	民用建筑设计统一标准
GB 50365—2019	空调通风系统运行管理标准
GB 50411—2019	建筑节能工程施工质量验收标准
GB 50444—2008	建筑灭火器配置验收及检查规范
GB 50736—2012	民用建筑供暖通风与空气调节设计规范
GB 50738—2011	通风与空调工程施工规范

续表

GB 50810—2012	煤炭工业给水排水设计规范
GB 50873—2013	化学工业给水排水管道设计规范
GB 55020—2021	建筑给水排水与节水通用规范
GB 6222—2005	工业企业煤气安全规程
GB/T 12145—2016	火力发电机组及蒸汽动力设备水汽质量
GB/T 13006—2013	离心泵、混流泵和轴流泵汽蚀余量
GB/T 13008—2010	混流泵,轴流泵 技术条件
GB/T 13402—2019	大直径钢制管法兰
GB/T 13663—2018	给水用聚乙烯(PE)管道系统
GB/T 17185—2012	钢制法兰管件
GB/T 18920—2020	城市污水再生利用　城市杂用水水质
GB/T 18921—2019	城市污水再生利用　景观环境用水水质
GB/T 19923—2005	城市污水再生利用　工业用水水质
GB/T 30888—2014	纺织废水膜法处理与回用技术规范
GB/T 3091—2015	低压流体输送用焊接钢管
GB/T 31962—2015	污水排入城镇下水道水质标准
GB/T 32327—2015	工业废水处理与回用技术评价导则
GB/T 4272—2008	设备及管道绝热技术通则
GB/T 50002—2013	建筑模数协调标准
GB/T 50006—2010	厂房建筑模数协调标准
GB/T 50087—2013	工业企业噪声控制设计规范
GB/T 50102—2014	工业循环冷却水设计规范(附特别说明)
GB/T 50106—2010	建筑给水排水制图标准
GB/T 50125—2010	给水排水工程基本术语标准
GB/T 50331—2002	城市居民生活用水量标准
GB/T 50392—2016	机械通风冷却塔工艺设计规范
GB/T 50596—2010	雨水集蓄利用工程技术规范
GB/T 50684—2011	化学工业污水处理与回用设计规范
GB/T 50805—2012	城市防洪工程设计规范
GB/T 51188—2016	建筑与工业给水排水系统安全评价标准
GB/T 8174—2008	设备及管道绝热效果的测试与评价
GB/T 9124—2019	钢制管法兰
GB/T 9481—2021	中小型轴流泵
GBJ 22—1987	厂矿道路设计规范
GBZ 1—2010	工业企业设计卫生标准
GBZ 2.1—2019	工作场所有害因素职业接触限值
HG 20520—1992	玻璃钢/聚氯乙烯(FRP/PVC) 复合管道设计规定
HG 21501—1993	衬胶钢管和管件

续表

HG/T 20505—2014	过程测量与控制仪表的功能标志及图形符号
HG/T 20538—2016	衬塑(PP. PE. PVC)钢管和管件
HG/T 20552—2016	化工企业化学水处理设计计算标准
HG/T 20592～20635—2009	钢制管法兰、垫片、紧固件
HG/T 20653—2011	化工企业化学水处理设计技术规定
HG/T 20677—2013	橡胶衬里化工设备设计规范
HG/T 20678—2000	衬里钢壳设计技术规定
HG/T 21523—2014	水平吊盖带颈平焊法兰人孔
HG/T 21524—2014	水平吊盖带颈对焊法兰人孔
HJ 578—2010	氧化沟活性污泥法污水处理工程技术规范
HJ 2007—2010	污水气浮处理工程技术规范
HJ 2009—2011	生物接触氧化法污水处理工程技术规范
HJ 2014—2012	生物滤池法污水处理工程技术规范
HJ 2019—2012	钢铁工业废水治理及回用工程技术规范
HJ 2021—2012	内循环好氧生物流化床污水处理工程技术规范
HJ/T 264—2006	臭氧发生器,环境保护产品技术要求
HJ/T 337—2006	环境保护产品技术要求 生物接触氧化成套装置
HY/T 168—2013	大生活用海水后处理设计规范
JB 8939—1999	水污染防治设备 安全技术规范
JB/T 12580—2015	生物除臭滴滤池
JB/T 12581—2015	生物除臭滤池
JB/T 12914—2016	无动力厌氧生物滤池餐饮业污水处理器
NB/T 10790—2021	水处理设备 技术条件
JG/T 3010. 1—1994	隔膜式气压给水设备
JG/T 3010. 2—1994	补气式气压给水设备
NB/T 10558—2021	压力容器涂敷与运输包装
JB/T 6883—2006	大、中型立式轴流泵 型式与基本参数
JB/T 6932—2020	生物接触氧化法 生活污水净化器
JB/T 7258—2006	一般用途离心式鼓风机
JB/T 74—2015	钢制管路法兰技术条件
JB/T 81—2015	板式平焊钢制管法兰
JT/T 802—2011	高速公路服务区生物接触氧化法污水处理成套设备
JB/T 8700—2014	氧化沟水平轴转刷曝气机技术条件
JB/T 9248—2015	电磁流量计
JGJ 141—2017	通风管道技术规程
JGJ 237—2011	建筑遮阳工程技术规范
JGJ 26—2018	严寒和寒冷地区居住建筑节能设计标准
JGJ/T 67—2019	办公建筑设计标准

续表

NB/T 47003.1—2009	钢制焊接常压容器
NB/T 47013.1～47013.13～2015	承压设备无损检测
QB/T 2658—2017	卫生设备用台盆
SH 3015—2019	石油化工给水排水系统设计规范
SH/T 3024—2017	石油化工环境保护设计规范
SH 3034—2012	石油化工给水排水管道设计规范
SH 3099—2000	石油化工给水排水水质标准
SH/T 3533—2013	石油化工给水排水管道工程施工及验收规范
SHSG 033—2008	石油化工装置基础工程设计内容规定
SHSG 053—2011	石油化工装置详细工程设计内容规定
SL 310—2019	村镇供水工程技术规范
TB/T 3007—2000	铁路回用水水质标准
TSG 21—2016	固定式压力容器安全技术监察规程
TSG R0005—2011	移动式压力容器安全技术监察规程
T/CECS 118—2017	冷却塔验收测试规程
T/CECS 463—2017	污水提升装置应用技术规程
T/CECS 10159—2021	给水用承插柔性接口钢管
T/CECS 10110—2020	排污、排水用高性能硬聚氯乙烯管材
T/CECS 729—2020	城镇地下式污水处理厂技术规程
T/CAEPI 23—2019	地下式城镇污水处理厂工程技术指南
ZBBZH/CW	城市污水处理工程项目建设标准
ZBBZH/GJ 10	工程设计防火规范
ZBBZH/GJ 13	室外给水工程规范
ZBBZH/GJ 14	室外排水工程规范
ZBBZH/GJ 15	建筑给水排水工程规范
ZBBZH/GJ 16	暖通空调规范
建标 148-2010	小城镇污水处理工程建设标准
建成[2000]124 号文	城市污水处理及污染防治技术政策

参 考 文 献

[1] 张自杰．排水工程．第5版．北京：建筑工业出版社，2015.

[2] 北京市市政工程设计研究总院．给水排水设计手册（共12卷）（第二版）．北京：中国建筑工业出版社，2002.

[3] 黄群初，陈金锥．污水泵站集水池相关设计水位的确定．水科学与工程技术，2006，(6)：44-45.

[4] 崔玉川，刘振江，张绍怡，等．城市污水厂处理设施设计计算．第2版．北京：化学工业出版社，2011.

[5] 姜乃昌．水泵及水泵站．北京：中国建筑工业出版社，1998.

[6] 涂岱昕，李建兴，胡振杰．空调变水量系统水泵变频的相关问题．流体机械，2007，35（1）：49-51.

[7] 蒋玖璐，李东升，陈树勤．高密度澄清池设计．给水排水，2002，28（9）：27-29.

[8] 杨云峰．碱度对UASB稳定运行的影响．济南：山东大学硕士学位论文，2005.

[9] 贺延龄．废水的厌氧生物处理．北京：中国轻工业出版社，1998.

[10] Speece R E. 工业废水的厌氧生物技术．北京：中国建筑工业出版社，2002.

[11] 王凯军，厌氧工艺的发展民新型厌氧反应器．环境科学，1998，19（1）：94.

[12] 吴成强，陈效，朱润晔．厌氧工艺出水回流对工艺稳定运行的影响．浙江工业大学学报，2006，34（5）：491-494.

[13] 苏德林，王建龙，黄永恒，等．ABR反应器的碱度变化及调控研究．环境科学，2006，27（10）：2024-2027.

[14] 杨超，孙永利，杭镇鑫，等．转鼓式超细格栅开发与工程应用．全国城镇污水处理厂除磷脱氮及深度处理技术交流大会论文集，2010年7月．

[15] 储金宇，吴春笃，陈万金，等．臭氧技术及应用．北京：化学工业出版社，2002.

[16] GB 28232—2011 臭氧发生器安全与卫生标准．

[17] CJ/T 322—2010 水处理用臭氧发生器．

[18] HJ/T 264—2006 臭氧发生器，环境保护产品技术要求．

[19] 詹豪强．电解法合成二氧化氯研究进展述评．化工技术与开发，1996，(4)：14-17.

[20] 建标［2001］77号城市污水处理工程项目建设标准．

[21] Wastewater Engineering Treatment and Reuse，Metcalf & Eddy，Inc.，McGraw-Hiu Science，2002.

[22] 唐耀武．对完全混合法、渐减曝气法和逐步曝气法的性能分析．工业用水与废水，1985，(1)：32-45.

[23] 姜应和．传统推流式曝气池渐减曝气设计．武汉工业大学学报，1998，20（3）：55-57.

[24] 李艳霞．水锤的起因与预防．山西建筑，2003，29（3）：137-138.

[25] 王挺．水锤预防工程实例应用．城镇供水，2014，(1)：22-24.

[26] 杨远东，邓志光．停泵水锤计算及其防护措施．中国给水排水，2000，16（5）：29-32.

[27] 文涛，梁彪，谢坤，等．"V"型滤池反冲洗时加氯系统的自动控制．西南给排水，2013，35（6）：64-65.

[28] 王增长．建筑给排水工程．第六版．北京：中国建筑工业出版社，2010.

[29] 黄晓家，姜文源．建筑给水排水工程技术与设计手册．北京：中国建筑工业出版社，2010.

[30] 杨云峰．碱度对UASB稳定运行的影响．济南：山东大学，2005.

[31] 曹刚，徐向阳，冯孝善．碱度对UASB污泥颗粒化的影响．中国给水排水，2002，18（8）：13-16.

[32] 赵群英．生产性UASB反应器处理淀粉废水的快速启动研究．西安：西安建筑科技大学，2005.

[33] 谢海宁．厌氧颗粒污泥形成影响因素研究．上海：上海师范大学，2007.

[34] 吴成强，陈效，朱润晔．厌氧工艺出水回流对工艺稳定运行的影响．浙江工业大学学报，2006，34（5）：491-494.

[35] 阮文权．废水生物处理工程设计实例详解．北京：化学工业出版社，2006.

[36] 任南琪．厌氧生物处理技术原理与应用．北京：化学工业出版社，2004.

[37] 颜智勇，胡勇有，凌霄．厌氧颗粒污泥膨胀床中三相分离器的优化设计．工业用水与废水，2003，34（4）：5-8.

[38] 王凯军．UASB工艺系统设计方法探讨．中国沼气，2002，20（2）：18-23.

[39] 沈耀良，王宝贞．废水生物处理新技术-理论与应用．北京：中国环境科学出版社，2006.

[40] 宋晓雅，李维，王洪臣，等．高碑店污水处理厂污泥处理系统工艺介绍及运行分析．给水排水，2004，30（12）：1-5.

[41] 郑梅，姜安平，辛红香，等．AAO脱氮除磷污水处理工艺回流量控制系统．专利号ZL 2013 2 0855526.9.

[42] 王丽花，查晓强，邵钦．白龙港污水处理厂污泥厌氧消化系统的设计和调试．中国给水排水，2012，28（4）：52-

54，57.

[43] 刘京，刘颥，韩丽，等．北方地区污泥厌氧消化工艺应用现状分析．中国给水排水，2012，28（22）：46-47.

[44] 蒋玲燕，杨彩凤，胡启源，等．白龙港污水处理厂污泥厌氧消化系统的运行分析．中国给水排水，2013，29（9）：33-37.

[45] 钱靖华，田宁宁，余杰，等．城镇污水污泥厌氧消化技术及能源消耗．给水排水，2010，36（s1）：102-104.

[46] 宋晓雅，杨向平，王东生．大型污泥厌氧消化系统的启动与运行调控．给水排水，2011，37（3）：32-34.

[47] 肖先念，李碧清，唐霞，等．典型城市污泥厌氧消化技术工艺探讨．净水技术，2015，34（3）：17-21.

[48] 刘达克．高碑店污水处理厂污泥消化系统的启动运行．市政技术，1999（4）：26-29.

[49] 蒋奇海，葛勇涛，陈靖轩，等．高碑店污水处理厂污泥厌氧消化系统恢复运行的经验．中国给水排水，2014，30（2）：98-101.

[50] 陈永祥，伍军，石亚军，李立蓉．卵形消化池的工艺设计．工业用水与废水，2004，25（3）：46-48.

[51] 周军．北京市污泥现状及处理处置技术策略．水工业市场，2011（4）：30-32.

[52] 张韵．高碑店污水处理厂污泥处理系统及设计中应注意的一些问题．首届中国城镇水务发展战略国际研讨会论文集，2005.

[53] 李美艳，官立红，马文瑾，等．大型中温污泥厌氧消化系统的运行分析．中国给水排水，2015，（21）：6-19.

[54] 杨莲红．卵形厌氧消化池的工程应用．甘肃科技，2013，29（2）：107-110.

[55] 张辰，胡维杰，生骏．上海市白龙港污水处理厂污泥厌氧消化工程设计．给水排水，2010，36（10）：9-11.

[56] 丁贵生，刘影．污泥厌氧消化工艺及运行应注意的问题．中国资源综合利用，2013，（7）：28-30.

[57] 杭世珺，关春雨．污泥厌氧消化工艺运行阶段的碳减排量分析．给水排水，2017，39（1）：44-50.

[58] 陈怡．污水处理厂污泥厌氧消化工艺选择与设计要点．给水排水，2013，39（10）：41-44.

[59] 蒋玲燕．污水处理厂污泥厌氧消化优化设计与运行探讨．给水排水，2015，（2）：32-35.

[60] 许金泉，程文，耿震．隔膜式板框压滤机在污泥深度脱水中的应用．给水排水，2013，39（3）：87-90.

[61] 曹禺，阎伟．孟加拉国凝析油处理厂总图设计．当代化工，2014，43（5）：819-821.

[62] 曹国兵．乔木在城市园林绿化中的应用研究综述．安徽农业科技，2010，38（4）：2133-2135.

[63] 褚明兴．谈污水处理厂总图设计．山西建筑，2015，41（10）：22-23.

[64] 王良均，吴孟周．污水处理技术与工程实例．北京：中国石化出版社，2007.

[65] 陈志澜，杨人卫．导流墙偏置位置对氧化沟性能影响的分析．环境科学与技术，2010，33（10）：167-170.

[66] 陈威，柳溪．氧化沟中导流墙二维水流流态模拟研究．市政技术，2011，29（1）：110-113.

[67] 李天增，张宝林，王发珍，等．具有生物除磷与侧路化学除磷的污水处理系统及处理方法具有生物除磷与侧路化学除磷的污水处理系统及处理方法．发明专利授权公告号 CN101381183B.

[68] 王衫允，马斌，贾方旭，等．AAO 污水处理工艺中厌氧氨氧化效能及微生物交互作用．中国环境科学，2016，36（7）：1988-1996.

[69] 王昭峰，邝月林，韩宁波．EBIS（改良 AO）工艺在高寒地区市政污水厂的研究及应用．绿色环保建材，2021，（5）：35-36，177.

[70] 柴建中，BBR 生化系统曝气池组 DO 浓度优化设计，中国给水排水，2016，32（13）：106-108.

[71] 柴建中，梅华．BBR 系统低温脱氮简析．青海环境，2016，99（1）：38-43.

[72] 卢宇飞，曲献伟，许太明，等．污泥低温真空脱水干化成套技术与应用．建设科技，2018，366：110-113.

[73] 赵利利．污泥低温真空脱水干化成套技术概述．能源研究与管理，2017，（2）：110-113.

[74] 章华熔，芦佳，叶兴联，等．带式干化机在污泥干化领域的应用探讨．广东化工，2021，453（19）：148-149.

[75] 高颖．中温带式污泥干化装置的发展历史．2012（第四届）上海水业热点论坛论文集，2012.

[76] 霍槐槐．SediMag 磁絮凝技术用于污水厂高效沉淀池改造．中国给水排水，2020，36（14）：122-125.

[77] 朱易春，冯秀娟，杜茂安．多点进水倒置 A^2/O 工艺处理某工业园污水．工业水处理，2011，31（3）：77-80.

[78] 吕利平，李航，张欣，等．多点进水对前置预缺氧 A^2/O 工艺脱氮除磷的影响．中国给水排水，2021，37（15）：8-13.

[79] 李航，庞飞，张欣，等．多点进水与多点化学除磷强化脱氮除磷工程实例．工业水处理，2020，39（12）：119-123.

[80] 李捷，罗凡，于翔，等．不同进水方式下水温对 AAOA-膜生物反应器工艺运行效果的影响．环境污染与防治，2017，39（12）：1370-1374.

[81] 黎定高，郑梅，袁浩．多级 AO 生化处理工艺多点进水工程设计案例．环境工程，2022（40）：50-52.